BASIC POLYMER SCIENCE

# 基礎 高分子科学 改訂版

妹尾 学
監修

澤口 孝志
清水 繁
伊掛 浩輝
著

REVISED EDITION

共立出版

# 改訂版の出版にあたって

本書は，大学学部における高分子科学の教科書・参考書として書かれたものである。現在，高分子材料の利用は広範・多岐にわたり，高分子自身の物質としての興味もあって，高分子科学は自然科学の分野において非常に重要な位置を占めるようになった。本書は，高分子科学がもつ広範な内容を，基礎的な観点から，かつ統一的な視野にたって理解できるよう，高分子科学の現在の姿を正確かつ簡潔に，体系的にまとめたものである。とくに 21 世紀の課題である地球環境保全に向けて果たすべき高分子の役割について強調している。

本書は次のような内容構成をもつ。

1 章の概説に続き 2 章では高分子の化学，すなわち高分子の合成（重合）反応を体系的に述べた。3 章は高分子の反応に関するもので，ある意味では 2 章に続く内容であるが，新しい現代の高分子材料の化学的側面として捉えることもできるテーマである。

続いて高分子科学の物理学的側面を取り上げ，4 章では高分子溶液の物性測定による分子の大きさや形状ついての知見が得られることを示した。続いて 5 章では，高分子固体物性として非晶鎖のガラス転移現象および結晶の構造と融解現象は詳細に論じ，さらに重要な物性である動的粘弾性については現象論と分子論の両面から論じた。

高分子科学の重要性は主として高分子材料の有用性に基づくものであり，6 章では高分子材料の諸特性（性能と機能）について材料科学の立場から論じた。7 章では天然高分子の概要について述べた。天然高分子は合成高分子がまだ到達していない優れた特性をもつものが多く，高分子科学の今後の発展の目標となるものである。

以上のように，本書は大きく 3 つの分野から構成されている。すなわち 1 章の概説に続く 2，3 章は化学的分野，4，5 章は物理学的分野，そして 6，7 章は材料科学的分野に属し，それぞれの分野は固有の解析手法をもっている。これらをまとめ上げることによって本書が構成された。

本書の内容はかなり広範にわたるが，大学学部の講義では，週 2～3 回の通年にわたる講義を念頭においた。本書では，高分子科学の分野で本質的に重要と思われる事項を，可能な限りすべて含めるように心掛けたが，高分子科学は現在なお発展途上にあり，最先端の研究成果まで含めることは難しい。そこで，重要な最新の成果を囲み記事として補った。現在なお伸展する研究開発の姿を，一端なりともうかがい知る一助となれば幸いである。

本書の初版が刊行されて以来，十数年の年月が流れ，その間種々の変化があった。発展に対応し，問題点を整理解決し，本書の内容をより適正，的確なものとするのが，私達執筆者の責務と考え，新しい執筆者を加え慎重な議論を重ね，ここに内容を全面的に書き改めて改訂版を刊行するに至った。敬意を表し初版を執筆されたご著者と改訂版の内容を初版と対比して付表に示しておく。本書が，単に高分子科学の教科書・参考書にとどまらず，現在の高分子科学の姿を正確に伝える専門書として，高分子に関係する研究者・技術者にも広く受け入れられることを，とくに希望するものである。

本書をまとめるに当たって，先学の諸氏の著書や文献に負うところ非常に多い。その一部は巻末に参考文献として挙げたが，ここに敬意を表しておく。また本書の作成に当たって終始お世話になった，共立出版(株)古宮義照氏と酒井美幸氏に厚く感謝したい。

平成 30 年 9 月　　　　監修者・著者一同

〈初版著者〉
妹尾　学
栗田　公夫
矢野彰一郎
澤口　孝志

付　表

| 初 版 | 改 訂 版 |
|---|---|
| 1 | → 1 |
| 2 | → 2 |
| 9 | → 3 |
| 3 | → 4 |
| 4, 5 | → 5 |
| 6, 7 | → 6 |
| 8 | → 7 |

# 目　次

# 1章　高分子概説

我々のまわりには多くの高分子物質がある。自然がつくったものもあるし，合成化学的につくられたものもある。これから高分子の科学について学んでいくのであるが，本章では，まず高分子とはなにか，どのようなものがあるか，そして高分子はどのような特徴をもっているのか，それらの概要を述べる。

## 1.1　高分子の歴史

高分子 (polymer, high polymer, macromolecule) は，分子量が 10,000 以上の共有結合でつながれた化合物である。セルロース，デンプン，ゴム，タンパク質，石英，ダイアモンドなど天然のものや，ポリエチレン，ポリプロピレン，ポリ塩化ビニル，ポリスチレン，ポリエチレンテレフタレートなど合成の高分子とがある。天然の高分子は，それが高分子であるとは意識されずに非常に昔から使用されてきている。例えば，紀元前 3000 年の古代インド文明の追跡から綿布が発見され，中国では石器時代から絹織物が使用されたといわれている。

一方，合成反応や成形のプロセスを経て高分子化合物が合成・製品化されて，利用されるようになったのは，19 世紀に入ってからであった。1831 年には木材，麻，綿などの主成分であるセルロースを硝酸と反応させてニトロセルロースが得られることがわかっていた。1869 年になってニトロセルロースに樟脳を加えて練り込み，成形性のよいセルロイドが開発された。セルロイドは，写真フィルムや玩具などの日用雑貨品に広く用いられたが，引火しやすいという重大な欠点があった。セルロイドに続いて工業化されたプラスチックはフェノール樹脂である。1872 年に Bayer によって，フェノールとホルムアルデヒドを混合して加熱すると，褐色の塊状物質ができることが発見されていたが，1907 年 Baekeland によってこのフェノール樹脂に木粉，雲母粉，パルプ，紙，布などと複合化し，電気絶縁性のよい優れた特性をもつ Bakelite®

がつくられ，広く用いられるようになった。1911年にはアルキッド樹脂が合成され，1917年には，セルロースをアセチル化することにより酢酸セルロースが合成された。しかしながら，高分子材料がいろいろ合成されていながらも，高分子という概念はまだなかった。当時は，セルロース，天然ゴム，タンパク質などは，すべて本来は低分子量の化合物であり，それらが会合してコロイドを形成しているものと考えられていた。一方，これらの物質は，拡散速度が遅い，浸透圧が観測される，粘調である，末端基が検出されない，反応性が乏しいといった性質をもち，低分子説との矛盾があった。この矛盾を解決するために，例えばゴム（シス–1, 4–ポリイソプレン）は末端のない2量体と考えられ，またセルロースやデンプンも約8個のグルコースが環状に化合した低分子体が本体で，これが2次的な凝集力で集合しているとされた。また，凝固点降下法でデンプンの分子量が約30,000と求められ，またゴムの溶液についての実験から数十万という分子量が出されたが，むしろ基礎となる理論式のほうが疑われた。

1920年にStaudingerは，“重合について”という論文を提出した (H. Staudinger, Berichite, **52**, 1073 (1920))。

ここでは次のようなことが述べられている。

(1)　重合とは，広い意味で多数の分子が結合して同一の組成をもつ高分子量の生成物を形成する過程である。

(2)　高分子量物質の分子量を凝固点降下や沸点上昇で測定することはほとんど意味がない。

(3)　高分子量物質は，多数の分子が結合してできている。例えば100個のホルムアルデヒドが重合してポリオキシメチレンになると，末端に2個の官能基をもつに過ぎないので，1個の分子の反応性は重合前の数百分の1になる。

そして，天然ゴムの主成分のポリイソプレンは下に示したような構造式をもっており，100倍以上のイソプレンが化学的に結合したもので，この高分子量の分子がコロイド粒子そのものであって，低分子量の分子と区別する必要上，巨大分子 (makromolekül) という名を提案した。

$$-\!\!\!\left[ CH_2-CH=\overset{\displaystyle CH_3}{\overset{|}{C}}-CH_2 \right]_n$$

1920年には，さらにポリスチレンやポリオキシメチレンの構造を示した。1937年，低分子論者のHarries，Hessらとの論争の中で，高分子化合物は低分子化合物の会合コロイドではなく，共有結合でつながった高分子量の真性コロイドであるという実験結果を示した。まず，デンプンの重合度をホルムアミドを用いて測定し，これをアセチル化しても重合度はもとのデンプンとほとんど変わらず，さらにメチルデンプンとし，溶媒としてクロロホルムを用いて測定しても，重合度は変化しないことを示した。さらにアセチル化デンプンをデンプンに戻しても，重合度はほとんど変化しなかった。もし，デンプンが低分子化合物の会合コロイドであれば，化学修飾したり溶媒を変えたりすると，会合状態が変化するため，見かけの重合度が変化しなければならない。したがって，この実験事実はデンプンが高分子化合物であることを示している。同じような実験をセルロース，ポリ酢酸ビニルなどについても行い，低分子会合説では説明がつかないことを示した。ここで，低分子説と高分子説との論争は一応の決着を見ることとなった。Staudinger は，「鎖状高分子化合物の研究」により，1953 年にノーベル賞を受賞することになる。

低分子説と高分子説の論争の中で，合成の側面から高分子説に寄与したのは，Carothers であった。Carothers は，1931 年頃，Staudinger の考えに従ってポリイソプレンの合成を試みていたが，イソプレンに似た構造をもつアセチレンの 2 量体と 3 量体の混合物を精製する過程で得られた液状物質を放置しておいたところ，ゴム状物質が得られた。これは 2 量体と 3 量体を合成する過程で用いた塩酸がビニルアセチレンに付加してクロロプレンをつくり，これが重合したものとわかった。Du Pont 社では，これをネオプレン®と名づけて工業化した。

$$-\!\!\left[ CH_2-CH=\underset{}{\overset{\displaystyle Cl}{\overset{|}{C}}}-CH_2 \right]_n$$

同じ頃，Carothers は酸とアルコールからできるポリエステルの研究をしていたが，実用性の観点から，酸とアミンとの反応で合成されるポリアミドの研究に転向し，1934 年，ヘキサメチレンジアミンとアジピン酸からナイロン 66 の合成に成功した。1938 年，Du Pont 社では「石炭と空気と水から得られた，タンパク質類似の構造をもち，鉄鋼より強く，くもの糸よりも細い，天然繊維より優れた弾性と美しい光沢をもつ繊維」というキャッチフレーズでナイロン 66 を売り出した。

その後，多くの高分子物質が開発され，数々の用途に向けられるようになった。例えば，ポリエチレンは，1931 年にイギリスの ICI 社によって発明され，ポリセン®の名で 1939 年に工業化された。1,000 気圧以上の圧力で合成される低密度ポリエチレンであった。低圧法による高密度ポリエチレンができたのは，1952 年になって Ziegler 触媒ができてからであった。Ziegler は最初トリエチルアルミニウムを用いて 100 気圧，

1,000℃程度でポリエチレンの合成を行っていたが，高分子量のものが得られなかった。そのときNiを含むV2A鋼のオートクレーブを用いて重合反応を行っていたが2量体のブタンしか得られなかった。彼は，その原因がオートクレーブを硝酸で洗浄したときに溶出したNiによる連鎖反応の中断であることを突き止めた。そこで，Niに似た選移金属の触媒をCo，Fe，Zr，Tiと系統的に調べていったが，その過程でZrとTiは連鎖反応の中断を起こさず，低圧で高分子量のポリエチレンを与えることを発見した。これがZiegler触媒 [$TiCl_4/(C_2H_5)_3Al$] を生むきっかけとなった。この触媒は，Nattaにより，立体規則性のポリスチレンの合成に利用されたが，さらにZiegler触媒の改良により，1955年，立体規則性ポリプロピレンの合成に成功し，1958年には工業化されている。ZieglerとNattaは，この功績により1963年にノーベル賞を受賞することとなった。

このように多くの高機能高分子材料が開発され，さらに複合化技術やブレンド技術の進展は，多様な特性をもつプラスチック材料の開発を可能にしてきた。そのため，我々の生活は便利で豊かになってきたが，一方で，このような高分子材料の氾濫は，地球環境問題に影を投げかけてきている。そのため，近年地球環境保全の立場から自然へ還る高分子（生分解性高分子）やプラスチックリサイクル技術が重要視されるようになってきている。

生分解性プラスチックとして，植物由来のものとしてはセルロースやその誘導体，デンプンなどが，合成の生分解性高分子としてはポリ–L–乳酸が知られており，その他，1, 4–ブタンジオールやエチレングリコールと脂肪族ジカルボン酸（コハク酸やアジピン酸）との反応によって合成されるポリエステルなどがあり，ポリ–$\gamma$–メチル–L–グルタメートやポリ–$\varepsilon$–カプロラクトンなども生分解性高分子として開発されている。

またリサイクルについては，現在廃棄高分子の約82%がリサイクルされており，そのうちの約22%がマテリアルリサイクルで，約57%が燃焼熱を利用する発電を含むサーマルリサイクルにまわされている。モノマーに戻したり，燃料油や化学薬品などに還元するケミカルリサイクルについては3%であり，現在，技術の開発が急がれている。

21世紀では地球環境保全の立場から$CO_2$や$CH_4$などの温暖化ガスの削減が急務であり，とくに “材料の軽量化” をキーワードとした金属代替の高分子複合材料の開発が重要であるだけでなく，原料調達，製造，流通，消費，廃棄過程まで含めた環境影響分析 (LCA) を行いながら，リサイクル性を十分に考慮して行わなければならない。

### グリーンケミストリー

いま，グリーンケミストリーの思想が提案されている*。これまで化学技術は，医薬品，農薬，プラスチックなどを生み出し，我々の生活を豊かにしてきた。その反面，水俣病やイタイイタイ病の原因となった河川・海洋汚染，四日市ぜんそくや光化学スモッグの原因となった大気汚染，環境ホルモン，ダイオキシンなど人体に害を及ぼす公害問題のみならず，地球温暖化など地球レベルの環境問題にまで展開してきている。これらの環境問題を解決するために，有害物排出規制がとられ，法規によって，物質の放出量や環境中の濃度の監視が求められているが，濃度が薄められただけで，有害物質が環境へ出されているという点では，根本的な解決にはなっていない。

真に豊かで住みやすい地球環境を取り戻すために，グリーンケミストリー (green chemistry) あるいは持続可能な化学 (sustainable chemistry) の創出が必要となっている。これは，既存の化学技術を利用しつつも，人の健康を害する有害物質を使用せず，有害物質を環境へ排出せずに，地球環境にやさしい製品を使っていこうという思想である。グリーンケミストリーとは何か。次の 12 箇条がよくその精神を伝えている。

グリーンケミストリーの 12 箇条

1. 廃棄物は出してから処理ではなく，出さない。
2. 原料をなるべくむだにしない形の合成をする。
3. 人体と環境に害の少ない反応物・生成物にする。
4. 機能が同じなら，毒性のなるべく小さいものをつくる。
5. 補助物質はなるべく減らし，使うにしても無害なものを。
6. 環境と経費への負荷を考え，省エネを心がける。
7. 原料は，枯渇性資源ではなく，再生可能な資源から得る。
8. 途中の修飾反応はできるだけ避ける。
9. できるかぎり触媒反応をめざす。
10. 使用後に環境中で分解するような製品をめざす。
11. プロセス計測を導入する。
12. 化学事故につながりにくい物質を使う。

このような思想を背景にして，環境に優しい原料で化学製品を合成しようとする試みが，次第に実を結びだしている。近年，バイオテクノロジーや生体反応を利用してバイオマス由来のいろいろな物質を合成できるようになった。バイオマス由来のグリーンポリマーは，容易に生分解して土に戻る環境に優しい材料である。

* P. T. Anastas & J. C. Warner, “Green Chemistry : Theory and Practice”, 日本化学会，化学技術戦略推進機構 訳編，渡辺正，北島昌夫 訳，“グリーンケミストリー”丸善，(1999)。

## 1.2 高分子とは何か

分子量が1万以上で，その主鎖がほぼ共有結合でできているものを，一般に高分子化合物 (high-molecular compound) あるいは高分子物質 (high-molecular substance) と総称する。これに対して分子量が数百以下のものを低分子化合物ということがある。高分子化合物をつくる分子を巨大分子 (macromolecule) という。とくに1種または数種の構造単位（モノマー，monomer）が繰り返し結合した構造をもつ高分子化合物あるいは巨大分子を重合体 (polymer) あるいは高重合体 (high polymer) というが，“高分子 (polymer)” という言葉は（高）重合体を意味することが多く，しばしば高分子化合物と同じ意味にも用いられる。本書でもこれらの用語を厳密に区別せずに用いる。

高分子 (polymer) のより厳密で基本的な定義はIUPAC（国際純正応用化学連合）の高分子命名委員会によって提案されているが，本質的には構成単位（モノマーユニット）が合成（重合）反応によって繰り返し結合して生成した重合体（ポリマー）をいう。この繰り返す結合の数を重合度といい，分子量はモノマーユニットの分子量に重合度を乗じたもので，一般的に分子量1万以上（重合度100以上）のものが高分子あるいは（高）重合体である。分子量が1万以下（重合度2〜100程度）のものをオリゴマー（低重合体，oligomer）ということがある。

通常の重合反応で合成される高分子は，例えば分子量がちょうど5万のものだけからなるのではなく，分子量52,000や48,000など分子量の異なる多種類の分子からなっている。分子量は高分子の特性に大きな影響を与えている。簡単な例の1つとして，2個のメチレン鎖よりなる構成単位$-CH_2-CH_2-$をもつポリエチレン$-(CH_2-CH_2)_n-$について，重合度 ($n$) を関数にして重合体の性状の違いを表1.1に示す。分子量28,000 ($n=1000$)，通常のポリエチレンは室温において強じんな固体状を示しているが，$n=$

**表 1.1** ポリエチレン $H-(CH_2-CH_2)_n-H$ の重合度と性質

| 重合度 ($n$) | 分子量 | 外観 | 融点（℃） | 沸点（℃/mmHg） |
|---|---|---|---|---|
| 1 | 30 | 気体 | −183 | −98.6/760 |
| 5 | 142 | 液体 | −30 | 174/760 |
| 10 | 282 | 結晶 | 36 | 205/15 |
| 30 | 842 | 結晶 | 99 | $250/10^{-5}$ |
| 60 | 1682 | ろう状 | 100 | 分解 |
| 100 | 2802 | もろい固体 | 106 | 分解 |
| 1000 | 28002 | 強じんな固体 | 110 | 分解 |

100 以下のオリゴマー領域では $n$ の減少とともに，もろい固体から液体，そして気体へと急激に変化している。

図 1.1 に $n=10$ までのエチレンオリゴマーの沸点と沸点における蒸発熱 $(\Delta H_\mathrm{b})$ を示す。実測値と比較的よく一致する蒸発熱の推算式 $\Delta H_\mathrm{b}=(1.7-0.82RT)\ 2n$ [kca1 mo1$^{-1}$] を用いて，C–C 結合エネルギーに相当する 70 kcal mol$^{-1}$ となる $n$ 値を求めると，400℃で $n\fallingdotseq 58$ である。つまり $n$ が 59 以上のポリエチレンの場合，蒸発熱，すなわち凝集エネルギーのほうが結合エネルギーより大きくなり，気化より結合切断による分解が先に起こる。

このように，重合度の増大は分子間凝集エネルギーの増加による性状変化をもたらすだけでなく，分子や集合体の性質に大きな変化をもたらし，低分子量物質にはない高分子に特有な性質を与えている。

さらにポリエチレンの性質を構造との関係で概観してみよう。一般式 $\left(\!-CH_2-CH_2-\right)_n$ で表されるポリエチレンといっても，大別して低密度ポリエチレン (LDPE) と高密度ポリエチレン (HDPE) がある。これら 2 種のポリエチレンの構造と性質の違いを表 1.2 に示す。

前者は高温高圧法で，後者は低温中・低圧法で合成され，反応はそれぞれ全く異なっ

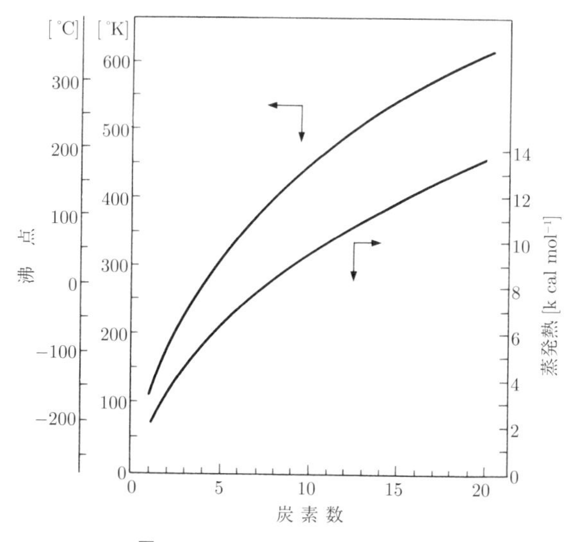


**図 1.1**　$n$–アルカンの沸点と蒸発熱

表 1.2　高密度および低密度ポリエチレンの構造と物性

| ポリエチレン | 構　造 | 密度（g cm$^{-3}$） | 融点（℃） |
|---|---|---|---|
| 高密度，HDPE | | 0.950～0.968 | 125～135 |
| 低密度，LDPE | | 0.912～0.925 | 102～112 |

た重合機構で進行し，得られたポリマーの構造も大きく異なる。前者は枝分かれ（分岐）構造が多く，後者は分岐が少なく，それは結晶性（結晶化度）に大きな差違をもたらす。結晶化度の低いLDPEの場合，密度が低く透明で柔軟なフィルムになりやすく，結晶化度の高いHDPEでは高密度となり，不透明で硬い高強度の成型品に有利な性質となる。

このように，モノマーユニットが同じでも分子構造が異なると，全く別のポリマーといえるほど性質が変わる。さらにモノマーユニットの化学構造だけでなく，分子の末端構造やモノマーユニットの連なり方など化学構造のわずかな違いによっても，特性が大きく異なってくることもある。

## 1.3　高分子の分類

高分子はいろいろな観点から分類されており，いくつかの分類を表1.3に示す。まず，人工的に合成される合成高分子と，自然に産出したり，動植物によってつくられる天然高分子に大別される。また，天然高分子を化学的処理あるいは改質して利用するものもあり，これらは半合成高分子と呼ばれる。高分子の多くは有機化合物で有機高分子と呼ばれるが，無機化合物の高分子（無機高分子）も天然高分子ばかりでなく，合成高分子でも種々知られるようになっている。また，有機無機複合高分子の例も多くなっている。天然高分子のうち，生体を構成し，一定の機能をもつものをとくに生体高分子という。生体高分子にはきわめて優れた機能を示すものも多くあり，これを模倣して人工的に合成しようとする努力は，いまもなお精力的に行われている。

構造（次元）による分類では次元高分子として基本的には一方向につながった鎖状あるいは線状高分子 (linear polymer) および枝分かれ高分子 (branched polymer) があり，そして平面的に連なった2次元高分子あるいはシート状高分子 (sheet polymer)

**表 1.3** 高分子の分類

1）産出の種別による分類
- 天然高分子—セルロース，デンプン，タンパク質，天然ゴム，石英，ケイ酸塩
- 半合成高分子—ニトロセルロース，アセチルセルロース，エボナイト，アセテート
- 合成高分子—ポリエチレン，ポリスチレン，ポリ塩化ビニル，ナイロン，ポリブタジエン
  ポリジメチルシロキサン，ポリホスファゼン，ポリリン酸

2）構造による分類
- 線状高分子，枝分れ高分子
- シート状高分子
- 架橋高分子，網状高分子

3）モノマー組成とその連なり方による分類

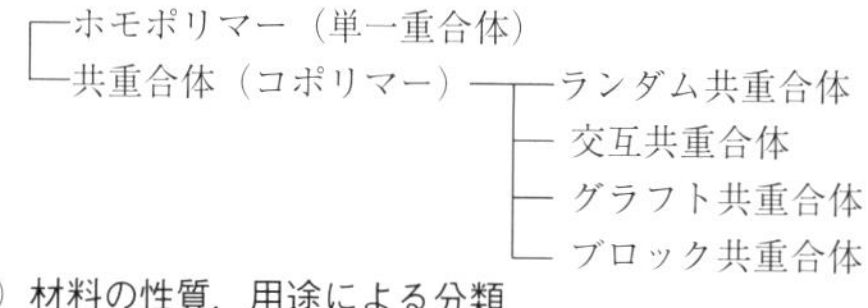


4）材料の性質，用途による分類

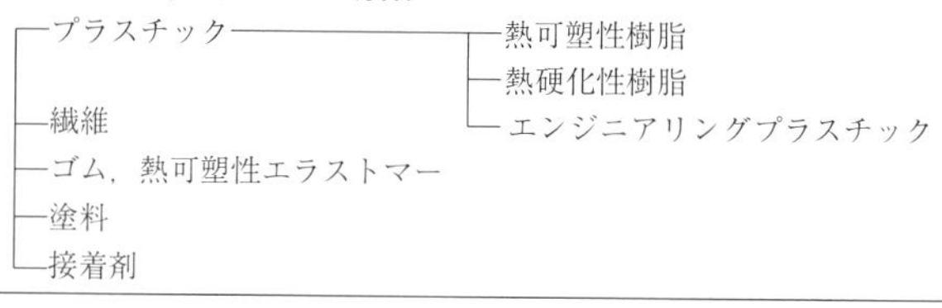


は配向性に興味がもたれている。さらに 3 次元方向で結合している 3 次元高分子として架橋高分子 (crosslinked polymer)，網状高分子 (network polymer) がよく知られている。

化学構造による分類として，モノマー組成から，単一重合体（ホモポリマー，homopolymer）と共重合体（コポリマー，copolymer）に大別されよう。後者は連なり方からさらに，ランダム共重合体，交互共重合体，グラフト共重合体，そしてブロック共重合体に細分類される。

材料としての特性からの分類法もあり，代表的なものとして，プラスチック，繊維，ゴムなどがある。プラスチックはさらに，加熱によって溶融するが，冷却するともとの固体状にもどる熱可塑性樹脂 (thermoplastic resin)，加熱によって 3 次元構造をとり，不溶不融になる熱硬化性樹脂 (thermosetting resin) に分類され，また金属のように寸法安定性や硬度に優れ金属代替材料になるものを，とくにエンジニアリングプラスチック (engineering plastics) という。塗料や接着剤も高分子物質からなる。

いくつかの観点からの分類を示したが，高分子の分類はそれほど簡単ではない。とくに，最近では特有の機能を発現する複雑な構造をもつ高分子の分子設計が盛んに行われており，分類をより複雑にしている。

## 1.4　高分子の特徴

一般に高分子は低分子化合物と比較すると，やはり分子量や化学構造に不均一性があり，かなりの程度の複雑性（多様性）をもち，純粋物質ではなく混合物であるという曖昧さが残る。高分子物質の示す諸性質はそれを構成する高分子自身がもつ種々の構造要因によって大きく影響されるのである。

高分子の基本的な特徴は多様性にある。分子量の不均一性からくる多様性や，モノマーユニットの結合の仕方（立体配置，コンフィギュレーション）と結合回りの分子内回転により変化する分子形態（立体配座，コンホメーション）からくる多様性などである。また結合様式の配列，立体配置の規則性，さらにはモノマーの配列など，1次構造の多様性は高分子に特有の性質を与える。さらには立体配座の変化により高分子が形を自在に変えることができることを意味し，それによる分子集合体の高次構造の変化が高分子に基本的な特徴を与える。線状高分子はコイル状であり，分子量の増加により絡み合いを起こす。一般に高分子は粘性と弾性を合わせもった粘弾性を示し，いろいろな形に成形しやすいなどの特徴をもっている。また，延伸によってコンホメーションが変化して配向し，強度や性能を発現する。また，結晶性の高分子ではさまざまな分子形態の規則構造をとり，材料物性に大きな影響を与える。

### 1.4.1　分子量分布と平均分子量

通常の重合で得られる合成高分子は一般に分子量分布 (molecular weight distribution) をもっている。ある重合度 $P$ をもった分子の存在割合（モル分率あるいは重量分率）を重合度の関数として表したものを重合度分布という。重合度 $P$ の分子量 $M_\mathrm{p}$ は繰り返し構成単位の分子量 $m$ と $P$ の積 $mP$ であるから，重合度分布と分子量分布は本質的に同じ意味をもっている。

高分子中の重合度 $P$ の分子の分子量を $M_\mathrm{p}$，分子の数を $N_\mathrm{p}$ で表すと，その分子のモル分率 $x_\mathrm{p}$，重量分率 $w_\mathrm{p}$ および $P$ までの積分重量分率 $W_\mathrm{p}$ は，それぞれ次式で与えられる。

$$x_p = \frac{N_p}{\Sigma N_q} = \frac{x_p}{\Sigma x_q} \tag{1.1}$$

$$w_p = \frac{M_p N_p}{\Sigma (M_q N_q)} = \frac{p N_p}{\Sigma (q N_q)} = \frac{p x_p}{\Sigma (q x_q)} \tag{1.2}$$

$$W_p = \Sigma w_q \tag{1.3}$$

$x_p$，$w_p$ および $W_p$ を対応する $P$ あるいは $M_p$ に対してプロットすると，それぞれの重合度分布曲線が得られる。重合度あるいは分子量のモル分布曲線，重量分布曲線および積分重量曲線の一例を図 1.2 に示す。一般に分子量分布曲線は重量分布曲線で表され，その相対評価にはゲル浸透クロマトグラフィー (GPC)，また絶対評価が必要なときには沈降速度法が用いられる。

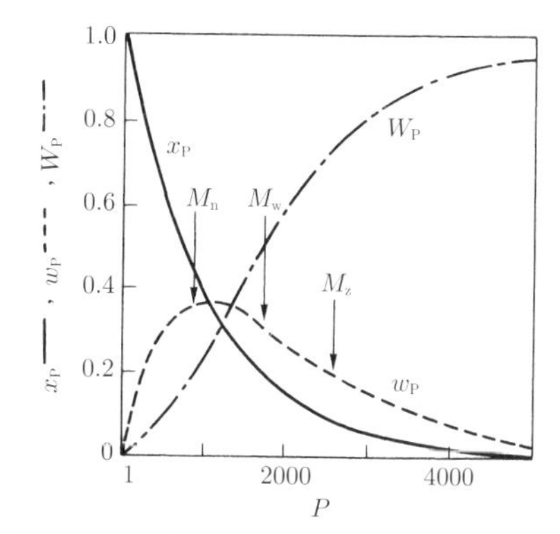


**図 1.2**　重合度のモル分布 ($x_p$)，重量分布 ($w_p$) および積分重量分布 ($W_p$)

一般に，分子量分布をもつ高分子試料について種々の測定法によって得られる分子量の値は何らかの意味の平均値であり，平均分子量 (average molecular weight) として記述されるが，測定法によって平均分子量の種類が異なる。平均分子量をモノマーユニットの分子量 $m$ で割ると，それぞれ対応する平均重合度 (average degree of polymerization) $P$ が求められる。

数平均分子量 $M_n$ は次式のように定義される。

$$M_n = \frac{\Sigma (M_q N_q)}{\Sigma N_q} = \Sigma (M_q x_q) = \frac{\Sigma w_q}{\Sigma (w_q / M_q)} \tag{1.4}$$

これは各成分分子のモル分率による分子量の平均であり，その値は試料中の低分子量成分よって大きく影響を受け，低分子量成分を重視した値となる。末端基定量法や浸透圧法などで求められる。これに対して，重量平均分子量 $M_w$ は高分子試料中の高分子量成分を重視した値を与え，次式で与えられる。

$$M_w = \frac{\Sigma ({M_q}^2 N_q)}{\Sigma (M_q N_q)} = \Sigma (M_q w_q) \tag{1.5}$$

これは各成分分子の重量分率による分子量の平均であり，光散乱法で求められる。$z$ 平

均分子量 $Mz$ は高分子量成分の寄与をさらに重視した値を与え，次式で定義される。

$$M_{\mathrm{z}} = \frac{\Sigma\,({M_{\mathrm{q}}}^3 N_{\mathrm{q}})}{\Sigma\,({M_{\mathrm{q}}}^2 N_{\mathrm{q}})} = \frac{\Sigma\,({M_{\mathrm{q}}}^2 w_{\mathrm{q}})}{\Sigma\,(M_{\mathrm{q}} w_{\mathrm{q}})} = \frac{1}{M_{\mathrm{w}}}\Sigma\,({M_{\mathrm{q}}}^2 w_{\mathrm{q}}) \tag{1.6}$$

これは超遠心法で求められる。GPC は相対的な分子量分布を直接測定する方法である。より正確な分子量分布を求めるには，種々の分子量分割法が利用される。

分子量分布の比較的狭い高分子試料の溶液の極限粘度数 $[\eta]$ と分子量 $M$ との関係は，Mark-Houwink-桜田の式：

$$[\eta] = KM^a \tag{1.7}$$

で与えられる。$K, a$ は高分子と溶媒の種類，温度などによって定まる定数である。分子量分布をもつ高分子の粘度平均分子量 $M_{\mathrm{v}}$ は次式で与えられる。

$$M_{\mathrm{v}} = \left(\frac{\Sigma(M_{\mathrm{q}}^{a+1} N_{\mathrm{q}})}{\Sigma(M_{\mathrm{q}} N_{\mathrm{q}})}\right)^{1/a} = \Sigma(M_{\mathrm{q}}^a w_{\mathrm{q}})^{1/a} \tag{1.8}$$

$a = 1$ のとき，粘度平均分子量 $M_{\mathrm{v}}$ は重量平均分子量 $M_{\mathrm{w}}$ と一致するが，$a$ 値は通常 0.5～0.8 の範囲にある。

単一な分子量をもつ単分散高分子でないかぎり，これらの平均分子量は等しくない。分子量の不均一性が大きいほど，平均分子量の不均一性は大きくなる。通常，

$$M_{\mathrm{n}} < M_{\mathrm{v}} < M_{\mathrm{w}} < M_{\mathrm{z}} \tag{1.9}$$

となり，図 1.2 の重量曲線分布に示されるように，$M_{\mathrm{n}}$ は最も多く存在する分子の分子量のほぼ近くに極大値を示す。一般に $M_{\mathrm{w}}$ は $M_{\mathrm{n}}$ より大きく，それらの比 $M_{\mathrm{w}}/M_{\mathrm{n}}$ は分子量分布指数 $\gamma$ と呼ばれ，分子量分布の広がりの目安となる。通常の合成高分子ではこの $\gamma$ 値は1から数十くらいの範囲にあり，多分散高分子 (polydisperse polymer) である。生体高分子のなかには $\gamma$ 値が 1 となる単分散高分子 (monodisperse polymer)，すなわち単一の分子量からなるものもある。合成高分子においても，リビング重合法によって分子量分布が狭く単分散に近い高分子が合成できるようになってきた。

一般に合成高分子が分子量分布をもつのは，高分子の生成反応，つまり重合反応と密接な関係がある。反応機構が全く異なる逐次重合と連鎖重合において，生成ポリマーの分子量（分布）と反応率との関係は，重合反応を全体的に把握する上で重要である。これについては 2 章で述べる。

### 1.4.2　1次構造と立体配置

高分子を構成する原子数はきわめて多く，多数の構造異性体をもっている。共有結合の方向は原子と結合の種類によって，決まっているので，共有結合で連なった分子鎖はその結合によって定まる形態をもっている。これを立体配置（コンフィギュレーション，configuration）といい，これは結合を切ってつなぎ変えなければ変えることができない。

モノマーの連なり方による1本の高分子鎖の形状の多様性について考えてみよう。まず1種類のビニルモノマー $CH_2 = CHX$ において，置換基Xが結合している炭素原子を頭 (head) とし，もう一方の炭素を尾 (tail) とすると，結合様式には次のような基本的な2種の組合せがある。

$-CH_2-CH(X)-CH_2-CH(X)-CH_2-CH(X)-CH_2-CH(X)-$
頭–尾（尾–頭）結合 (head to tail or tail to head)
$-CH_2-CH(X)-CH(X)-CH_2-CH_2-CH(X)-CH_2-CH(X)-$
頭–頭（尾–尾）結合 (head to head or tail to tail)

置換基Xの種類や，重合反応の触媒がこれらの結合様式に影響を及ぼし，結合を規制する。これらの結合様式の多様性は生成ポリマーの熱安定性に著しい影響を与える。とくに頭–頭結合は隣り合う置換基同士の立体障害によって結合長が伸びて結合解離エネルギーが低く他の結合より熱分解温度が低い。尾–尾結合が最も高い。

次に，頭尾結合の場合について3次元的な配置（立体配置）を考えよう。主鎖のC–C結合を平面ジグザグ型に引き延ばしたとき，炭素の結合角は正四面体角 (109.50°) なので，置換基X（側鎖）はその平面（紙面）の上下のどちらかの方向に結合する。Xが常に同一方向に結合している場合をイソタクチック（isotactic, *it* と略す），互い違いに反対側に結合しているのをシンジオタクチック（syndiotactic, *st* と略す），そしてこのような規則性がなくランダムに結合しているのをアタクチック（atactic, *at* と略す）という（図1.3）。

側鎖Xが結合している炭素（$\alpha$ 炭素）は結合している基がすべて異なるため，不斉炭素となり $d$ または $l$ の立体配置をとる。主鎖の繰り返し単位中の $\alpha$ 炭素はいずれも不斉炭素であるので，イソタクチックは $\cdots ddd \cdots$ または $\cdots lll \cdots$，シンジオタクチックは $\cdots dldldl \cdots$，そしてアタクチックは $dl$ がランダムに並ぶなどの方法でも表現され，これらを総称して立体規則性 (tacticity) という。

次に，CHX＝CHY 型のモノマーが頭尾結合を繰り返しているとき，X，Y の両側鎖がそれぞれ *it* になっているものをジイソタクチック（di-isotactic, *dit* と略す），またそれぞれが *st* になっているものをジシンジオタクチック（di-syndiotactic, *dst* と略す）という（図 1.4）。ジイソタクチックポリマーの主鎖をジグザグ平面に引き伸ばしたとき，側鎖 X，Y がその平面の上下に分かれている構造をエリトロ *dit* ポリマーという。

ブタジエンに代表されるジエン系モノマーが重合する場合，1, 2 重合のほかに，1, 4 重合がある。1, 2 重合では頭–尾および頭–頭結合に加えて，*it*, *st*, *at* の 3 種の立体規則性がある。1, 4 重合では 2, 3 の炭素間に二重結合が移動する。C–C 二重結合は分子内回転が妨げられ，シスおよびトランス幾何異性体を生成するので，シス–1, 4 重合とトランス–1, 4 重合に分けられる。通常の重合では，これらの 3 種の繰り返し単位の複雑な混合体となるが，特殊な重合方法を用いると種類の繰り返し単位のみからなるポリブタジエンを合成することも可能である。これらの繰り返し単位の構造はミ

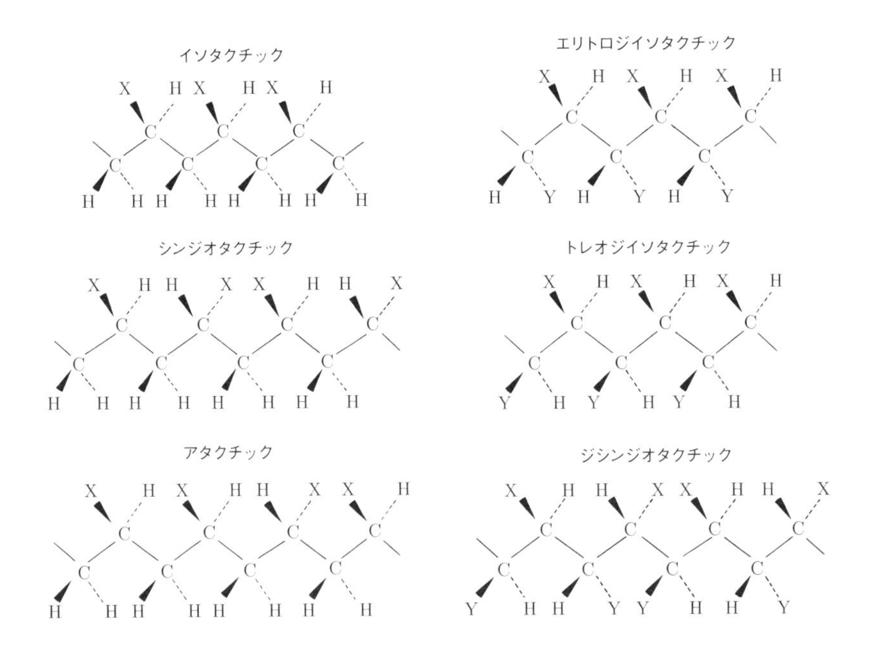


**図 1.3**　ビニルポリマーの立体規則性構造　　**図 1.4**　ジイソタクト型の立体規則性

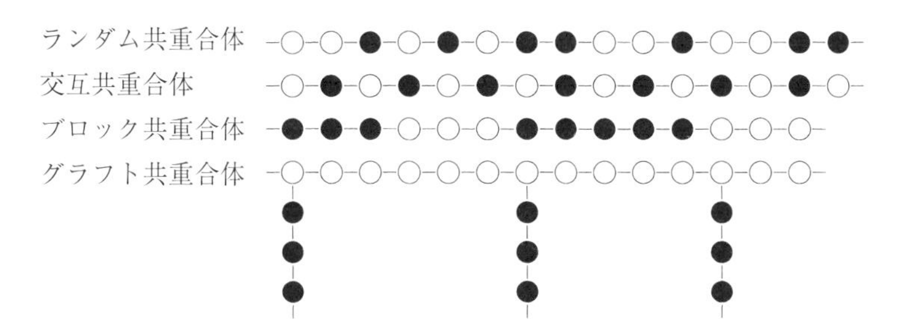


クロ構造とも呼ばれ，高分子の性質に大きな影響を与える。

以上述べた立体配置では，対称性が全くない 1 次構造をもつ高分子は結晶せず，非晶性高分子となる。一方，立体配置に規則性のある高分子は結晶性高分子となる。

2 種類以上のモノマーを用いて重合すると高分子鎖中に 2 種のモノマー単位を含む共重合体 (copolymer) が生成する。共重合体中のそれぞれのモノマーの種類の割合とその配列の順序は高分子の特性を決める重要な因子となり，それらは重合反応の種類，モノマーの組合せによって決まる。ここでは 2 種類 (A, B) のモノマーから生成する共重合体における構造の多様性について簡単に述べる。A と B の 2 種類の繰り返し単位の場合，次に示すような配列がある。

繰り返し単位が不規則に配列しているランダム共重合体 (random copolymer) から交互に配列した交互共重合体 (alternating copolymer) までの間に種々の配列による多様性がある。同種の繰り返し単位が数個ずつつながっているものをブロック共重合体 (block copolymer) という。また，主鎖の繰り返し単位と異なる繰り返し単位を枝にもつ高分子を，グラフト共重合体 (graft copolymer) と呼ぶ。このようなブロックやグラフト共重合体においても，同種の繰り返し単位の数や枝分かれの仕方によって多くの多様性が生まれる。ブロックあるいはグラフト共重合体は繰り返し単位がブロックになって主鎖中あるいは枝に結合しているので，それぞれの単独重合体の性質を兼ね備えている。このような共重合体の合成法やその特徴的な性質については 2 章で述べる。

以上述べてきた，高分子を構成する繰り返し単位（モノマー）の結合の仕方あるいは共重合における繰り返し単位の結合配列の様式などを，高分子の 1 次構造 (primary structure) といい，その高分子がもって生まれた固有の特性であり，高分子の物性に著しい影響を与える。詳細は 4〜6 章で述べる。

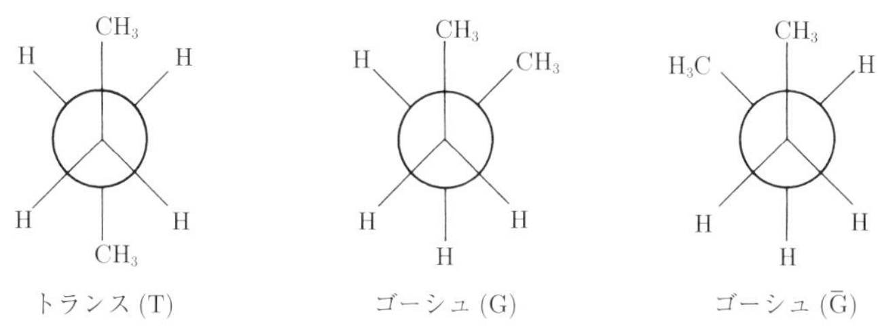


**図 1.5**　ブタンのトランスおよびゴーシュの回転異性体

### 1.4.3　高次構造と立体配座

高分子の構造をより深く理解するには，高分子鎖をつくる原子間の単結合の回りの回転よって変わるきわめて多くの形態を含めて考えねばならない。この変化する形態を立体配座（コンホメーション，conformation）と呼ぶ。

高分子は，その主鎖中に含む数多くの単結合の分子内回転によって，その分子鎖は種々の形を取ることができる。一般に，単結合回りの回転は全くの自由回転ではなく回転の自由を阻害するようなエネルギーの障壁が存在する。このエネルギー障壁が大きいと，いくつかの回転異性体 (rotational isomer) をつくる。例えば，ブタン $C^1H_3$–$C^2H_2$–$C^3H_2$–$C^4H_3$ で炭素 2 と炭素 3 の間の単結合の回りの回転で，図 1.5 の Newman 投影図に示すような比較的安定な 3 つの回転異性体が考えられる。$C^2$，$C^3$ にそれぞれ結合している一番大きな原子団 ($C^1H_3$，$C^4H_3$) が最も離れた位置にくるトランス形（trans conformation, T と略す）がエネルギー的に最も安定で，これを内部回転角 0° とすると，$C^4H_3$ が反時計および時計回りに 120° 回転した状態がゴーシュ形（gauche conformation, G と略す）およびアンチーゴーシュ形（anti-gauche, Ḡ と略す）で，これはエネルギー的にトランス形についで安定である。$C^1H_3$ と $C^4H_3$ が重なり合うとき，最も高いエネルギー状態になる。これを重なり形 (eclipsed conformation) という。ブタンの内部回転角とポテンシャルエネルギーの関係を図 1.6 に示す。トランス形とゴーシュ形のエネルギー差は約 3.3

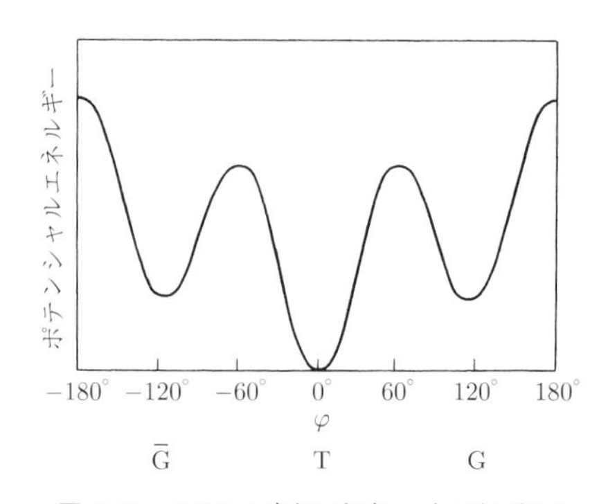


**図 1.6**　ブタンの内部回転角 $\varphi$ と回転ポテンシャルエネルギー

kJ $\mathrm{mol}^{-1}$ であり，27℃での熱エネルギーは $RT = 2.5$ kJ $\mathrm{mol}^{-1}$ であることから，常温ではブタンの分子はこのエネルギーの谷に対応するトランス形をとる割合が高い。このコンホメーションの平均寿命を次のように評価することができる。コンホメーション変化の速度定数 $k$ が Arrhenius の式で与えられるとする。

$$k = A \exp\left(-\frac{E_\mathrm{a}}{RT}\right)$$

ここで，$E_\mathrm{a}$ はエネルギー障壁の高さ，$A$ は頻度因子で，$A$ を結合のねじれ振動数 ($10^{12}$～$10^{13}\,\mathrm{s}^{-1}$ 程度) とすると，ブタンの場合，$k$ は $10^{11}$～ $10^{12}\,\mathrm{s}^{-1}$ 程度となる。このことはコンホメーション変化が 1 秒間に $10^{11}$～$10^{12}$ も起こり，それぞれの回転異性体の寿命が $10^{-11}$～ $10^{-12}$ s と非常に短いことを意味する。ここで，ブタンの 3 個の単結合に対し T，G，$\bar{\mathrm{G}}$ の 3 状態（3 状態モデル）を仮定すると単純に計算で得られる 27 個の回転異性体，すなわちそれらのコンフォーマー (conformer) はそれぞれ極めて不安定で刻々変化することになる。この 3 状態モデルをポリエチレン分子 1 本鎖に拡張すると，重合度 $n$ の場合，$2n-1$ 個の結合が存在するので，寿命の極めて短い $3^{2n-1}$ 個のコンフォーマーが生じる。すべての結合がトランスコンホメーション配置の all Trans 構造では，主鎖が伸び切った平面ジグザグ型の伸び切り鎖となる。しかし $n = 100$ では瞬時に変化する全コンホーマー（約 $8.8 \times 10^{94}$ 個）の 1 個だけが all T であるが，他はすべて捩れ構造（G と $\bar{\mathrm{G}}$）であり，結果として，ポリエチレン鎖の形態（かたち）は統計的に球（コイル）状を形成することになる。

しかしながら，高分子鎖は回転する結合の前後に大きな原子団が結合しているため，結合の回転は近接する結合が共同運動する比較的大きなセグメント (segment) の動きとなる。このような運動のしやすさを屈曲性 (flexibility) という。高分子鎖の屈曲性は，分子鎖を形成する結合まわりの回転角が回転エネルギーの谷を中心にどのように変化するかに依存する。回転エネルギーの谷と山のエネルギー差が $RT$ に比べて非常に大きければ，安定な回転異性体からの転移はほとんど起こらない。ポリエチレンの C–C 結合のように，エネルギー差が $RT$ の数倍程度であるならば，ブタンで推定したように，コンホメーションの転移はきわめて速くなる。

実際には，融液または溶液状態にある相互に侵入し絡み合った多数の高分子鎖の中に存在する長い 1 本の高分子鎖に注目すると，そのコンホメーションは一般にトランスとゴーシュ間のコンホメーションエネルギー差が小さくなり，高分子は種々の形態（かたち）をとることができる。それゆえ，長い高分子鎖のあるセグメントが別のセグメントと分子内および分子間で相互作用を起こすことがあり，これが結合の近くで起こる短距離相互作用 (short-range interaction) に対して，長距離相互作用 (long-range interaction) または排除体積効果 (excluded volume effect) と呼ぶ。これらの相互作用は高分子鎖がおかれる環境によって揺らぎが生じるが，形態のサイズはほぼ統計的にある平均値を示す。高分子鎖の形態に関する詳細は 4 章で述べる。

## 1.5 高分子の特性解析

前節まで，天然高分子や合成高分子の基本的な特徴は特殊な場合を除いて多様性にあることを概説してきた。本質的に高分子は構成単位（モノマーユニット）が繰り返し結合して生成した重合体（ポリマー）であるが，低分子化合物（モノマー）と異なり，多数の長い分子鎖が相互に侵入して絡み合いを形成しており，本質的にかなりの複雑性をもつ混合物であることを述べた。ここでは生成したポリマーの分子量や化学構造などの分子特性 (molecular characteristics) およびそれらの高分子鎖を素材としてつくられる材料の特性 (material characteristics) に関する知見を得るための技法として「高分子特性解析，polymer characterization」について簡単に触れる。

### 1.5.1 モレキュラー・キャラクタリゼーション

#### 1 分子量および分子量分布

1.4.1 項（分子量分布と平均分子量）でいくつかの測定方法について紹介したが，GPC は厳密には正確さに欠けるが相対的な平均値と分子量分布を得るための極めて簡便かつ有用な装置である。簡便な粘度法や絶対的な測定方法として知られる，例えば，浸透圧法，光散乱法などについては第 4 章で測定原理から詳説するので参照されたい。

最近話題となっている抗がん剤などの創薬開発に役立つ生体高分子などの生命系高分子の分子量（分布）の精密測定には，飛行時間型質量スペクトル (Time-of-Flight Mass Spectrometer, TOF-MS) を用いた分析法が極めて有用であり，質量スペクトル法はとくに高分子表面分析への応用進展が目覚ましい。

#### 2 化学構造の同定

燃焼性，酸価測定や元素分析などポリマーの化学的な性質を利用する方法，あるいは溶媒への溶解性，比重，ガラス転移温度 ($T_g$) などの物理的な特性を利用する簡便なテストに基づく方法があるが，いずれも精密さに欠ける。ここでは一般的に同定に用いられる分析機器を以下に列挙する。しかしどの場合も一手段だけでは限界があるので，いくつかの組合せを要するが，各種の分析装置が市販されている。

(1)　赤外吸収 (infrared, IR) スペクトル

基本的にポリマー中の化学結合に特有な IR スペクトルの特性吸収帯を利用した同定方法であり，部分構造を特定できる。溶媒に溶解した溶液のみならず固体としての粉末やフィルムの透過型スペクトルだけでなく，固体では多重反射型スペクトルを用いた表面分析も可能であり，幅広い応用が知られている。ホモポリマーやコポリマー中の異種結合やモノマー連鎖分布だけでなく分岐構造の解析にも有用である。

(2)　核磁気共鳴 (nuclear magnetic resonance, NMR) スペクトル

装置の進歩も著しく，現在，ポリマーの化学構造に関して最も多くの情報が得られる分析手法であろう。超電導磁石を用いたパルス・フーリエ変換 (PFT-)NMR 装置が一般的であるが，高磁場により分析精度が向上するだけでなく測定可能な核種も一般的なプロトン ($^{1}$H)，炭素 ($^{13}$C) だけでなく $^{19}$F，$^{29}$Si などの元素プローブも多種用意されている。また，これらの核種が含まれるポリマーが溶解する溶媒を用いた溶液法や固体のまま測定できる固体 NMR も見逃せない手法であり，数多くの専門書が利用できる。ホモポリマーやコポリマー中の異種結合やモノマー連鎖分布だけでなく分岐構造の解析，さらには立体規則性やジエンポリマーの幾何異性（ミクロ）構造の解析にも有用である。

(3)　熱分解ガスクロマトグラフィー (pyrolysis-gas chromatography, PGC)

熱分解ガスクロマトグラフィーとは不揮発性物質を揮発性のある低分子化合物に熱分解後，ガスクロマトグラフで分析する方法であり，高分子の同定，微細構造などの分析に用いられている。近年，揮発成分の発生に対するキューリーポイントパイロライザーによる急速熱分解装置やキャピラリーカラムの導入，さらには質量分析 (MS) による検出方法など目覚ましい発展を遂げ，極少量の試料量を可能にした高分子の化学構造解析に欠かせないキャラクタリゼーションの有効な手段となっている。

### 1.5.2　マテリアル・キャラクタリゼーション

ポリマー（高分子）鎖は本質的に構造の明確なモノマーが繰り返し繋がった高分子量の重合体であり，前項のモレキュラー・キャラクタリゼーションは，いわゆる重合

反応によって生成した共有結合がつくる1次構造の特性解析といえる。しかしながら，20世紀初頭に存在が認められた高分子はとくに軽量であり，適度な強度を有し安価で大量生産できることから，三大材料（金属，セラミックス，プラスチックス）の中でも世界で最も多く生産されている新素材に成長している。高分子素材は単独で用いられているだけでなく異種素材と複合化された各種複合材料としてあらゆる分野で高分子材料として利用されている。その理由は1.4.3項で説明したコンホメーションに由来する高分子の形態，すなわち高分子内結合の運動に基づく2次構造に始まり，高分子鎖が分子内および分子間相互作用により，おかれた環境によって形成する結晶や非晶構造などの3次構造，さらにそれらがマイクロメートルサイズの球晶構造などの高次構造形成に由来する階層構造に移る。マテリアル（材料）としての特性解析の基本は溶液および固体の物理化学的・物性工学的性質（物性）に基づくが，4～6章で詳しく説明する。ここではいくつかの物性の測定方法を列挙するにとどめる。

**1 結晶融解温度（融点，$T_m$），ガラス転移温度 ($T_g$) と熱分解温度 ($T_d$)**

熱可塑性高分子の場合，高分子鎖は大別して主に熱エネルギーに応答して2次構造を形成するコンホメーションや拡散運動によって各種相互作用エネルギーに依存した，高次構造である分子鎖（分子形態）が規則的に配列した結晶（秩序）構造を形成する結晶領域と分子鎖が不規則（ランダム）に存在する非（結）晶（無秩序）領域からなる。このような状態の高分子鎖を熱分解温度 ($T_d$) 以下の温度付近で加熱すると結晶も融解し，すべての分子鎖がランダムに存在し理想鎖として振る舞う融液となることが知られている。さらに加熱すると高分子鎖の1次構造を形成している共有結合の結合解離エネルギーに依存して結合が切断し分子鎖の分解が起こる。$T_d$ 以下の温度での加熱で得られる融液を徐々に冷却していくと，結晶化に由来する転移 ($T_c$) が出現し，さらなる冷却によって非晶鎖のセグメント運動が凍結されるガラス化に由来する転移 ($T_g$) が出現する。このガラス状態の高分子を加熱すると，まずガラス化状態の非晶鎖がセグメント運動を開始しゴム状態に転移する $T_g$ が出現し，次に結晶構造の融解に由来する転移 ($T_m$)，そして分子鎖が分解する $T_d$ が順に現れる。しかし融液を急冷すると非晶状態のままにガラス化するので，加熱時の結晶化に由来する冷結晶化転移 $T_{cc}$ が出現する。

① 熱分析 (thermal analysis)

熱エネルギーが高分子の運動に関わる測定法であり，5章で詳しく説明する。

示差熱分析 (differential thermal analysis, DTA)

示差走査熱量計 (differential scanning calorimeter, DSC)
熱機械分析 (thermo-mechanical analysis, TMA)
動的粘弾性分析 (dynamic viscoelastic analysis, DMA)
熱重量分析計 (thermogravimetric analysis, TGA)

本測定法はとくに高分子の熱分解挙動を少量の試料量で簡便に調べる方法として多用されている。

②　広角 X 線回折 (Wide-angle X-ray Diffraction)

試料に X 線を照射することで，X 線が原子の周りにある電子によって散乱，干渉した結果起こる回折を解析することで試料内部のさまざまな情報を知ることができる。この回折情報を調べることで，高分子をはじめとする材料の内部構造，とくに，構成成分の同定や定量，結晶サイズや結晶化度，加工材料などでは，残留応力やひずみが評価できる。粉末，液体，薄膜などいろいろな形状の試料について，少量で簡便に測定することができ，また，非破壊であることから，最も普及した測定ツールであるといえる。高分子結晶を対象に最もよく利用される解析，評価方法を 5 章 5.2.1 項で詳説する。

③　X 線および中性子小角散乱と光散乱

小角散乱法は，数～数十 nm オーダーの構造を調べることができる。この領域は，孤立鎖の大きさ，高分子結晶相と非晶相の長周期構造に相当し，基礎物性に重要な情報を得ることができる．X 線と光は電磁波，中性子は粒子線と異なるが，測定データの取扱いは同一方法である。中性子散乱では，化学的性質はほぼ同じ軽水素と重水素の散乱長が大きく異なることを利用して，バルク中の 1 本の高分子鎖の形態を調べることが可能である．4 章 4.2.5 項を参照されたい。

### 2　力学特性

物質の力学的性質として粘性，弾性と塑性が知られているが，高分子物質は弾性と粘性を併せもった粘弾性体であり時間依存性を示すが，それらの理論的背景と測定法は第 5 章でとくに静的粘弾性と動的粘弾性に続いてゴム弾性，さらに誘電緩和特性について詳しく説明する。

### 3　材料試験法

製品として実用化できる材料を得るためには多くの試験データを取得評価し要求性能基準をクリアしなければならない。しかしながら，実用化されている製品のほとんど大部分は，主に加熱による加工プロセス（1.8 節）を経てフィルム状，繊維状，筒状などに成形される。成形加工法において溶融した高分子（融液）を一方向に延伸（一軸延伸）したり，直交方向に延伸（二軸延伸）すると長い分子鎖は延伸方向に配向し並ぶ傾向があり，試験に供する試験片の作製条件によって異方性が現れ，測定方法によって得られるデータが異なる場合がある。詳しくは6章6.8.4項の試験法を参照にされたい。

## 1.6　高分子の原料と生産方式

日常よく使われている高分子化学製品のほとんど大部分は，石油や天然ガスなどの化石燃料を素原料として製造されたものである。原油の常圧蒸留によって得られる粗製ガソリン（ナフサ）を分解・改質することによって，化学工業製品を合成するための基礎原料（エチレン，プロピレン，C4留分，芳香族化合物など）を製造し，さらにこれを出発原料としていろいろな化学製品を製造する工業を石油化学工業という。高分子はこれらの合成基礎原料から製造されるので，高分子化学製品は石油化学製品に分類される。原油を蒸留操作によって分離・精製し，燃料油，潤滑油などの各種石油精製品を製造している石油精製工業と石油化学工業を営む企業群は地域集約（コンビナート）生産方式をとり，ナフサをパイプラインで供給して合理的に生産活動を行っている。高分子化学工業は石油を素原料として大量生産されるプラスチックに支えられている。しかし，生活レベルが格段に向上し，価値観が多様化し，さらには省エネルギー・省資源だけでなく，軽量化による地球環境保全が強く求められている21世紀においては，大量生産の必要な新規高分子の開発は難しく，既存プラスチックの物性改良などによる，より高性能・高機能高分子材料や異種材料との高分子複合材料の開発が重要となっている。石油精製工業と石油化学工業の関係を図1.7に示す。

## 1.7　生成（重合）反応の分類と高分子材料概観

モノマーが連続的に結合してポリマーを生成する反応を重合反応 (polymerization reaction) という。重合反応を起こすモノマー分子には，少なくとも反応可能な官能基が2個必要であり，それらが互いに反応して長い分子鎖をつくる。

このような重合反応には，有機合成における種々の単位反応が応用されている。反応様式によって重合反応を分類し，それらに用いられる代表的なモノマーと生成する

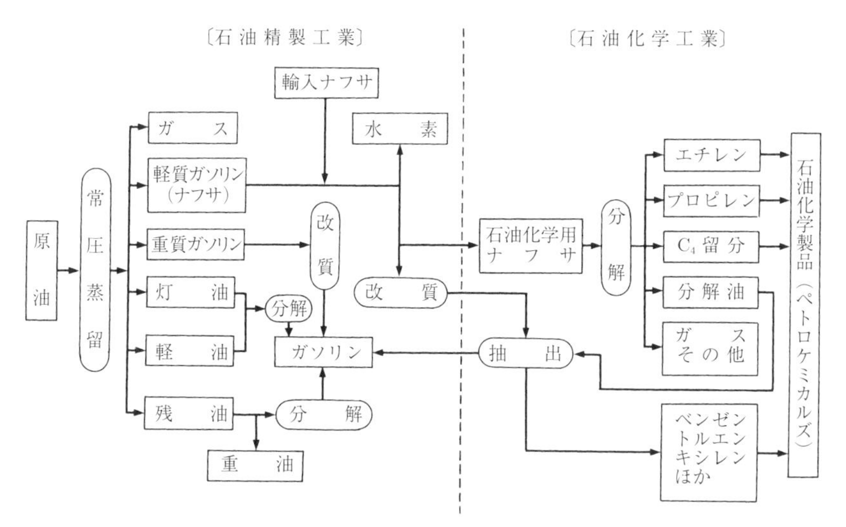


図 **1.7** 石油精製工業と石油化学工業の関係

ポリマーおよび用途例を表 1.4 にまとめて示す。反応様式は大きく 2 つの型に分類され，それらは重合反応における反応率（重合率）と生成ポリマーの重合度関係に著しい影響を与える。それらの特徴は 2.1 節で詳しく説明する。

第一の型は単位反応として連鎖反応を利用した連鎖重合 (chain polymerization) である。代表的な連鎖重合はモノマーがエチレンとその誘導体（ビニル化合物）の $C=C$ の $\pi$ 電子が 2 官能となり，その $\pi$ 電子への付加によって重合が進行する付加重合 (addition polymerization) であり，モノマーの名称からビニル重合 (vinyl polymerization) とも呼ばれている。モノマー中に二重結合を有しない環状化合物の環の開裂によって重合反応が進行する連鎖重合を開環重合 (ring-opening polymerization) と呼ぶ。これらの重合は反応中間体（活性種または成長種）の種類によって，ラジカル重合 (radical polymerization) とイオン重合 (ionic polymerization) に分類される。後者はさらにアニオン重合 (anionic polymerization) とカチオン重合 (cationic polymerization ) に分けられる。エチレンやプロピレンは反応性が低く，また成長末端の連鎖移動反応が起こりやすいため高分子量のポリマーが生成しにくい。この問題を先駆的に解決した，いわゆる Ziegler-Natta 触媒を用いた重合は，触媒と活性種の作用機構から配位アニオン重合 (coordinated anionic polymerization) と特称されている。

表 1.4　重合反応の分類

| 反応様式 | | 主なモノマー | 生成ポリマー | 用途例 |
|---|---|---|---|---|
| 連鎖重合 | 付加重合（ビニル重合） | エチレン | ポリエチレン | |
| | | | 低密度ポリエチレン | フィルム，射出成型品 |
| | | | 高密度ポリエチレン | コンテナ，大型パイプ |
| | | プロピレン | ポリプロピレン | 自動車バンパー，容器 |
| | | スチレン | ポリスチレン | 発泡体，台所用品 |
| | | 塩化ビニル | ポリ塩化ビニル | タイル，農ビフィルム |
| | | メタクリル酸メチル | ポリメタクリル酸メチル | 看板，デイスプレー |
| | | 酢酸ビニル | ポリ酢酸ビニル | 接着剤，フィルム |
| | | テトラフルオロエチレン | テフロン® | 半導体や自動車産業用 |
| | 開環重合 | エチレンオキシド | ポリエチレンオキシド | エラストマー |
| | | プロピレンオキシド | ポリプロピレンオキシド | 顔料，医薬品中間体 |
| | | ラクチド | ポリラクチド | 生分解性フィルム |
| | | グリコリド | ポリグリコリド | 縫合糸，ステント |
| | | ε–カプロラクトン | ポリ(ε–カプロラクトン) | 食品包装用フィルム |
| | | エチレンスルフィド | ポリエチレンスルフィド | |
| | | エチレンイミン | ポリエチレンイミン | ラミネートアンカー剤 |
| | | オクタメチルテトラシロキサン | ポリジメチルシロキサン | エラストマー |
| 逐次重合 | 重縮合 | エチレングリコール，テレフタル酸 | ポリエチレンテレフタレート | PET ボトル，繊維 |
| | | 1, 4–ブタンジオール，テレフタル酸 | ポリブチレンテレフタレート | 自動車部品や電機部品 |
| | | アジピン酸，ヘキサメチレンジアミン， | ポリアミド（ナイロン 66） | 繊維や自動車部品 |
| | | ビスフェノール A，ホスゲン | ポリカーボネート | 透明・耐衝撃材料部品 |
| | 重付加 | 1, 4–ブタンジオール，ジフェニルメタンジイソシアネート | ポリウレタン | エラストマー，フォーム |
| | | ナノメチレンジアミンジフェニルメタンジイソシアネート | ポリ尿素 | ライニング材，塗料 |
| | 付加縮合 | フェノール，ホルムアルデヒド | フェノール樹脂 | 電気部品・機械部品 |
| | | 尿素，ホルムアルデヒド | 尿素樹脂 | ボタン，キャップ |
| | | メラミン，ホルムアルデヒド | メラミン樹脂 | 食器，化粧板，スポンジ |

工業的に大量生産されている五大汎用プラスチック（厳密には，低密度ポリエチレン，高密度ポリエチレン，イソタクチックポリプロピレン，アタクチックポリ塩化ビニル，アタクチックポリスチレン）は，付加重合反応で生産されている。開環重合で合成されるポリマーは，熱可塑性エラストマーのソフトセグメントとして多用されているだけでなく，生分解性を示すことから生分解性プラスチックや生体適合性プラスチックにも応用されている。金属代替を目的としたエンジニアリングプラスチック（エンプラ）として，テトラフルオロエチレンから得られるテフロン®やホルムアルデヒドモノマーの C = O$\pi$ 結合のアニオン重合で得られる熱可塑性のポリアセタールが知られている。表中では 1 種のモノマーの重合によって得られるホモポリマーを中心に紹介したが，2 種以上のモノマーを用いて得られる共重合体（コポリマー）として，合成ゴムとして利用されているスチレン–ブタジエン (SB) のジブロック共重合体，スチレン–ブタジエン–スチレン (SBS) トリブロック共重合体，さらにはアクリロニトリル (A)，スチレン (S)，ブタジエン (B) の三元共重合体は，まず，ポリブタジエンにスチレンとアクリロニトリルをグラフト共重合した ABS 樹脂が知られている。

表中の酢酸ビニルの溶液・ラジカル重合によって得られるポリ酢酸ビニルはそのまま接着剤として用いられるが，3 章の高分子の反応で説明されるように，生成したポリ酢酸ビニルの反応によってさまざまな新しい高分子が合成できる。側鎖酢酸基 (–OCOCH$_3$) の加水分解によって水酸基 (–OH) に変換するとポリビニルアルコールが生成する。このポリマーは水溶性であり，強い接着力があり，ガスバリア性がよいだけでなく生分解性があるため食品添加剤，化粧品など幅広い用途がある。また–OH 基の一部をホルムアルデヒドと反応させホルマール化すると水に不溶化したポリビニルホルマールが生成する。これを繊維状に加工すると我が国初のビニロン®繊維である。ブチルアルデヒドを用いてブチラール化するとポリビニルブチラールが得られる。この透明な樹脂はガラスやセラミックとの接着性に優れ，自動車などの安全窓ガラス間接着剤に応用され，ガラス破損事故防止に役立っている。重合反応の特徴を活かし，真空下での高分子反応を利用して開発された接着剤アロンアルファ®は，モノマーである $\alpha$–シアノアクレートの弱塩基 H$_2$O 開始剤によるアニオン重合で得たポリマーの真空（禁水）熱分解における解重合によって生成したモノマーのチューブ詰めによる製品である。また地球環境保全の観点から “軽量化” をキーワードとする鉄鋼代替材料としての高分子複合材料が注目されている。ボーイング 787 の機体の半分に採用されている炭素繊維強化プラスチック (CFRP) に用いられている炭素繊維 (CF) はアクリロニトリルから熱分解（反応式は3章参照）によって製造されている。さらに天然高分子である木質繊維セルロースを部分的な化学反応を施しながら機械的につくられた繊維口径がナノメートルサイズのセルロースナノファイバー (CNF) は豊富な森林資源を有する日本が独自で開発中のプラスチック強化用繊維である。

これに対して，主として異種2官能性化合物間の縮合反応，付加反応，あるいは付加と縮合反応を段階的に繰り返してポリマーを生成する逐次重合 (step polymerization) があり，それぞれ重縮合 (polycondensation)，重付加 (polyaddition)，そして付加縮合 (addition-condensation) と呼んでいる。重縮合反応で得られる飽和ポリエステルであるポリエチレンテレフタレートやポリブチレンテレフタレート，ナイロン66およびポリカーボネートは熱可塑性でエンプラである。より力学特性や耐熱性に優れた全芳香族ポリアミドとして Nomex®繊維，Kevler®繊維や第一塩化鉄銅触媒として2, 6–ジメチルフェノールモノマーを酸素で水の脱離を伴い得られるポリフェニレンエーテル (PPE) の改良 PPE はスーパーエンプラと位置付けられる。ポリウレタンやポリ尿素などは重付加反応で得られる代表的な樹脂である。熱硬化性樹脂としてホルムアルデヒドとの付加縮合反応で得られるフェノール樹脂，尿素樹脂やメラミン樹脂が生産されている。またビスフェノール A とエピクロルヒドリンから得られる両末端にエポキシド（炭素原子2個と酸素原子1個からなる3員環）をもつエポキシ樹脂やマレイン酸とエチレングリコールの重縮合で得られる不飽和ポリエステル分子鎖中の二重結合を利用したスチレンやメタクリル酸メチルのラジカル付加重合によって3次元網目状高分子も熱硬化性高分子と位置付けられている。1839年に Goodyear によって見いだされた天然ゴム（天然高分子）の硫黄による3次元架橋は，20世紀初頭に提唱された高分子説以前の19世紀中期に見いだされていたネットワークポリマーの先駆けである。

概観してきたこれらのポリマー（高分子）の大分部はプラスチック（付録3，生産量と用途別構成参照）として利用されているが，熱可塑性を示すプラスチックを細長く延伸加工して得られる繊維，弾性を示す熱可塑性プラスチックエラストマーや3次元（ネットワーク）構造の熱硬化性ゴム，さらに塗料や接着剤もこれらの高分子からなる。

## 1.8 高分子の成形加工

進展した重合技術によって得られる高分子は，重合触媒当たりの生成量や立体規則性，ミクロ構造などの1次構造の多様性はかなり改善され，触媒残渣や異種構造を除去せず，そのまま粉末状か顆粒状で高分子素材として利用できる。しかしながら，目的に合った製品とするためには，例えば，各種の添加剤［可塑剤，充填剤（フィラー），滑剤，紫外線吸収剤，安定剤，着色剤，導電性フィラー（帯電防止剤），核剤など］を適宜混合するが，優れた製品を製造するためには高分子素材やこれらの添加剤の選択が重要であり，各メーカーのノウハウとなっている。

熱可塑性樹脂の成形加工法として，最もよく使われる方法は射出成形機である。各種添加剤を混錬して得たペレット状コンパウンド（成形材料）をホッパーから投入し，加熱シリンダー中で溶融し，流動状態の樹脂をスクリューで所定の温度に保った金型中に押し出すことによって成形する。押出し成形機では，コンパウンドの製造に用いられるが，射出成形機と同様の加熱筒で溶融，混錬し，押出し口（ダイ，口金）から連続的にペレットはもちろんのこと，フィルム，パイプ，シート，フィラメント，ホース，チューブなどに製造される。びん，人形，容器などの中空の製品を製造するために用いられる。インフレーション成形機やTダイ成形機は主にフィルム状，袋状の製造に用いられる。口金にTダイを用いるとシート状の製品を得ることができる。真空成形では金型の下部から空気を抜いて金型に密着させて成形する方法で，容器や洗面台などがつくられる。

熱硬化性樹脂の場合，熱可塑性樹脂と異なり熱によって金型中で硬化反応が起こるので成形法も異なる。一番の違いは金型を冷却しなくてもよいことである。圧縮成型機では粉末，顆粒，フレーク，ストロー状，パテ状の成形材料を金型に入れ予熱，加熱，加圧して成形する。寸法安定性の高い成形品を得るための特殊な成形法としてはトランスファー成形機が適している。

## 1.9　資源循環型社会構築に向けて

“資源循環” は，20世紀初頭に “高分子説”（Staudinger）が確立して以来，急激に発展し1世紀に満たない現在においても，体積換算で金属を凌ぐ生産量を誇っている “プラスチック” に代表される合成高分子が，21世紀も高度な物質文明を維持するための必要不可欠な “素材” であり続けることを前提としている。

1993年の環境基本法に続いて2000年に循環型社会形成推進基本法が制定され，その後，今日の廃棄物・リサイクル法体系が整備された。このような背景の中で，高分子学会において1992年に発足した“プラスチックリサイクル”研究会は，プラスチック（高分子）の未来を“グリーンケミストリーの思想（前出，囲み記事参照）”を基に高分子のリサイクルの化学と技術から再構築すべく，“グリーンケミストリー，GC”研究会に改名し再スタートした。つまり，石油資源枯渇と地球温暖化の問題解決に向け，原料，製造（合成），性能と機能，商品，消費者，回収（収集），選別，再生原料などの動脈⇔静脈（資源循環）サイクルの現場に携わる研究技術者，行政担当者，流通担当者および消費者を交えて「21世紀の高分子はいかにあるべきか？」を多角的に議論し，地球に愛される新たな高分子のリサイクルシステムと技術の提案を試みている。

1970年代の第1次オイルショックを契機に，石油資源の“分解”技術を応用した多くの廃プラスチックの処理技術が発信された。当時，石油資源は30年後に枯渇すると警鐘が鳴らされていたものの，90年代に入っても採掘可能な原油埋蔵量は増加し続け，石油由来プラスチック（石油プラ）不滅か？　との幻想が生まれつつある最中に，地球温暖化に端を発した地球環境保全の波がグローバルな規模で広まった。循環型社会形成推進基本法に続いて制定・施行された個別リサイクル法を追い風にして“廃プラスチックを処理するための分解”は“資源循環のための化学”として，とくに高収率で高付加価値の生成物をもたらすケミカルリサイクルのための“精密解重合”に生まれ変わった。

GC研究会では，“精密解重合”を，① リビング的・選択的にモノマーを生成する解重合，② 反応条件選択によって高収率でモノマーを生成する解重合，③ 高付加価値のモノマー以外の低分子化合物やオリゴマーを高収率で生成する解重合（分解），④ ケミカルリサイクル可能な高分子の解架橋を含む分解，と定義した。つまり“精密ケミカルリサイクル”は，精密解重合により特定の生成物を高収率で得る化学リサイクルを意味する。

解重合反応は重合における成長反応の逆成長反応であり，一般にその起こりやすさ（反応性）は，活性種の重合（成長）⇔解重合（逆成長）における平衡論で議論することができる。ポリエチレンテレフタレート (PET) に代表される逐次重合系ポリマーの平衡定数は極めて低いため，逆反応（解重合）が起こりやすく，加水分解や加溶媒分解，熱分解だけでなく酵素によっても容易に原料モノマーが生成する。PETボトルからモノマーを回収・精製し，再びPET（ボトル）を製造するプロセスが実用化されたことは記憶に新しい。一方，ポリエチレンに代表される連鎖重合系ポリマーでは，側鎖の脱離を伴うポリ塩化ビニルやポリ酢酸ビニルは除いて，平衡定数が高いだけでなく，原料モノマーが生成する解重合反応の活性化エネルギーも連鎖移動反応などに比べて高く，解重合だけが起こる反応条件を整えること（素反応制御）はきわめて難しい。現時点では，上述した精密解重合の定義②：条件の選択によって高収率でモノマーを生成させる解重合反応制御技術を開発してもトピックスとなる段階である。もし，定義①：リビング的・選択的にモノマーを生成させ得るならば，生成物はモノマーのみ，かつ反応ポリマーの分子量分布が変化しないならば，“リビング解重合”となり，新しい高分子化学が拓けるに違いない。是非，若い研究・技術者たちにチャレンジして欲しい。詳細は3章高分子の反応3.4節“高分子の分解”を参照にされたい。

資源循環型社会構築に向けた新しいリサイクルのシステムおよび化学技術の創出のためには，産官学内外の関連分野との学術交流が不可欠であろう。しかし，とくにリサイクルの化学の中核をなす高分子の分解反応（静脈）の基礎を研究する研究・技術者は，高分子の合成関連分野（動脈）に比較して極端に少ない。高分子の原料が石油中心からバイオマスにシフトし始めているいまこそ，“地球に愛される高分子”をキーワードにして関連の研究・技術者が一同に会し，バランスのよい動脈⇔静脈サイクルについて継続的に議論すべきときと考える。本書を議論の“肴”とし，関連分野の研究・技術者や学生のネットワークの輪が広がることを熱望してやまない。

# 2章　高分子の合成

合成高分子は，素材として古くから重用されてきた金属，セラミックスに並んで，ほぼここ1世紀の間に三大素材の1つとしての地位を確立し，その生産量は体積で比較すると，金属を凌ぐほどに伸びている。本章では，このような高分子がどのようにして合成（重合）されているのかを，反応論を基礎として系統的に解説し，さらに重合反応の制御によって天然に存在する高分子の巧妙で精緻な機能を再現しうる高分子をいかにして合成しようとしているかを紹介する。

## 2.1　合成反応の分類と特徴

高分子は低分子化合物（モノマー）が共有結合によって，100個以上繰り返し結合した高分子量の巨大分子である。このような共有結合の形成反応を重合反応という。したがって，モノマー分子中の少なくとも2個の官能基がそれぞれ新しい結合を形成することが必要であり，そのような化学反応が重合反応に応用される。

繰り返しの数（重合度）の大きなポリマーを高収率で得るには，まず結合形成のための単位反応が高選択性をもつ必要がある。例えば，重合度100のポリマーを高収率で得たいとき，共有結合形成の1回の反応確率（選択性）が0.999（副反応0.1%）と0.995 （副反応0.5%）の場合，ポリマーの生成確率はそれぞれ90.6%と60.9%となり，高い選択性が必要なことがわかる。

線状ポリマーを合成するための反応様式は次の2つに大別される。1つは一般に2官能性モノマーの官能基で結合反応が起こり，分子量が段階的に増大する逐次重合(step po1ymerization)である。これには，水やアルコールなどの低分子成分を脱離する縮合反応を利用した重縮合(po1ycondensation)，低分子成分が脱離しない付加反応を利用する重付加(po1yaddition)，さらにこれらが繰り返される付加縮合(addition-condensation)がある。どの場合も，重合反応時に逐次生成するポリマーの分子末端にはモノマーと同じ2個の官能基が存在し，それらの反応性はモノマーのそれと本質的に変わらない。

もう1つは，共有結合の生成と同時に新しい活性点が生成する反応であり，反応が連鎖的に進行することから，これを一般に連鎖重合 (chain polymerization) と呼ぶ。反応形式としてビニル化合物やジエン化合物のように付加反応を繰り返す付加重合 (addition polymerization)，結合形成反応時に原子配列が変わる異性化重合 (isomerization polymerization)，あるいは環状化合物の開環反応によって結合が形成する開環重合 (ring-opening polymerization) などに分類される。これらの連鎖重合は重合活性種の種類によってラジカル重合，カチオン重合，アニオン重合などにも分類される。

このように，共有結合形成の反応様式が全く異なる逐次重合と連鎖重合とでは，とくに，生成するポリマーの収量，重合度（分子量）とその分布の重合時間による変化にきわめて大きな違いがある。それらの関係を図2.1および図2.2に示す。時間変化における生成ポリマーの収量と分子量の関係（図2.1）に示されるように，どちらの場合も時間とともに生成ポリマーの収量は増加する。しかしながら，逐次重合では分子量分布を徐々に広げながら，分子量が増加するが，連鎖重合ではある分子量分布を保ち，分子量も変化しない。このことは，反応率と分子量および分子数の関係（図2.2）に顕著に現れる。すなわち，逐次重合では，すべてのモノマー中の官能基がいっせい（ランダム）に重合反応に関与し，段階的に反応することによって，分子が徐々に減少し，逆に分子量が増加する。したがって，反応率が100%に近づくと急激に分子数が減少し重合度の高いポリマーが得られる。一方，連鎖重合では反応率の増加は同じ分子量分布をもつ分子数の増加によるものであり，分子量は変化しない。

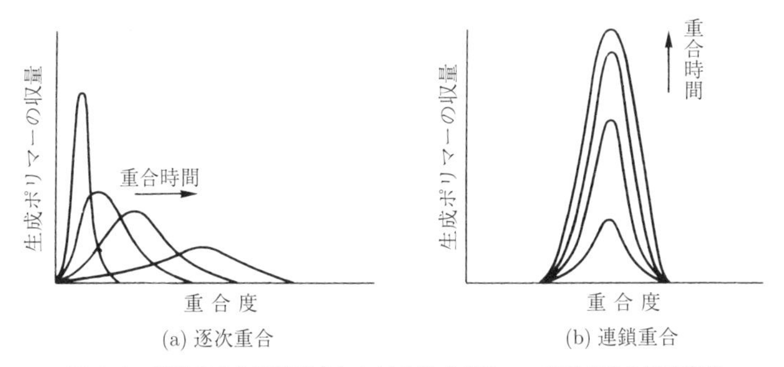


**図 2.1**　逐次重合と連鎖重合における生成ポリマーの重合度の経時変化

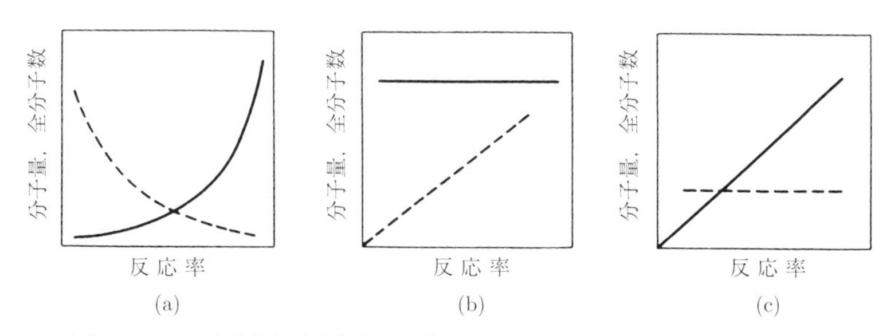


**図 2.2**　生成ポリマーの分子量と反応率との関係
(a) 逐次重合, (b) 停止反応および移動反応のある連鎖重合, (c) 停止反応および移動反応のない連鎖重合（リビング重合）. ——：分子量, -----：分子数

高い反応率（重合率）を得る条件を知るために, 共有結合生成反応の化学平衡の問題にふれておく。逐次反応での重縮合では脱離する水などの低分子成分が平衡に関与するので, 高分子量のポリマーを得るには脱離低分子成分を重合系から除去し, 平衡を生成系側に移行させる必要がある。連鎖重合における付加重合や開環重合では, 重合とその逆反応（解重合）との間に平衡が存在し, 実際に問題となる場合がいくつか知られている。例えば, $\alpha$–メチルスチレンのような $\alpha,\alpha$–二置換エチレンの重合の場合, 重合反応の速度と解重合の速度とが等しくなり, 見かけ上重合が進まなくなる温度が室温付近に存在するため, 重合度を上げるためにはより低温で行う必要がある。この重合解重合の平衡温度を天井温度 (ceiling temperature, $T_c$) という。いくつかのビニル系モノマーの $T_c$ 値を表 2.1 に示す。$T_c$ が高く, 比較的大きい発熱を伴う付加重合の場合, 平衡が生成系にかたよっているので, 重合温度はあまり問題にならない。一般に, 高分子量のポリマーを得るには, モノマー自身がもつ官能基の反応性だけでなく, 溶媒の種類やモノマーの濃度, 温度, 触媒（重合開始剤）, 不純物の有無などの十分な検討が必要となる。

**表 2.1**　天井温度

| モノマー | $T_c$ (℃) |
|---|---|
| エチレン（1 気圧） | 369 |
| プロピレン（1 気圧） | 244 |
| イソブチレン（1 気圧） | 156 |
| スチレン (1 M) | 338 |
| メタクリル酸メチル (1 M) | 177 |
| $\alpha$–メチルスチレン (1 M) | 31.5 |

## 2.2　逐次重合

逐次重合には, 一般にポリアミドやポリエステルなどの合成に用いられる重縮合と,ポリ尿素やポリウレタンなどを合成する重付加がある。一般式をそれぞれ次に示す。

重縮合

$$H_2N-R-NH_2 + HOOC-R'-COOH \rightleftarrows -\!(NH-R-NHCO-R'-CO)\!- + 2H_2O$$

$$HO-R-OH + HOOC-R'-COOH \rightleftarrows -\!(O-R-OCO-R'-CO)\!- + 2H_2O$$

重付加

$$H_2N-R-NH_2 + OCN-R'-NCO \rightleftarrows -\!(NH-R-NHCONH-R'-NHCO)\!-$$

$$HO-R-OH + OCN-R'-NCO \rightleftarrows -\!(O-R-OCONH-R'-NHCO)\!-$$

重縮合では水のような低分子成分を脱離するが，重付加では脱離成分はない。すでに述べたように，逐次重合系のモノマーはいっせいに反応に関与し，生成したオリゴマーは分子の両末端にそれぞれ官能基をもつので，逐次的に互いに反応を繰り返し，しだいに高分子量体となる。

逐次反応における反応度 (extent of reaction) $p$ と生成する重合体の分子量分布の関係は，両末端にある官能基の反応性は重合度に関係なく一定であり，環状化合物は生成しないと仮定して，統計論的に導かれている。この理論は実験とよく一致する。いま，$-COOH$ のような官能基を A とし，$-NH_2$ や $-OH$ を B とし，A は B と結合する反応しか起こらないとする。モノマーが A～B のように 2 官能性 (bifunctional) の場合, A と B の反応が逐次的に起こると，次のようなポリマーが生成する。

A～B–A～B–A～B–A～B–A～B–A～B–A～B–A～B

ここで，$n$ 個の A～B 分子が反応し $n$ 量体になったとき，$(n-1)$ 回の反応が起こったことになる。この反応を反応度 $p$ で表し，反応前は $p=0$ であり，すべて反応したとき，$p=1$ となる。反応前の系中の全分子数を $N_0$ とすると，ある反応時間で反応度 $p$ となるとき，系中の全分子数 $N$ は

$$N = N_0(1-p)$$

で表される。つまり，$p=(N_0-N)/N_0$ である。

この逐次反応における数平均重合度 $P_{\mathrm{n}}$ は次式で表される。

$$P_{\mathrm{n}} = \frac{\text{最初に存在した分子の総数}}{\text{ある時間における分子の総数}} = \frac{N_0}{N} = \frac{N_0}{N_0(1-p)} = \frac{1}{1-p} \qquad (2.1)$$

つまり，$p$ が1に近づくと，$P_n$ は急激に増大する。一般に高分子材料として必要な強度をもたせるためには，少なくとも $P_n$ が100以上であることが要求されるので，反応度 $p$ は0.99，すなわち反応率99%以上でなければならない（表2.2参照）。

**表 2.2**　反応度と数平均重合度の関係

| 反応率% | 反応度 $p$ | 数平均重合度 $P_n$ |
|---|---|---|
| 0 | 0 | 1 |
| 50 | 0.5 | 2 |
| 90 | 0.9 | 10 |
| 95 | 0.95 | 20 |
| 99 | 0.99 | 100 |
| 99.9 | 0.999 | 1000 |
| 99.99 | 0.9999 | 10000 |

高重合度のポリマーを得るためには，さらに反応する2種の官能基のモル比が正確に等モル比（1：1）に保たれていなければならない。ここでは，2官能性モノマーA〜A分子とB〜B分子間の逐次反応において，一方のモノマーが他方より過剰に存在する場合，生成するポリマーの数平均重合度はどう変化するか調べてみよう。各モノマーの初期分子数をそれぞれ $N_A$ および $N_B$ として，$N_A > N_B$ と仮定する。反応度が $p$ のとき，官能基AあるいはBをもつモノマーはいずれも $N_B p$ だけ反応している。反応系中の未反応の官能基をもつ分子の数 $N$ は次式となる。

$$N = N_B(1-p) + (N_A - N_B p) \tag{2.2}$$

ここで，$r = N_B/N_A$ とおくと，式(2.2)は次のように変形できる。

$$N = N_B\left\{2(1-p) + \frac{1-r}{r}\right\} \tag{2.3}$$

初期分子数は次式(2.4)で表される。

$$N_0 = N_A + N_B = \frac{N_B}{r} + N_B\left(1 + \frac{1}{r}\right) \tag{2.4}$$

したがって，数平均重合度は式(2.4)と式(2.2)の比となり，式(2.5)で表せる。

$$P_n = \frac{1+r}{2r(1-p)+(1-r)} \tag{2.5}$$

ここで，反応が完全に進行し，$p=1$ となると，式(2.5)は次式のようになる。

$$P_n = \frac{1+r}{1-r} \tag{2.6}$$

これは，例えば反応率が100%の場合でも，モノマーA〜Aが1%過剰ならば（$r = 0.99$），

重合度 $P_n$ は 200 以上にはならないことを意味しており，官能基 A，B 間の等モル比の重要性を示している。先に論じた A～B 型のモノマーのように等モル性が保証されていることが逐次反応にとって都合がよい。一方，これは 1 官能性の化合物を添加することによって，むしろ縮合系ポリマーの分子量を制御できることをも意味している。

さて，ここで 2 官能性分子の逐次重合における速度論について考えてみよう。ある反応時間 $t$ における 2 つの官能基 A と B の濃度をそれぞれ [A] および [B]，また生成物 A–B および脱離成分 X の濃度をそれぞれ [A–B] と [X] とすると，反応速度 $R$ は次式で表される。

$$R = -\frac{\mathrm{d[A]}}{\mathrm{d}t} = -\frac{\mathrm{d[B]}}{\mathrm{d}t} = k_1[\mathrm{A}][\mathrm{B}] - k_{-1}[\mathrm{A\text{–}B}][\mathrm{X}] \tag{2.7}$$

ここで，$k_1$，$k_{-1}$，はそれぞれ正反応と逆反応の速度定数である。逆反応が無視できる場合，あるいは重縮合で生成する脱離成分 X が系外にほとんど除去される場合には，式 (2.7) の第 2 項が無視できるので，初期濃度 $[\mathrm{A}]_0 = [\mathrm{B}]_0$ のとき，式 (2.8) となる。

$$-\frac{\mathrm{d[A]}}{\mathrm{d}t} = k_1[\mathrm{A}]^2 \tag{2.8}$$

これを積分すると，式 (2.9) が得られる。

$$\frac{1}{[\mathrm{A}]} - \frac{1}{[\mathrm{A}]_0} = k_1 t \tag{2.9}$$

$[\mathrm{A}] = [\mathrm{B}] = [\mathrm{A}]_0(1-p)$ で表されるので，式 (2.9) は次のようになる。

$$\frac{1}{[\mathrm{A}]_0}\left(\frac{1}{1-p} - 1\right) = k_1 t \tag{2.10}$$

ここで式 (2.1) を用いると，$P_n$ は次のように表すことができる。

$$P_n = [\mathrm{A}]_0 k_1 t + 1 \tag{2.11}$$

この式は，逐次反応においては官能基の反応性が長さに関係なく一定であるため，生成するポリマーの $P_n$ は時間 $t$ とともに直線的に増加することを示している。図 2.3 にエチレ

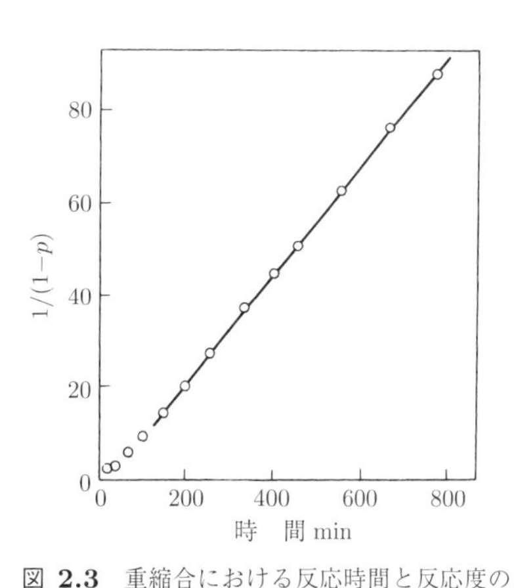


**図 2.3**　重縮合における反応時間と反応度の関係
エチレングリコールとアジピン酸，反応触媒; トルエンスルホン酸 0.4 %，反応温度; 109℃

ングリコールとアジピン酸の反応結果を示す。図中の $P_{\rm n} = 1/(1-p)$ と時間 $t$ のプロットは反応の初期で少し直線からずれるが，式 (2.11) の正当性を支持している。

しかし，通常重縮合は可逆反応であるので，反応が進行するにつれて逆反応を無視することができなくなる。そこで，式 (2.7) に $[{\rm A}] = [{\rm B}] = [{\rm A}]_0\ (1-p)$, $[{\rm A\text{–}B}] = [{\rm A}]_0 p$ を代入すると，次式が得られる。

$$R = -\frac{{\rm d}\{[{\rm A}]_0(1-p)\}}{{\rm d}t} = k_1[{\rm A}]_0^2(1-p)^2 - k_{-1}[{\rm A}]_0 p[{\rm X}] \tag{2.12}$$

いま，平衡定数 $K = k_1/k_{-1}$ とおき，また生成した X が反応系に含まれる場合，$[{\rm X}] = [{\rm A}]_0 p$ であるので，これを式 (2.12) に代入して積分すると，$P_{\rm n}$ の時間変化は次式で与えられる。

$$P_{\rm n} = 1 + K^{1/2}\frac{1-\exp(-2k_1[{\rm A}]_0 t/K^{1/2})}{1+\exp(-2k_1[{\rm A}]_0 t/K^{1/2})} \tag{2.13}$$

図 2.4 に時間 $t$ に対する数平均重合度 $P_{\rm n}$ の変化を示す。図から，脱離成分 X を除去しない場合には，式 (2.11) と異なり，$P_{\rm n}$ は時間とともに飽和することがわかる。十分時間がたって，反応が完全に平衡に達するとき ($t = \infty$)，$P_{\rm n}$ は次式で与えられ，$K = p^2/(1-p)^2$ となる。

$$P_{\rm n} = 1 + K^{1/2} \tag{2.14}$$

この式は，反応系から脱離成分を除去しない場合に到達する最高重合度を示す。高重合度のポリマーを得るためには，ポリアミドの場合には，250℃付近で $K = 300\sim400$ なので，加熱するだけで高重合度のポリマーが得られるが，ポリエステルのように，$K = \sim1$ の場合には，高真空下で加熱して脱離する水を反応系外に完全に除去しなければならない。このように重縮合反応による高分子の合成では，化学平衡を考慮しなけれ

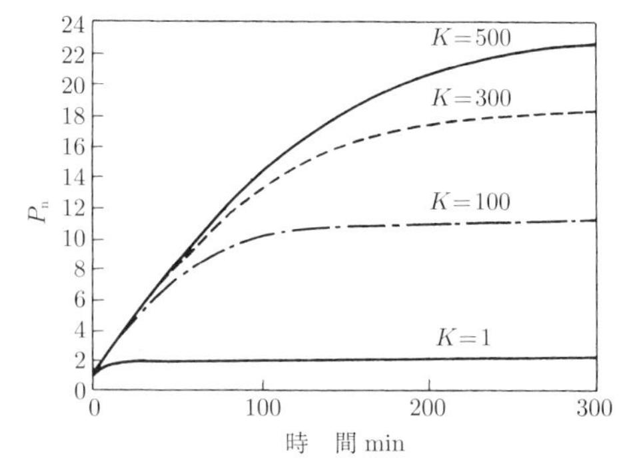


**図 2.4**　重縮合における生成ポリマーの数平均重合度 ($P_{\rm n}$) の経時変化

ばならない。

同様に重付加で平衡を考える場合，$K = p/\{[\mathrm{A}]_0(1-p)^2\}$ であり，これから，平衡時の最高平均重合度は次式のように表される。

$$P_\mathrm{n} = \frac{2K[\mathrm{A}]_0}{(1+4K[\mathrm{A}]_0)^{1/2}-1} \tag{2.15}$$

重付加では一般に $K$ が大きいので，$4K[\mathrm{A}]_0 \gg 1$ とすると，$P_\mathrm{n} \fallingdotseq (K[\mathrm{A}]_0)^{1/2}$ となり，$P_\mathrm{n}$ は $K$ のみならず $[\mathrm{A}]_0$ に依存する。

さて，次に，生成ポリマーの重合度（分子量）分布を求めてみよう。官能基 A，B が完全に等モルとなる 2 官能性分子 A～B について，反応度 $p$ では B–A 結合は $p$ だけ生成し，残りの未反応 A は $1-p$ となる。このとき存在する $n$ 量体の濃度（存在確率）は，A の反応性が重合度 $n$ によらないとすると，$(n-1)$ 回の B–A 結合生成確率と未反応末端 A の存在確率との積 $p^{n-1}(1-p)$ に比例することになる。例えば，4 量体の存在確率は $p^3(1-p)$ となる。

A～ B – A～ B – A～ B – A～ B

確率 $(1-p)$　$p$　　$p$　　$p$

重合反応系中での $n$ 量体の分子数を $N_\mathrm{n}$ とすると，$N_\mathrm{n} = Np^{n-1}(1-p)$ となるので，$N = N_0(1-p)$ を代入して

$$N_\mathrm{n} = N_0 p^{n-l}(1-p)^2$$

が得られる。$n$ 量体のモル分率 $x_\mathrm{n}$ は $N_\mathrm{n}/N$ に等しいので

$$x_\mathrm{n} = p^{n-1}(1-p) \tag{2.16}$$

となる。これは，反応度 $p$ における重合度 $n$ のポリマーのモル分率による分布を示している。図 2.5 にいくつかの $p$ 値における $n$ 量体のモル分率 $x_\mathrm{n}$ 値をプロットした。図から，反応度 $p$ が低いほど低分子量成分が多いことがわかる。

ポリマーの組成は，モル分率よりも重量分率で表現されることが多い。$n$ 量体の重量分率 $x_\mathrm{n}$ は式 (2.16) を用いて次式で表すことができる。

$$w_\mathrm{n} = \frac{M_\mathrm{n}N_\mathrm{n}}{mN_0} = \frac{nN_\mathrm{n}}{N_0} = np^{n-1}(1-p)^2 \tag{2.17}$$

これによって，重量分率 $w_\mathrm{n}$ で示した重合度分布曲線を求めると，図 2.6 のようにな

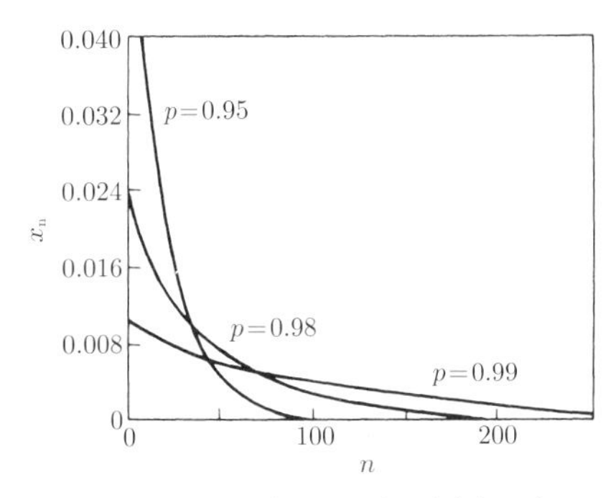


**図 2.5**　種々の反応度 $p$ における重合度 $n$ とそのモル分率 $x_{\mathrm{n}}$ との関係

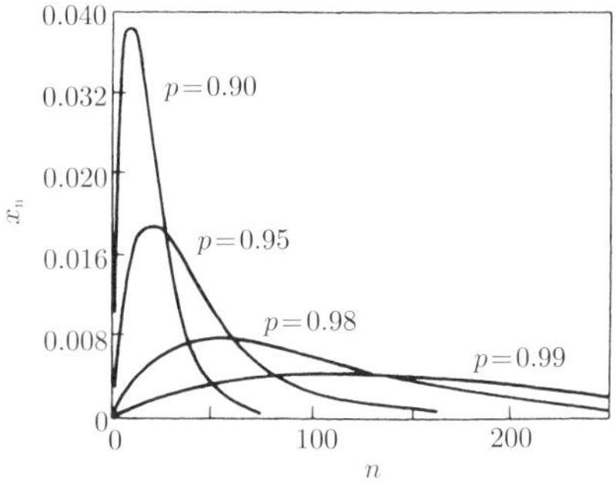

**図 2.6**　種々の反応度 $p$ における重合度 $n$ とその重量分率 $w_{\mathrm{n}}$ との関係

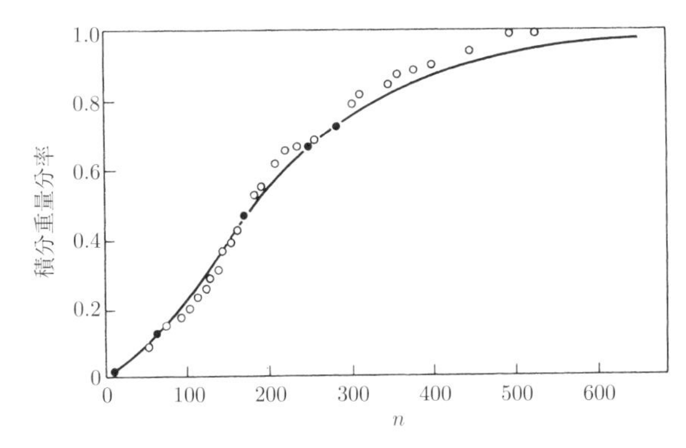


**図 2.7**　重量分率の積分値曲線の実例，ナイロン 66 の合成における $p = 0.9909$ の理論曲線（●）と実測値（○）

る。この分布は最も確からしい分布 (most probable distribution) または Flory（あるいは Flory-Schultz）分布と呼ばれており，ナイロン 66 合成における重合度分布の実測値をよく再現している（図 2.7）。

式 (2.16) と式 (2.17) から，それぞれ，数平均重合度 $P_{\mathrm{n}}$ と重量平均重合度 $P_{\mathrm{w}}$ は次のように与えられる。

$$P_{\mathrm{n}} = \sum^{\infty} n x_{\mathrm{n}} = \sum^{\infty} n p^{n-1}(1-p) = \frac{(1-p)}{(1-p)^2} = \frac{1}{(1-p)} \tag{2.18}$$

$$P_{\mathrm{w}} = \sum^{\infty} n w_{\mathrm{n}} = \sum^{\infty} n^2 p^{n-1}(1-p)^2 = \frac{(1-p)^2(1+p)}{(1-p)^3} = \frac{(1+p)}{(1-p)} \tag{2.19}$$

また，分子量分布の広がり程度を示す $P_{\mathrm{w}}/P_{\mathrm{n}}$ $(= M_{\mathrm{w}}/M_{\mathrm{n}})$ は式 (2.20) で表される。

$$\frac{M_{\mathrm{w}}}{M_{\mathrm{n}}} = \frac{P_{\mathrm{w}}}{P_{\mathrm{n}}} = (1+p) \tag{2.20}$$

すなわち，反応の進行とともに分子量分布は広がり，反応度 $p$ が 1 に近づくにつれて，$M_{\mathrm{w}}/M_{\mathrm{n}}$ 値は 2 に近づく。

### 2.2.1　重縮合

縮合反応とは 2 官能性化合物（A〜A 型と B〜B 型，あるいは A〜B 型）間で，小分子を脱離して結合する反応で，この反応を繰り返して高分子を生成する反応を重縮合 (polycondensation) という。代表的なものは，ジアミンとジカルボン酸の重縮合によるポリアミド (polyamide)，およびジオールとジカルボン酸の重縮合によるポリエステル (polyester) の合成である。反応式に示されるように，いずれの場合も水が脱離して，それぞれアミド結合あるいはエステル結合が生成する。

$$n\mathrm{H_2N{-}R{-}NH_2} + n\mathrm{HOOC{-}R'{-}COOH} \longrightarrow \mathrm{\left(NH{-}RNH{-}\underset{\underset{\displaystyle O}{\|}}{C}{-}R'{-}\underset{\underset{\displaystyle O}{\|}}{C}\right)_{\!n}} + 2n\mathrm{H_2O}$$

$$n\mathrm{HO{-}R{-}OH} + n\mathrm{HOOC{-}R'{-}COOH} \longrightarrow \mathrm{\left(O{-}R{-}O{-}\underset{\underset{\displaystyle O}{\|}}{C}{-}R'{-}\underset{\underset{\displaystyle O}{\|}}{C}\right)_{\!n}} + 2n\mathrm{H_2O}$$

A〜A 型と B〜B 型化合物間の反応による線状高分子として実用化されている代表的なものに，それぞれナイロン 66 （ポリアミド）と PET（ポリエステル）がある。

$$\underset{\text{ヘキサメチレンジアミン}}{\mathrm{H_2N(CH_2)_6NH_2}} + \underset{\text{アジピン酸}}{\mathrm{HOOC(CH_2)_4COOH}}$$

$$\rightleftarrows \underset{\text{ポリアミド（ナイロン 66）}}{\mathrm{\left(CONH(CH_2)_6NHCO(CH_2)_4\right)_{\!n}}} + \mathrm{H_2O}$$

$$\underset{\text{エチレングリコール}}{\mathrm{HO(CH_2)_2OH}} + \underset{\text{テレフタル酸}}{\mathrm{HOOC{-}C_6H_4{-}COOH}} \rightleftarrows \underset{\text{ポリエステル（テトロン，PET）}}{\mathrm{\left(O(CH_2)_2OCO{-}C_6H_4{-}CO\right)_{\!n}}} + \mathrm{H_2O}$$

このほかにビスフェノール A とホスゲンからのポリカーボネートやマレイン酸とエチレングリコールからの不飽和ポリエステル樹脂などがある。

$$\underset{\text{ビスフェノール A}}{\mathrm{HO{-}C_6H_4{-}C(CH_3)_2{-}C_6H_4{-}OH}} + \underset{\text{ホスゲン}}{\mathrm{COCl_2}} \longrightarrow \underset{\text{ポリカーボネート}}{\mathrm{\left(O{-}C_6H_4{-}C(CH_3)_2{-}C_6H_4{-}OCO\right)_{\!n}}} + \mathrm{HCl}$$

$$\underset{\text{マイレン酸}}{HOOCCH{=}CHCOOH} + \underset{\text{エチレングリコール}}{HO(CH_2)_2OH} \rightleftarrows \underset{\text{不飽和ポリエステル}}{-\!\!\left(COCH{=}CHCOO(CH_2)_2O\right)\!\!-_n} + H_2O$$

A～B型2官能性化合物によるポリアミドとして$\varepsilon$–カプロラクタムからナイロン6の合成があるが，この反応は開環重合とも密接に関連している。

$$\text{(}\varepsilon\text{-caprolactam ring: } H_2C, C=O, NH, CH_2, CH_2 \ldots) \xrightarrow{H_2O} \left[HOC(CH_2)_5NH_2\ (C{=}O)\right] \xrightarrow{-H_2O} -\!\!\left(\underset{\underset{O}{\|}}{C}(CH_2)_5\underset{\underset{H}{|}}{N}\right)\!\!-_n$$

A～A型とB～B型化合物間の重縮合方法には次の2つの方法がある。

1つは溶融重縮合と呼ばれる方法であり，真空下，モノマーを高温に加熱して行われる。この方法で高分子量ポリマーを得るためには，モノマーを厳密に等モル用いることが重要である。ナイロン66の場合，次のようなヘキサメチレンジアミンとアジピン酸の1：1付加物であるナイロン66塩を単離精製して用いることによって，この問題を解決している。

$$H_3\overset{+}{N}(CH_2)_6\overset{+}{N}H_3\overset{-}{O}OC(CH_2)_4CO\overset{-}{O}$$

このナイロン塩を真空下，270～280℃程度で加熱して重縮合を行う。

ポリエチレンテレフタレート (PET) の場合には，ジメチルテレフタレートとエチレングリコールのエステル交換反応よって得られるビス（$\beta$–ヒドロキシエチル）テレフタレートが用いられ

$$HOCH_2CH_2OOC-C_6H_4-COOCH_2CH_2OH$$

ビス（$\beta$- ヒドロキシエチル）テレフタレート

これを真空下，280℃付近で加熱し，生成するエチレングリコールを留去しながら反応度を高め，高分子量PETを得ている。

もう1つの方法は界面重縮合，溶液縮重合，および固相重合と呼ばれる方法で，官能基 (A, B) の反応性が高い場合に利用される。界面重縮合は低温でアミドやエステルを生成する反応として，酸塩化物とアミンあるいはアルコールの反応が知られている。互いに混ざらない2種の溶媒に別々の原料を溶解し，二相を室温付近で静かに接触させ，その境界面で重縮合を行わせる。例えば，水と混ざらない有機溶媒（四塩化炭素やクロロホルムなど）にジカルボン酸塩化物を溶かしたものと，水に脱酸剤（生

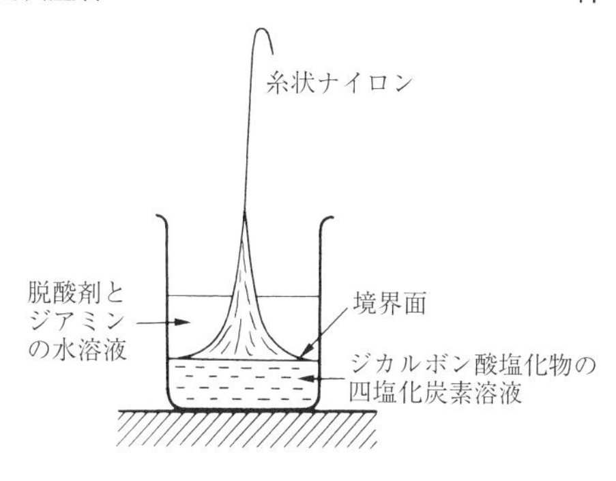


図 **2.8**　界面重縮合の実験

成する塩酸を中和する水酸化ナトリウムなど）とともにジアミンを溶かしたものを用いると，界面でポリアミドの膜が生成する。これをつまみ上げてポリアミドの糸を得ることができる（図 2.8）。この方法では重縮合が界面で進行するため，官能基を厳密に等モルにする必要がなく，また反応が比較的低温で起こるので，熱分解しやすいポリマーの合成に適している。

溶液重縮合では，一方の溶液を撹拌し，他方を滴下して行われる。極性有機溶媒を用いて比較的高温で加熱縮合させる高温溶液重縮合や，反応性の高い酸塩化物などを用いる低温溶液重縮合が知られている。この場合，ポリマーは粉末状として得られる。また，固体のまま加熱縮合させる固相重縮合も行われる。

ナイロンや PET などは加熱によって溶融するので，成形加工が容易であり，さまざまな成型物がつくられている。とくに耐熱性など諸物性に優れた熱可塑性樹脂は，エンジニアリングプラスチック (engineering plastics) と呼ばれている。例えば，主鎖にベンゼン環をもつ芳香族アミドはアラミドと呼ばれ，高強度で耐熱性に優れ，工業的に広く用いられている。

ポリカーボネートは，耐熱性，寸法安定性や透明性に優れている。また，次のように合成されるポリイミドは，耐熱性や気体透過性に特徴がある。

$$\mathrm{O{=}C(O)C{=}O\text{-}C_6H_2\text{-}O{=}C(O)C{=}O} + \mathrm{H_2N\text{-}C_6H_4\text{-}O\text{-}C_6H_4\text{-}NH_2} \longrightarrow \left( \mathrm{-NHC(=O)\text{-}C_6H_2(COOH)(HOOC)\text{-}C(=O)NH\text{-}C_6H_4\text{-}O\text{-}C_6H_4-} \right)_n$$

$$\xrightarrow[-2\mathrm{H_2O}]{300℃} \left( \mathrm{-N{<}(C{=}O)_2{>}C_6H_2{<}(C{=}O)_2{>}N\text{-}C_6H_4\text{-}O\text{-}C_6H_4-} \right)_n$$

他に多くのエンジニアリングプラスチックが知られているが，モノマーと生成ポリマーおよび用途例は 1 章，表 1.4 に示し，物性は 6 章で詳しく述べる。

### 2.2.2　重付加

逐次重合において，小分子の脱離がない分子間付加反応を繰り返す重合を重付加と呼ぶ。例えば，活性水素（OH や $NH_2$）基をもつ化合物はイソシアネート基と付加反応を容易に起こす。

$$\mathrm{R{-}\overset{\delta-}{N}{=}\overset{\delta+}{C}{=}O} + \mathrm{\overset{\delta+}{H}\leftarrow\overset{\delta-}{R'}} \longrightarrow \mathrm{R{-}\underset{H}{\underset{|}{N}}{-}\underset{O}{\underset{\|}{C}}{-}R'}$$

OH 基とはウレタン結合，$NH_2$ 基とは尿素結合を生成し，これらの官能基を分子中に2個もつ2官能性化合物間で付加反応を繰り返すと，線状のポリマーであるポリウレタンおよびポリ尿素が得られる。

ポリウレタンの合成に用いられるジイソシアネートには，次のようなものがある。

$O{=}C{=}N{-}(CH_2)_6{-}N{=}C{=}O$

ヘキサメチレンジイソシアネート (HDI)

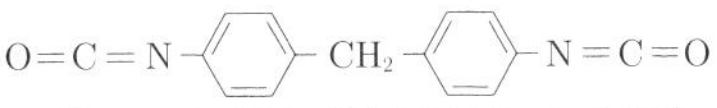

$O{=}C{=}N{-}C_6H_4{-}CH_2{-}C_6H_4{-}N{=}C{=}O$

ジフェニルメタンジイソシアネート (MDI)

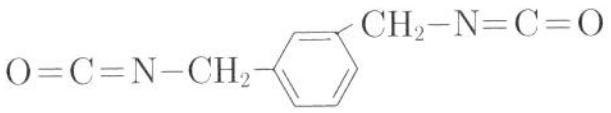

$O{=}C{=}N{-}CH_2{-}C_6H_4{-}CH_2{-}N{=}C{=}O$

*m*-キシリレンジイソシアネート (XDI)

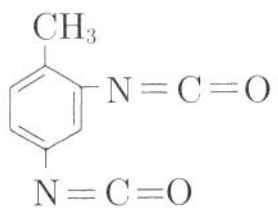

2, 4-トリレンジイソシアネート (2,4-TDI) 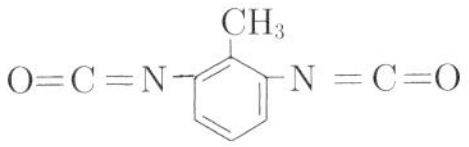　　2, 6-トリレンジイソシアネート（混合物，TDI）

ジオール成分として，脂肪族の1, 4-ブタンジオールやヘキサメチレンジオール，芳香族のビスフェノール A などが用いられる。また，アジピン酸とエチレングリコールから合成されるポリエステルジオール，エチレンオキシド，プロピレンオキシドとエチレングリコールから得られるポリエーテルジオールなど，両末端にヒドロキシル基をもつ分子量数千のオリゴマー（ポリオール）も用いられ，これらとジイソシアネートから高分子量のポリウレタンが得られる。このような手法をプレポリマー法という。

ジイソシアネート成分を過剰に反応させると，ポリマーの両末端はイソシアネート基となり，このイソシアネート基からさらに鎖延長をして，より高分子量の弾性繊維が得られる。これはスパンデックス (Spandex®) として商品化されている。得られたポリマー分子は，多くのウレタン結合（ポリウレタン）とポリエステルあるいはポリエーテル鎖で構成され，いわゆるハードセグメントとソフトセグメントを併せもつセグメント化ブロック共重合体となる。このように，剛直な結合と柔らかい鎖をもつポリマーは，共有結合による架橋点が存在しないにもかかわらずゴム弾性を示し，加熱によって溶融成形加工ができることから，熱可塑性弾性体（thermoplastic elastomer，略称エラストマー）と呼ばれ，工業的に広く利用されている。弾性糸，合成皮革，塗料，接着剤などへの応用が知られているが，最近では反応射出成形 (reactive injection molding，RIM) 法の開発により，成形材料としても重要なものとなっている。

また，プレポリマー中の末端イソシアネート基は少量の水（発泡剤）と，次のような反応をして二酸化炭素を発生するとともに，そこで生成したアミノ基とイソシアネート基が尿素結合して高分子量のポリウレタンフォーム

$$\mathrm{R{-}N{=}C{=}O + H_2O \longrightarrow [R{-}NH{-}COOH] \longrightarrow R{-}NH_2 + CO_2}$$

（発泡体）が生成する。発泡剤の量やポリマー鎖の剛さ，さらには架橋点間の鎖長などを調節することによって，硬軟が調節された発泡体がつくられている。柔らかい発泡体はソファや枕に，そして硬い発泡体は断熱材や自動車の内装に用いられている。

活性水素化合物としてジアミンを用いるとポリ尿素が生成する。ポリ尿素の尿素結合は分子間で水素結合を形成しやすく，さらには架橋しやすいので，溶解性が低く融点が高くなる。

イソシアネート基のほかに，活性水素化合物と容易に付加反応する官能基として，ケテン，エチレンイミン，エポキシあるいはビニル基が知られている。また，Diels-Alder 反応や光反応により C＝C の環化付加を用いた重付加もある。さらに，最近ではボラン種が二重結合に付加するヒドロホウ素化を利用した重合反応が開発され，ヒドロボレーション重合と名づけられている。

$$\mathrm{CH_2{=}CH{-}R{-}CH{=}CH_2 + R'BH_2 \longrightarrow \left( CH_2CH_2{-}R{-}CH_2CH_2{-}\underset{}{\overset{R'}{\overset{|}{B}}} \right)_{\!n}}$$

### 2.2.3　付加縮合

段階的に成長反応が起こる逐次重合の１つとして，付加反応と縮合反応を繰り返す付加縮合 (addition condensation) があげられる。代表的な例はフェノール–ホルムアルデヒド樹脂（フェノール樹脂）の合成反応がある。フェノール樹脂は最も古いプラスチックの１つである。フェノール類とホルムアルデヒドから合成されるが，酸触媒と

塩基触媒では生成するものが異なる。

塩酸を触媒とすると，その構造が線状のノボラック（分子量が1,000くらいの低分子量物質）ができる。

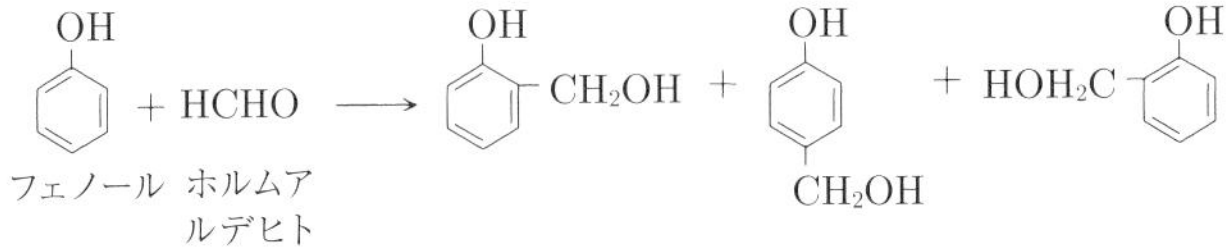

OH + HCHO ⟶ OH, $CH_2OH$ + OH, $CH_2OH$ + OH, $HOH_2C$　（付加反応）

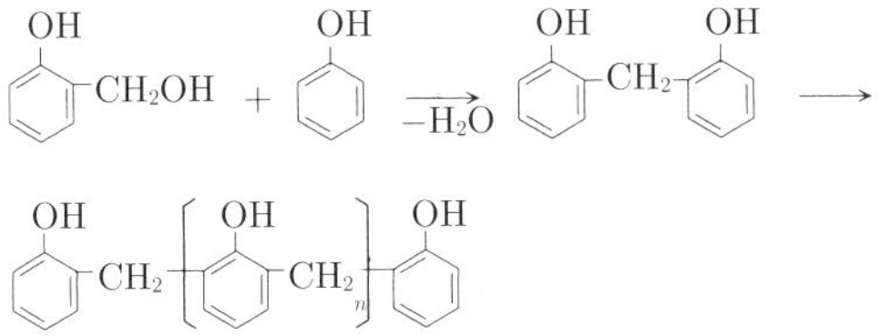

フェノール　ホルムアルデヒト

OH, $CH_2OH$ + OH $\xrightarrow[-H_2O]{}$ OH, $CH_2$, OH ⟶　（縮合反応）

OH, $CH_2$ [OH, $CH_2$]$_n$ OH

また，アンモニアや水酸化ナトリウムなどの塩基触媒を用いると，フェノールにメチロール基($-CH_2OH$)が種々置換したメチロールフェノールの混合物，すなわちレゾール（分子量が700～1000の低分子量成分）ができる。

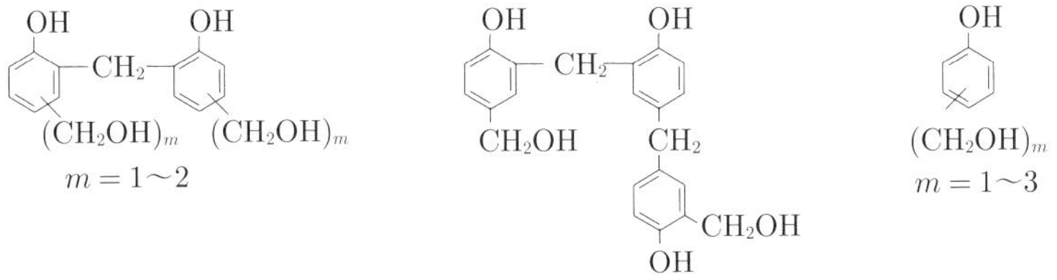

OH, $CH_2$, OH, $(CH_2OH)_m$ $(CH_2OH)_m$　$m = 1\sim2$

OH, $CH_2$, OH, $CH_2OH$, $CH_2$, $CH_2OH$, OH

OH, $(CH_2OH)_m$　$m = 1\sim3$

これらはフェノール樹脂の前駆体である。ノボラック樹脂はヘキサメチレレンジアミンなどのような硬化剤を添加後，またレゾール樹脂は反応性の高いメチロール基を有するのでそのまま，140～160℃，170～175 kg/cm$^2$で加熱圧縮することにより，分子間で架橋反応が起こり，不溶不融の3次元ポリマーが生成し硬化する。このような加熱によって硬化するポリマーを熱硬化性樹脂と総称している。

フェノールの代わりに尿素あるいはメラミンを用いた場合も，付加縮合反応が進行して，尿素–ホルムアルデヒド樹脂（尿素樹脂，またはユリア樹脂）あるいはメラミンホルム–アルデヒド樹脂（メラミン樹脂）が生成する。尿素の場合にも，酸と塩基触媒によって主反応が異なる。酸触媒では不溶不融のポリメチレン尿素が生成し，一方，塩基触媒では，水溶性の4種のメチロール尿素が生成する。通常，メチロール尿素を酸性にして縮合させ，加熱硬化して3次元架橋構造の尿素樹脂を得る。この樹脂は無色であり，接着剤として広く用いられている。

$$\mathrm{O{=}C{<}^{NH_2}_{NH_2}} \xrightarrow{\mathrm{HCHO}} \mathrm{O{=}C{<}^{NHCH_2OH}_{NH_2}} \xrightarrow{\mathrm{O{=}C{<}^{NH_2}_{NH_2}}} \mathrm{O{=}C{<}^{NHCH_2NH}_{NH_2}\ \ {}^{}_{NH_2}{>}C{=}O}$$

（付加反応）　　（縮合反応）

メラミン樹脂の場合も，メチロール体の加熱架橋によって不溶不融のポリマーが得られる。メラミンは反応点となるアミノ基が 3 個存在するため，生成した樹脂の表面硬度が高く，耐水性や耐薬品性に優れ，熱湯消毒が可能なため食器やコーティング材に用いられている。

$$\text{メラミン } \mathrm{C_3N_3(NH_2)_3} + \mathrm{HCHO} \longrightarrow \mathrm{C_3N_3(NH_2)_2(NHCH_2OH)} \quad \text{（付加反応）}$$

$$\mathrm{C_3N_3(NH_2)_2(NHCH_2OH)} \xrightarrow{\text{メラミン}} \mathrm{(NH_2)_2C_3N_3{-}NHCH_2HN{-}C_3N_3(NH_2)_2} + \mathrm{H_2O} \quad \text{（縮合反応）}$$

メラミン

重要な熱硬化性樹脂としてエポキシ樹脂がある。エポキシ樹脂は，分子内にエポキシド（炭素原子 2 個と酸素原子 1 個からなる 3 員環）をもった化合物で，ビスフェノール A とエピクロルヒドリンを塩基性触媒下で反応させると，次に示すようなエポキシ基を両末端にもつ前駆体（プレポリマー）が生成する。エポキシ樹脂前駆体の分子量は，350～420 程度の低いものから，5,000～8,000 程度の比較的高いものまで種々ある。

$$\mathrm{HO{-}C_6H_4{-}C(CH_3)_2{-}C_6H_4{-}OH} + \mathrm{\underset{\diagdown O \diagup}{CH_2{-}CH}{-}CH_2{-}Cl} \xrightarrow{\mathrm{NaOH}}$$

ビスフェノール A　　エピクロルヒドリン

$$\mathrm{\underset{\diagdown O \diagup}{CH_2{-}CH}{-}CH_2{-}O{-}C_6H_4{-}C(CH_3)_2{-}C_6H_4}\left[\mathrm{O{-}CH_2{-}\underset{OH}{CH}{-}CH_2{-}O{-}C_6H_4{-}C(CH_3)_2{-}C_6H_4}\right]_n\mathrm{O{-}CH_2{-}\underset{\diagdown O \diagup}{CH{-}CH_2}}$$

エポキシ樹脂

エポキシ樹脂前駆体を種々の硬化剤と反応させると，エポキシ基が開環し，生成したヒドロキシル基あるいは活性水素が，さらに常温または加熱下でエポキシ基と架橋反応して分子量無限大の3次元網状構造をとり，弾性率や強度の高いプラスチックとなる。硬化剤としては，トリエチレンテトラミン，エチレンジアミン，ジエチレントリアミンのような低分子アミンやポリアミド樹脂，無水フタル酸，無水メチルハイミック酸，無水ピロメリット酸，フェノール樹脂の初期縮合体などの酸無水物が用いられる。エポキシ樹脂は接着力に優れており，硬くて強い樹脂であるため，保護塗装などに用いられることが多い。

$$\underset{\backslash O /}{CH_2-CH}-CH_2-O-C_6H_4-C(CH_3)_2-C_6H_4-O-CH_2-\underset{\backslash O /}{CH-CH_2} + H_2N-C_6H_4-NH_2$$

$$\longrightarrow \left( NH-C_6H_4-NH-CH_2-\underset{OH}{CH}-CH_2-O-C_6H_4-C(CH_3)_2-C_6H_4-O-CH_2-\overset{OH}{CH}-CH_2 \right)_n$$

3次元網状構造をとる不飽和ポリエステルについて述べる。マレイン酸系ポリエステルでは，マレイン酸とエチレングリコールの反応（重縮合）によって合成される。これは，分子鎖中に不飽和二重結合をもっており，スチレンやメタクリル酸メチルを加えてラジカル重合を行うと，この二重結合が開裂して3次元網状化していく。また，無水フタル酸，イソフタル酸，無水マレイン酸などとアリルアルコールを反応することにより，ジアリルフタレート系の不飽和ポリエステルを合成することができる。これは分子鎖中に不飽和二重結合のアリル基 ($-CH_2-CH{=}CH_2$) を有しており，過酸化物触媒を用いて重合させると，低分子量の前駆体が生成する。これをさらに橋かけ剤としてのスチレン，酢酸ビニル，メタクリレートなどを用いて架橋反応させると3次元化する。

$$\underset{\text{マイレン酸}}{HOOC-CH{=}CH-COOH} + \underset{\text{エチレングリコール}}{HO(CH_2)_2OH} \longrightarrow \underset{\text{不飽和ポリエステル}}{\left( COOH{=}CHCOO(CH_2)_2O \right)_n} + H_2O$$

不飽和ポリエステルは，透明で，機械的性質，耐熱性，電気特性に優れているが，耐酸性，耐アルカリ性は悪い。ガラス繊維強化プラスチック (FRP) の母材（マトリックスポリマー）として用いられている。

### 2.2.4　その他の逐次重合とエンプラ

1 章の重合反応の分類で若干触れたが，エンジニアリングプラスチック (engineering plastics) とは，力学的性質，耐熱的性質，化学的性質や電気的特性に優れた材料である。五大汎用プラスチックとは，生産量，特性，価格の上で区別されているが，厳密に区別することはむつかしい。

現在エンプラとしては，ポリアミド（ナイロン），ポリアセタール (POM)，ポリカーボネート (PC)，変性ポリフェニレンエーテル (PPE)，飽和ポリエステル［ポリブチレンテレフタレート (PBT) やポリエチレンテレフタレート (PET)］などが生産量も多く，広く用いられている。その他，前項で述べたエポキシ樹脂，不飽和ポリエステル，フェノール樹脂などの熱硬化性プラスチックも，用途によってエンジニアリングプラスチックに分類される。耐熱性や耐薬品性に優れるフッ素樹脂，シリコーン樹脂，ポリアミドイミド，ポリイミド，ポリサルホン，ポリビスマレイミド，アラミド樹脂，ポリエーテルエーテルケトン (PEEK)，ベクトラなど特別な用途に用いられているものも少量ではあるが，生産されている。

2.2.1 項で述べたように，歴史的なポリアミド (PA) としてのナイロン 66，ポリ炭酸エステルとしての PC や芳香族ポリエステルとしての PET は重縮合反応によって合成される。ポリアミド (PA) の合成では重縮合に加えて開環重合よる PA4，6，10，11，12 などの合成が知られている。

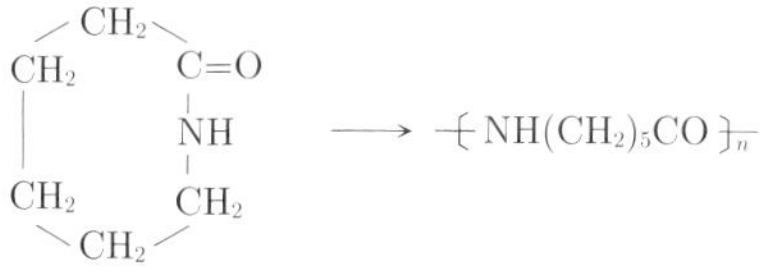

$$\text{cyclo-}[CH_2CH_2CH_2CH_2CH_2C(=O)NH] \longrightarrow -\!\!\left[ NH(CH_2)_5CO \right]\!\!-_n$$

最近，力学特性や耐熱性に優れた全芳香族ポリアミド（アラミド）が注目されている。以下に示す Du Pont 社が開発した Nomex®と Kevler®が有名である。

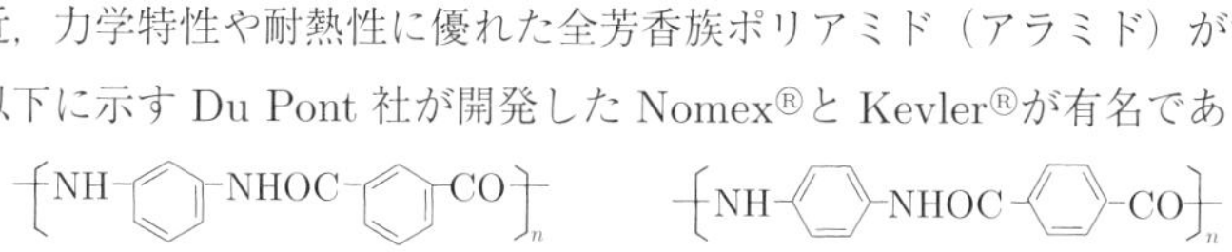

$$-\!\!\left[ NH-C_6H_4(m)-NHOC-C_6H_4(m)-CO \right]\!\!-_n \qquad -\!\!\left[ NH-C_6H_4(p)-NHOC-C_6H_4(p)-CO \right]\!\!-_n$$

Nomex®　　Kevler®

Nomex®はアミド結合をメタ位に，Kevler®はパラ位に有し，融点はそれぞれ 325℃と 580℃である。環状モノマーである $\varepsilon$–カプロラクタムの開環重合によりナイロン 6 が合成できることは 1 章で示したが，アミド結合は吸水性に富むことから，$H_2O$ による加水分解によって開環し，片末端に–$NH_2$ 基，もう一方に末端に–COOH をもつ線状 2 官能性モノマーとなる。このヘテロテレケリックモノマーの重縮合によってもナイロン6が合成できる。

芳香族ポリエステルの代表としての PET には2官能性ジカルボン酸であるテレフタル酸が用いられているが，ジオールとしてのエチレングリコールに替えてブチレングリコール[$HO\!-\!(CH_2)_4\!-\!OH$]を用いたエンプラが PBT である。PBT は融点224℃である。

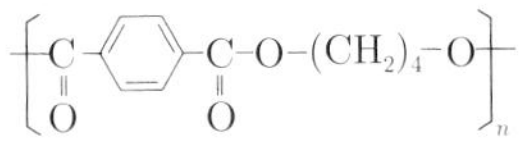

$$\left[\mathrm{-C(=O)-C_6H_4-C(=O)-O-(CH_2)_4-O-}\right]_n$$

PBT

$$\left[\mathrm{-C(=O)-C_6H_4-C(=O)-O-(CH_2)_2-O-}\right]_n$$

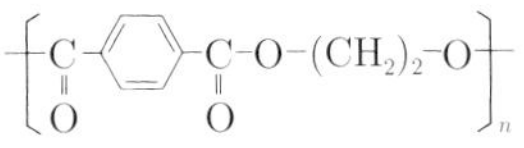

PET

芳香族ジオールであるビスフェノール A と猛毒ガスであるホスゲン ($COCl_2$) の重縮合によって HCl を脱離してポリ炭酸エステルである PC が合成される。PC は，現在，安全性，地球環境保護の観点から，ホスゲンに替えて炭酸ブチルを用いた合成法が工業的に利用されている。

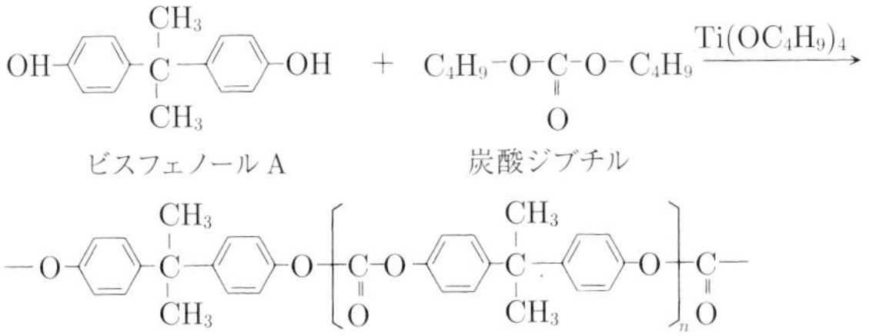

$$\mathrm{HO-C_6H_4-C(CH_3)_2-C_6H_4-OH} + \mathrm{C_4H_9-O-C(=O)-O-C_4H_9} \xrightarrow{\mathrm{Ti(OC_4H_9)_4}}$$

ビスフェノール A　　　炭酸ジブチル

$$\mathrm{-O-C_6H_4-C(CH_3)_2-C_6H_4-O}\left[\mathrm{-C(=O)-O-C_6H_4-C(CH_3)_2-C_6H_4-O-}\right]_n\mathrm{C(=O)-}$$

ポリカーボネート

2.3節で詳しく述べる連鎖重合を利用してホルムアルデヒドのアニオン重合で得られるポリホルムアルデヒドは金属代替エンジニアリングプラスチックとして Du Pont 社から Delrin®が上市されている。ポリホルムアルデヒドはトリブチルアミンなどの第3級アミンを触媒として，C=O の $\pi$ 結合への付加重合によって得られる。その構造から主鎖にメチレン基$-CH_2-$と酸素原子$-O-$を交互に有するポリオキシメチレンであり開環重合を経ていないが，ポリエーテルに分類される。

$$n\,\mathrm{H_2C=O} \xrightarrow{\text{トリブチルアミン}} \mathrm{-\!(CH_2-O)_n\!-}$$

フェノール性$-OH$の脱水素によって芳香族エーテルであるポリフェニレンエーテル (PPE) が合成できる。2, 4−ジメチルフェノールのピリジン溶液に第一塩化銅触媒を加え酸素を吹き込むと脱水素反応が進行する。得られた PPE は熱変形温度193℃，脆化温度160℃の耐熱性高分子であり，機械強度も大きいが，成型加工性が悪い。これを改良した PS 変性 PPE が GE 社からノリル®で上市されている。

これらのエンプラの材料物性については6章，合成高分子の材料物性としてまとめて示している。

$$n\ \text{(}CH_3\text{, }OH\text{, }CH_3\text{)} \xrightarrow[CuCl_2]{O_2} \left[\text{(}CH_3\text{, }O\text{, }CH_3\text{)}\right]_n$$

## 2.3　連鎖重合

連鎖重合はすべてのモノマーが一斉に重合反応に関与する逐次重合と異なり，少量の触媒（重合開始剤）から生じた活性種にモノマーが連続的に結合して，ポリマーを生成する反応である。連鎖重合反応を組み立てているモデル反応を表2.3に一般式で示し，図2.9に反応のフローチャートを示した。

連鎖重合反応は，(1) 触媒，開始剤あるいはモノマーから活性種R*が生成し，これにモノマーが付加し開始種$RM_1$*を生成する開始反応，(2) 開始種にモノマーが付加して，新たに活性種を生成し，これを連続的に繰り返し活性種を絶えず維持しながら高分子鎖（活性成長鎖）$RM_n$* (P*) が大きくなる成長反応，(3) 活性成長鎖P*とモノマー，溶媒，触媒，あるいは場合により別に加えた移動剤XYとの反応により不活性成長鎖 (P) と新たな活性種Y*を生成する移動反応，(4) 活性成長鎖間あるいは第三

**表 2.3**　連鎖重合反応における素過程とモデル反応

| 素過程反応 | スキーム | | |
|---|---|---|---|
| 開始反応 | I | $\longrightarrow$ | 2R* |
| | R* + M | $\longrightarrow$ | $RM_1$* |
| 成長反応 | $RM_1$* + $(n-1)$ M | $\longrightarrow$ | $RM_2$* |
| | | $\longrightarrow$ | $RM_3$* |
| | | ⋮ | |
| | | $\longrightarrow$ | $RM_n$* |
| 移動反応 | $RM_n$* + XY | $\longrightarrow$ | $RM_nX$ + Y* |
| 失活（停止）反応（再結合） | $RM_n$* + $RM_m$* | $\longrightarrow$ | $RM_{n+m}R$ |
| （不均化） | $RM_n$*+$RM_m$* | $\longrightarrow$ | $RM_n$+ $RM_m$ |
| | RM+Z | $\longrightarrow$ | $RM_nZ$ |

I：開始剤（触媒），R*: 開始剤Iから生成した活性種，M: モノマー，
$RM_n$*: $n$ 個のモノマーが付加した活性成長鎖 (P*)，XY: 移動剤，
Z:失活（停止）剤，$RM_nX$ および $RM_nZ$: 不活性成長鎖（ポリマー，P），
Y*: 移動反応によって生成した活性種

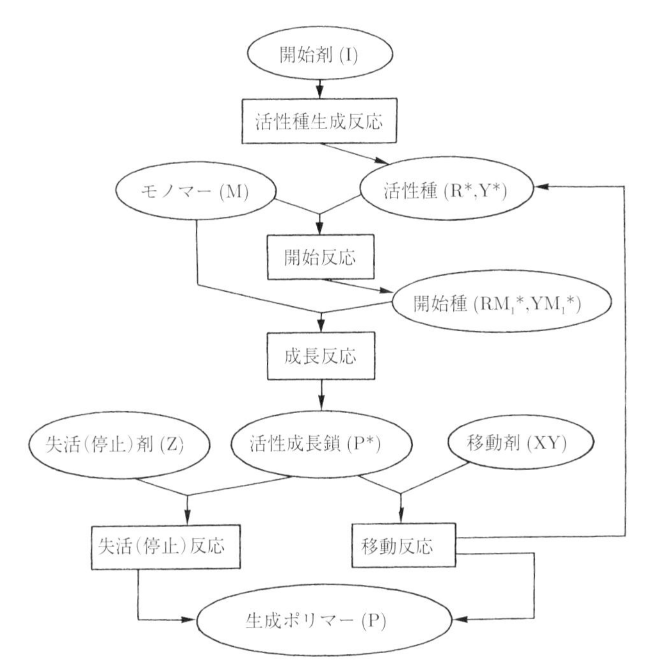


**図 2.9** 連鎖重合反応過程のフローチャート

物質 Z との作用による活性成長鎖の失活または停止反応，などの素過程によって組み立てられている。図 2.1(b) および 2.2(b)(c) に示したように，連鎖重合反応における生成ポリマーの収量（ポリマーの分子数）や平均重合度および重合度分布は，重縮合や重付加の場合と全く異なる。それらは重合反応様式の相違に基づくものであることはすでに述べたが，ここでは，これらが連鎖重合反応を組み立てている 4 つの素過程の速度の相対的な大きさによって決まることを速度論から説明しよう。

重合時間に対する開始反応速度，活性成長鎖数およびポリマーの重合度の変化に注目すると，連鎖重合反応は，さらに 4 つのタイプに分類される。まず，開始反応の相違から，(1) 開始反応がきわめて速く，モノマーと触媒を混合するのとほとんど同時に開始反応が完了し，続いて，成長，移動あるいは失活だけが起こる重合系（迅速開始系），および (2) 開始反応が重合期間中絶えず起こっている重合系（緩慢開始系）に分けられる。さらに，これらはそれぞれ (a) 活性成長鎖数が重合時間に対して変化せず一定であるような定常重合系と，(b) 重合時間とともに変化（増加あるいは減少）

する非定常重合系に分けられる。これらの4つのタイプは，さらに重合時間に対ポリマーの平均重合度が変化するか否かで分けることができる。

連鎖重合反応における重合反応の見かけの速度 $R_{\mathrm{p}}$ は活性成長鎖の全濃度 [P*] とモノマー濃度 [M] に比例する。

$$R_{\mathrm{p}} = -\frac{\mathrm{d}[\mathrm{M}]}{\mathrm{d}t} = k_{\mathrm{p}}[\mathrm{P}^*]^m[\mathrm{M}]^n \tag{2.21}$$

ここで， $k_{\mathrm{p}}$ は見かけの速度定数，$m$，$n$ は反応次数である。反応次数は実験的に求められ，多くの場合，$m = n = 1$ となるが P*や M が会合していると複雑になる。

式 (2.21) の [P*] は開始反応（速度 $R_{\mathrm{i}}$）で生成した開始種の濃度と失活反応（速度 $R_{\mathrm{t}}$）で失活した活性種の濃度との差となり，緩慢開始系および迅速開始系に対して，それぞれ次式で与えられる。

$$\text{緩慢開始系：}[\mathrm{P}^*] = \int R_{\mathrm{i}}\mathrm{d}t - \int \mathrm{R_t d}l \tag{2.22}$$

$$\text{迅速開始系：}[\mathrm{P}^*] = f[\mathrm{I}]_0 - \int R_{\mathrm{t}}\mathrm{d}t \tag{2.23}$$

ここで，$f$ は開始剤効率 (0～1) で，迅速開始では反応直後に開始種はすべて生成するので，開始種の濃度は時間に無関係で $f[1]_0$ は一定となる。

開始反応が重合期間中絶えず起こっている緩慢開始において，定常重合系では $R_{\mathrm{i}} = R_{\mathrm{t}}$ であるため， [P*] は重合時間によらず一定である。付加重合の多くがこのタイプである。例えば，通常のラジカル重合では，ラジカル濃度は反応の初期に一定（定常濃度）になり，定常状態 ($R_{\mathrm{i}} = R_{\mathrm{t}}$) に達する。停止速度は $R_{\mathrm{t}} = k_t[\mathrm{P}^*]^2$ となり，重合速度は次式で表される。

$$R_{\mathrm{p}} = k_{\mathrm{p}}[\mathrm{P}^*][\mathrm{M}] = \frac{k_{\mathrm{p}}}{k_t^{1/2}}[\mathrm{M}]R_{\mathrm{i}}^{1/2} \tag{2.24}$$

開始速度式はラジカルの発生の仕方によってさまざまな形となる。そして，非定常重合系では，失活速度は開始速度より小さく，活性種濃度は時間とともに増加するので，結果として重合速度は急激に増加する。

迅速開始重合において，失活反応が起こらない定常系では，重合速度はモノマー濃度の変化にのみ依存する。リビング重合などがこれに属し，重合速度は次式のように比較的単純な形で与えられる。

$$R_{\mathrm{p}} = fk_{\mathrm{p}}[\mathrm{M}][\mathrm{I}]_0 \tag{2.25}$$

これに対し，失活が起こる非定常系では，重合速度は重合時間とともに減少する。もし重合期間中に活性種がすべて失活すると，重合が起こらなくなり，結果として反応率（重合率）の飽和現象が観測される。

さて，生成ポリマーの数平均重合度 $P_n$ は単位体積における重合したモノマーのモル数 $M_p$ と生成したポリマーの全モル数 $N_p$ との比 $[M_p]/[N_p]$ に等しい。前者は重合反応で消費したモノマーの数 $\int R_p \mathrm{d}t$ であり，後者は移動反応によって生じた分子の数 $(\int R_{tr}\mathrm{d}t)$ と活性成長種間の再結合停止によって生じた分子の数 $\int R_{tc}/2\mathrm{d}t$ および不均化停止によって生じた分子の数 $(\int R_{td}\mathrm{d}t)$，によって与えられる。したがって，$P_n$ は次式のように表される。

$$P_n = \frac{\int R_p \mathrm{d}t}{\int R_{tr}\mathrm{d}t + \int (R_{tc}/2)\mathrm{d}t + \int R_{td}\mathrm{d}t} \tag{2.26}$$

例えば，失活（停止）のない迅速開始定常系，いわゆるリビング重合では，$\int R_i \mathrm{d}t = [\mathrm{P}^*] = f[\mathrm{I}]_0$ であるから，移動反応がない場合，分母は定数となり，$P_n$ はポリマーの収量に比例して増加する。一方，多くのラジカル重合が当てはまる緩慢開始定常系では，開始と停止の速度が等しく式 (2.26) の分母の各速度 $R$ はほぼ一定であり，また分子もモノマー濃度が大きく変化しない範囲でほぼ一定と見なせるので，この重合期間の $P_n$ はほぼ一定となり，関連する各素過程の速度比で近似できる。

$$P_n = \frac{R_p}{R_{tr} + (R_{tc}/2) + R_{td}} \tag{2.27}$$

重合後期では [M] が小さくなるため，$R_p$ が減少し，$P_n$ も低下する。

図 2.1 および図 2.2 に示したように，連鎖重合反応における生成ポリマーの収量と重合度の経時変化は逐次重合のそれらと全く異なるが，それらの違いが各重合反応の素過程の速度と密接に関係することが理解されよう。

### 2.3.1 付加重合

付加重合はエチレンおよびエチレン誘導体（ビニルモノマー）で起こる反応に由来する分類であり，一般にビニル重合と呼ばれる。モノマー M の二重結合の $\pi$ 電子軌道と成長活性種 $\mathrm{RM}_n^*$ の $2\mathrm{p}_z$ 軌道の間で反応が起こり，新たに $\sigma$ 結合と成長活性種 $\mathrm{RM}_{n+1}{}^*$を生じる。

$$\mathrm{RM}_n^* + \mathrm{M} \underset{k_{-p}}{\overset{k_p}{\rightleftarrows}} \mathrm{RM}_{n+1}{}^* \tag{2.28}$$

図2.10にこの反応のエネルギー図を示す。この反応では1つのモノマーが反応するごとに1つの$\pi$結合が失われ，新たに1つの$\sigma$結合が生成する。これは内部エネルギーの減少とエントロピーの減少を伴う反応であって，常温付近では平衡は生成系に極端にかたよっており，一般に逆反応を問題にする必要はない。この反応は80 kJ mol$^{-1}$程度の発熱反応である（表2.4）。イソブチレンは立体障害のため，またスチレンはモノマーの共鳴安定化のために，ほかより低い値を示している。

$\alpha$–メチルスチレンの場合には，立体障害と共鳴安定化の両者の影響を受け，重合熱$(-\Delta H)$はかなり低くなるために，常温(20℃)で$\Delta H$と$T\Delta S$は同程度となり，

$$\Delta G = \Delta H - T\Delta S \tag{2.29}$$

$\Delta G \fallingdotseq 0$となる。このような場合，重合反応は平衡に達する。通常のビニルモノマーでも高温の重合ではこのことを考慮しなければならない。

活性種の$2p_z$軌道に1個の電子が入っていれば中性のラジカル種，2個の電子が入っているものをアニオン，そして電子が入っていなければカチオンであり，これらの活性種を連鎖伝達体(chain carrier)とする重合反応を，それぞれラジカル重合，アニオン重合そしてカチオン重合と呼ぶ。

一般に付加（ビニル）重合の起こりやすさは，モノマーの構造に依存し，モノマーの置換基の数と位置によって大きく異なる。例えば，ビニル化合物やビニリデン化合物（1, 1–二置換エチレン）の重合は容易に起こるが，ビニレン化合物（1, 2–二置換エ

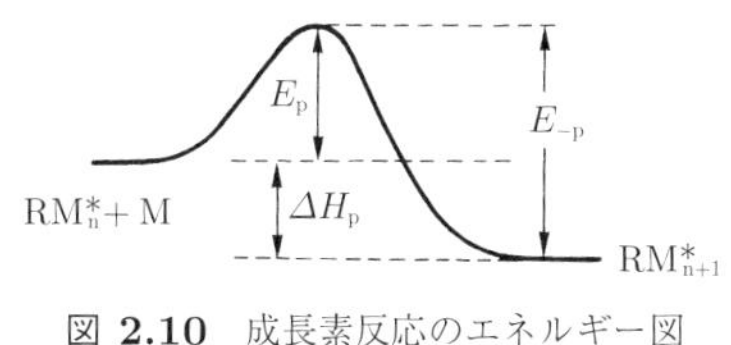


**図 2.10**　成長素反応のエネルギー図

**表 2.4**　重合熱，$-\Delta H$

| モノマー | 重合熱 (kJ mo1$^{-1}$) |
|---|---|
| エチレン | 92.9 |
| 酢酸ビニル | 89.0 |
| アクリル酸メチル | 84.4 |
| アクリロニトリル | 76.5 |
| イソプレン | 74.8 |
| ブタジエン | 72.3 |
| スチレン | 69.8 |
| 塩化ビニル | 71.1 |
| 塩化ビニリデン | 60.2 |
| メタクリル酸メチル | 54.8 |
| イソブチレン | 51.4 |
| $\alpha$–メチルスチレン | 35.1 |

チレン）や環状オレフィンの重合性はきわめて乏しい。このことは置換基の立体障害によると考えられており，事実，三置換および四置換エチレンは特殊な場合を除いて重合しない。

活性種に対する重合反応性の相違は定性的には置換基による電子効果で説明できる。強い電子供与性の置換基をもつモノマーは，カチオンの攻撃を受けやすいため，カチオン重合しやすい。これと逆に電子求引性の強い置換基をもつモノマーはアニオン重合しやすい。ラジカル重合の起こりやすさは，立体効果だけでなく，電子効果も考慮しなければならない。表 2.5 に活性種に対する代表的なビニルモノマーの重合反応性をまとめて示す。重合反応性に関してはラジカル共重合やイオン重合の項でより詳しく述べる。

ビニルモノマーの重合方法は次のようなものがある。

### 1 塊状重合 (bulk polymerization)

塊状重合はモノマーだけあるいは少量の開始剤を加え，加熱または光照射すること

表 2.5 種々の活性種に対する代表的なモノマーの重合性

**カチオン重合性モノマー**

スチレン $CH_2 = CHC_6H_5$，イソブチレン $CH_2 = C(CH_3)_2$，
3–メチル–1–ブテン $CH_2 = CHCH(CH_3)_2$，ブチルビニルエーテル $CH_2 = CHOC_4H_9$，
ビニルカルバゾール 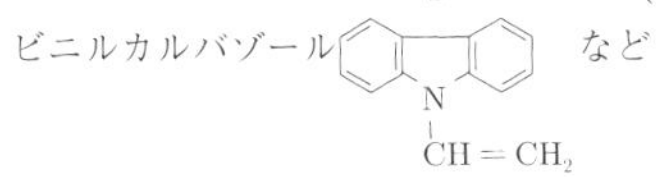 など



**アニオン重合性モノマー**

アクリロニトリル $CH_2 = CHCN$，メタクリル酸メチル $CH_2 = C(CH_3)COOCH_3$，
メチルビニルケトン $CH_2 = CHCOCH_3$，ニトロエチレン $CH_2 = CHNO_2$，
$\alpha$–シアノアクリル酸メチル $CH_2 = C(CN)COOCH_3$，
ビニリデンシアニド $CH_2 = C(CN)_2$ など

**配位アニオン重合性モノマー** *

エチレン $CH_2 = CH_2$，プロピレン $CH_2 = CHCH_3$，1–ブテン $CH_2 = CHC_2H_5$，
スチレン $CH_2 = CHC_6H_5$，ブタジエン $CH_2 = CH–CH = CH_2$，
イソプレン $CH_2 = CH–C(CH_3) = CH_2$ など

**ラジカル重合性モノマー**

塩化ビニル $CH_2 = CHCl$，酢酸ビニル $CH_2 = CHOCOCH_3$，
アクリル酸メチル $CH_2 = CHCOOCH_3$，メタクリル酸メチル，アクリロニトリル，
スチレンなど

* N, O, S, ハロゲンなどの極性基を有するモノマーでは，このような基が触媒と反応するため重合は起こらない。

によって重合する方法である。溶媒を用いないため，重合速度が大きく，比較的純粋な高分子量のポリマーが直接得られる。しかし重合中に発生する重合熱を除去し，重合温度を調節するのが困難なため，従来，ポリメタクリル酸メチルの有機ガラスやハードコンタクトレンズなどの製造に限られていた。最近では，溶媒回収が不要なため，重合反応工学の進歩とともに，塩化ビニルやスチレンなどの重合においても塊状連続重合プロセスが利用されるようになってきた。

### 2　溶液重合 (solution polymerization)

モノマー，開始剤などを生成ポリマーの共通溶媒に溶かして均一系で重合する方法である。重合系によっては不均一系の触媒を用いることもある。この方法では重合熱を除去して重合温度の制御が容易であり，種々の溶質濃度を正確に調整することができ，さらに生成ポリマーの取り出しが簡単である。しかし，重合速度や生成ポリマーの分子量が比較的小さく，ポリマー分離後の溶媒回収に問題がある。重合終了後ポリマー溶液をそのまま使用する塗料や接着剤の製造に適している。

### 3　懸濁重合 (suspension polymerization)

開始剤を溶解させたモノマーを水中で激しくかき混ぜながら油滴状に分散（懸濁）し，油滴中で重合する方法である。イオン重合や光重合には用いられない。モノマー可溶な開始剤としては過酸化ベンゾイルなどが用いられ，通常，分散したモノマー粒子（0.1～数 mm 程度の粒径）を安定化させるために，分散剤としてゼラチンやポリビニルアルコールなどの水溶性高分子が用いられる。さらに粒子の凝集を防ぐために，分散助剤として硫酸バリウム，炭酸バリウム，硫酸カルシウム，リン酸カルシウムなどを加える。重合は油滴中で進行するため，本質的に塊状重合と同じであり，生成ポリマーの分子量も大きくなる。さらに水が存在するため，重合熱の除去が容易で温度調節が可能である。この重合で得られるポリマーが光沢を有する粒子となるため，パール重合ともいう。この方法は生成ポリマーの分離が簡単で大規模な工業的製造方法に適している。スチレンやメタクリル酸メチル，塩化ビニル，酢酸ビニルなどのラジカル重合に最もよく利用されている。

### 4　乳化重合 (emulsion polymerization)

乳化剤あるいは界面活性剤を用いて，水に不溶なモノマーをかき混ぜながら分散させてエマルションとし，これに水溶性開始剤を加えて重合する方法である。開始剤として過硫酸カリウムなどの過硫酸塩あるいはクメンヒドロペルオキシドと鉄(Ⅱ)イオンのレドックス系開始剤が用いられる。この系には水相中にモノマーの油滴のほか界面活性剤によって安定化されたミセルが存在し，モノマー分子は可溶化されている。水相で発生した開始ラジカルがミセル内に侵入して重合が始まる。重合はミセル内で行われるので，重合が進むにつれてポリマー粒子自身が次第に大きくなり，最終的にはポリマー粒径 1 $\mu$m 前後にまでなる。生成物はポリマーラテックスの形で存在するため，そのまま塗料，繊維・紙の処理剤として用いられる場合が多い。これから固体のポリマーを得るには塩析あるいは冷凍などの方法でエマルションを破壊・分離して取り出す。このようにして得たポリマーは微粉状のものであるが，乳化剤や塩析剤などの不純物を含む欠点がある。この重合法は塩化ビニル，塩化ビニリデン，酢酸ビニル，クロロプレンなどの単独重合やスチレンブタジエン，スチレン–アクリロニトリル，酢酸ビニル–塩化ビニルなどの共重合によく用いられる。

### 2.3.2 ラジカル重合

ラジカル重合では，ラジカルが活性種となる連鎖反応によってポリマーが生成する。ビニルモノマーは熱，光あるいは放射線などの作用だけでもラジカル重合を起こすが，ラジカルの発生を容易にするために，過酸化物やアゾ化合物の熱あるいは光分解，過酸化水素–第一鉄塩系のレドックス（酸化還元）反応が利用される。このようなラジカルを生成しやすい物質を開始剤 (initiator) と呼ぶ。重合は下に示すような開始 (initiation)，成長 (propagation)，停止 (termination)，連鎖移動 (chain transfer) の 4 つの素反応によって連鎖的に進行する。

開始反応 $\mathrm{I} \xrightarrow{k_\mathrm{d}} 2\mathrm{R}\cdot \qquad (R_\mathrm{d})$

$\mathrm{R}\cdot + \mathrm{M} \xrightarrow{k_\mathrm{i}} \mathrm{RM}\cdot\ (\mathrm{P}\cdot) \qquad (R_\mathrm{i})$

成長反応 $\mathrm{P}\cdot + \mathrm{M} \xrightarrow{k_\mathrm{p}} \mathrm{P}\cdot \qquad (R_\mathrm{p})$

停止反応 $2\mathrm{P}\cdot \xrightarrow{k_\mathrm{tc}} \mathrm{P}$, $2\mathrm{P}\cdot \xrightarrow{k_\mathrm{td}} 2\mathrm{P} \qquad (R_\mathrm{t})$

移動反応 $\mathrm{P}\cdot + \mathrm{A} \xrightarrow{k_\mathrm{tr}} \mathrm{P} + \mathrm{A}\cdot \qquad (R_\mathrm{tr})$

ここで，I，M，A および P はそれぞれ開始剤，モノマー，連鎖移動剤および生成ポリマーであり，R・は 1 次ラジカル，P・は成長ラジカルである。また，$k$ および $R$ はそれぞれ各素反応の速度定数と反応速度を表す。

代表的な例として，過酸化ベンゾイル (BPO) を開始剤としたトルエン溶媒中でのメタクリル酸メチルの重合における素反応式を示し，素反応の一般的な特徴を解説しよう。開始反応は開始剤の分解反応と成長ラジカルの生成の 2 段階からなる。

$$C_6H_5\underset{\underset{O}{\|}}{C}-O-O-\underset{\underset{O}{\|}}{C}C_6H_5 \longrightarrow 2C_6H_5\underset{\underset{O}{\|}}{C}-O\bullet$$

$$C_6H_5\underset{\underset{O}{\|}}{C}-O\bullet + CH_2=\overset{\overset{CH_3}{|}}{\underset{\underset{CO_2CH_3}{|}}{C}} \longrightarrow C_6H_5\underset{\underset{O}{\|}}{C}-O-CH_2-\overset{\overset{CH_3}{|}}{\underset{\underset{CO_2CH_3}{|}}{C}}\bullet$$

開始段階では，開始剤である BPO が熱などによって分解して，開始ラジカル（1 次ラジカル）を生成し，ついでこのラジカルがモノマーであるメタクリル酸メチルの C = C 結合に付加し，成長ラジカルが生成する。

一般にラジカル重合は開始剤を利用して重合を開始する。重合を効率よく進めるためには，系中に適当なラジカル濃度を少なくとも数時間は維持できる開始剤を選択しなければならない。通常，結合解離エネルギーの小さい過酸化物やアゾ化合物が用いられる。これらは 40～80℃で開始剤として作用する。室温あるいはそれ以下の温度で重合を行う場合はレドックス開始剤が望ましい。逆により高温度では分解の活性化エネルギーが大きい過酸化物が用いられる。表 2.6 にいくつかの間始剤を適正使用温度範囲別に分類して示す。

適正温度を超えて使用すると，急激な分解が起こり，重合が十分進行しない場合が多い。開始剤は水溶性と油溶性に区別され，前者は乳化重合に，後者は塊状重合，溶液重合および懸濁重合に用いられる。光により分解が起こり，ラジカルが発生する光開始剤には，過酸化ベンゾイルなどの過酸化物，アゾビスイソブチロニトリルなどのア

**表 2.6**　いくつかのラジカル重合開始剤の分類

| 適正使用温度範囲（℃） | 分解の活性化エネルギー（kJ mol$^{-1}$） | 開始剤の分類 | 開始剤 |
|---|---|---|---|
| > 80 | 140～190 | 高温開始期剤 | クメンヒドロペルオキシド，*t*–ブチルヒドロベルオキシド，ジクミルペルオキシド，ジ–*t*–プチルベルオキシドなど |
| 40～80 | 110～140 | 中温開始期剤 | 過酸化ベンゾイル，過酸化アセチル，過酸化ラウリル，過硫酸カリウム，アゾビスイソブチロニトリルなど |
| −10～40 | 60～110 | 低温開始剤（レドックス開始剤） | 過酸化水素–$Fe^{2+}$ 塩，過硫酸塩 $NaHSO_3$，クメンヒドロベルオキシド–$Fe^{2+}$，過酸化ベンゾイル–ジメチルアニリンなど |
| < −10 | < 60 | 極低温開始剤 | 過酸化物–有機金属アルキル，酸素–有機金属アルキルなど |

ゾ化合物，ジアセチルやジベンジルなどのカルボニル化合物，ジフェニルモノおよびジスルフィドやジベンジルモノおよびジスルフィドなどの硫黄化合物などがあり，光源として紫外線が用いられる。

成長段階では，開始反応で生成した成長ラジカルがメタクリル酸メチルモノマーを攻撃して，二重結合へ $\beta$ 付加（頭–尾付加）してモノマーユニットが1つ増えた成長ラジカルが新たに生成する。このような反応が連続的に起こり，続いて停止反応あるいは連鎖移動反応が起こると，モノマーユニットが数多く連なったメタクリル酸メチルの高分子鎖が得られる。

$$C_6H_5\underset{\underset{O}{\|}}{C}-O-CH_2-\overset{\overset{CH_3}{|}}{\underset{\underset{CO_2CH_3}{|}}{C}}\cdot + CH_2=\overset{\overset{CH_3}{|}}{\underset{\underset{CO_2CH_3}{|}}{C}} \longrightarrow C_6H_5-\underset{\underset{O}{\|}}{C}-O-CH_2-\overset{\overset{CH_3}{|}}{\underset{\underset{CO_2CH_3}{|}}{C}}-CH_2-\overset{\overset{CH_3}{|}}{\underset{\underset{CO_2CH_3}{|}}{C}}\cdot$$

$$\sim CH_2-\overset{\overset{CH_3}{|}}{\underset{\underset{CO_2CH_3}{|}}{C}}\cdot + CH_2=\overset{\overset{CH_3}{|}}{\underset{\underset{CO_2CH_3}{|}}{C}} \longrightarrow \sim CH_2-\overset{\overset{CH_3}{|}}{\underset{\underset{CO_2CH_3}{|}}{C}}-CH_2-\overset{\overset{CH_3}{|}}{\underset{\underset{CO_2CH_3}{|}}{C}}\cdot$$

高分子鎖のコンフィギュレーションは成長過程における付加反応によって決まる。例えば，塩化ビニルや酢酸ビニルのような非共役型置換基をもつモノマーの成長反応では，$\beta$ 付加に競争して $\alpha$ 付加がいくらか起こり，頭–頭結合や尾–尾結合が1–2%程度生成する。また，生成ポリマーの立体規則性は，成長ラジカルの $sp^2$ 混成軌道とモノマーの軌道との付加反応による $sp^3$ 混成軌道の生成において，モノマーの置換基Xが前成長鎖のモノマーユニットのXと同じ側にくる（イソタクト付加）か，反対側にくる（シンジオタクト付加）かによって変わる。メタクリル酸メチルや塩化ビニルのラジカル重合では，シンジオタクト付加の活性化エネルギーが2～3 kJ mol$^{-1}$ 程度低いので，重合温度が低いほどシンジオタクチック構造が多くなる。さらに，ブタジエンのような共役ジエンモノマーの重合では，1, 2付加と1, 4付加が競争的に起こり，対応する構造がポリマー中に生成する。

成長ラジカルどうしが反応するとラジカルは消滅する。成長ラジカル間の停止反応には2種類あり，1つは成長ラジカルどうしがカップリングする再結合 (recombination) であり，一方は成長ラジカル間で水素移動が起こる不均化 (disproportionation) である。

$$\sim CH_2-\underset{CO_2CH_3}{\overset{CH_3}{C}}\cdot + \cdot\underset{CO_2CH_3}{\overset{CH_3}{C}}-CH_2\sim \xrightarrow{\text{再結合}} \sim CH_2-\underset{CO_2CH_3}{\overset{CH_3}{C}}-\underset{CO_2CH_3}{\overset{CH_3}{C}}-CH_2\sim$$

$$\sim CH_2-\underset{CO_2CH_3}{\overset{CH_3}{C}}\cdot + \cdot\underset{CO_2CH_3}{\overset{CH_3}{C}}-CH_2\sim \xrightarrow{\text{不均化}} \sim CH_2-\underset{CO_2CH_3}{\overset{CH_3}{CH}} + \underset{CO_2CH_3}{\overset{CH_2}{\overset{\|}{C}}}-CH_2\sim \left(\text{あるいは}\ \underset{CO_2CH_3}{\overset{CH_3}{C}}=CH\sim\right)$$

再結合停止では分子数が半分になり，不均化停止では，成長ラジカルと同数のポリマーが生成し，その末端はそれぞれ飽和末端基と不飽和末端基となる。これらの停止反応の起こる割合はモノマーの種類によって異なり，メタクリル酸メチルでは 2 種の停止反応が起こるが，スチレンでは再結合停止が主反応である。

いくつかのモノマーにおける成長反応と停止反応の速度定数 $k_{\mathrm{p}}$, $k_{\mathrm{t}}$ およびそれらの活性化エネルギー $E_{\mathrm{p}}$, $E_{\mathrm{t}}$ を表 2.7 に示す。

表 2.7 に示されるように，どのモノマーにおいても停止反応の $k_{\mathrm{t}}$ は成長反応の $k_{\mathrm{p}}$ に比べてはるかに大きい。これは成長反応がラジカルとモノマー間の活性化律速反応であるのに対して，停止反応はラジカル間の反応であり，衝突すれば必ず反応が起こる拡散律速反応だからである。しかし，ラジカル濃度に比較してモノマー濃度のほうがはるかに高いために，成長速度は停止速度よりはるかに大きくなり，結果として，成長ラジカルの停止が起こるまでに成長反応が十分進行してポリマーが生成する。

連鎖重合における速度論の一般的な取り扱いについてはすでに述べたので，ここではラジカル重合の特徴的な挙動を中心に述べる。ラジカル重合反応において，次の 4 つの仮定はおおむね正しいことが認められている。

(1) 成長反応の速度定数は成長ラジカルの大きさ（鎖長）に関係なくほぼ一定である。

(2) 成長ラジカルの生成速度と停止速度は等しい（定常状態）。

(3) 生成ポリマーの数平均重合度は非常に大きく，ほとんどすべてのモノマーは成長反応によって消費される。

**表 2.7** 成長反応と停止反応の速度定数と活性化エネルギー (60℃)

| モノマー | $k_{\mathrm{p}}(\mathrm{dm^3 mol^{-1} s^{-1}})$ | $k_{\mathrm{t}}(\mathrm{dm^3 mol^{-1} s^{-1}})$ | $E_{\mathrm{p}}(\mathrm{kJ\ mol^{-1}})$ | $E_{\mathrm{t}}(\mathrm{kJ\ mol^{-1}})$ |
|---|---|---|---|---|
| スチレン | 176 | $7.2 \times 10^7$ | 32.6 | 10.0 |
| メタクリル酸メチル | 734 | $3.7 \times 10^7$ | 26.3 | 11.7 |
| アクリル酸 | 2,090 | $0.95 \times 10^7$ | — | — |
| 酢酸ビニル | 3,700 | $11.7 \times 10^7$ | 30.5 | 21.3 |

(4)　移動反応が起こっても重合速度は低下しない。

これらを前提として，全重合速度 $R_{\mathrm{p}}$ はモノマーの消失速度で表され，次式で与えられる。

$$-\frac{\mathrm{d[M]}}{\mathrm{d}t} = k_p[\mathrm{M}][\mathrm{P}\bullet] \tag{2.30}$$

開始剤の分解で生じたラジカル R•はモノマーへの付加（重合開始）以外の反応によっても消費されるので，重合開始に使われる R•の割合（開始剤効率，$f$）を考慮して，$R_{\mathrm{i}} = 2R_{\mathrm{d}}f = 2k_{\mathrm{d}}f[\mathrm{I}]$ となる（式中の 2 は I から 2R•が生成することを表す）。仮定 (2) の定常状態では，系内のラジカル濃度 [P•] は一定となるので，

$$\frac{\mathrm{d}[\mathrm{P}\bullet]}{\mathrm{d}t} = R_{\mathrm{i}} - R_{\mathrm{t}} = 2k_{\mathrm{d}}f[\mathrm{I}] - k_{\mathrm{t}}[\mathrm{P}\bullet]^2 \tag{2.31}$$

$$\therefore \quad [\mathrm{P}\bullet] = \left(\frac{2k_{\mathrm{d}}f}{k_{\mathrm{t}}}\right)^{1/2}[\mathrm{I}]^{1/2} \tag{2.32}$$

これを式 (2.30) に代入すると，重合速度 $R_{\mathrm{p}}$ として式 (2.33) が得られる。

$$R_{\mathrm{p}} = k_{\mathrm{p}}\left(\frac{2k_{\mathrm{d}}f}{k_{\mathrm{t}}}\right)^{1/2}[\mathrm{I}]^{1/2}[\mathrm{M}] \tag{2.33}$$

このように，開始剤を用いるラジカル重合の全重合反応速度は開始剤濃度の 1/2 乗に，そしてモノマー濃度の 1 乗に比例する。前者は停止反応が 2 つの成長ラジカル間で起こることに基づいており，ラジカル重合に特徴的で，“ラジカル重合の 1/2 乗則”として知られている。図 2.11 および図 2.12 に BPO によるメタクリル酸メチルの重合における重合速度のモノマー濃度および開始剤濃度依存性をそれぞれ示す。実験結果は上述の予測を支持している。開始剤を用いない光重合の場合でも，重合速度は加えるエネルギー量の 1/2 に比例するが，熱だけによるスチレンの熱重合では，重合速度はモノマーの 2 乗に比例し，1/2 乗則は成立しない。

表 2.7 中の停止反応の速度定数 $k_{\mathrm{t}}$ は平均値である。実際のところ，成長ラジカルの拡散は重合度が上がると遅くなるので，$k_{\mathrm{t}}$ も重合度とともに小さくなる。また，成長ラジカルの拡散は重合系の粘性率の上昇によっても遅くなるので，高粘度媒体中での重合や，重合反応の進行とともに粘性率が高くなる重合系では，ラジカル 2 分子停止の速度定数はより小さくなる。この結果，式 (2.33) から理解されるように，重合速度は重合の進行とともに急激に増大する。図 2.13 に，BPO によるメタクリル酸メチル

$R_p \times 10^5$ mol $l^{-1}$ s$^{-1}$
[BPO]$^{1/2}$/mol$^{1/2}$ $l^{-1/2}$

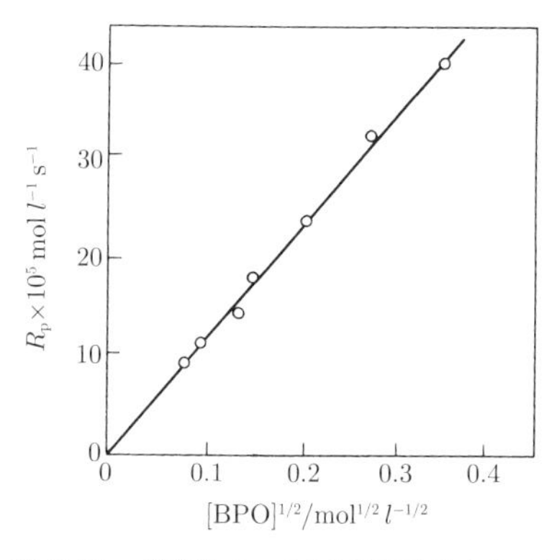

**図 2.11**　過酸化ベンゾイル BPO によるメタクリル酸メチルの重合 (65℃)

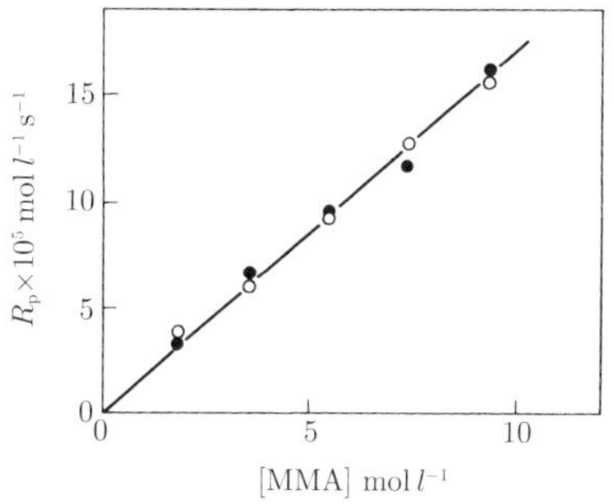

$R_p \times 10^5$ mol $l^{-1}$ s$^{-1}$
[MMA] mol $l^{-1}$

**図 2.12**　過酸化ベンゾイルによるメタクリル酸メチルの重合 (50℃)
溶媒：ベンゼン，○と●：異なった研究者による結果

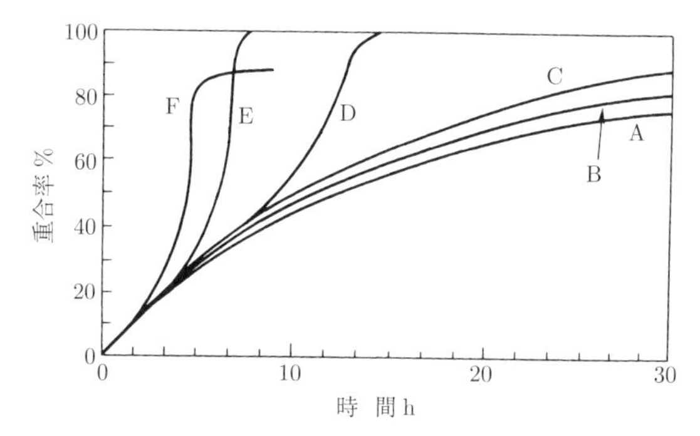

重合率 %
時　間 h
A
B
C
D
E
F

**図 2.13**　BPO (10 g$l^{-1}$) の存在におけるメタクリル酸メチルの重合（50℃，溶媒ベンゼン）
モノマー濃度 A : 10，B: 20，C: 40，0: 60，E: 80，F: 100%

の重合における重合率の経時変化を示す。曲線 D–F に示されるように，各種仕込みモノマー濃度の増加によって重合速度が急激に増大している。このような効果は，ゲル効果 (gel effect) あるいは Trommsdroff 効果と呼ばれる。

次に，生成ポリマーの重合度の変化について考えてみよう。開始反応で生成した 1 つのラジカルが停止反応を起こすまでに，平均でどれだけの数のモノマーが付加したかを動力学的連鎖長 (kinetic chain length, $\nu$) と呼ぶ。定常状態において，$\nu$ は

$$\nu = \frac{R_p}{R_i} = \frac{R_p}{R_t} \tag{2.34}$$

で表される。一方，ポリマーの数平均重合度 $P_{\mathrm{n}}$ は次式で表される。

$$P_{\mathrm{n}} = \frac{\text{単位時間に消失したモノマー分子の数}}{\text{単位時間に生成したポリマー分子の数}}$$

$$P_{\mathrm{n}} = \frac{R_{\mathrm{p}}}{R_{\mathrm{tr}} + (R_{\mathrm{tc}}/2) + R_{\mathrm{td}}} \tag{2.35}$$

連鎖移動が起こらないとすると，生成するポリマーの数平均重合度 $P_{\mathrm{n}}$ は停止反応が再結合だけ，あるいは不均化だけで起こるかによって，それぞれ $P_{\mathrm{n}} = 2\nu$，あるいは $P_{\mathrm{n}} = \nu$ となるが，両方が起これば，次式のようにその中間の値をとる。

$$P_{\mathrm{n}} = \frac{R_{\mathrm{p}}}{(R_{\mathrm{tc}}/2) + R_{\mathrm{td}}} = \frac{2\nu}{1 + x} \tag{2.36}$$

ここで，$x = k_{\mathrm{td}}/(k_{\mathrm{td}} + k_{\mathrm{tc}})$ である。再結合および不均化停止の起こる割合はモノマーの種類によって異なることはすでに述べた。

一方，通常の条件でも連鎖移動反応は無視できないほど起こり，生成ポリマーの重合度に大きな影響を与えている。例えば，メタクリル酸メチルにおける連鎖移動には次のようなものがある。

(モノマーへの連鎖移動)

$$\sim\!\mathrm{CH_2{-}\overset{\displaystyle CH_3}{\underset{\displaystyle CO_2CH_3}{C}}\cdot} + \mathrm{CH_2{=}\overset{\displaystyle CH_3}{\underset{\displaystyle CO_2CH_3}{C}}}$$

$$\xrightarrow{k_{\mathrm{trM}}} \sim\!\mathrm{CH_2{-}\overset{\displaystyle CH_2}{\underset{\displaystyle CO_2CH_3}{C}}} \left(\text{あるいは} \sim\!\mathrm{CH{=}\overset{\displaystyle CH_3}{\underset{\displaystyle CO_2CH_3}{C}}}\right) + \mathrm{CH_3{-}\overset{\displaystyle CH_3}{\underset{\displaystyle CO_2CH_3}{C}}\cdot}$$

(開始剤への連鎖移動)

$$\sim\!\mathrm{CH_2{-}\overset{\displaystyle CH_3}{\underset{\displaystyle CO_2CH_3}{C}}\cdot} + \mathrm{C_6H_5\underset{\displaystyle O}{C}{-}O{-}O{-}\underset{\displaystyle O}{C}C_6H_5} \xrightarrow{k_{\mathrm{trI}}} \sim\!\mathrm{CH_2{-}\overset{\displaystyle CH_3}{\underset{\displaystyle CO_2CH_3}{C}}{-}OCOC_6H_5} + \mathrm{C_6H_5\underset{\displaystyle O}{C}{-}O\cdot}$$

(トルエンへの連鎖移動)

$$\sim\!\mathrm{CH_2{-}\overset{\displaystyle CH_3}{\underset{\displaystyle CO_2CH_3}{C}}\cdot} + \mathrm{C_6H_5CH_3} \xrightarrow{k_{\mathrm{trS}}} \sim\!\mathrm{CH_2{-}\overset{\displaystyle CH_3}{\underset{\displaystyle CO_2CH_3}{CH}}} + \mathrm{C_6H_5\dot{C}H_2}$$

これらの連鎖反応で生成したラジカルは再びモノマーへ付加し，重合を開始するので，重合速度には影響しない。その場合，$P_{\mathrm{n}}$ は式 (2.35) で表され，その逆数は次式 (2.37) のようになる。

$$\frac{1}{P_{\mathrm{n}}} = \frac{R_{\mathrm{tr}} + (R_{\mathrm{tc}}/2) + R_{\mathrm{td}}}{R_{\mathrm{p}}} \tag{2.37}$$

連鎖移動は系内のすべての化学種に対して起こる可能性があるので，ここではモノ

マー (M)，開始剤 (I)，および溶媒 (S) への連鎖移動を考慮し，それらの速度定数をそれぞれ $k_{\mathrm{trM}}$，$k_{\mathrm{trI}}$ および $k_{\mathrm{trS}}$ として，式 (2.37) を整理する。

$$\begin{aligned}\frac{1}{P_{\mathrm{n}}} &= \frac{k_{\mathrm{trM}}}{k_{\mathrm{p}}} + \frac{k_{\mathrm{trI}}[\mathrm{I}]}{k_{\mathrm{p}}[\mathrm{M}]} + \frac{k_{\mathrm{urS}}[\mathrm{S}]}{k_{\mathrm{p}}[\mathrm{M}]} + \frac{(R_{\mathrm{tc}}/2) + R_{\mathrm{td}}}{R_{\mathrm{p}}} \\ &= C_{\mathrm{M}} + C_{\mathrm{I}}\frac{[\mathrm{I}]}{[\mathrm{M}]} + C_{\mathrm{S}}\frac{[\mathrm{S}]}{[\mathrm{M}]} + \frac{1}{P_{\mathrm{n0}}} \end{aligned} \tag{2.38}$$

ここで，$C_{\mathrm{M}}$，$C_{\mathrm{I}}$，および $C_{\mathrm{S}}$ はそれぞれモノマー，開始剤および溶媒への連鎖移動定数（$k_{\mathrm{trM}}/k_{\mathrm{p}}$，$k_{\mathrm{trI}}/k_{\mathrm{p}}$ および $k_{\mathrm{trS}}/k_{\mathrm{p}}$）であり，また第 4 項 $1/P_{\mathrm{n0}}$ は連鎖移動が全くない場合，すなわち式 (2.36) に相当する。したがって，連鎖移動があれば，$P_{\mathrm{n}}$ 値は必ず $P_{\mathrm{n0}}$ より小さくなる。

連鎖移動定数はそれぞれの化合物によって異なるが，溶液重合で高重合度のポリマーを得るためには，一般に連鎖移動定数 $C_{\mathrm{S}}$ の小さな溶媒を用いなければならない。逆に $C_{\mathrm{S}}$ 値が大きく，再開始反応を起こしやすい連鎖移動剤を添加することによって，生成ポリマーの重合度を調節することができる。このような連鎖移動剤は，とくに重合度調節剤あるいはテロゲン (telogen) と呼ばれる。例えば，四塩化炭素をテロゲンとしてエチレンをテロメル化 (telomerization) すると，次のような構造の低重合度のポリマー，すなわちテロマー (telomer) が生成する。

$$\mathrm{Cl} \left( \mathrm{CH_2{-}CH_2} \right)_{n} \mathrm{CCl_3} \quad (n = 1 \sim 10)$$

このような連鎖移動反応を積極的に利用して，高分子の末端に官能基を導入しようという試みもある。例えば，官能基化メルカプタン（チオール）類 X–R–SH の利用が知られている。

一方，生成したラジカルが安定で再開始反応が起こりにくい場合，生成ポリマーの分子量とともに，動力学的連鎖長ならびに重合速度が低下する。このような連鎖移動剤は破壊的あるいは退化的連鎖移動剤 (degradative chain transfer agent)，あるいは重合抑制剤 (retarder) と呼ばれる。さらにその作用がきわめて強く，事実上，重合が起こらなくなる場合，これを禁止剤 (inhibitor) という。

式 (2.38) 中の連鎖移動定数 $C_{\mathrm{M}}$，$C_{\mathrm{I}}$ および $C_{\mathrm{S}}$ を求めるには，溶媒を使用しないバルク重合系，連鎖移動がほとんど起こらない開始剤アゾビスイソブチロニトリル (AIBN) を用いた重合系などを組み合わせて解析される。例えば，AIBN($C_{\mathrm{I}} = 0$) を用いると，次式が成り立つ。

$$\frac{1}{P_{\mathrm{n}}} = C_{\mathrm{M}} + C_{\mathrm{S}}\frac{[\mathrm{S}]}{[\mathrm{M}]} + \frac{1}{P_{\mathrm{n0}}} \tag{2.39}$$

この式は Mayo の式と呼ばれる。$[\mathrm{I}]^{1/2}/[\mathrm{M}]$ を一定に保って重合を行い，初期の条件で，$1/P_\mathrm{n}$ と $[\mathrm{S}]/[\mathrm{M}]$ のプロットより $C_\mathrm{S}$ が求められる。また，AIBN を開始剤とする塊状重合では，$\mathrm{C_I} = 0$ および $[\mathrm{S}] = 0$ であるから

$$\frac{1}{P_\mathrm{n}} = C_\mathrm{M} + \frac{(k_\mathrm{tc}/2 + k_\mathrm{td})R_\mathrm{p}}{k_\mathrm{p}^2[\mathrm{M}]^2} \tag{2.40}$$

となる。したがって，$1/P_\mathrm{n}$ と $R_\mathrm{p}$ の関係をプロットすると，切片より $C_\mathrm{M}$ が求まる。いくつかの成長ラジカルの開始剤，溶媒，およびモノマーへの連鎖移動定数 ($C_\mathrm{I}$，$C_\mathrm{S}$ および $C_\mathrm{M}$) をそれぞれ表 2.8，2.9 および 2.10 に示す。

表 2.10 よると，ラジカルの連鎖移動反応はおおむねラジカルの水素引き抜きに基づ

**表 2.8** 成長ラジカルの開始剤への連鎖移動定数 $C_\mathrm{I}$(60℃)

| 開始剤 | メタクリル酸メチル | スチレン |
|---|---|---|
| アゾビスイソブチロニトリル | 0 | 0 |
| 過酸化ベンゾイル | 0.022 | 0.048–0.055 |
| クメンヒドロペルオキシド | 0.33 | 0.063 |
| *t*–ブチルペルオキシド | 1.27 | 0.035 |
| テトラメチルチウラムジスルフィド | 0.89 | 1.11 |

**表 2.9** 成長ラジカルの溶媒への連鎖移動定数 $C_\mathrm{S} \times 10^5$ (60℃)

| 溶媒 | メタクリノレ酸メチル | スチレン | 酢酸ビニル |
|---|---|---|---|
| ベンゼン | 0.40 | 0.18 | 29.6 |
| トルエン | 1.70 | 1.25 | 208.9 |
| エチルベンゼン | 7.66 | 6.7 | 551.5 |
| イソプロピルベンゼン | 19 | 8.2 | 889.0 |
| *t*–ブチルベンゼン | | 0.6 | 36.1 |
| *n*–ブタノール | | 0.6 | 203.9 |
| イソブタノール | 1.0 | | 217.5 |
| *t*–ブタノール | 0.85 | | 4.6 |
| アセトン | 1.95 | 0.5 | 117.0 |
| クロロホノレム | 4.54 | 5 | 1251.8 |
| 四塩化炭素 | 9.25 | 920 | |

**表 2.10** 成長ラジカルのモノマーへの連鎖移動定数 $C_\mathrm{M}$(60℃)

| モノマー | $C_\mathrm{M} \times 10^5$ | モノマー | $C_\mathrm{M} \times 10^5$ |
|---|---|---|---|
| スチレン | 6 | 酢酸ビニル | 25 |
| メタクリノレ酸メチル | 1 | 塩化ビニル | 132 |
| アクリロニトリル | 2.6 | プロピレン | 1500 |

くので，例えば，表 2.9 に示される芳香族系溶媒の $C_S$ 値で明らかなように，置換基の C–H 結合解離エネルギーが低下するとともに増加する。また非共役モノマーでは反応性の高い再生ラジカルを与えるので $C_M$ は大きくなる。プロピレンのような $\alpha$ オレフィンモノマーでは $C_M$ がきわめて大きく，重合反応が抑制されるのでポリマーの生成には至らない。これは成長ラジカルがモノマーのアリル水素を引き抜き，生成したアリルラジカルが共鳴安定化するため再開始反応が起こらないことによる。

$$\mathrm{P{\bullet} + CH_2{=}CH{-}CH_3 \rightarrow PH + CH_2{=}CH{-}CH_2{\bullet}}$$

$$【\Leftrightarrow \mathrm{[CH_2 \cdots CH \cdots CH_2]} \Leftrightarrow \mathrm{{\bullet}\,CH_2{-}CH{=}CH_2}】$$

以上の連鎖移動反応以外に，生成ポリマーの構造にきわめて重要な影響を与える連鎖移動反応として，成長ラジカルのポリマーからの水素引き抜き反応が知られている。エチレンの高圧重合法によって生成する低密度ポリエチレンでは表 1.2 に示されるように分子間水素引き抜きと重合を経由して長鎖分岐，逐次分子内水素引き抜きと重合の繰り返しにより，エチル基，ブチル基，分岐内分岐などの複雑な短鎖分岐が生成する。酢酸ビニルの重合では，主鎖の 3 級 C–H および側鎖のアセチル基の水素での引き抜きを経由して生成する種々の分岐構造が確かめられている。

### 2.3.3　ラジカル共重合

2 種類のモノマー $M_1$ と $M_2$ が共存する系で重合を行うと，$M_1$ と $M_2$ のユニットからなる共重合体 (copolymer) が得られる。これを共重合 (copolymerization) と呼び，ラジカル開始剤を用いた場合，ラジカル共重合が起こる。

この系の成長反応には次の 4 つの素反応が考えられる。

反応速度

$$\sim\mathrm{M_1}\bullet + \mathrm{M_1} \xrightarrow{k_{11}} \sim\mathrm{M_1}\bullet \qquad R_{11} = k_{11}[\mathrm{M_1}\bullet][\mathrm{M_1}]$$

$$\sim\mathrm{M_1}\bullet + \mathrm{M_2} \xrightarrow{k_{12}} \sim\mathrm{M_2}\bullet \qquad R_{12} = k_{12}[\mathrm{M_1}\bullet][\mathrm{M_2}]$$

$$\sim\mathrm{M_2}\bullet + \mathrm{M_1} \xrightarrow{k_{21}} \sim\mathrm{M_1}\bullet \qquad R_{21} = k_{21}[\mathrm{M_2}\bullet][\mathrm{M_1}]$$

$$\sim\mathrm{M_2}\bullet + \mathrm{M_2} \xrightarrow{k_{22}} \sim\mathrm{M_2}\bullet \qquad R_{22} = k_{22}[\mathrm{M_2}\bullet][\mathrm{M_2}]$$

これらの反応において，モノマー $M_1$ と $M_2$ の消失速度はそれぞれ式 (2.41) および (2.42) で表される。

$$-\frac{\mathrm{d}[\mathrm{M_1}]}{\mathrm{d}t} = R_{11} + R_{21} = k_{11}[\mathrm{M_1}\bullet][\mathrm{M_1}] + k_{21}[\mathrm{M_2}\bullet][\mathrm{M_1}] \tag{2.41}$$

$$-\frac{\mathrm{d}[\mathrm{M_2}]}{\mathrm{d}t} = R_{12} + R_{22} = k_{12}[\mathrm{M_1}\bullet][\mathrm{M_2}] + k_{21}[\mathrm{M_2}\bullet][\mathrm{M_2}] \tag{2.42}$$

ある時間での共重合体中のモノマーユニット $M_1$ と $M_2$ の比は $d[M_1]/d\,[M_2]$ で表せるので，共重合組成式として次式が得られる。

$$\frac{d[M_1]}{d[M_2]} = \frac{k_{11}[M_1\bullet][M_1] + k_{21}[M_2\bullet][M_1]}{k_{12}[M_1\bullet][M_2] + k_{22}[M_2\bullet][M_2]} \tag{2.43}$$

ここで，ラジカル濃度 $[M_1\bullet]$ と $[M_2\bullet]$ に対して，それぞれ式 (2.44) と (2.45) の定常状態近似を適用すると，式 (2.46) が得られる。

$$-\frac{d[M_1\bullet]}{dt} = k_{12}[M_1\bullet][M_2] - k_{21}[M_2\bullet][M_1] = 0 \tag{2.44}$$

$$-\frac{d[M_2\bullet]}{dt} = k_{21}[M_2\bullet][M_1] - k_{12}[M_1\bullet][M_2] = 0 \tag{2.45}$$

$$k_{12}[M_1\bullet][M_2] = k_{21}[M_2\bullet][M_1] \tag{2.46}$$

つまり $\sim M_1\bullet$ が $\sim M_2\bullet$ に変化する速度と $\sim M_2\bullet$ と $\sim M_1\bullet$ に変化する速度が等しいことになるから，式 (2.43) は式 (2.47) のように整理される。

$$\frac{d[M_1]}{d[M_2]} = \frac{[M_1]}{[M_2]}\left(\frac{r_1[M_1] + [M_2]}{[M_1] + r_2[M_2]}\right) \tag{2.47}$$

ここで，$r_1 = k_{11}/k_{12}$, $r_2 = k_{22}/k_{21}$ で，それらをモノマー反応性比 (monomer reactivity ratio) という。式 (2.47) は Mayo-Lewis 式で，仕込みモノマーの組成 ($[M_1]/[M_2]$) と生成コポリマーの組成 ($d[M_1]/d[M_2]$) の関係を表す共重合組成式である。モノマー反応性比 $r_1$，$r_2$ は末端ラジカルが同一のモノマーと他方のモノマー（コモノマー，comonomer）のどちらのほうに反応しやすいかを示す尺度，つまり 2 種類のモノマーの反応性の違いを表す指標となるものである。重合の進行に伴って仕込みモノマー組成比が変化するので，式 (2.47) は重合初期だけに成り立つ。重合率の大きい場合には，この式を積分して用いなければならない。表 2.11 に種々のモノマーの組合せに対するモノマー反応性比の値を示す。一般にラジカル共重合では $r_1$ と $r_2$ は温度よってほとんど変わらず，また重合溶媒などによってもあまり変わらない。さらにそれらの積は $r_1 r_2 = k_{11}k_{22}/k_{12}k_{21} < 1$ となる傾向がある。

モノマー反応性比の代表的な値に対する共重合組成曲線を図 2.14 に示す。直線 A の場合 $r_1 = r_2 = 1$，すなわち $k_{11} = k_{22}$，$k_{12} = k_{21}$ で，同種モノマーが連続して成長する確率とそうでない確率が等しくなり，モノマーの仕込み組成と同じ組成の共重合体が得られることになる。このような共重合は理想共重合あるいはアゼオトロピー共

**表 2.11**　ラジカル共重合におけるモノマー反応性比

| $M_1$ | $M_2$ | $r_1$ | $r_2$ | $r_1r_2$ | $1/r_1$ |
|---|---|---|---|---|---|
| スチレン | 無水マレイン酸 | 0.04±0.01 | 0 | ~0 | 25 |
| | メタクリル酸メチル | 0.52±0.026 | 0.462±0.026 | 0.24 | 1.9 |
| | アクリル酸メチル | 0.75±0.07 | 0.18±0.02 | 0.14 | 1.3 |
| | ブタジエン | 0.78±0.01 | 1.3±0.03 | 1.08 | 1.3 |
| | 塩化ビニリデン | 1.85±0.05 | 0.085±0.010 | 0.16 | 0.54 |
| | 塩化ビニル | 17±3 | 0.02 | (0.34) | (0.06) |
| | 酢酸ビニル | 55±10 | 0.0l±0.01 | (0.55) | (0.02) |
| メタクリル酸メチル | ブタジエン | 0.75±0.03 | 0.75±0.05 | 0.19 | 4 |
| | アクリロニトリル | 1.35±0.1 | 0.18±0. 01 | 0.24 | 0.74 |
| | 塩化ビニリデン | 2.53±0.01 | 0.24±0.03 | 0.61 | 0.40 |
| | 無水マレイン酸 | 6.7±0.2 | 0.02 | 0.13 | 0.15 |
| | 酢酸ビニル | 20±3 | 0.015±0.015 | (0.30) | (0.05) |
| 酢酸ビニル | メタクリロニトリル | 0.01±0.01 | 12±2 | 0.24 | 100 |
| | アクリロニトリル | 0.060±0.13 | 4.05±0.3 | 0.25 | 16.7 |
| | アクリル酸メチル | 0.1±0.1 | 9±2.5 | (0.9) | (10) |
| | 塩化ビニル | 0.32±0.02 | 1.68±0.08 | 0.38 | 3.1 |

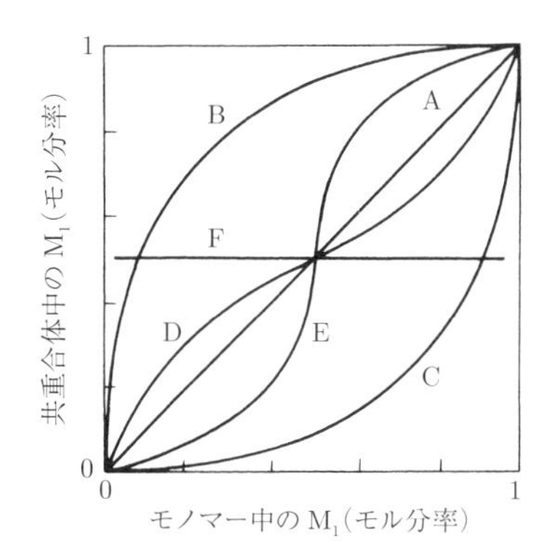


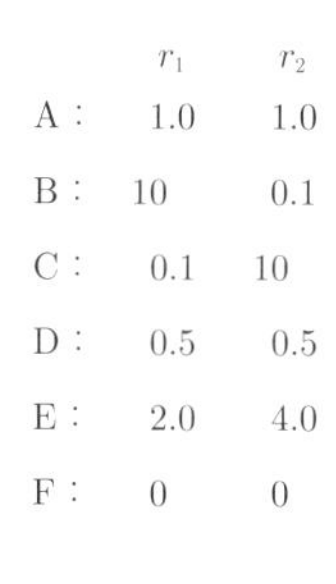


**図 2.14**　種々のモノマー反応性比に対する共重合組成曲線

重合と呼ばれている。曲線 B は $r_1>1$, $r_2<1$ の場合で$\sim M_1\cdot$, $\sim M_2\cdot$ どちらの成長種に対しても，$M_2$ よりも $M_1$ モノマーのほうが反応しやすいことを示している。曲線 C は B の場合と逆で $M_2$ の反応性が高い場合である。曲線 D は $r_1$, $r_2$ ともに 1 より小さい場合である。ラジカル共重合ではこのような例が多い。この場合には$\sim M_1\cdot$ に対して $M_1$ よりも $M_2$ が$\sim M_2\cdot$ に対して $M_2$ よりも $M_1$ が反応しやすいことを示しており，生成ポリマーの組成は全く無秩序ではなく 2 種のモノマーの配列は交互性が大き

いことになる。これに対して，曲線Eは $r_1$，$r_2$ ともに1より大きい場合であり，成長活性種と同じ種類のモノマーは連続して結合しやすく，ブロック性の大きい共重合体が得られることになる。このような例はラジカル重合ではあまりないが，イオン重合ではしばしばみられる。曲線Fは極端な場合で，$r_1 = r_2 = 0$，すなわち $k_{11} = k_{22} = 0$ であるから，同種のモノマーは連続して結合することができず，完全な交互共重合体 (alternative copolymer) が得られる。表2.11に示されるように，強い電子求引性を示す無水マレイン酸をコモノマーとした場合に，いくつかの電子供与性を示すモノマーとの交互共重合体が得られている。

このように $r_1$，$r_2$ の値は，モノマーの反応性の違いや共重合体の組成を予測する上で重要である。ラジカル重合において，表2.11中の $r_1$，$r_2$ の積 $r_1r_2$ の値はおおむね0〜1の範囲にあり0に近づくほど交互性が高く，〜1ではランダム性となり，1以上ではブロック性が高いといえる。また，$1/r_1$ は $k_{12}/k_{11}$ であるので，一定の $M_1$ モノマーと一連のコモノマー $M_2$ との共重合からその値を求めると，$1/r_1$ は $\sim M_1 \cdot$ に対する $M_2$，モノマーの相対反応性比 (relativere activity) を示すことになる。

次に $r_1$, $r_2$ の値を決定する方法について述べておく。異なる仕込みモノマー組成で，重合初期（少なくとも重合率10%以下）に生成したポリマーの組成を求めることによって，式 (2.47) を変形した式 (2.48) あるいは (2.49) を用いて決定できる。

$$r_2 = \frac{[M_1]}{[M_2]}\left\{\frac{d[M_2]}{d[M_1]}\left(1+\frac{[M_1]}{[M_2]}r_1\right)-1\right\} \tag{2.48}$$

$$\frac{F(f-1)}{f} = \frac{r_1F^2}{f} - r_2 \tag{2.49}$$

ここで，$F = [M_1]/[M_2]$, $f = d[M_1]/d[M_2]$ である。式 (2.48) にみられるように $r_2$ は各組成をパラメータとして $r_1$ と直線関係にある。図2.15に示すように，ある1つの仕込みモノマー組成での実験データから1本の直線が得られ，別の組成データから別の直線を得られ，2つの直線の交点が求める $r_1$ および $r_2$ の値となる。この方法を直線交叉法という。実際には，いくつかの交点

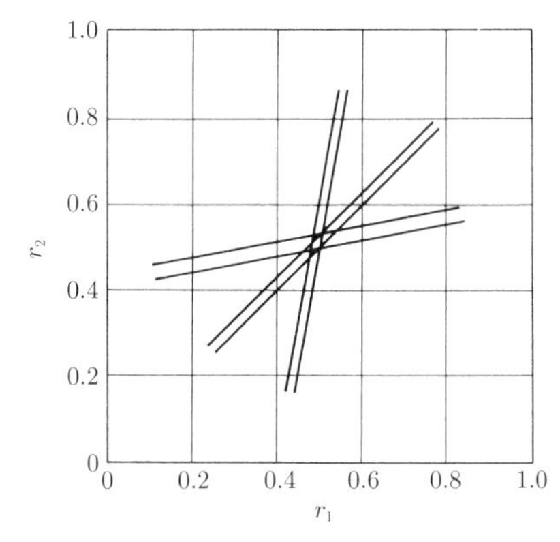


**図 2.15** 直線交叉法によるモノマー反応性比の求め方

の平均値をモノマー反応性比としている。

一方，式 (2.49) において，$F(f-1)/f$ と $F^2/f$ は仕込みモノマー組成とコポリマー組成から求められるので，両者は $r_1$ を傾き，$-r_2$ を切片とする直線関係にある。各実験値をプロットして 1 本の直線からそれぞれの値を読みとるか，あるいは最小二乗法によって $r_1$ と $r_2$ を求めることができる。この方法を Fineman-Ross の方法という。

さて，それではモノマーの反応性を決めているのは何であろうか。表 2.11 に示した同一ラジカルに対するモノマーの相対反応性 $1/r_1$ はモノマーの置換基によって異なるが，置換基に関してほぼ同じ順序で変化している。反応性の大きな順に並べると次のようである。

$-C_6H_5 > -CH{=}CH_2 > -COCH_3 > -CN > -COOR > -Cl > -CH_2Y > -OCOCH_3 > -OR$

また，モノマーの $\alpha$ 位の置換基の効果をメチル基で，比較すると，反応性はメタクリル酸メチル>アクリル酸メチル，メタクリロニトリル>アクリロニトリルと同じ傾向が得られる。このような関係はモノマーやそれから生成する成長種の共鳴安定性，およびモノマーと成長種の極性の差によるものと理解される。このことを経験的に定量化して表したのが Alfrey-Price の $Q$–$e$ スキームである。成長反応段階は

$$\sim M_1\bullet + M_2 \xrightarrow{k_{12}} \sim M_2\bullet$$

に対して速度定数を次式で表す。

$$k_{12} = P_1 Q_2 \exp(-e_1 e_2) \tag{2.50}$$

ここで，$P_1$ はラジカル$\sim M_1\bullet$，そして $Q_2$ はモノマー $M_2$ の共鳴安定性（共役性）に関係し，$e_1$ および $e_2$ はそれぞれの極性に関する量である。$P$ および $Q$ の値が大きいことは，そのラジカルおよびモノマーの置換基が共鳴安定化に大きく寄与することを意味している。式 (2.50) をモノマー反応性比に適用すると，$r_1$ と $r_2$ はそれぞれ次のように表すことができる。

$$r_1 = \frac{Q_1}{Q_2} \exp\{-e_1(e_1 - e_2)\} \tag{2.51}$$

$$r_2 = \frac{Q_2}{Q_1} \exp\{-e_2(e_2 - e_1)\} \tag{2.52}$$

したがって，

$$r_1r_2 = \exp\{-(e_1 - e_2)^2\} \tag{2.53}$$

が得られる。$r_1r_2$ の値はモノマーの $e$ 値の差にだけ関係することになる。異なるモノマーの組合せで $r_1$ と $r_2$ が求まっていると，各モノマーについて $Q$ と $e$ が算出できる。通常はスチレンを基準として，$Q$ =1.00，$e = -0.80$ とおき，その相対値で表す。表 2.12 に主なモノマーの $Q$ 値および $e$ 値をまとめて示す。

イソプレン，スチレンおよびメタクリル酸メチルなど，$Q$ 値が比較的大きいモノマーは共役性モノマーと呼ばれるのに対して，酢酸ビニルや塩化ビニルなど非共役性モノマーの $Q$ 値は非常に小さい。$Q$ 値が大きく異なるモノマーおよびラジカルの相対反応性は，$e$ 値にほとんど依存せず，$Q$ 値で決定される。一方，共役性モノマー間の $Q$ 値にあまり差がない場合，反応性は $e$ 値で決定されることが多い。例えば，スチレンとアクリロニトリルの共重合では交互共重合性がきわめて大きいが，スチレンとブタジエンの共重合では交互共重合性より，むしろ理想共重合に近い。

$e$ 値に関して，C＝C の置換基が電子求引性のメタクリル酸メチルなどでは正の値になるが，電子供与性基が結合しているビニルエーテルなどは負の値となる。このことはイオン重合において，アニオン重合あるいはカチオン重合しやすいかの目安となる。

**表 2.12** いろいろなモノマーの $Q$，$e$ 値

| モノマー | $Q$ | $e$ | モノマー | $Q$ | $e$ |
|---|---|---|---|---|---|
| イソブチルビニルエーテル | 0.023 | −1.77 | $p$–シアノスチレン | 1.86 | −0.21 |
| $\alpha$–メチルスチレン | 0.98 | −1.27 | クロロプレン | 7.26 | −0.02 |
| イソプレン | 3.33 | −1.22 | 塩化ビニル | 0.004 | 0.02 |
| ビニルナフタレン | 1.94 | −1.12 | 塩化ビニリデン | 0.22 | 0.36 |
| $p$–メトキシスチレン | 1.36 | −1.11 | $p$–ニトロスチレン | 1.63 | 0.39 |
| 1, 3–ブタジエン | 2.39 | −1.05 | メタクリル酸メチル | 0.74 | 0.40 |
| イソブチレン | 0.033 | −0.96 | アクリル酸メチル | 0.42 | 0.60 |
| $p$–1–メチルスチレン | 1.10 | −0.88 | メチルビニルケトン | 0.69 | 0.68 |
| 2–ビニルフェナントレン | 4.44 | −0.87 | アクリル酸 | 1.15 | 0.77 |
| スチレン | 1.00 | −0.80 | $\alpha$–クロロアクリル酸メチル | 2.02 | 0.77 |
| 2–ビニルピリジン | 1.30 | −0.50 | メタクリロニトリル | 1.12 | 0.81 |
| 2–ビニルナフタレン | 1.25 | −0.38 | アクリロニトリル | 0.60 | 1.20 |
| $p$–ブロモスチレン | 1.25 | −0.35 | フタル酸ジエチル | 0.61 | 1.25 |
| $p$–クロロスチレン | 1.10 | −0.33 | マレイン酸ジエチル | 0.059 | 1.49 |
| 酢酸ビニル | 0.026 | −0.22 | 無水マレイン酸 | 0.23 | 2.25 |
| エチレン | 0.015 | −0.21 | シアン化ビニリデン | 20.13 | 2.58 |

### 2.3.4　イオン重合

ビニル重合において，アニオンやカチオンが付加重合を引き起こす場合もある。このような重合をイオン重合と呼ぶ。イオン重合もまた反応は連鎖的に進行する。アニオン重合には塩基が開始剤として用いられ，発生するアニオンがモノマーに求核付加して一連の連鎖反応が起こり，ポリマーが生成する。一方，カチオン重合の場合，開始剤は酸であり，カチオンのモノマーへの親電子付加によって重合が開始する。一般に，ビニルモノマー ($CH_2{=}CHX$) のイオン反応性は，置換基 X が電子求引性の場合，二重結合の電子密度が低くアニオン重合が起こりやすく，逆に，電子供与性の置換基では電子密度が高くなるので，カチオン重合が起こりやすい。いくつかのモノマーについて，X の違いによる重合反応性を表 2.13 に示す。

$Q$，$e$ 値から，モノマーのイオン反応性を予測すると，$e$ 値が 0.3 より小さいとカチオン重合性があり，$e$ 値がある程度大きいと，アニオン重合性があるといえる。例えば，ビニルエーテルやイソブチレンではカチオン重合によってのみポリマーが得られる。

しかし，アニオン重合の場合は $e$ 値が小さくても重合するモノマーがあり，一概に $Q$，$e$ 値だけで，反応性を論じることは難しい。イオン（アニオンまたはカチオン）あるいはラジカルに対するモノマーの反応性の違いを実験的に理解する方法として，共重合がある。例えば，スチレンとメタクリル酸メチルの共重合における共重合組成曲線を図 2.16 に示すが，スチレンはカチオン重合性が高く，メタクリル酸メチルはアニオン重合性が高いため，同一モノマー仕込み組成比で比較すると，生成ポリマー中のモノマーユニット組成が大きく異なることがわかる。この関係からどのような機構で重合が進行したかを知ることができる。

**表 2.13**　いくつかのビニルモノマー ($CH_2 = CHX$) の重合反応性と $Q$，$e$ 値

| モノマー | X | $Q$ | $e$ | 重合反応性 | | |
|---|---|---|---|---|---|---|
| | | | | アニオン | カチオン | ラジカル |
| ニトロエチレン | $-NO_3$ | | | ○ | | |
| アクリロニトリル | $-CN$ | 0.60 | 1.20 | ○ | | ○ |
| アクリル酸メチル | $-COOCH_3$ | 0.74 | 0.40 | ○ | | ○ |
| スチレン | $-C_5H_6$ | 1.00 | −0.80 | ○ | ○ | ○ |
| 1, 3–ブタジエン | $-CH{=}CH_2$ | 2.39 | −1.05 | ○ | ○ | ○ |
| プロピレン | $-CH_3$ | | | | ○ | |
| イソブチルビニルエーテル | $-OC(CH_3)_3$ | 0.023 | −1.77 | | ○ | |

イオン重合では成長種がイオンであることから，成長末端と対イオンの相互作用を考慮しなければならない。対イオンは用いた重合開始剤から生成する一方のフラグメントであり，重合反応全般を通じて系内に存在している。接触イオン対 (contaction pair)，溶媒分離イオン対 (solvent-separated ion pair)，遊離イオン (free ion) などがあり，それらの状態は開始剤，溶媒やモノマーの種類だけでなく，温度や濃度によっても変化する。

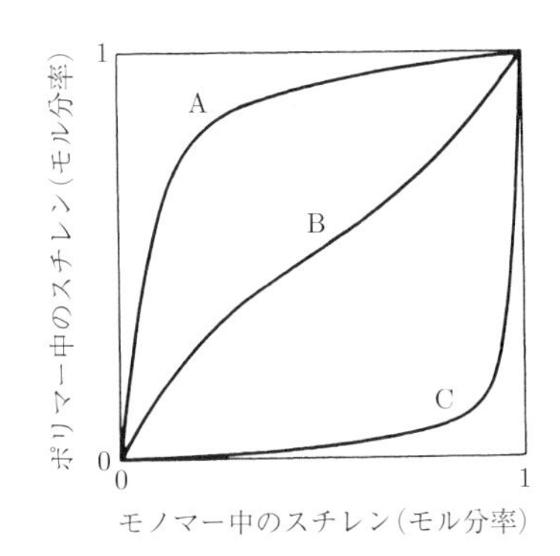


図 **2.16**　スチレン–メタルクリル酸メチルの共重合組成曲線
A:カチオン重合，B:ラジカル重合，C:アニオン重合

$$\sim\!CH_2-\underset{X}{\overset{\oplus}{C}}H\overset{\oplus}{C} \rightleftarrows \sim\!CH_2-\underset{X}{\overset{\oplus}{C}}H\|\overset{\oplus}{C} \rightleftarrows \sim\!CH_2-\underset{X}{\overset{\oplus}{C}}H\quad\overset{\oplus}{C}$$

接触イオン対　　　　溶媒分離イオン対　　　　遊離イオン

例えば，溶媒の比誘電率が大きいと，遊離イオンが重要となる。これらのイオンのモノマーへの付加反応，つまりモノマーに対する成長末端イオンの反応性は，これらの対イオンとの相互作用によって大きく影響を受けることになる。したがって，イオン重合では，開始剤と溶媒の選択がとくに重要になる。一般にカルボカチオンは不安定であり，連鎖移動や停止反応が起こりやすい。これに対して，カルボアニオンは比較的安定であり，原則的には停止反応がない。

また，イオン重合では成長末端間での2分子停止は荷電間の反発により起こりえず1分子停止が一般的である。このことは重合速度が触媒濃度の1次に比例することを意味しており，事実，多くのイオン重合において確認されている。

### 1　アニオン重合

アニオン重合は塩基による開始反応で生成した成長カルボアニオンが，モノマーに付加する反応を繰り返して進行する。ビニルモノマーへの開始反応と成長反応を次に示す。

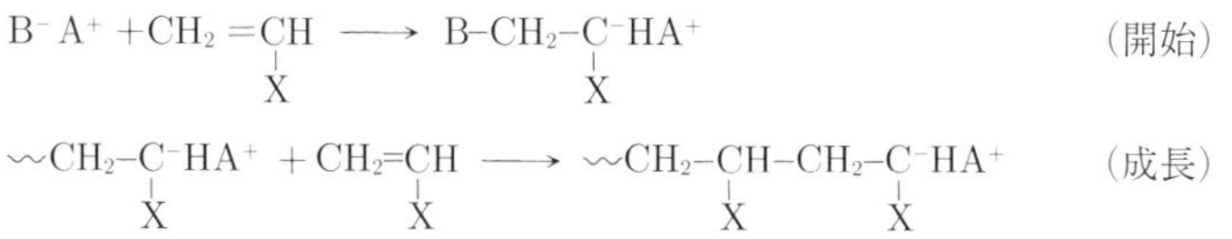

$$\mathrm{B^{-}A^{+} + CH_2{=}\underset{\displaystyle X}{\underset{|}{CH}} \longrightarrow B{-}CH_2{-}\underset{\displaystyle X}{\underset{|}{C^{-}}}HA^{+}} \qquad (\text{開始})$$

$$\mathrm{\sim\!\sim CH_2{-}\underset{\displaystyle X}{\underset{|}{C^{-}}}HA^{+} + CH_2{=}\underset{\displaystyle X}{\underset{|}{CH}} \longrightarrow \sim\!\sim CH_2{-}\underset{\displaystyle X}{\underset{|}{CH}}{-}CH_2{-}\underset{\displaystyle X}{\underset{|}{C^{-}}}HA^{+}} \qquad (\text{成長})$$

まず，開始反応では，開始剤から発生したアニオン $B^-$ がモノマーの $\beta$ 炭素を求核的に攻撃することによって，新にカルボアニオンが生成する。続く成長反応では，カルボアニオンが次のモノマーを攻撃し，新たなカルボアニオンを生成し，これを繰り返してポリマー鎖が長くなっていく。開始剤から発生した一方のフラグメントである対カチオン $A^+$ は，常にカルボアニオンの近くに存在することになる。

アニオン開始の起こりやすさは開始剤とモノマーの組合せによって異なり，開始剤の塩基性が高いほど，そしてモノマーの酸性が高い（C＝C 電子密度が低い）ほど起こりやすい。この関係を表 2.14 にまとめて示す。表において線で結ばれた組合せは，

**表 2.14**　アニオン重合におけるモノマーと開始剤の関係

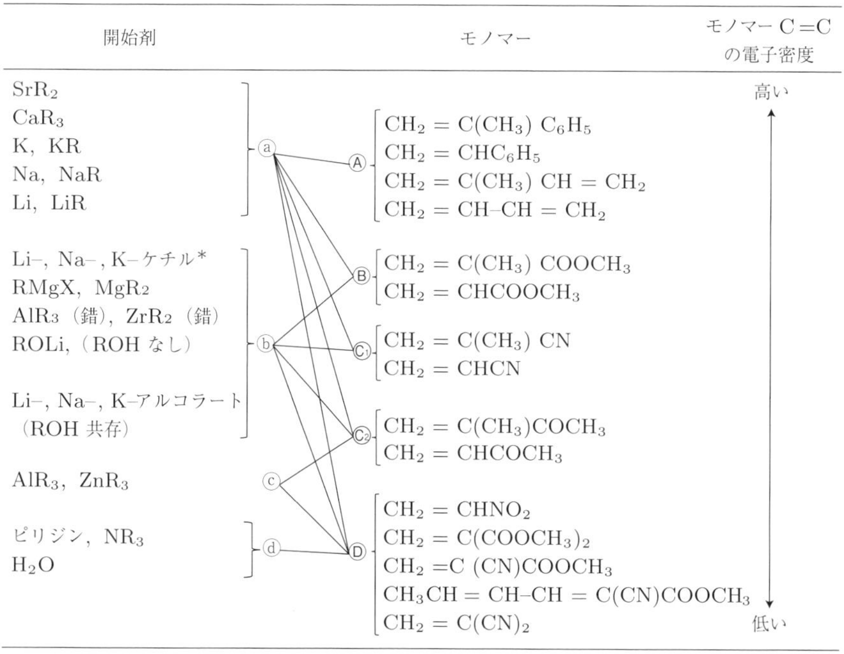

| 開始剤 | | 線で結ばれた組合せ | | モノマー | モノマー C＝C の電子密度 |
|---|---|---|---|---|---|
| $SrR_2$<br>$CaR_3$<br>K，KR<br>Na，NaR<br>Li，LiR | ⓐ | ⓐ–Ⓐ, Ⓑ, Ⓒ1, Ⓒ2, Ⓓ | Ⓐ | $CH_2 = C(CH_3)\ C_6H_5$<br>$CH_2 = CHC_6H_5$<br>$CH_2 = C(CH_3)\ CH = CH_2$<br>$CH_2 = CH{-}CH = CH_2$ | 高い ↑ |
| Li–, Na–, K–ケチル*<br>RMgX，$MgR_2$<br>$AlR_3$（錯），$ZrR_2$（錯）<br>ROLi,（ROH なし）<br>Li–, Na–, K–アルコラート（ROH 共存） | ⓑ | ⓑ–Ⓑ, Ⓒ1, Ⓒ2, Ⓓ | Ⓑ | $CH_2 = C(CH_3)\ COOCH_3$<br>$CH_2 = CHCOOCH_3$ | |
| | | | Ⓒ1 | $CH_2 = C(CH_3)\ CN$<br>$CH_2 = CHCN$ | |
| $AlR_3$，$ZnR_3$ | ⓒ | ⓒ–Ⓒ2, Ⓓ | Ⓒ2 | $CH_2 = C(CH_3)COCH_3$<br>$CH_2 = CHCOCH_3$ | |
| ピリジン，$NR_3$<br>$H_2O$ | ⓓ | ⓓ–Ⓓ | Ⓓ | $CH_2 = CHNO_2$<br>$CH_2 = C(COOCH_3)_2$<br>$CH_2 = C\ (CN)COOCH_3$<br>$CH_3CH = CH{-}CH = C(CN)COOCH_3$<br>$CH_2 = C(CN)_2$ | ↓ 低い |

$^*2R_2CO^-Me^+ \longleftrightarrow Me^+O^-CR_2{-}CR_2O^-Me^+$ (Me : Li, K, Na)

実際にアニオン重合が起こることが知られている系である。ビニルモノマーの C＝C 電子密度が高く，アニオン重合反応性の低いモノマー（表の上）では塩基性（求核反応性）の高い開始剤（表の上）によって重合が起こり，一方，電子密度が低く，重合反応性の高いモノマー（表の下）は，塩基性の低い開始剤（表の下）でも重合が開始される。

成長反応は，上述したカルボアニオンと対カチオンが相互作用した状態（活性末端）にモノマーが挿入されることによって起こるが，どのような状態で反応が進むかによって反応速度だけでなく，付加の立体配置も影響を受ける。テトラヒドロフラン (THF) 中 25℃でのスチレンのリビングアニオン重合（後述）において，成長末端がイオン対をつくっている状態と，遊離イオンとして存在する状態が平衡関係にあると仮定して，

$$\begin{array}{cccl} \overset{-}{\mathrm{M}}\cdots\overset{+}{\mathrm{Na}}+\mathrm{M} & \xrightarrow{k_p{}'} & \mathrm{M}\overset{-}{\mathrm{M}}\cdots\overset{+}{\mathrm{Na}} & \text{（イオン対成長）} \\ \upharpoonleft\downharpoonright K_d & & \upharpoonleft\downharpoonright K_d & \\ \mathrm{M}^- + \mathrm{Na}^+ + \mathrm{M} & \xrightarrow{k_p{}''} & \mathrm{MM}^- + \mathrm{Na}^+ & \text{（遊離イオン成長）} \end{array}$$

それぞれの状態での反応速度定数およびイオン対の遊離イオンへの解離定数が求められている。

イオン対の遊離イオンへの解離定数：$K_\mathrm{d} = 1.5 \times 10^{-7}\ \mathrm{mol\ dm^{-3}}$

イオン対状態での成長反応速度定数：$k_\mathrm{p}' = 80\ \mathrm{dm^3 mol^{-1} s^{-1}}$

遊離アニオンの成長反応速度定数：$k_\mathrm{p}'' = 6.4 \times 10^4\ \mathrm{dm^3 mol^{-1}\ s^{-1}}$

成長アニオン濃度を $10^{-3}\ \mathrm{mol\ dm^{-3}}$ とすると，遊離イオンの濃度は $10^{-5}\ \mathrm{mol\ dm^{-3}}$ 程度となり，全体の 1%程度に相当する。しかし，$k_\mathrm{p}''$ が $k_\mathrm{p}'$ よりも 800 倍大きいので，成長反応中のほぼ 90%は遊離イオン状態で進行していることになる。比誘電率の大きい溶媒中での重合ほど $k_\mathrm{p}''$ が大きくなり，重合速度が増大することが知られている。

連鎖移動反応や停止反応が起こりにくいといわれるアニオン重合でも，それらが起こることが認められている。アニオン重合の連鎖移動は，次のような一般式で示すことができる。

$$\sim\mathrm{CH_2{-}\underset{\displaystyle X}{\underset{|}{C}}H^-A^+} + \mathrm{R'H} \longrightarrow \sim\mathrm{CH_2{-}\underset{\displaystyle X}{\underset{|}{C}}H_2} + \mathrm{R'A}$$

$$\mathrm{R'A} + \mathrm{CH_2{=}\underset{\displaystyle X}{\underset{|}{C}}H} \longrightarrow \mathrm{R'CH_2{-}\underset{\displaystyle X}{\underset{|}{C}}H^-A^+}$$

例えば，液体アンモニア中金属カリウムまたはカリウムアミドを開始剤としたスチ

レンの重合において，成長末端はアンモニアと次のような連鎖移動を起こす。

$$\mathrm{H_2N{\sim\sim}CH_2{-}\underset{\large C_6H_5}{\underset{|}{CH}}{}^{-}K^{+} + CH_2{=}\underset{\large C_6H_5}{\underset{|}{CH}} \longrightarrow H_2N{\sim\sim}CH_2{-}\underset{\large C_6H_5}{\underset{|}{CH}}{-}CH_2{-}\underset{\large C_6H_5}{\underset{|}{CH}}{}^{-}K^{+}}$$

$$\mathrm{{\sim\sim}CH_2{-}\underset{\large C_6H_5}{\underset{|}{CH}}{}^{-}K^{+} + NH_3 \longrightarrow {\sim\sim}CH_2{-}\underset{\large C_6H_5}{\underset{|}{CH_2}} + K^{+}NH_2^{-}}$$

アニオン重合ではカチオン重合と異なり，芳香族炭化水素や枝分かれ炭化水素あるいはテトラヒドロフランなどへの連鎖移動反応は起こりにくい。同様にして，ポリマーへの連鎖移動反応は起こりにくいので，アニオン重合では一般に枝分かれポリマーが生成しにくい。

アニオン重合における停止反応は 1 分子的に起こる。例えば，メタクリル酸メチルの場合，成長末端カルボアニオンがより安定なカルボキシラートアニオンに転換され停止する。

$$\mathrm{{\sim\sim}CH_2{-}\overset{CH_3}{\underset{CO_2CH_3}{C}}{-}CH_2{-}\overset{CH_3}{\underset{CO_2CH_3}{C}}{-}CH_2{-}\overset{CH_3}{\underset{CO_2CH_3}{C}}{}^{-}\cdots Li^{+} \longrightarrow {\sim\sim}CH_2{-}\overset{CH_3}{\underset{CO_2CH_3}{C}}{-}CH_2{-}\overset{CH_3}{\underset{CO_2CH_3}{C}}{-}CH_2{-}\overset{CH_3}{\underset{CO_2^{-}\cdots Li^{+}}{C}}{-}CH_3}$$

あるいは

$$\mathrm{{\sim\sim}CH_2{-}\underset{CN}{CH}{-}CH_2{-}\underset{CN}{CH}{-}CH_2{-}\underset{CN}{CH}{}^{-}\cdots Li^{+} \rightleftarrows {\sim\sim}CH_2{-}CH\langle CH_2{-}CH(CN){-}CH_2{-}CH(CN){-}C({=}N^{-}\cdots Li^{+})\rangle}$$

重合停止剤として，一般に $H_2O$ や酸などのプロトン供与体，ハロゲン化合物，$CO_2$，$CS_2$ およびエチレンオキシドなどが知られている。

$$\mathrm{{\sim\sim}CH_2{-}\underset{X}{CH}{}^{-}\cdots A^{+} + H_2O \longrightarrow {\sim\sim}CH_2{-}\underset{X}{CH_2} + AOH}$$

$$\mathrm{{\sim\sim}CH_2{-}\underset{X}{CH}{}^{-}\cdots A^{+} + CH_3I \longrightarrow {\sim\sim}CH_2{-}\underset{X}{CH}{-}CH_3 + AI}$$

### 2　アニオン共重合

図 2.16 に示したスチレンとメタクリル酸メチルの共重合組成曲線において，スチレンの仕込み組成を 50%とすると，ラジカル共重合では，スチレンユニット組成がほぼ 50%のコポリマーが得られる。これに対して，開始剤として Na または $n$–BuLi を用いてアニオン共重合を行うと，生成コポリマー中のスチレンユニット組成はスチレン

仕込み組成が非常に高くなるまで，ほとんど増加しない。これはスチレン成長末端にメタクリル酸メチルが結合すると，その成長末端にはスチレンが反応しないことによる。このことはスチレンのリビングアニオン重合中にメタクリル酸メチルを添加すると，メタクリル酸メチル単独のブロック鎖が成長し，ポリスチレンとポリメタクリル酸メチルのブロック共重合体が生成することに対応する。一方，メタクリル酸メチルの成長末端はアクリル酸イソプロピルを重合させるが，アクリル酸イソプロピルの成長末端はメタクリル酸メチルを重合させない。この理由を明らかにするため，各モノマーの酸性と対応する成長末端アニオンの塩基性の強さを次に示す。

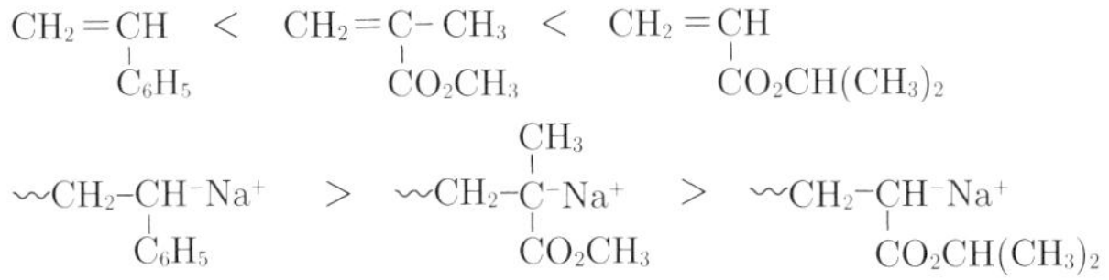

$$CH_2{=}CH(C_6H_5) < CH_2{=}C(CH_3)(CO_2CH_3) < CH_2{=}CH(CO_2CH(CH_3)_2)$$

$$\sim CH_2{-}CH^-(C_6H_5)\,Na^+ > \sim CH_2{-}C^-(CH_3)(CO_2CH_3)\,Na^+ > \sim CH_2{-}CH^-(CO_2CH(CH_3)_2)\,Na^+$$

これらのことは，成長末端アニオンが，自身の塩基性よりもある程度アニオン重合性（酸性）の低いモノマーの重合を開始する能力がないことを示唆している。一般に，アニオン共重合は，スチレン誘導体間，共役ジエン間，あるいは共役ジエンとスチレンのように同程度の $e$ 値（表 2.12 参照），すなわち同程度の極性を示すモノマー間においてのみ起こる。

### 3　カチオン重合

開始剤として酸を用いたとき，生成する反応活性種はカチオンであり，ビニルモノマーの場合，$\beta$ 炭素への開始剤の付加によって生成するカルボカチオンが重合反応を進行させる。アニオン重合と同じように，成長カチオン付近に存在する対アニオンの役割もまた重要である。

カチオン重合に用いられる開始剤は，プロトン酸（硫酸，塩酸，スルホン酸，リン酸，過塩素酸など），固体酸（シリカ，アルミナ，シリカアルミナなど），ルイス酸（三フッ化ホウ素，塩化アルミニウム，四塩化チタン，四塩化スズなど）などの酸触媒である。ルイス酸開始剤には共開始剤 (coinitiator) として，水，アルコール，酸あるいはエーテル，ハロゲン化アルキルなどが必要である。そのほか，ヨウ素のようなカチオンを生成しやすい物質も有効な開始剤となる。開始剤の活性とモノマーの反応性の関係はそれらの組合せによって異なるが，先にアニオン重合で示した考え方と逆で，一般に，開始剤の酸性（親電子性）が高いほど，またモノマーの塩基性が高い（$e$ 値が負に大きい）ほど，カチオン重合が起こりやすい。しかしながら，これらの開始剤の反応性は用いるモノマーや溶媒などよって必ずしも一致していない。

溶媒にはハロゲン化炭化水素（四塩化炭素，クロロホルム，ジクロロエタンなど），炭化水素（ベンゼン，トルエン，ヘキサンなど），あるいはニトロ化合物（ニトロメタン，ニトロベンゼンなど）が用いられるが，芳香族炭化水素は成長カチオンと親電子置換反応を起こすので，あまり好ましくない。アニオン重合と同じく，比誘電率の高い溶媒は成長末端を活性化するのでよく用いられるが，水，エーテル，アセトン，酢酸エチル，ジメチルホルムアミドなどの電子供与性の高いものは成長カチオンと反応するので，溶媒として適当でない。

プロトン酸開始剤として硫酸を用いると，開始反応は次のようになる。

$$H_2SO_4 + CH_2{=}\underset{\substack{|\\X}}{CH} \longrightarrow CH_3{-}\underset{\substack{|\\X}}{\overset{+}{C}H}\cdots\overset{-}{O}SO_3H$$

ルイス酸開始剤の場合，共開始剤と錯体を形成して生じるプロトンやカルボカチオンによって，重合が開始される。例えば

$$BF_3 + H_2O \rightleftarrows \overset{+}{H}\cdots\overset{-}{B}F_3OH$$

$$\overset{+}{H}\cdots\overset{-}{B}F_3OH + CH_2{=}\underset{\substack{|\\X}}{CH} \longrightarrow CH_3{-}\underset{\substack{|\\X}}{\overset{+}{C}H}\cdots\overset{-}{B}F_3OH$$

$$AlCl_3 + C_2H_5Cl \rightleftarrows \overset{+}{C}_2H_5\cdots\overset{-}{Al}Cl_4$$

$$\overset{+}{C}_2H_5\cdots\overset{-}{Al}Cl_4 + CH_2{=}\underset{\substack{|\\X}}{CH} \longrightarrow C_2H_5CH_2{-}\underset{\substack{|\\X}}{\overset{+}{C}H}\cdots\overset{-}{Al}Cl_4$$

$$BF_3O(C_2H_5)_2 \rightleftarrows \overset{+}{C}_2H_5\cdots\overset{-}{B}F_3OC_2H_5$$

$$\overset{+}{C}_2H_5\cdots\overset{-}{B}F_3OC_2H_5 + CH_2{=}\underset{\substack{|\\X}}{CH} \longrightarrow C_2H_5CH_2{-}\underset{\substack{|\\X}}{\overset{+}{C}H}\cdots\overset{-}{B}F_3OC_2H_5$$

成長反応は，アニオン重合と同じように，成長末端カルボカチオンがモノマーの $\beta$ 炭素に付加することによって進行する。

$$\sim CH_2{-}\underset{\substack{|\\X}}{\overset{+}{C}H}\cdots\overset{-}{B} + \overset{\delta-}{C}H_2{=}\underset{\substack{|\\X}}{\overset{\delta+}{C}H} \rightleftarrows \left[\begin{array}{c} \sim CH_2{-}\overset{\substack{X\\|\ \delta+}}{CH}\cdots\overset{\delta-}{B} \\ \vdots \qquad \vdots \\ \underset{\delta-}{CH_2}\cdots\underset{\substack{|\ \delta+\\X}}{CH} \end{array}\right] \longrightarrow \sim CH_2{-}\underset{\substack{|\\X}}{CH}{-}CH_2{-}\underset{\substack{|\\X}}{\overset{+}{C}H}\cdots\overset{-}{B}$$

**表 2.15**　いくつかのモノマーのカチオン重合における $k_p$ とその パラメータ（活性化エネルギー $\Delta E$, 頻度因子 $A$）

| モノマー | 開始剤 | 溶媒 [比誘電率] | 温度 ℃ | $k_p$ | $\Delta E$ | $\log A$ |
|---|---|---|---|---|---|---|
| スチレン | $HClO_4$ | $(CH_2Cl)_2$ [9.72] | 25 | 17.0 | 35 | 7.33 |
| スチレン | $HClO_4$ | $(CH_2Cl)_2/CCl_4$ [7.0] | 25 | 3.17 | 47.7 | 8.95 |
| スチレン | $HClO_4$ | $(CH_2Cl)_2/CCl_4$ [5.16] | 25 | 0.40 | 54.3 | 9.27 |
| スチレン | $HClO_4$ | $CCl_4$ [2.3] | 25 | 0.0012 | — | — |
| スチレン | $SnCl_4$ | $(CH_2Cl)_2$ [9.72] | 30 | 0.42 | — | — |
| スチレン | $I_2$ | $(CH_2Cl)_2$ [9.72] | 30 | 0.0037 | 25 | 2〜3 |
| *p*–クロロスチレン | $I_2$ | $(CH_2Cl)_2$ [9.72] | 30 | 0.0012 | — | — |
| *p*–メチルスチレン | $I_2$ | $(CH_2Cl)_2$ [9.72] | 30 | 0.095 | — | — |
| *p*–メトキシスチレン | $I_2$ | $(CH_2Cl)_2$ [9.72] | 30 | 5.8 | 17 | 2〜3 |
| イソブチルビニルエーテル | $I_2$ | $(CH_2Cl)_2$ [9.72] | 30 | 6.5 | — | — |

$k_p$ : $dm^3mol^{-1}s^{-1}$, $\Delta E$: $kJ\ mol^{-1}$, $A$ : $dm^3\ mol^{-1}\ s^{-1}$

このように分極したモノマーが成長末端イオン対（カルボカチオン $C^+$–対アニオン $B^-$）の間に挿入するので，その構造と相互作用の強さが重合速度や結合の仕方に重要な影響を及ぼす。

いくつかのモノマーのカチオン重合における成長反応の速度定数 $k_p$ とそのパラメータを表 2.15 に示す。$k_p$ 値は溶媒の種類によって大きく変化し，比誘電率が大きいほど，また触媒の酸性が大きいほど大きくなる。これは遊離イオン状態での $k_p$ 値が，イオン対状態でのそれより大きいことによる。

また，$k_p$ 値はラジカル重合の場合に比較して小さいものの，カチオン重合が比較的速く進むのは，ラジカル重合における成長ラジカルの濃度が $10^{-8}$ mol dm$^{-3}$ 程度であるのに対して，カチオン重合の成長カチオン濃度が $10^{-3}$〜$10^{-4}$ mol dm$^{-3}$ と著しく大きいことによる。このことはアニオン重合でも認められており，イオン重合の 1 つの特徴といえよう。

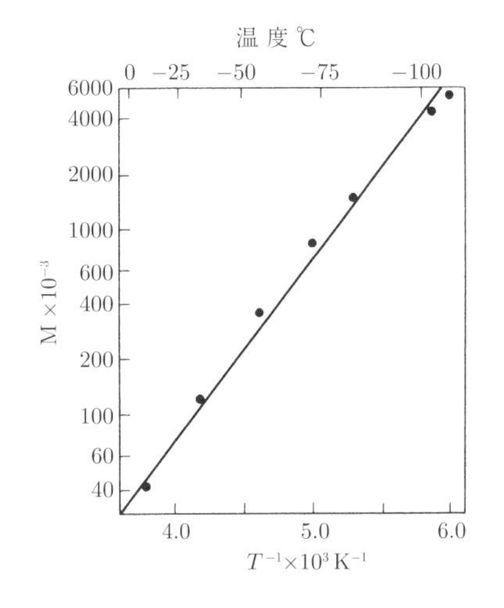


**図 2.17**　$BF_3$ によるイソブチレンの重合における重合温度と分子量の関係

カチオン重合では一般に低温になると，反応速度だけでなく，生成ポリマーの重合度も大きくなる。図 2.17 に $BF_3$ を開始剤としたイソブチレンのカチオン重合における重合温度と生成ポリマーの分子量の関係を示す。−100℃においても数秒で重合が進み，生成ポリマーの分子量は数 $10^6$ に達している。カチオン重合は，高温では連鎖移動や停止反応ばかりでなく，カルボカチオンの安定性（第1級<第2級<第3級）に基づく異性化が起こりやすいが，逆に低温ほどこれらの副反応が抑制され，もっぱら成長反応だけが進むためである。

一方，カルボカチオンの不安定性を積極的に利用したカチオン重合が知られている。第1級，第2級および第3級炭素をもつ3–メチル–1–ブテンのカチオン重合では，成長カルボカチオンの C=C への付加に続く，転位（水素移動）による異性化を繰り返しながら重合する。

$$\sim\!\sim CH_2-CH^+(-CH(CH_3)_2) \rightleftarrows \sim\!\sim CH_2-CH_2-C^+(CH_3)_2 \xrightarrow{CH_2=CH-CH(CH_3)-CH_3} \sim\!\sim CH_2-CH_2-C(CH_3)_2-CH_2-CH^+(-CH(CH_3)_2)$$

成長過程において異性化を伴う重合は，異性化重合 (isomerization polymerization) と呼ばれている。上記モノマーの場合，異性化重合は −130℃程度の低い温度で主反応となるが，室温付近で行うと，通常のビニル重合もかなり起こり，両重合反応の活性化エネルギー差は 2.1 kJ $mol^{-1}$ と見積もられている。とくに低温カチオン重合で得られるポリマーはエチレンとイソブテンの交互共重合体となる。これは両モノマーの共重合では生成しないので，興味ある合成プロセスとなる。

異性化重合はポリマーへの連鎖移動反応を伴う重合ともいえる。ポリマーへの連鎖移動反応には，次のような分子間および分子内水素移動（引き抜き）と，続くモノマーの付加（重合）反応による枝分かれポリマーの生成が知られている。

$$\sim CH_2-\overset{+}{C}H(X)\cdots\overset{-}{B} + \sim CH_2-CH(X)\sim \longrightarrow \sim CH_2-CH_2(X) + \sim CH_2-C^+(X)(\cdots B^-)\sim \qquad \text{（分子間）}$$

$$\sim CH_2-\underset{\underset{X}{|}}{CH}-\!\left(CH_2-\underset{\underset{X}{|}}{CH}\right)_{\!n}\!CH_2-\underset{\underset{X}{|}}{CH^+}\cdots B^- \longrightarrow \sim CH_2-\overset{\overset{B^-}{\vdots}}{\underset{\underset{X}{|}}{C^+}}-\!\left(CH_2-\underset{\underset{X}{|}}{CH}\right)_{\!n}\!CH_2-\underset{\underset{X}{|}}{CH_2}$$

（分子内）

モノマーへの連鎖移動は，一般に次のように起こる。

$$\sim CH_2-\underset{\underset{X}{|}}{CH^+}\cdots B^- \; + \; CH_2=\underset{\underset{X}{|}}{CH} \longrightarrow \sim CH=\underset{\underset{X}{|}}{CH} \; + \; CH_3-\underset{\underset{X}{|}}{CH^+}\cdots B^-$$

しかし，例えばスチレンでは成長カルボカチオンのベンゼン環への親電子的置換反応が併発し，ポリマー末端にインダン環が生じるような場合もある。溶媒に芳香族炭化水素を用いると，溶媒への連鎖移動が起こり，ポリマー末端にフェニル基が結合する。比誘電率がほぼ同じ実験条件下で，溶媒への連鎖移動定数 $C_{\mathrm{S}}$ ($k_{\mathrm{trS}}/k_{\mathrm{p}}$) は Mayo の式 (2.39) を用いて近似的に求められる。スチレンのカチオン重合における連鎖移動定数を表 2.16 に示す。

成長カルボカチオンの停止反応は一般に 1 分子的に起こる。重合終了時に求核剤を加えて強制的に停止させる場合もあるが，対アニオンの求核攻撃が起こってしまう場合もある。また，対アニオンによる $\beta$ プロトン引き抜きや連鎖移動剤へのプロトン移動反応などが起こる場合もある。対アニオン求核攻撃により停止する場合を次に示す。

$$\sim CH_2-\underset{\underset{X}{|}}{\overset{+}{CH}}\cdots\overset{-}{O}SO_3H \longrightarrow \sim CH_2-\underset{\underset{X}{|}}{CH}-OSO_3H$$

このようにカチオン成長末端は一般に反応性に富み，副反応が起こりやすい。しかしながら，対アニオンを適当に工夫すると，これらの副反応を抑制できる。リビング重合に関しては 2.3.6 項で詳しく述べる。

**表 2.16**　スチレンのカチオン重合における溶媒への連鎖移動定数 $C_{\mathrm{S}}$

| 開始剤 | 溶媒（連鎖移動剤） | $C_{\mathrm{S}}$ | 実験条件 |
|---|---|---|---|
| $H_2SO_4$ | アセトン | 0.09 | 25℃，希釈溶媒として |
| | エーテル | 0.19 | $(CH_2Cl)_2$ を使用 |
| | エタノール | 1.6 | |
| | ニトロメタン | 約 1.6 | |
| $SnCl_4$ | ベンゼン | $0.22 \times 10^{-2}$ | 25℃，希釈溶媒として |
| | トルエン | $1.08 \times 10^{-2}$ | 炭化水素を使用 |
| | *p*–キシレン | $0.94 \times 10^{-2}$ | |
| | メシチレン | $2.28 \times 10^{-2}$ | |

### 4 カチオン共重合

共重合組成曲線が重合機構によって著しく変化することは図 2.16 に示した。これは成長末端の活性種に対するそれぞれのモノマーの反応性が大きく異なるためである。ラジカル共重合では，モノマー反応性比は開始剤や溶媒によってほとんど変化しないが，イオン共重合では，とくに溶媒によって大きく変化する。いくつかのカチオン共重合におけるモノマー反応性比を表 2.17 に示す。

$AlBr_3$ 開始剤によるスチレン *p*–クロロスチレン系の共重合では，モノマー反応性比に対する溶媒効果はほとんどない。しかし，イソブテン–スチレン系では溶媒の誘電率を変えると，$r_1$ と $r_2$ は大きく変化する。スチレンの反応性は溶媒の比誘電率が減少すると，相対的に増大する傾向がある。これは極性の低い溶媒中ではカルボカチオンへのスチレンの選択的溶媒和が起こるためと考えられている。カチオン重合では，一般にモノマー反応性比の積 $(r_1r_2)$ は 1 あるいはそれ以上の値を示しており，交互共重合性に欠しい。これはラジカル重合との大きな違いである。

**表 2.17** いくつかのモノマーのカチオン重合におけるモノマー反応性比

| $M_1$ | $M_2$ | 開始剤 | 溶媒 | 温度℃ | $r_1$ | $r_2$ | $r_1r_2$ |
|---|---|---|---|---|---|---|---|
| スチレン | メタクリル酸メチル | $SnCl_4$ | $C_6H_6$ | 20 | 2.2 | 0.4 | 0.88 |
| スチレン | メタクリル酸メチル | $SnBr_4$ | $CCl_4$ | 20 | 10.5 | 0.1 | 1.05 |
| スチレン | 酢酸ビニル | $SnBr_4$ | $CCl_4$ | 20 | 8.25 | 0.015 | 0.12 |
| スチレン | クロロプレン | $BF_3O(C_2H_5)_2$ | $C_6H_{12}$ | 20 | 15.6 | 0.24 | 3.74 |
| スチレン | *p*–クロロスチレン | $AlBr_3$ | $CCl_4$ | 0 | 1.5 | 0.40 | 0.60 |
| スチレン | *p*–クロロスチレン | $AlBr_3$ | $C_6H_5NO_2/CCl_4$ | 0 | 2.0 | 0.34 | 0.68 |
| スチレン | *p*–クロロスチレン | $AlBr_3$ | $C_6H_5NO_2$ | 0 | 2.3 | 0.36 | 0.83 |
| イソブチレン | スチレン | $TiCl_4$ | $n$–$C_6H_{14}$ | −78 | 0.5 | 2.0 | 1.0 |
| イソブチレン | スチレン | $TiCl_4$ | $CH_3C_6H_5$ | −78 | 1.5 | 0.7 | 1.1 |
| イソブチレン | スチレン | $TiCl_4$ | $CH_2Cl_2$ | −78 | 1.7 | 0.3 | 0.5 |
| イソブチレン | スチレン | $TiCl_4$ | $C_6H_5NO_2$ | −78 | 4.0 | 0.3 | 1.2 |
| イソブチレン | スチレン | $AlBr_3$ | $n$–$C_6H_{14}$ | −78 | 0.9 | 1.2 | 1.08 |
| イソブチレン | スチレン | $AlBr_3$ | $CH_3C_6H_5$ | −78 | 1.6 | 0.8 | 1.3 |
| イソブチレン | スチレン | $AlBr_3$ | $CH_3NO_2$ | −78 | 5.0 | 0.3 | 1.5 |
| イソブチレン | *p*–クロロスチレン | $AlBr_3$ | $n$–$C_6H_{14}$ | 0 | 1.01 | 1.02 | 1.03 |
| イソブチレン | *p*–クロロスチレン | $AlBr_3$ | $C_6H_5NO_2$ | 0 | 0.15 | 0.15 | 2.2 |
| イソブチレン | *p*–クロロスチレン | $AlBr_3$ | $CH_3NO_2$ | 0 | 0.7 | 0.7 | 15.7 |
| イソブチレン | ブタジエン | $AlCl_3$ | $C_2H_5Cl$ | −103 | 0.01 | 0.01 | 1.15 |

### 2.3.5　遷移金属重合

エチレンに代表されるオレフィンのポリマーは，一般にラジカル重合やイオン重合で合成しにくいことが知られている。これらはモノマーの反応性が低いこと，あるいは成長末端の連鎖移動反応が生起しやすいため，高分子量のポリマーが生成しにくくなることに起因している。エチレンのラジカル重合では，高温高圧ではじめてポリマーが得られる。成長末端ラジカルの分子内ラジカル移動（水素引き抜き）が頻繁に起こるため，生成ポリマーには短鎖や長鎖の分岐が生じ，その結果，密度や結晶化度の低い低密度ポリエチレン（高圧法ポリエチレンともいう）となる。これは生成した分岐がポリマー分子間の配列を妨げ，結晶化を阻むことによる。これに対して，いわゆるZiegler触媒を用いると，分子が規則正しく配列した結晶化度の高い高密度ポリエチレン（低圧法ポリエチレンともいう）が比較的温和な条件で合成できる。ここではZiegler触媒などの遷移金属触媒を用いたオレフィンの重合，とくに立体規則性重合について述べる。

#### 1　配位アニオン重合（Ziegler-Natta触媒）

1952年，Zieglerは溶媒中で四塩化チタン $TiCl_4$ とトリエチルアルミニウム $Al(C_2H_5)_3$ との混合物をつくり，これにエチレンを常温常圧下で吹き込むことによって，高分子量の分岐のほとんどないポリエチレンが生成することを見いだした。このような温和な条件下でエチレンが重合する方法は画期的な発見であった。1955年，NattaはZieglerと同じ触媒系を用いて，それまでポリマーを得ることのできなかったプロピレンから高分子量の結晶性（融点160℃）ポリプロピレンを得ることに成功した。さらに，この結晶性ポリプロピレンは側鎖のメチル基が同じ方向に結合したイソタクチック構造であることを明らかにした。この発見は学術的にも工業的にも非常に重要であり，以後精力的な研究が進められた。$TiC1_4$ と $Al(C_2H_5)_3$ を用いたZiegler-Natta触媒による重合では，この両者を炭化水素溶媒中で混合すると，まず次の反応が起こり，褐色沈殿が生じる。

$$TiCl_4 + Al(C_2H_5)_3 \longrightarrow C_2H_5TiCl_3 + (C_2H_5)_2AlCl$$

$$C_2H_5TiCl_3 \longrightarrow \cdot C_2H_5 + TiCl_3$$

すなわち，$TiCl_4$ は $Al(C_2H_5)_3$ によってアルキル化されてTi–C結合が生成し，その後，脱アルキルにより低原子価に還元された $TiCl_3$ の褐色沈殿となる。この $TiCl_3$ の固体表面にあるTiのまわりの6つの配位座の一部にClの欠落があり，これが重合活性の中心になるといわれる。例えば，プロピレン重合のメカニズムはおおよそ次のように考えられている。結晶表面の $TiCl_3$ は，過剰に存在する $Al(C_2H_5)_3$ により Cl がエチル基と置換して Ti–C 結合が形成され，Al は $TiCl_3$ と錯体を形成して重合活性を発現する。プロピレンモノマーが空の配位座（サイト）に配位して，Ti 上のエチル基との間に挿入され，新しく C–C 結合を形成する。このようにして生じた空のサイトに次のモノマーが配位して活性化され，次つぎに Ti–C 結合に挿入され重合が進行する。

□：活性中心

$$\mathrm{Cl{-}Ti(Cl)(Cl)(Cl)(CH_2CH_3)\cdots Al} + \mathrm{CH(CH_3){=}CH_2} \longrightarrow \mathrm{Cl{-}\overset{\square}{Ti}(Cl)(Cl)(Cl)\overset{\delta^+}{-}\overset{\delta^-}{CH_2}{-}CH(CH_3){-}CH_2{-}CH_3\cdots Al}$$

この反応の活性点はアニオンと考えられるので，通常のアニオン重合と区別して，これを配位アニオン重合 (coordinated anionic polymerization) と呼ぶ。配位アニオン重合には，$TiCl_4$–$Al(C_2H_5)_3$ 系のほかに，第Ⅰ, Ⅱ, Ⅲ族の有機金属化合物と，第Ⅳ～Ⅵ族の遷移金属化合物との多くの組合せが知られており，これらをまとめて Zielger-Natta 触媒と呼んでいる。

Ziegler-Natta 触媒によるプロピレンの重合では，高い結晶性を示すイソタクチックポリプロピレンが生成する。このような立体規則性ポリマーを生ずる重合を立体特異性重合と呼び，1 章で述べたように，生成ポリマーの立体規則性の程度はタクティシティーで現される。

立体規則性ポリマーの合成は，プロピレンだけでなく，種々のビニルモノマーについても試みられている。いくつかの例を表 2.18 に示す。

Ziegler-Natta 系固体触媒における立体構造の規制は，固体触媒の結晶表面における活性中心金属（触媒規制），あるいは成長末端の不斉炭素（末端規制）で行われていると考えられている。表 2.18 に示したモノマー以外にも，例えば $Ti(OC_4H_9)_4$–$(C_2H_5)_3Al$ の Ziegler-Natta 触媒によるアセチレンの重合があり，得られたポリアセチレンの主鎖は C＝C 結合が交互につながった共役構造からなるため，導電性材料への応用が期待されている。Ziegler-Natta 触媒とは別に，クロムやニッケル化合物を担持したフィリップス触媒系やスタンダード触媒系によっても，分岐の少ない高密度ポリエチレンが得られることが知られている。

表 **2.18**　Ziegler-Natta 触媒による立体規則性ポリマー

| モノマー | Ziegler-Natta 触媒 | 立体規則性 |
|---|---|---|
| プロピレン | $TiCl_3$–$Al(C_2H_5)_3$ | イソタクチック |
| プロピレン | $VCl_4$–$(C_2H_5)_2AlCl$ | シンジオタクチック |
| プロピレン | $VOCl_3$–$Al(C_6H_{13})_3$ | アタクチック |
| スチレン | $TiCl_3$–$Al(C_2H_5)_3$ | イソタクチック |
| スチレン | $Ti\ (OC_4H_9)_4$–$Al(CH_3O)_n$ | シンジオタクチック |
| ブタジエン | $TiI_4$–$Al(C_2H_5)_3$ | シス–1, 4 |
| ブタジエン | $VOCl_3$–$(C_2H_5)_2AlCl$ | トランス–1, 4 |
| ブタジエン | $Cr(CNC_6H_5)$–$Al(C_2H_5)_3$ | 1, 2 イソタクチック |
| ブタジエン | $V\ (acac)_3$–$Al\ (C_2H_5)_3$ | 1, 2 シンジオタクチック |
| イソプレン | $TiCl_4$–$Al(C_2H_5)_3$ | シス–1, 4 |
| イソプレン | $VCl_3$–$Al(C_2H_5)_3$ | トランス–1, 4 |

### 2　メタロセン重合（Kaminsky 触媒）

1980 年になって，触媒活性（kg ポリマー/kg 金属）が 1,000 を示すジルコノセンとメチルアルミノキサン (MAO) を組み合わせた均一系触媒が，Kaminsky により発見された。Ⅳ族のビスシクロペンタジエニル化合物とアルキルアルミニウムを組み合わせた均一系触媒はエチレンに対する重合活性が低く，プロピレンに対してはほとんど活性を示さないが，Kaminsky らはこの系に助触媒 MAO を作用させることによって，重合活性が飛躍的に増大することを見いだした。MAO$[\!-\!(Al(CH_3)\!-\!O)\!-\!]_{10-20}$は $Al(CH_3)_3$ と水の縮合反応によって生成する。また，ビスシクロペンタジエニル化合物として次に示すジルコノセン化合物 ($Cp_2ZrMe_2$) が用いられる。

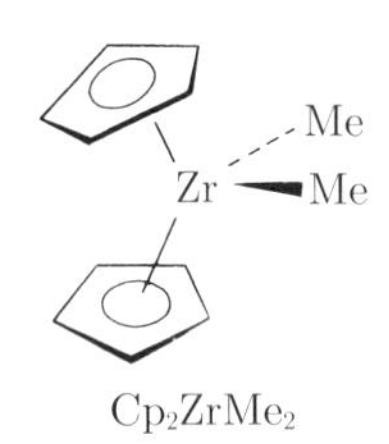


$Cp_2ZrMe_2$

このような 4 族のメタロセン化合物と MAO からなるメタロセン系触媒を，発明者名に因んで Kaminsky（-Sinn あるいは-Ewen）触媒と呼んでいる。これらのメタロセンを主成分とする均一系触媒は，Ziegler-Natta 触媒のような不均一系固体触媒と異なり，構造的に均質な重合活性種で構成されていることから，シングルサイト触媒とも呼ばれている。この触媒系では，ビスシクロペンタジエニル配位子を変えて，立体規則性をアタクチックから高イソタクチックあるいは高シンジオタクチック構造に自由に制御できる。プロピレン重合の一例を表 2.19 に示す。表に示されるように，狭い分子量分布 ($M_w/M_n \fallingdotseq 2$) のポリプロピレンが得られており，活性点の均一なシングルサイト触媒の特徴の 1 つである。また，きわめて速い速度で重合が進行することや重合活性種が，カチオン種であることが明らかにされている。

出光興産(株)は，1985 年に $CpTiCl_3$ などのチタン化合物と MAO からなる均一系メタロセン触媒によるスチレンの重合によって，シンジオタクティシティーがほぼ100%の結晶性ポリスチレンの合成に成功し，その後エンプラ XAREC®を上市した。このシンジオタクチックポリスチレン (*st*PS) はイソタクチックポリスチレン (*it*PS) に比較して結晶化速度が著しく速く，融点も約 270℃ (*it*PS: 240℃) と高い。*st*PS のコンホメーションは平面ジグザグ構造であると考えられている。*st*PS は Zr 化合物によっても得られる。いずれにしても重合における開始，成長はプロピレン重合の場合と反対に，スチレンの 2, 1–挿入で進行し，連鎖移動は $\beta$–水素の引き抜きにより起こる。*st*PS は従来の汎用アタクチックポリスチレン (*at*PS) のもつ低密度，良電気特性，耐加水分解性，良成形性に加えて，結晶性樹脂の特徴である耐熱性，耐薬品性，寸法安定性などを併せもつ。

エチレンとプロピレンや 1–ブテンなど $\alpha$–オレフィンとの共重合を行うと，Ziegler-Natta 触媒系と同じように，アルキル基を側鎖にもつポリエチレンが得られる。こ

**表 2.19**　メタロセン系触媒による立体規則性ポリプロピレン

| 触媒 | 助触媒 | 立体規則性 | | 融点 | 分子量 | 分子量分布 |
|---|---|---|---|---|---|---|
| | | (*mmmm*) | (*rrrr*) | ℃ | $M_n \times 10^{-4}$ | $M_w/M_n$ |
| (a)Zr | MAO | 0.95 | | 152.4 | 4.6 | 1.9 |
| (b)Zr | 〃 | 0.977 | | 162.0 | 13.4 | 2.0 |
| (b)Hf | 〃 | 0.987 | | 162.8 | 25.7 | 2.4 |
| (c)Zr | $Al(C_2H_5)Cl$ | | 0.86 | 145 | 3.8 | 1.8 |
| (c)Hf | 〃 | | 0.81 | | 7.0 | 1.9 |

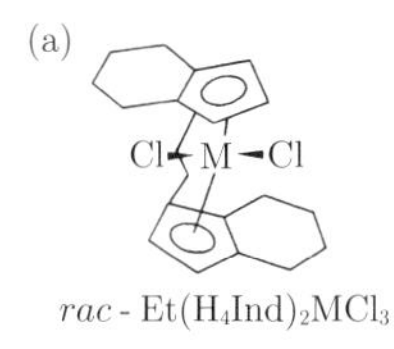


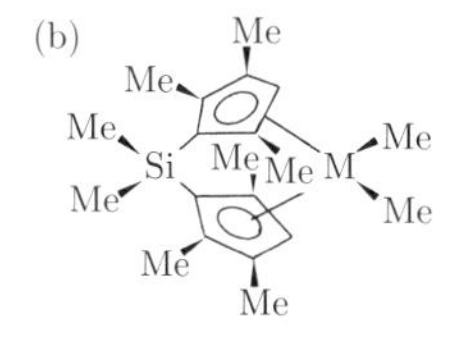


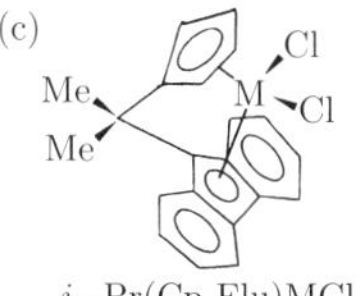

のようなポリエチレンは線状低密度ポリエチレン (linear low density polyethylene, LLDPE) と呼ばれている。

メタロセン系触媒は，$\alpha$–オレフィン以外のモノマーの重合においても重合活性を示す。シクロオレフィンの付加重合によって，1, 3–ポリシクロペンテンやシクロオレフィンとエチレンあるいはプロピレンとのランダム共重合体が合成されている。このようにメタロセン系触媒は，単にオレフィン重合だけにとどまらず，官能基を有する新規モノマーの重合などへの応用，さらにはランダム，ブロックおよびグラフト共重合体などの新規ポリマーの合成へ向けた新しい可能性を秘めた触媒系として注目されている。

### 3　メタセシス重合

W や Mo などの遷移金属 (M) を触媒とするオレフィン類の反応に，次に示すオレフィンどうしのアルキリデン基の交換反応がある。これをメタセシス (metathesis) という。

$$\begin{array}{c} RCH{=}CH_2 \\ | \\ M \\ | \\ RCH{=}CH_2 \end{array} \rightleftarrows \begin{array}{c} RCH\cdots CH_2 \\ \vdots\ \ M\ \ \vdots \\ RCH\cdots CH_2 \end{array} \rightleftarrows \begin{array}{ccc} RCH & & CH_2 \\ \| & \cdots M \cdots & \| \\ RCH & & CH_2 \end{array} \qquad (M = W, Mo)$$

この反応では，見かけ上 2 つのオレフィンの C＝C 結合が交換して，別のオレフィンが生成する。この反応を環状オレフィンに適用すると，次に示すような C＝C 部分の切断と再結合が起こり，新たな C＝C を主鎖に含む，ポリマーが生成する。

$$\underset{\frown}{C{=}C} \longrightarrow \left[\!=\!\underset{\frown}{C\quad C}\!=\!\right]_n$$

このような開環反応を伴う重合反応をとくに開環メタセシス重合 (ring-opening metathesis polymerization) という。触媒としては，V や Mo のほかに Ti，W，Nb，Ta など，4～7 族，4～6 周期の遷移金属のハロゲン化物などが用いられるが，一般には重合活性をあげるために共触媒として $Al(C_2H_5)_3$，$LiC_4H_9$ や $Sn(CH_3)_4$ のような有機金属化合物が併用される。とくに Ru 錯体を用いる第二世代 Grubbs 触媒は効果的である。

単環，双環および多環の環状オレフィンから対応するポリマーが合成されている。代表的な双環オレフィンであるノルボルネンの重合反応式を次に示す。

$$n\ (\text{norbornene}) \longrightarrow \left[\!=\!C\text{–}(\text{cyclopentane-1,3-diyl})\text{–}C\!=\!\right]_n$$

メタセシス重合はシクロオレフィンだけでなく，アセチレン類や両末端に二重結合をもつジエン類でも起こり，モノマーユニット間が不飽和結合でつながったポリマーが得られることが知られている。最近では，金属カルベノイド，メタラシクロブタン，金属カルビンなどの可溶性の均一系触媒が数多く開発され，より幅広いモノマーにおいて，メタセシス重合が可能になってきた。

### 2.3.6　リビング重合

モノマーの重合によって合成されるポリマーは多様性を有し，共有結合形成の反応制御が難しく，まずは重合度（分子量）が異なる成分の混合物からなる。いわゆる分子量分布の不均一度（$\gamma = M_{\mathrm{w}}/M_{\mathrm{n}}$：分散度）が比較的広く，生体高分子に見られる $\gamma = 1$ の単一成分からなる単分散ポリマーを得るための重合反応の制御は古くから行われていた。連鎖重合において，成長末端の活性種イオン（アニオン，カチオン）やラジカルは不安定であり，容易に移動反応や停止反応が起こり，生成するポリマーの分子量（重合度）が不揃いになる。単分散ポリマーを得るためには，まず，迅速開始により開始種が定量的に生成し，これにモノマーが付加した末端成長種の数が一定数のまま成長しなければならない。この成長種が移動反応や停止反応によって，失活しないように移動や停止に関与する物質を重合系内から除去するなどの重合条件を整える必要があった。アニオン重合では，重合系内に極性物質が存在しないと連鎖移動や停止が起こりにくい。この場合，開始で生成した成長末端は重合系内で常に重合活性を保っており，モノマーがすべて消費された段階で，さらにモノマーを添加すると，続いて重合（成長）が進行し分子量は直線的に増加する（図 2.2(c) 参照）。このような重合反応をリビング重合 (living polymerization) と呼んでいる。成長末端がそのまま“生きている”ことを意味している。したがって，リビング重合は，歴史的にまず比較的安定なアニオン種で重合が進行するアニオン重合で見いだされたが，リビング重合を行うには，例えば，重合系を高真空下に保ったり，重合系から連鎖移動や停止を起こすような不純物を完全に除去するなど，厳密な重合条件を確保しなければならない。アニオン重合に遅れること約 20 年，その間の重合反応と技術の著しい進歩により，カチオン種にとどまらずラジカル種においても比較的温和な条件でリビング重合が進行することが明らかにされている。以下に活性種の安定性に依存したリビング重合法開発の歴史に沿って，反応例をいくつか紹介する。

## 1　リビングアニオン重合

リビングアニオン重合は 1956 年 Szwarc によって見いだされた。すなわち，ナフタレンのテトラヒドロフラン溶液に金属ナトリウムを加えると，ナフタレンとのアニオンラジカルが生成し，溶液は緑色となる。

$$\mathrm{Na} + \text{(naphthalene)} \longrightarrow [\ \cdots \longleftrightarrow \cdots \longleftrightarrow \cdots\ ]^- \mathrm{Na}^+$$

$$(\mathrm{C_{10}H_8\cdot})^- \cdots \mathrm{Na}^+$$

これにスチレンを加えると，スチレンのアニオンラジカルとなり，溶液は深赤色となるが，生成したアニオンラジカルは直ちにジアニオンに変化する。

$$(\mathrm{C_{10}H_8\cdot})^- \cdots \mathrm{Na}^+ + \mathrm{CH_2{=}CH(C_6H_5)} \longrightarrow \text{(naphthalene)} + \dot{\mathrm{C}}\mathrm{H_2{-}CH^-(C_6H_5)} \cdots \mathrm{Na}^+$$

$$2\dot{\mathrm{C}}\mathrm{H_2{-}CH^-(C_6H_5)} \cdots \mathrm{Na}^+ \longrightarrow \mathrm{Na}^+ \cdots \mathrm{CH^-(C_6H_5){-}CH_2{-}CH_2{-}CH^-(C_6H_5)} \cdots \mathrm{Na}^+$$

これらの一連の開始反応は非常に速く進行し，続いて成長末端にスチレンが連続的に挿入付加する。連鎖移動反応や停止反応が起こらなければ，成長ジアニオンが存続し，溶液は深赤色を保ったままである。スチレンやブタジエンのような無極性モノマーの場合，リビング重合が起こるが，極性モノマーでは連鎖移動や停止が起こるので，成長末端はしだいに失活する。

リビング重合では，開始で生成した成長末端の濃度はそのまま保たれることになるので，生成するポリマーの数平均重合度 ($P_{\mathrm{n}}$) は式 (2.54) で与えられ，分子量分布もポアソン分布に従い，非常にシャープになる ($M_{\mathrm{w}}/M_{\mathrm{n}} \fallingdotseq 1$)。

$$P_{\mathrm{n}} = \frac{\text{消費されたモノマーの濃度 [M]}}{\text{開始剤の濃度 [C]}} \tag{2.54}$$

このことは，開始剤とモノマーの仕込み比を用いて生成ポリマーの分子量をあらかじめ求めることができることを意味している。例えば，上述したスチレンのリビング重合（ジアニオン）系の場合，1 分子のポリマーが生成するのに 2 倍量の開始剤が必要となるので，$P_{\mathrm{n}}$ は次式で表される。

$$P_{\mathrm{n}} = \frac{2[\mathrm{M}]}{[\mathrm{C}]} \tag{2.55}$$

この重合系は，スチレンの他にブタジエンやイソプレンなど炭化水素モノマーへの応用が可能である。

リビング重合系に空気や水，アルコールなどの停止剤を加えれば，失活し安定な無色（白色）のポリマー（粉末）が得られる。

$$\sim\!\sim CH_2\text{-}\underset{C_6H_5}{\underset{|}{CH^-}}\cdots Na^+ + H_2O \longrightarrow \sim\!\sim CH_2\underset{C_6H_5}{\underset{|}{CH_2}} + NaOH$$

プロトン供与性の停止剤ではなく，適当な試薬を反応させると，末端に官能基を定量的に導入することができる。上述のジアニオン成長末端からは2官能性ポリマーが生成する。また，リビング重合系の活性末端に他のモノマーを反応させると，ブロック共重合体が合成できる。このようにリビング重合の手法を用いると，分子設計された高分子の合成が可能になる。

極性モノマーのアニオン重合では，成長アニオン種と極性官能基との副反応が生起するのでリビング重合が難しいが，例えば，シリルエノールエーテルを開始剤とするグループトランスファー重合 (group transfer polymerization) や Al ポルフィリン触媒を用いたリビング重合（2.3.7 項，開環重合囲み記事参照）が知られている。

THF 溶媒中，25℃，対イオンを $Na^+$ とするスチレン ($M_1$) のリビング重合におけるいくつかのコモノマー ($M_2$) の共重合反応の解析結果を表 2.20 に示す。

また，いくかのモノマーの組合せによるリビングアニオン重合におけるモノマー反応性比を表 2.21 にまとめて示す。

**表 2.20** スチレンのリビングアニオン共重合におけるモノマー反応性比

| $M_1$ | $M_2$ | $k_{11}$ | $k_{12}$ | $k_{21}$ | $k_{22}$ | $r_1$ | $r_2$ | $r_1r_2$ |
|---|---|---|---|---|---|---|---|---|
| スチレン | $p$–メチルスチレン | 950 | 180 | 150 | 210 | 5.3 | 0.18 | 0.95 |
| スチレン | $p$–メトキシスチレン | 950 | 50 | 1100 | 50 | 19 | 0.45 | 0.85 |
| スチレン | $\alpha$–メチルスチレン | 950 | 27 | 780 | 2.5 | 35 | 0.003 | 0.1 |
| スチレン | ビニルメシチレン | 950 | 0.9 | 77 | 0.3 | 1060 | 0.004 | ~4 |

$k$ : $dm^3\ mol^{-1}\ s^{-1}$

### 2 リビングカチオン重合

末端成長種カルボアニオンに比較してカルボカチオンはより活性であり，移動反応や停止反応が起こりやすく不安定である。カルボカチオンを安定化させるために，求核性の高い対アニオンによる安定化が試みられた。例えば，ビニルエーテルを $HI/I_2$ 系開始剤でカチオン重合すると，連鎖移動や停止反応が抑制され，リビングカチオン

**表 2.21** いくつかモノマー系のリビングアニオン共重合におけるモノマー反応性比

| $M_1$ | $M_2$ | 開始剤 | 溶媒 | $r_1$ | $r_2$ | $r_1r_2$ |
|---|---|---|---|---|---|---|
| スチレン | メタクリル酸メチル | Na | 液体 $NH_3$ | 0.12 | 6.4 | 0.77 |
| スチレン | アクリロニトリル | BuLi | — | 0.2 | 12.5 | 3 |
| スチレン | ブタジエン | BuLi | ベンゼン | 0.025 | 20 | 0.50 |
| スチレン | ブタジエン | BuLi | $n$–ヘプタン | ~0 | 7 | ~0 |
| スチレン | ブタジエン | EtLi | エーテル | 0.11 | 1.78 | 0.20 |
| スチレン | ブタジエン | EtLi | THF | 8 | 0.2 | 2 |
| メタクリル酸メチル | アクリロニトリル | $NaNH_2$ | 液体 $NH_3$ | 0.25 | 7.9 | 2.0 |
| メタクリル酸メチル | アクリル酸メチル | $NaNH_2$ | 液体 $NH_3$ | 0.1 | 4.5 | 0.5 |
| メタクリル酸メチル | メタクリロニトリル | Na | 液体 $NH_3$ | 0.67 | 5.2 | 3.5 |

どの場合も，成長カルボアニオンの濃度はほぼ $10^{-3}$ mol dm$^{-3}$ 程度である。

重合が進行し，分子量分布の狭いポリマーが生成する。

$$\underset{\mathrm{OR}}{CH_2{=}CH} \xrightarrow{\mathrm{HI}} \underset{\mathrm{OR}}{CH_3{-}CH{-}I} \xrightarrow{I_2} \underset{\mathrm{OR}}{CH_3{-}\overset{\delta+}{CH}}\cdots\overset{\delta-}{I}\cdots I_2$$

$$\xrightarrow{\underset{\mathrm{OR}}{CH_2{=}CH}} CH_3{-}\underset{\mathrm{OR}}{CH}{-}CH_2{-}\underset{\mathrm{OR}}{\overset{\delta+}{CH}}\cdots\overset{\delta-}{I}\cdots I_2 \xrightarrow{\;=\;} CH_3{-}\underset{\mathrm{OR}}{CH}{-}\!\left(CH_2{-}\underset{\mathrm{OR}}{CH}\right)_n$$

この重合ではビニルエーテルモノマーと HI の付加体が生成した後，C–I 結合が $I_2$ によって適度に活性化されて成長反応だけが進行すると考えられている。1980 年代に見いだされた，このようなハロゲン化水素とモノマーの付加体を開始剤とし，設計されたルイス酸を触媒として用いた開始剤の組合せがその後，熱心に研究されており，大部分のカチオン重合性モノマーでも副反応がほとんど起こらないリビングカチオン重合が実現されている。例えば，イソブチレンの $C_2H_5AlCl_2/CF_3COOH$/エーテル触媒系やスチレンの $C_6H_5CH(CH_3)Cl/SnCl_4/(C_4H_9)_4NCl$ 触媒系が知られている。またカルボカチオンは，先に述べたように通常のカチオン重合は低温度で安定化して高分子量体が得られるが，このリビング重合系は室温付近でも進行し，添加するモノマー種を変えることによってブロック共重合体や星型ポリマーが合成できる。

### 3 リビング遷移金属重合

リビング配位アニオン重合において，歴史的には可溶性遷移金属触媒 $V(acac)_3-(C_2H_5)_2AlCl$ によるオレフィン類のリビング重合が開発されており，分子量分布 $(M_w/M_n)$ の比較的狭いシンジオタクチックに富むポリプロピレンの合成例が報告されている。

この重合は低温 (−78℃) で行われるが，25℃に昇温すると，成長末端の $V^{+3}$–C 結合が切断されラジカル種に変わる。また，$I_2$ で重合を停止し $AlClO_4$ と反応させると，カチオン種に変換できることから，この末端活性種変換法を利用して種々のブロック共重合体が合成できる。近年，錯体触媒の格段の進歩によって，エチレン，プロピレンだけでなく 1–ヘキセンなど 1–オレフィン類のリビング重合も可能になっている。

開環メタセシス重合系では，Ti，W，Mo，Ru などの金属錯体を用いることによってリビング重合が見いだされている。

### 4　リビングラジカル重合

1980 年代に見いだされたイニファーターを用いた重合やヨウ素移動重合を経て，1990 年代半ばから，従来のラジカル重合では予想できないほど，分子量や分子量分布 ($M_w/M_n$) が制御できるリビングラジカル重合系が次々と見いだされた。これらの重合系では，いずれもラジカル種（成長活性種）を一時的に安定な共有結合種へ変換する過程が関与していると考えられている。このような共有結合種は成長反応を一時的に休止しているという意味で，ドーマント (dormant) 種と呼ばれている。この安定な共有結合は，それ自体では成長反応を起こさないが，適当な刺激（物理的または化学的刺激）により成長活性 (active) 種，つまりラジカル種が生成しラジカル種との平衡がドーマント種側に偏り，この反応が成長反応よりはるかに速い場合，分子量や分子量分布が制御できると考えられている。

$$\underset{\text{ドーマント}}{\sim\!\sim\!\sim\mathrm{C{-}Y}} \ \underset{\text{高速可逆的}}{\overset{\text{物理的または熱刺激}}{\rightleftharpoons}} \ \sim\!\sim\!\sim\mathrm{C}\cdot + \cdot\mathrm{Y} \ \rightleftharpoons \ \text{リビングポリマー}$$

ドーマント種とラジカル種の交換反応は，物理的刺激あるいは化学的刺激に分類される。熱や光のような物理的刺激によるラジカル種の生成方法としては，イニファーターや安定なフリーラジカルであるニトロキシドによる疑似リビング重合がある。一方，金属触媒あるいはラジカルのような化学刺激によりラジカル種が生成する方法としては，原子移動ラジカル重合 (Atom Transfer Radical Polymerizaition, ATRP)，ヨウ素移動重合や RAFT (Revesible Addition-Fragmentation-Chain Transfer) 重合がよく知られている。このような高度に制御された分子量および分子量分布 ($M_w/M_n$) を与えるリビング重合系のうち，炭素–ハロゲン結合のドーマント種を遷移金属錯体の酸化還元反応を利用して可逆的に切断し，ラジカル種を発生する ATRP 重合が，最近大きな展開を見せている。

$$\sim\!\sim CH_2\text{-}\underset{\underset{OCH_3}{|}}{\underset{C=O}{|}}\overset{CH_3}{C}\text{-}X \xrightleftharpoons{M^nX_nL_m} \sim\!\sim CH_2\text{-}\underset{\underset{OCH_3}{|}}{\underset{C=O}{|}}\overset{CH_3}{C}\cdot \quad XM^{n+1}X_nL_m$$

$$CH_3\text{-}\underset{CO_2CH_3}{\overset{CH_3}{C}}\text{-}CH_2\text{-}\underset{CO_2CH_3}{\overset{CH_3}{C}}\text{-}Cl$$ 開始剤（RX）

Ru(インデニル)Cl$(PPh_3)_2$　活性化剤（$M^nX_nL_m$）

例えば，炭素–塩素結合を有する化合物（開始剤）と，ルテニウム錯体（活性化剤）との組合せによる開始剤系で，トルエン中，80℃でメタクリル酸メチルの重合を行うと，分子量分布が非常に狭い ($M_w/M_n<1.1$) ポリマーが生成する。さらに重合がほぼ完了した後，さらに新しいモノマーを添加すると再び重合が進行し，より高分子量で分子量分布の狭いポリマーが生成する。このような分子量や分子量分布の制御を可能にする開始剤系が数多く見いだされており，この重合系を用いると，種々のブロック共重合体，末端官能基化ポリマー，星型ポリマーなど構造の制御されたポリマーの合成が可能となる。

### 2.3.7　開環重合

環状化合物が環構造を開いて重合するような反応形式を一般に開環重合 (ring-opening polymerization) と呼んでいる。前節で述べた開環メタセシス重合もこれに分類される。環状モノマー中の反応性の官能基が重合開始点となる場合が多い。一般式を次に示す。

$$n\ \overbrace{(CH_2)_m}^{}\!\!\underbrace{X}_{\text{ring}} \longrightarrow \left[\!\left(CH_2\right)_m X\right]_n$$

$-X-$：$-CH=CH-$, $-O-$, $-NH-$, $-S-$, $-\underset{\underset{O}{\|}}{C}O-$, $-\underset{\underset{O}{\|}}{C}NH-$など

官能基Xとして，エーテル (–O–)，チオエーテル (–S–)，イミン (–NH–)，エステル (–COO–)，アミド (–CONH–)，オレフィン (–C＝C–) などであるが，ほかにリン，ケイ素などヘテロ原子を含む原子団の場合もある。一般に，これらの官能基をもち，ひずみがある環状化合物が開環重合することが知られている。主な環状モノマーの環のひずみエネルギーを表2.22に，それらの開環重合の反応性を表2.23に示す。

ひずみをもっていてもヘテロ原子のないシクロブタンでは，高分子量ポリマーを得

表 **2.22**　環状モノマーの環のひずみエネルギー (kJ mol$^{-1}$)

| 官能基 –X– | 員環数 | | | | | |
|---|---|---|---|---|---|---|
| | 3 | 4 | 5 | 6 | 7 | 8 |
| –$CH_2$– | 114 | 109 | 25 | −0.1 | 21 | 34 |
| –O– | 114 | 107 | 23 | 5 | 34 | 42 |
| –S– | 83 | 83 | 8.3 | −1.3 | 15 | — |
| –NH– | 113 | — | 24 | 0.6 | — | — |
| –$OCH_2O$– | — | — | 26 | 0 | 20 | 54 |

表 **2.23**　環状モノマーの開環重合反応性

| 官能基 –X– | 員環数 | | | | | |
|---|---|---|---|---|---|---|
| | 3 | 4 | 5 | 6 | 7 | 8 |
| –O– | ○ | ○ | ○ | × | ○ | — |
| –S– | ○ | ○ | × | × | — | — |
| –NH– | ○ | ○ | × | × | ○ | — |
| –C=C– | — | ○ | ○ | × | ○ | ○ |
| –$OCH_2O$– | — | — | ○ | × | ○ | ○ |

る重合法はまだ知られていない。しかし，シクロブテンやシクロペンテンなどの環状オレフィンは開環メタセシス重合法で高分子量ポリマーを得ることができる。このことは単にひずみだけでなく，反応活性をもつ官能基の存在が開環重合に影響を与えることを示している。

一般に開環重合の成長種はアニオンやカチオンであり，ラジカル機構で重合する例はきわめて少ない。反応は連鎖重合あるいは逐次重合の形式で進行するので，機構的にはすでに述べてきた考え方がそのまま適用される。また，生成したポリマーは逐次重合における重縮合で得られるポリマーに組成が似ているが，多くの場合，重縮合のように小分子の脱離がないので，モノマーとポリマーの組成が一致している。

### 1　環状エーテル

3 員環のエチレンオキシド，プロピレンオキシド，4 員環のシクロオキサブタン，そして 5 員環のテトラヒドロフランなどが代表的な環状エーテルである。

エチレンオキシドは $BF_3$，$AlCl_3$，$FeCl_3$，$SnCl_4$ などルイス酸などカチオン開始剤としたカチオン種，あるいはアルカリ土類金属の水酸化物やアルコキシドや Al などの有機金属化合物などのアニオン開始剤によるアニオン種でも開環重合する。カチオン性開始期 $BF_3$ による開環重合の反応式を次に示す。

$$BF_3 + H_2O \rightleftarrows \overset{+}{H}\cdots\overset{-}{B}F_3OH$$

$$H^+\cdots\overset{-}{B}F_3OH + O\begin{smallmatrix}CH_2\\|\\CH_2\end{smallmatrix} \longrightarrow H-\overset{+}{O}\begin{smallmatrix}CH_2\\|\\CH_2\end{smallmatrix}(\cdots\overset{-}{B}F_3OH) \longrightarrow HO-CH_2\overset{+}{C}H_2\cdots\overset{-}{B}F_3OH$$

しかし，生成した2量体の解重合反応やポリマーへの連鎖移動反応が起こるので，高分子量ポリエチレンオキシドを得ることはできない。

また，アニオン系開始剤として水酸化ナトリウムを用いても，生成ポリマーの分子量はあまり高くならず，高粘性の液状か，硬いロウ状物質となる。しかし，開始剤にアルミニウムアルコキシド ($Al(OR)_3$) を用いると，次に示すように，アルミニウムにエチレンオキシドの酸素原子が配位して反応が進行する。

$$(RO)_2Al(OCH_2CH_2OR)\cdots O\begin{smallmatrix}CH_2\\|\\CH_2\end{smallmatrix} \longrightarrow (RO)_2Al-OCH_2CH_2OCH_2CH_2OR$$

これは配位アニオン重合である。有機金属化合物と水（またはアルコール）開始剤でも配位アニオン重合が起こり，結晶性の高い ($T_m$，66℃) 高分子量ポリエチレンオキシドが生成する。

プロピレンオキシドもエチレンオキシドと同様に開環重合が進行する。プロピレンオキシドの場合，開裂すべき C–O 結合の開裂には2通りある。さらにメチル基が結合している炭素原子は不斉炭素であるため，開裂箇所によりモノマーユニットのつながり方と，生成ポリマーの立体規則性が影響される。

$$CH_2-CH(CH_3)$$ (O で架橋したエポキシ環；β開裂　α開裂)

α開裂のみ　$\sim\!CH(CH_3)-CH_2-O-CH(CH_3)-CH_2-O\!\sim$

頭–尾構造

β開裂のみ　$\sim\!CH_2-CH(CH_3)-O-CH_2-CH(CH_3)-O\!\sim$

頭–尾構造

$\beta$ 開裂のみが起こる場合はモノマーの立体規則性は保持されるが，$\alpha$ 開裂のみが起こる場合，不斉炭素の立体規則性は必ずしも保持されるとは限らない。しかし，モノマーユニットはどちらの場合も頭–尾結合だけでつながることになる。これらの開裂がランダムに起こる場合，頭–頭（尾–尾）結合の生成と立体規則性の乱れも考えなければならない。通常のビニル重合ではそのほとんどが頭–尾結合であるのに対して，例えば，ジエチル亜鉛 ($Zn(C_2H_5)_2$)–水系開始剤による重合では頭–頭結合が 40%程度含まれていることが知られている。水酸化カリウムを用いたL–プロピレンオキシドの重合では結晶性の光学活性ポリマーが得られるが，DL–プロピレンオキシドからは粘性の高い液状ポリマーしか得られない。$FeC1_3$ を用いるとL体あるいはDL体どちらからもゴム状無定形ポリマーと結晶性の高分子量ポリマーが生成する。無定形ポリマーは開始剤の可溶性部分から，結晶性ポリマーは固体部分から生成すると考えられている。

次に示す4員環のシクロオキサブタンは $BF_3$ あるいは $AlR_3$–$H_2O$ などの開始剤とするカチオン開環重合によって，高分子量ポリマーが生成する。

```
                                CH2Cl
                                  |
 CH2–CH2               ClCH2–C——CH2
  |      |                        |       |
 CH2–O                           CH2–O
```

重合機構はエチレンオキシドの場合と同様にオキソニウムイオンが成長末端になっていると考えられている。5員環のテトラヒドロフランもカチオン開始剤によるカチオン開環重合が進行する。

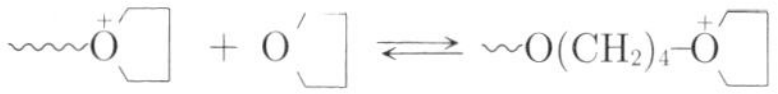

$$\sim\!\sim\!\sim\overset{+}{O}\square \;+\; O\square \;\rightleftarrows\; \sim\!\sim O(CH_2)_4\text{–}\overset{+}{O}\square$$

この重合は比較的小さな重合熱 (14.6 kJ $mol^{-1}$) のため平衡重合となるが，条件を選ぶとオキソニムイオンを成長種とするリビング重合系となる。

環状エーテルから生成したポリエーテルは，いずれも分子の両末端にヒドロキシル基をもつ2官能性ポリオールとして，重付加によるポリウレタン系熱可塑性弾性体の重要な原料となっている。

ホルムアルデヒドの低温重合 (−50〜−70℃) によって生成するポリオキシメチレンも，両末端にOH基をもつポリエーテルとなるので，ホルムアルデヒドは2員環の環状エーテルと見なすこともできる。このポリマーは末端基OHから解重合してホルムアルデヒドに分解するので，末端をアセチル化やエーテル化により安定化して，エンジニアリングプラスチックとして用いられている。ホルムアルデヒドより安定な環状3量体トリオキサンをモノマーとして，炭化水素溶媒中カチオン開環重合が一般に用いられる。

### 2　環状エステル

エステルの環状化合物であるラクトン類は，最も安定な5員環の $\gamma$–ブチロラクトンを除いて，4，6，7員環のものがカチオン，アニオン，および配位アニオン開環重合によって脂肪族ポリエステルを与える。例えば，4員環の $\beta$–プロピオラクトンは次のように開環重合する。

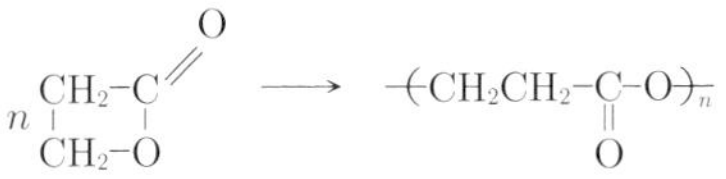

$$n\ \begin{matrix} CH_2-C(=O) \\ | \quad\quad | \\ CH_2-O \end{matrix} \longrightarrow -\!\!\left(CH_2CH_2-\underset{\underset{O}{\|}}{C}-O\right)\!\!-_n$$

環状エステルの開裂の酸素アルキル結合 ($O–CH_2$) と，酸素アシル結合 [O–C(=O)] の2箇所で起こり，それらの起こりやすさは環の大きさや開始剤の種類によって異なる。上記 $\beta$–プロピオラクトンの場合，酢酸カリウムなどの開始剤によるアニオン開環重合では酸素–アルキル結合の開裂が選択的に起こるが，カリウムメトキシドなどを開始剤とすると2種の開裂が競争的に起こる。一方，カチオン開環重合では酸素アシル結合の開裂が選択的に起こる。また，$\delta$–バレロラクトン（6員環）や $\varepsilon$–カプロラクトン（7員環）のアニオン重合では，酸素–アシル結合の開裂が選択的に起こる。

開始剤を適当に選ぶと，重合はリビング的に進行し，分子量分布の狭いポリエステルが生成するが，成長種によるポリマー主鎖中のエステル結合のエステル交換反応が起こりやすく，重合反応が進みポリマーの分子量が増大してくると，分子量分布が広くなったり，環状オリゴマーが生成しやすくなる。グリコール酸や乳酸などの $\alpha$–ヒドロキシ酸は分子間や分子内で脱水反応を起こして，安定な環状エステルに容易に移行するので，重縮合によって対応するポリエステルを直接得ることは難しい。グリコール酸および乳酸から得られる環状2量体グリコリド (R = H) とラクチド ($R = CH_3$) のアニオン開環重合を次に示す。

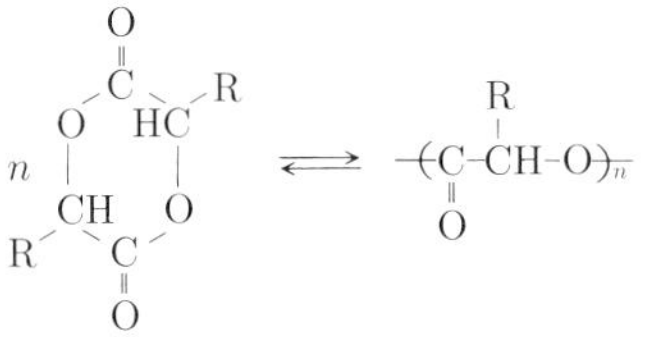

$$n\ \begin{matrix} & O & \\ & \| & \\ & C & \\ O & & HC-R \\ | & & | \\ R-CH & & O \\ & C & \\ & \| & \\ & O & \end{matrix} \rightleftarrows -\!\!\left(\underset{\underset{O}{\|}}{C}-\overset{\overset{R}{|}}{C}H-O\right)\!\!-_n$$

重合開始剤は，第4級アンモニウム塩やホスホニウム塩，アルミニウムアルコラート，有機スズアルコラートなどが知られている。アルコラート系開始剤を用いると高分子量のポリエステルが得られ，それらは生分解性を示し，生医学材料などとして注目されている。生分解性はグリコリドとラクチドの共重合あるいはこれらとラクトン類との共重合によって制御できる。

開始剤として，アルミニウムテトラフェニルポルフィリン錯体 (Ⅲ)($X = OCH_3$) を用いると，リビング開環重合になり，分子量分布の狭いポリラクチドが得られる。この重合系にメタノールなどのプロトン性連鎖移動剤を共存させると，イモータル重合（囲み記事参照）が起こり，用いた錯体の分子数より多い単分散ポリマーを合成でき

### イモータル重合

アルミニウムテトラフェニルポルフィリン錯体（X=$OCH_3$，Cl など）を開始剤とする環状モノマーの開環重合において，イモータル（immortal，不死）重合という新しい概念が確立された。

X = Cl
OR など

アルコールが存在しない重合系では，開始剤の数と同数の分子量の揃ったポリマー（単分散ポリマー）が生成するリビング重合となるが，アルコールが存在すると開始剤 1 分子から単分散ポリマーが多数生成する。環状モノマーのエポキシド，ラクトン，ラクチド類の開環重合だけでなく，メタクリル酸メチルなどのビニル重合をも引き起こす。

$$\text{Al}-\text{OR} + n\,\text{H}_2\text{C}\!-\!\text{CH}_2(\text{O}) \longrightarrow \text{Al}\!\left(\text{O}-\text{CH}_2-\text{CH}_2\right)_n\!\text{OR}$$

アルコールが存在すると，次式に示されるように非常に速い可逆的連鎖移動が起こるため，1 度死んだかに見える生成ポリマーも逆反応で生き返る（不死）。

$$\text{Al}-\text{OR} + n\,\text{H}_2\text{C}\!-\!\text{CH}_2(\text{O}) \longrightarrow \text{Al}\!\left(\text{O}-\text{CH}_2-\text{CH}_2\right)_n\!\text{OR}$$

$$\text{H}-\text{OR} \quad\quad \text{H}\!\left(\text{O}-\text{CH}_2-\text{CH}_2\right)_n\!\text{OR}$$
$$\text{H}-\text{OR} \quad\quad \text{H}\!\left(\text{O}-\text{CH}_2-\text{CH}_2\right)_n\!\text{OR}$$
$$\text{H}-\text{OR} \quad\quad \text{H}\!\left(\text{O}-\text{CH}_2-\text{CH}_2\right)_n\!\text{OR}$$

速い交換（可逆的連鎖移動）

る。また，$\mu$-オキソアルコラートを用いると 7 員環ラクトンのリビング重合が起こるが，この開始剤はラクチドのリビング重合にも有効であることが知られている。とくに金属ポルフィリン錯体は，メタクリル酸メチル，エポキシド，環状スルフィドあるいは環状カーボネートなど種々のモノマーのリビング重合を引き起こすので，分子量の揃った多様なブロック共重合体を得ることができる。

### 3　環状アミド

ラクタム類など環状アミド（4，5および7員環）は $TiCl_4$ のようなルイス酸やトリフルオロメタンスルホン酸のようなプロトン酸によるカチオン重合，あるいはアルカリ金属とその水素化物，水酸化物，アルコキシドなどの塩基によるアニオン重合によって開環してポリアミドとなる。

$$n\,(CH_2)_x\begin{matrix}CO\\|\\NH\end{matrix} \longrightarrow \left[ NH\left(CH_2\right)_x CO \right]_n$$

7員環の $\varepsilon$–カプロラクタムの重合では，ナイロン6が得られる。あらかじめ水を厳密に除去した重合系で，アルカリ金属を開始剤に用いると開環重合が進行する。水は少量であっても，$\varepsilon$–カプロラクタムと反応して開環してアミノカルボン酸を生成する。

$$\text{(}\varepsilon\text{-caprolactam ring: } CH_2\text{–}CH_2\text{–}CO\text{–}NH\text{–}CH_2\text{–}CH_2\text{–}CH_2\text{)} + H_2O \longrightarrow H_2NCH_2CH_2CH_2CH_2CH_2COOH \qquad \text{（加水分解）}$$

工業的なナイロン6の製造方法は，水存在下，減圧しながら250℃付近に加熱して，開環（加水分解）と，続くアミノカルボン酸の脱水縮合（重縮合）を繰り返す逐次反応を利用して行われる。後者の重縮合の機構は2分子間反応と同じである。

アルカリ金属やその水素化物，あるいはその水酸化物開始剤によるアニオン開環重合は，通常，$N$–アシルラクタムを活性化剤として加えて行われる。この反応は活性化モノマー機構と呼ばれ，高分子量ポリアミドが生成しにくい5員環ラクタムのピロリドンや，開環重合性に乏しい6員環のピレリドンに応用されている。活性化モノマー機構を次に示す。

$$\overset{O}{\overset{\|}{C}}\text{–NH (ring)} + K \longrightarrow \overset{O}{\overset{\|}{C}}\text{–}\bar{N}K^+ \text{ (ring)} + \frac{1}{2}H_2$$

$$\overset{O}{\overset{\|}{C}}\text{–}\bar{N}K^+ \text{ (ring)} + \overset{O}{\overset{\|}{C}}\text{–N–}\overset{O}{\overset{\|}{C}}\text{–R (ring)} \rightleftarrows \overset{O}{\overset{\|}{C}}\text{–N–}\overset{O}{\overset{\|}{C}} \text{ (ring)(ring) } \overset{K^+}{\bar{N}}\text{–}\overset{O}{\overset{\|}{C}}\text{–R} \qquad \text{（開始）}$$

$$\overset{O}{\overset{\|}{C}}\text{–N–}\overset{O}{\overset{\|}{C}} \text{ (ring)(ring) } \overset{K^+}{\bar{N}}\text{–}\overset{O}{\overset{\|}{C}}\text{–R} + \overset{O}{\overset{\|}{C}}\text{–NH (ring)} \rightleftarrows \overset{O}{\overset{\|}{C}}\text{–N–}\overset{O}{\overset{\|}{C}} \text{ (ring)(ring) } \overset{H}{N}\text{–}\overset{O}{\overset{\|}{C}}\text{–R} + \overset{O}{\overset{\|}{C}}\text{–}\bar{N}K^+ \text{ (ring)} \qquad \text{（成長）}$$

タンパク質のモデル物質として有用な合成ポリペプチドが，種々のアミノ酸の開環重合によってつくられている。現在，最も広く利用されている高分子量ポリペプチドの合成法の1つはアミノ酸の$N$–カルボン酸無水物（NCA，Leuchs の無水物）を用いる方法であろう。NCA は一般に$\alpha$–アミノ酸にホスゲンを直接作用させて得られる。

$$\text{R–CH}(\text{NH}_2)(\text{COOH}) \xrightarrow{\text{COCl}_2} \text{R–CH}\begin{matrix}\text{NH–CO}\\ | \\ \text{CO–O}\end{matrix} + \text{HCl}$$

開環重合は微量の水，アミノ酸，アミンなどで開始され，開環と$CO_2$の脱離を繰り返しながら進行することから，厳密には開環脱離重合と呼ばれている。開始剤として NaOR や$NR_3$などの強塩基 (B) を用いると，重合は上述した活性化モノマー機構で進み，高分子量ポリペプチドが得られる。その重合反応経路を次に示す

$$\begin{matrix}\text{NH—CHR}\\ |\quad\;\; |\\ \text{CO}\quad\text{CO}\\ \text{O}\end{matrix} \xrightarrow[-\text{BH}]{\text{B}} \begin{matrix}{}^{-}\text{N—CHR}\\ |\quad\;\; |\\ \text{CO}\quad\text{CO}\\ \text{O}\end{matrix} \xrightarrow{-\text{CO}_2} \begin{matrix}{}^{-}\text{NH–CHR}\\ |\\ \text{CON—CHR}\\ |\quad\;\; |\\ \text{CO}\quad\text{CO}\\ \text{O}\end{matrix} + \text{CO}_2 \longrightarrow \longrightarrow \text{ポリペプチド}$$

### 4 環状スルフィド

環状スルフィドは対応するエポキシドよりもひずみが少ないことから3員環および4員環の開環重合はカチオン開始剤やアニオン開始剤で容易に進行することが見いだされているものの5員環や6員環ではいまだ例がない。一般に，カチオン開始剤を用いると，解重合や連鎖移動が起こりやすく，高分子量のポリマーを得ることは難しい。一方，アニオン開始剤ではそれらの副反応が抑制され，リビング重合が起こる場合が多く，高分子量ポリマーが得られている。有機金属 [$Al(C_2H_5)_3$ や $Zn(C_2H_5)_2$ など] と活性水素を有する水やアルコールなどを触媒として用いると，プロピレンスルフィドの立体規則性重合が進行することが知られている。

$$n\ \underset{\text{R}}{\overset{\text{S}}{\triangle}} \rightarrow \text{—(SCH(R)CH}_2\text{)—}_n$$

イソタクチックポリプロピレンスルフィドの融点$T_m$は40℃程度であるが，アタクチックポリマーはガラス転移温度$T_g$は$-52$℃程度となる。エチレンスルフィドから得られるポリエチレンスルフィドは結晶性が高く$T_m$は215℃程度である。

### 5 環状イミン

3員環イミンであるエチレンイミンはカチオン開始剤により開環重合が起こり，分

岐状ポリエチレンイミンが生成する。

$$\underset{\underset{H}{N}}{CH_2-CH_2} \xrightarrow{\text{カチオン重合}} -CH_2CH_2\underset{|}{N}(CH_2CH_2NH_2)CH_2CH_2NH-$$

生成ポリマーは，平均して主鎖のモノマーユニット 3 個に 1 個の分岐をもっており，非晶性を示す。

直鎖状のポリエチレンイミンは，$BF_3O(C_2H_5)_2$ や硫酸エステルなどのカチオン開始剤により 2–オキサゾリンの異性化と開環重合を行い，生成するポリ–$N$–ホルミルエチレンイミンの加水分解によって合成される。

$$n\ \underset{\text{2-オキサゾリン}}{\text{(2-oxazoline: } CH_2-N{=}CH-O-CH_2)} \xrightarrow{\text{カチオン重合}} \left( CH_2CH_2N(HC{=}O) \right)_n \xrightarrow{\text{加水分解}} \left( CH_2CH_2NH \right)_n \quad T_m\ 58.5℃$$

### 6　環状ポリシロキサン

ジメチルジクロロシランの加水分解によって得られるオクタメチルテトラシロキサンは，酸またはアルカリ開始剤により開環重合して，高分子量のポリジメチルシロキサンを与える。

$$n\ [(CH_3)_2SiO]_4 \longrightarrow \left( O-\underset{CH_3}{\overset{CH_3}{Si}} \right)_{4n}$$

この開環重合は逐次反応で進行する。一般に，重合時にヘキサメチルジシロキサンを所定量添加し分子鎖の両末端に $(CH_3)_3SiO$ 基を導入して必要な重合度のポリマーを得ている。シリコーンゴムはこのポリマーを過酸化物で処理して架橋構造としたものである。

### 7　環状ホスファゼン

ヘキサクロロホスファゼンは，五酸化リンと塩化アンモニウムの反応から得られ 6 員環化合物であり，250℃以上に加熱すると開環重合が起こり直鎖状または架橋化したゴム状のポリマーが生成する。

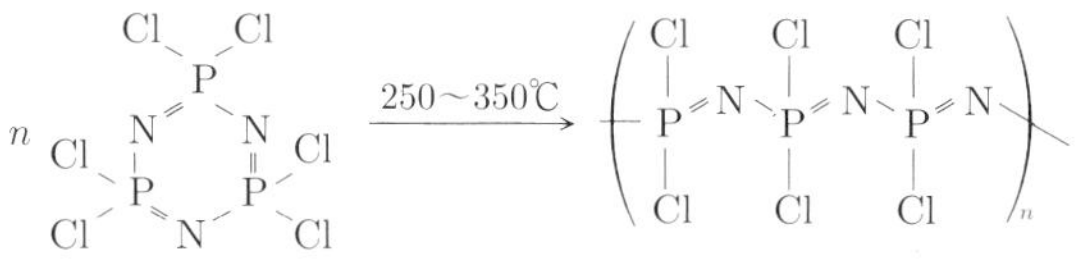

$$n\ (NPCl_2)_3 \xrightarrow{250\sim350℃} \left( \begin{array}{c} Cl \\ | \\ P \\ | \\ Cl \end{array} = N - \begin{array}{c} Cl \\ | \\ P \\ | \\ Cl \end{array} = N - \begin{array}{c} Cl \\ | \\ P \\ | \\ Cl \end{array} = N \right)_n$$

生成ポリマーは弾性を有することから，耐熱性の高い無機ゴム，フィルム，あるいは繊維などへの応用が期待されている。

## 2.4　ブロック共重合体，　グラフト共重合体，　高分子ゲル

### 2.4.1　ブロック共重合体

1 章で概説した共重合体のうち，ランダムおよび交互共重合体は 2 種以上のモノマーをあらかじめ混合して共重合することによって合成することができるが，ブロックおよびグラフト共重合体は合成できない。ブロック共重合体は，あらかじめ合成されたポリマーに別のモノマーを段階的に重合させる方法，

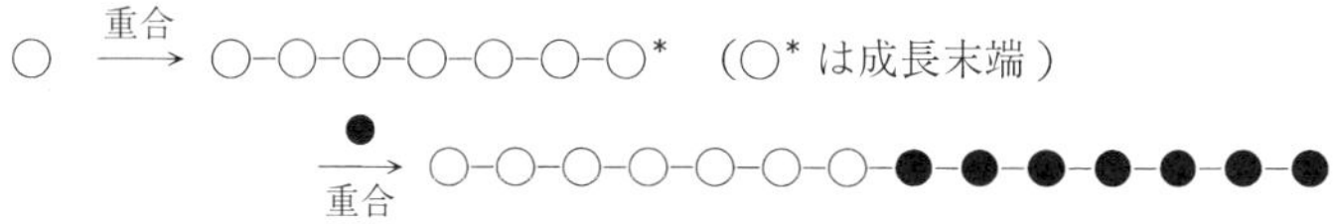

○ —重合→ ○-○-○-○-○-○-○* （○* は成長末端）

—●重合→ ○-○-○-○-○-○-○-●-●-●-●-●-●-●

あるいは 2 種以上のポリマー間のカップリング反応（高分子反応）による方法で合成される。

○ —重合→ ○-○-○-○-○-○-○*
● —重合→ ●-●-●-●-●-●-●*
→ ○-○-○-○-○-○-○-●-●-●-●-●-●-●

段階的合成法では，各モノマーのセグメントの鎖長が制御でき，またホモポリマーの混入が抑制できる点で有利なリビング重合（2 章 2.3.6 項）の利用が有効である。第 1 のモノマーが消費された後，第 2 のモノマーを添加してジブロック共重合体 (diblock copolymer) を，さらに第 3 モノマーを添加してトリブロック共重合体 (triblock copolymer) を，これをさらに繰り返すと，マルチブロック共重合体 (multiblock copolymer) も合成できる。これは活性種が高分子鎖の両末端にある場合にも適用できる。しかし，リビング重合が適用できるモノマー系が限られているので，活性種（アニオン，カチオン，ラジカル）を相互に変換し，活性種に適合したモノマーの後続重合を行う試みも盛んに行われている。このほかに，ポリマー中に連鎖移動を起こしやすい官能基（SH な

ど）をもたせ，第2のモノマーのラジカル重合によってブロック化する方法も知られている。熱や光で切断しラジカルを発生する官能基である–O–O–や–N＝N–，–S–S–をあらかじめ含んだポリマーを高分子重合開始剤として，第2のモノマーを重合させる方法も知られている。

一方，カップリング反応ではリビング重合におけるポリマー末端のアニオン活性種とカチオン活性種の高分子反応によるブロック共重合体の合成が知られている。このような高分子間の反応には，先に述べた重縮合や重付加などの逐次反応が利用される場合も多い。

### 2.4.2　グラフト共重合体

グラフト共重合体の合成には，連鎖移動法，放射線グラフト法，機械的グラフト法が一般的に利用されている。これらの方法ではポリマー鎖の任意の位置にさまざまな方法で活性点を発生させ，そこから第2のモノマーを重合させてグラフト共重合体を得ている。また，高分子反応によるグラフト共重合体の合成も広く知られている。これらの基本反応はブロック共重合体の合成で利用されているものと本質的に同じであり，ポリマー鎖中の活性点が末端にある場合はブロック共重合体が得られ，活性点がポリマー主鎖のランダムな位置にある場合はグラフト共重合体が得られる。しかし，これらの方法では，反応率が低いホモポリマーの混入が避けられず，またブロック鎖やグラフト（枝）鎖の数や長さが不揃いになる場合が多い。

### 2.4.3　末端反応性ポリマー

ポリマー鎖の末端に反応性の官能基をもった末端反応性ポリマーやオリゴマーが，ブロック共重合体，グラフト共重合体，架橋，星型・櫛型ポリマーなど，構造と組成の明確なポリマーを構築するためのブロックとして利用されている。分子の片方の末端にだけ重合可能な官能基を有する末端反応性ポリマー（オリゴマー）をマクロモノマー(macromonomer)といい，また分子の両末端に官能基をもつ末端反応性ポリマー（オリゴマー）をテレケリックポリマー（オリゴマー）と呼んでいる。このような両末端官能性をテレケリックス(telechelics)といい，これはギリシャ語のテロス（遠い）とケロス（カニのハリミ）に由来している。

マクロモノマー：F――――――――――――

テレクリックス：F――――――――――――F（ただし，Fは官能基）

これらの末端反応性ポリマーの合成には，重合時に導入する方法，重合後に得られたポリマーの末端基を化学変換によって他の官能基にする方法，主鎖の分解反応を利用する方法などが知られている。重合反応では，一般に重縮合や重付加で末端官能基を残す方法，リビング重合において開始剤や重合停止剤で，あるいはラジカル重合における開始剤や連鎖移動剤で官能基を導入する方法が一般的である。これに対して，一般的ではないが，ポリマーの分解（オゾン分解，加水分解，解重合など）による方法もある。最近，通常の重合や有機合成では合成できないマクロモノマーやテレケリックスが，ポリスチレンやポリプロピレンの熱分解によって高収率・選択的に合成できることが見いだされた。熱分解による末端反応性ポリマー（オリゴマー）などの付加価値の高い物質の合成技術の確立は，地球環境保全の立場からもますます重要になると期待されている。

### 2.4.4 枝分かれ高分子

線状高分子に対する枝分かれ高分子 (branched polymer) は，低密度分岐ポリエチレンの項で少し触れたが，最近，いろいろな構造をもつ枝分かれ高分子が分子設計され合成されている。ここではスター（星型）高分子 (star-shaped polymer) とデンドリマー（樹木状多分岐高分子，dendrimer）について紹介しよう。

右図に示すような 1 つの分岐点から複数のポリマー鎖が出ているものはスター高分子という。一般的にはカップリング法で合成されている。枝鎖がブロック共重合体になっているものも合成されている。

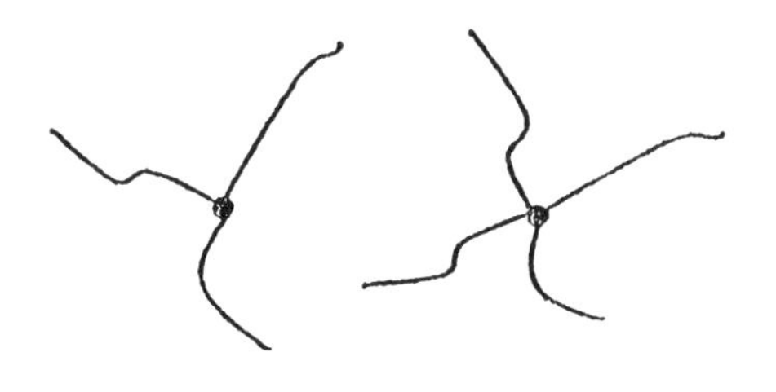

デンドリマーは，枝分かれが極度に進み，規則正しい多分岐構造を有する高分子である。ギリシャ語の樹木を語源とするデンドリマーは，空間形態が明確で 3 次元ナノスケールで球状構造を有する樹木状多分岐巨大分子のことである。デンドリマーの合成法には，中心のコア（核）からはじめて，一世代ごとに外側に向かって，枝分かれを伸ばしていく発散 (divergent) 法と，外側の枝から順次内側へと合成していく収束 (convergent) 法が知られている。例をそれぞれ次に示す。

$NH_3 \xrightarrow{CH_2=CHCOOCH_3} \xrightarrow{H_2NCH_2CH_2NH_2}$ $N(CH_2CH_2CONHCH_2CH_2NH_2)_3$

→ → （発散法）

$+ HO-C_6H_4-C(CH_3)(C_6H_4OH)_2 \xrightarrow[18\text{–}C\text{–}6]{K_2CO_3}$ （収束法）

この場合，重合度は通常の線状高分子とは異なり，枝部分の繰り返しの回数をいうことになる。これらのほかに，ポリシロキサン骨格でできているものや，ポルフィリンなどの金属錯体をコアや表面にもつもの，さらには核酸構造や金属骨格からなるものなどがつくられている。

構造から明らかなように，デンドリマーは表面の分岐密度が高いので官能基が密に並び，コアにいくほど分岐密度が低くなる。このため，表面近傍の組織はコアに比べて運動しにくくなり，表面が硬く内部が柔らかい特異な孤立空間ができている。このような特徴が諸物性に反映されることが期待されるため，新しい素材として活発に研究が進められている。

#### 超分子と自己組織化

1978 年，J. -M. Lehn は超分子化学 (super molecular chemistry) を提唱した。原子間の化学結合力によってつくられている分子を対象とした分子化学に対して，非共有結合性の分子間に働く比較的弱い分子間相互作用力によって形成（組織化）された超分子 (supramolecule) に対する新しい化学の分野である。分子間力の主要なものには，van der waals 力，水素結合力，電荷移動力などがあり，それらの力はおおむね数 10 kJ $mol^{-1}$ 以下である。これらの分子間相互作用を発現できる官能基があらかじめ分子に組み込まれていると，ある系中において，例えば，光，熱，電子，イオン，分子など種々の弱い刺激に応答して，分子自らが超分子を組織化する。このプロセスを自己組織化 (self-organization) という。

このようなプロセスは生体に多く見られることから，“超分子を化学的に理解することによって，生体がもつ絶妙な化学構造–機能相関を模倣した物質の人工的な分子設計と合成，さらには新材料への応用が可能となるという夢が大きく広がっている。超分子には次表に示すようなさまざまなものが考えられる。

超分子群の分類

| | |
|---|---|
| I. 小分子系超分子 | 分子化合物（ルイス錯体，電荷移動錯体，水素結合体）<br>ホスト–ゲスト化合物 |
| II. 多分子系超分子 | クラスター，分子組織体，リオトロピック液晶 |
| III. 結晶系超分子 | 結晶，包接化合物，液晶 |
| IV. 高分子系超分子 | テイラーメイド共重合体<br>生体高分子（タンパク質，核酸など） |
| V. 超分子組織体<br>（超分子システム） | タンパク質複合体<br>光合成システム |

表に示されるように，超分子に分類される合成高分子はいくつか知られているが，この分野の研究は始まったばかりであり，精力的に行われている。このように，超分子化学は 21 世紀の科学と技術の基礎として期待が大きい。

### 2.4.5 架橋反応

2 官能性モノマーの重合反応では線（直鎖）状の 1 次元ポリマーが生成するが 3 官能性モノマーを用いると，高分子鎖は 3 次元に網目構造を形成しながら成長し，分子量が無限大となり，ついには不溶不融になる。このような変化をゲル化といい，そのものをゲル (gel) という。このような 3 次元高分子生成の基本反応は架橋反応である。

ここでは，ゲル化について簡単な場合を考える。例えば2種の2官能性分子 (A∼A，B∼B) と1種の3官能性分子 ($A(A)_2$) の逐次重合系において，それぞれの分子数が $N_A$，$N_B$，$N'_A$，重合系全体の分子数が $N_0$ である場合，系中の1分子当たりの平均官能基数 $f$ は $(2N_A+2N_B+3N'_A)/N_0$ となり，系中の官能基の総数は $N_0f$ である。ここで，2種の官能基の反応性は重合中一定であり，反応が分子間でだけ起こると仮定する。

反応度 $p$ のとき，系中の分子数を $N$ とすると，重合反応で消失した官能基数は $2(N_0-N)$ となり，反応度は次式で表される。

$$p=\frac{2(N_0-N)}{N_0f} \tag{2.56}$$

$N_0/N$ は数平均重合度 $P_n$ に等しいので，式 (2.56) は次のようになる。

$$p=\frac{2}{f}-\frac{2}{P_nf} \tag{2.57}$$

式 (2.57) において，$P_n$ が大きいとき右辺第2項は無視できるので，$p=2/f$ となる。

このことは，簡単な多官能性逐次反応において生成ポリマーの分子量が無限大となる反応度が，2官能性分子間の反応では $p=2/2=1$，そして3官能性分子間のときには $p=2/f=2/3=0.666$ となることを示している。例えば，$P_n=100$ のポリマーが生成するとき，式 (2.57) から $p=0.660$ となるから，反応度が0.006増加すると分子量は急激に増大し，ゲル化することを意味している。実際には，この粗い推定値より幾分大きな反応度でゲル化点が出現する場合が多い。

実際の架橋反応には，ゴムなどの加硫で知られているように，合成された高分子鎖間に架橋剤によって架橋する場合と2官能性モノマーと3官能性以上のモノマー（架橋剤）との共重合による場合に大別される。後者の例としてビスアクリルアミドを架橋剤とするアクリルアミドゲルなどがある。

ジビニルベンゼンを用いた架橋ポリスチレンは，イオン交換樹脂やゲル浸透クロマトグラフィー (GPC) 用の多孔質ゲルとして利用され，また高度に架橋した熱硬化性樹脂は高度に架橋した構造をもっている。接着剤として用いられているエポキシ樹脂なども架橋反応により形成された無限網目ポリマーである。また，光や放射線による。架橋反応はフォトレジストなどに応用されている。さらに2種類の架橋高分子が互いに絡み合っている材料は，それぞれの架橋構造が化学結合ではなく物理的に相互貫入 (interpenetrating network，IPN) 構造を形成して，特異な性能を発現する。

ゲルは架橋構造を有するため，あらゆる溶媒に不溶かつ不融であるが，良溶媒に対して有限の膨潤性を示す。このような性質を有する天然高分子ゲル（寒天やデンプンなど）が古くから知られており，近年，合成高分子ゲルが高性能高分子材料としてだけでなく，高機能性高分子ゲルとして注目されるようになってきた。

# 3章　高分子の反応

天然高分子を化学反応により材料としての諸物性を改良する試みは，高分子の概念が確立される以前から行われていた。これらの考え方は，今日，高分子を原料とした新規高分子の設計・合成へと展開されている。ここでは，合成高分子に焦点を絞り高分子を出発原料とした化学反応，いわゆる高分子反応の特徴をまとめ，高性能・高機能を出現させるため，あるいは地球環境の保全に向けて，重要と思われるいくつかの反応例について述べる。

## 3.1　高分子反応とは

高分子の科学技術史の一部は付録 1 に示した。人類は科学技術への意識にすら及ばない古代期より天然高分子である木質繊維を生活に利用していた。高分子技術の先駆けは 15 世紀後期の天然ゴムの発見 (Columbus) 頃に始まるとされるが，いわゆる科学技術としての高分子反応の発明 (invention) はゴムの発見に遅れること約 3.5 世紀後の世界的な技術革新期である 19 世紀である。Goodyear によるゴムの加硫，すなわち硫黄分子による天然ゴムの化学架橋による 3 次元網状構造を有するネットワークポリマーの出現に始まるといえよう（2 章 2.4.5 架橋反応参照）。1 章，表 1.3 の産出別分類においても，年代順に ① 天然高分子，② 半合成高分子，そして 20 世紀初頭のモノマーの重合によって合成できるという高分子の概念確立による ③ 合成高分子に大別されている。半合成高分子は天然高分子の化学反応（低分子化合物を用いた合成反応：7 章天然高分子，官能基化セルロースやキトサン），つまり高分子反応によって合成される当時の新規高分子（改良された天然高分子）である。現在においても，天然高分子の化学架橋ゴムに始まる高分子反応の科学技術は，高分子鎖間の弱い分子間相互作用を利用した，物理架橋による熱可塑性エラストマー，高分子ゲルや超分子と自己組織化集合体（2 章参照）に発展している。

化学反応の原料としての高分子は，モノマーである低分子（量）化合物が共有結合で数多く繋がった高分子（量）化合物であり，長くて巨大な分子である。この巨大分子が原料となる化学反応場は低分子（小分子）と異なる高分子特有の物理的特性（4，5章参照）による反応場となって，それらは“高分子効果 (polymer effect)”として高分子の反応に影響を与える。例えば，逐次重合や連鎖重合における，モノマーや溶媒などの低分子化合物からなる反応場に共存する成長活性種や生成ポリマーの絡み合いによる粘性の増加や分子運動の抑制などによって活性種の反応性などに著しい影響を与える。また高分子を幹分子とした機能性枝分子の付与による非極性高分子の極性化，ブロック共重合体やグラフト共重合体などの各種機能性高分子の合成反応のみならず固体高分子の光劣化や酸化反応においても特異な高分子効果が認められている。これらの高分子効果のうち，希薄溶液から溶融状態の高分子鎖の運動論（濃度および分子量依存性）に関しては主に1960年代から理論的に解析され，多くの成果が報告されている（例えば，1971年 de Gennes によるスケーリング理論–レプテーションモデル（1991年ノーベル賞））。

6章に示されるように多くの天然高分子が発現する特異な材料特性を超える合成高分子を見いだすためには，科学技術が進展した現在においても天然高分子に学ぶ姿勢は欠くことはできないといえよう。

## 3.2　高分子反応の分類と特徴

合成された高分子に新たな性質や機能を付与させるために，高分子を原料として官能基や別の高分子を主鎖，側鎖あるいは末端などに導入する反応，あるいは地球環境保全を目的とした高分子の分解反応など，高分子反応が数多く行われている。

このような高分子の反応は，反応前後の分子量の変化から，次の3つに大別できる。① 分子量が低下する場合，② 分子量が基本的に変化しない場合，③ 分子量が増大する場合である。① に属する代表的な高分子反応は高分子の分解である。② では高分子への官能基の導入反応が代表的である。そして ③ の代表的な例には2章で述べた重合反応における成長活性種間のカップリングによる停止反応，および末端反応性ポリマー間の種々のカップリング反応によるブロック共重合体やグラフト共重合体の合成，加硫反応による高分子鎖間の架橋反応などがあげられる。

高分子が関与する反応は，しばしば低分子間の反応と全く異なる挙動を示す場合があり，このような高分子の示す効果は一般に高分子効果と呼ばれる。ここでは，この観点から高分子の反応を分類し，その特徴を述べる。

### 3.2.1　高分子–低分子間の反応

高分子への官能基の導入の多くは高分子と低分子間の反応で行われる。基本的には低分子どうしの有機合成反応と変わらないが，高分子が溶媒に溶け難いため，あるいは反応途中で溶解性が変化するなどの理由で，反応が定量的に進行しない場合がある。また，一般に未反応のポリマーや副生成物のポリマーの除去は困難な場合が多いので，反応率を上げるためには，反応条件などに独自の工夫が必要である。重合反応における低分子化合物への連鎖移動，マクロモノマーとモノマーの共重合，ポリマー鎖へのグラフト重合なども広い意味でここに分類される。工業的には，これらの反応を成形加工機内の溶融ポリマー状態で直接行う場合がある。押出し成形機を用いた非極性ポリマーであるPEやPPへの無水マレイン酸の付与による極性化接着性ポリオレフィンの製造や反応型射出成型機を用いた各種共重合体の製造などが知られている。

高分子効果の例についていくつか述べよう。高分子鎖中の側鎖が反応するとき，あるモノマーユニットが反応すると，その近傍の反応点がこれに影響される場合である。これは反応点どうしが近くに存在していることに由来する近接基効果で，例えば次に示すポリアクリル酸エステルの加水分解では，近接基効果により反応が加速される。

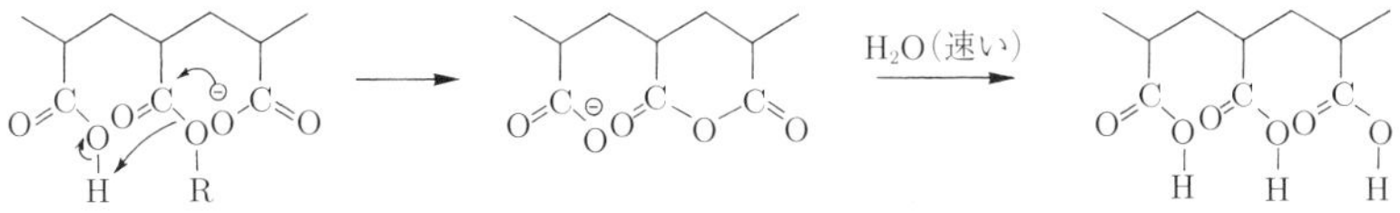

$H_2O$(速い)

これは分解によって生じた–COOH基と–COO$^-$基との協奏的効果によって酸無水物をつくるために，反応が促進されると考えられている。また，次に示すポリ酢酸ビニルの塩基加水分解によるポリビニルアルコールの生成反応の場合，生成したヒドロキシル基と塩基との相互作用により，反応点近傍の塩基触媒の濃度が局所的に高くなり，その結果として，隣接エステル基の加水分解が起こりやすくなると考えられている。

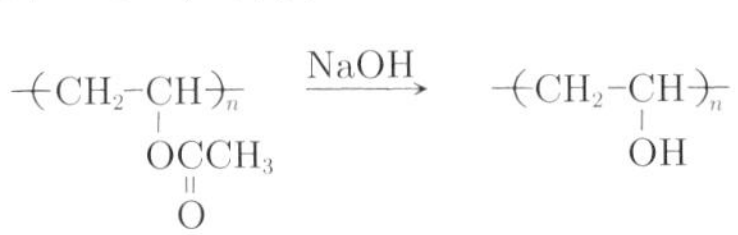

$$-\!\!(CH_2-\underset{\substack{|\\ OCCH_3\\ \|\\ O}}{CH})\!\!-_n \xrightarrow{NaOH} -\!\!(CH_2-\underset{\substack{|\\ OH}}{CH})\!\!-_n$$

このような場合を自触媒反応 (autocatalytic reaction) という。

### セルロースナノファイバー (CNF)

6 章で紹介したように，木質セルロース（パルプ）を解繊して得たセルロース分子数十本の束からなるセルロースの構成単位ミクロフィブリルがセルロースナノファイバー (cellulose nanofiber, CNF) である。

東京大学の磯貝明教授*らは 2015 年 3 月に「森のノーベル賞」といわれるスウェーデンのマルクス・ヴァレンベリ賞を受章した。受賞テーマは「CNF の TEMPO 触媒酸化*に関する画期的な研究，および木材セルロースからナノフィブリル化セルロース (NFC) を高効率で調製する前処理方法として，この酸化を利用開発した業績」である。

7 章 7.1.3 項に記載した通り，セルロースの分子構造は線状（図 7.2）であるが，セルロース分子 30〜50 本からなり，幅 3〜4 nm，セルロース I 型の結晶化度 75〜85%の繊維状のセルロースミクロフィブリルを構成単位としている。このミクロフィブリルはさらにヘミセルロースとリグニン成分と複合化してフィブリル集合体 → 繊維 → 繊維集合体という階層構造を形成して強度を発現している。しかし，ミクロフィブリル間には無数の水素結合が存在しており，長さを維持したまま 1 本 1 本のミクロフィブリル単位に完全に分離することは困難であった。

天然木質セルロース（パルプ）を 2, 2, 6, 6–テトラメチルピペリジン–1–オキシラジカル (TEMPO) 触媒を用いた酸化を行うとセルロースミクロフィブリル表面にのみ数多くのカルボキシル基が選択的に生成し，水中で透明なゲルとして存在していることが明らかになり，セルロースミクロフィブリルの完全分離分散に成功した。カルボキシル基の定量値からカルボキシル基が表面に露出しているすべての 6 位の水酸基のみが TEMPO 酸化によってカルボキシル基に変換されていることが示された（右図参照）。

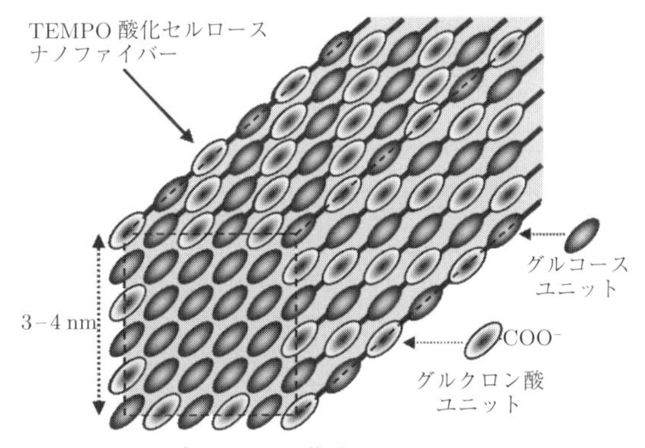


図　TEMPO 酸化 CNF の構造モデル

＊磯貝明，「TENPO 酸化セルロースナノファイバー」，高分子，**56** (2)，90–91(2009)

一方，次のポリビニルピリジンの四級化では，反応生成物中のアンモニウムカチオンが静電反発し高分子鎖が広がるので，反応は定量的に進行する。

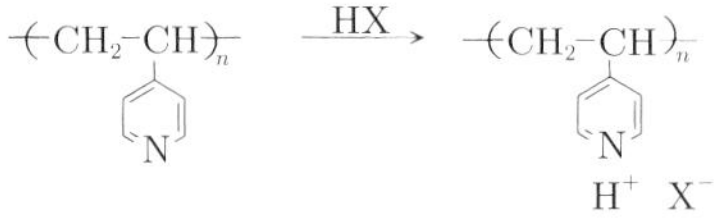

$$-\!\!\left(CH_2-CH\right)_n- \xrightarrow{HX} -\!\!\left(CH_2-CH\right)_n-$$

N　　　　N
　　　　H$^+$　X$^-$

### 3.2.2　高分子内反応

高分子鎖内で起こる反応には，ポリマーの側鎖間や末端間での環化反応などがある。ポリマーの側鎖間の環化や脱離の反応は工業的にも重要な反応である。次に示すような，ポリアクリロニトリルの熱分解による炭素繊維の生成，ポリビニルアルコールのホルマール化によるビニロンの生成，ポリアミドカルボン酸の脱水閉環によるポリイミドの生成などの例がある。

ポリアクリロニトリルからの炭素繊維

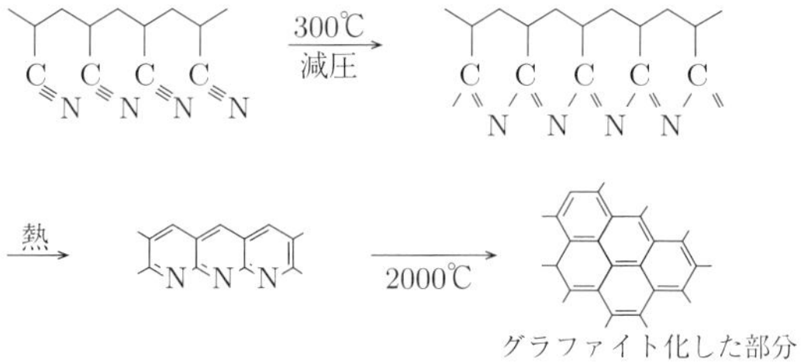

300℃
減圧

熱　　　2000℃

グラファイト化した部分

ポリビニルアルコールからのビニロン

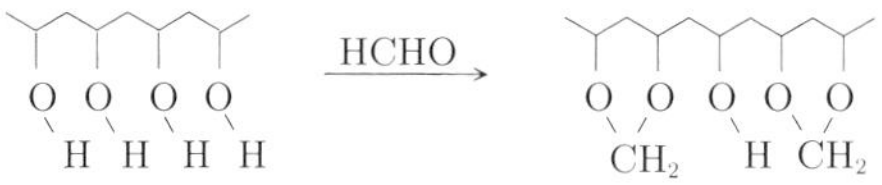

HCHO

$CH_2$　H　$CH_2$

ポリアミドカルボン酸からのポリイミド

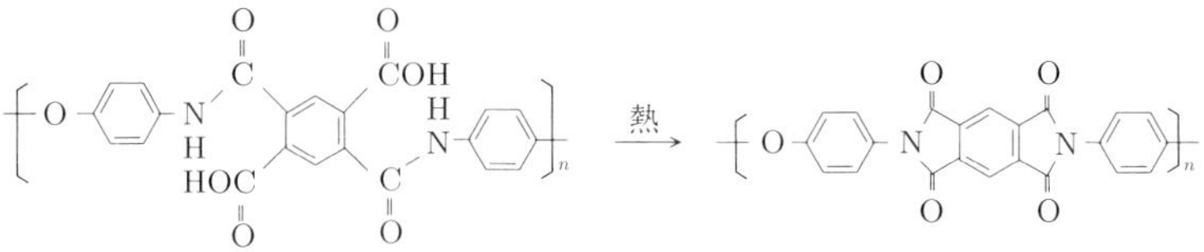

熱

ポリ塩化ビニルやポリ酢酸ビニルから熱によって側鎖が脱離してポリエンを生成する反応も，高分子内反応である。

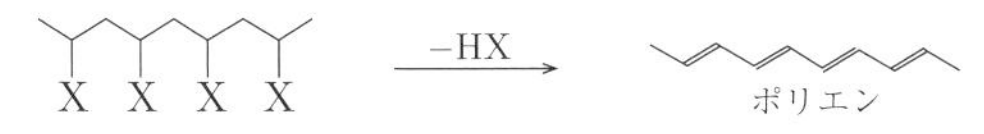


X：Cl(ポリ塩化ビニル)，OCOCH$_3$(ポリ酢酸ビニル)

高分子鎖の両末端間の反応として，希薄溶液中で $\alpha, \omega$–ポリスチレンリビングジアニオンをジクロロジメチルシランで分子内カップリングさせると，環状ポリスチレンを合成することができる。この環状高分子は溶液中での分子鎖の広がりの研究で注目されている。

低密度ポリエチレンの合成で起きる成長鎖末端ラジカルの分子内水素引き抜き（分子内ラジカル連鎖移動）反応は，典型的な高分子内反応である。

### 3.2.3　高分子–高分子間の反応

上述したように，この反応は高分子の 2 分子反応であり，分子鎖長（分子量）に大きく影響される反応である。2 分子ラジカル停止反応のように活性化エネルギーがゼロに近い場合，ラジカル間での衝突ごとに反応が起こるので，反応場における反応分子の拡散移動過程が律速となる。したがって，停止速度は拡散速度に依存し，反応分子の分子量や反応場分子の粘度などによって著しく影響を受けることになる。このような反応を拡散律速反応という。メタクリル酸メチルなどのラジカル塊状重合において，重合速度が重合率 20%付近から急激に増大する，いわゆる自動加速効果（ゲル効果）は，成長末端ラジカル間の停止反応速度が系の粘度の増加とともに低下するために起こる現象と説明されている。

ここでは反応分子の鎖長が高分子反応に対してどのように影響を与えるのかに焦点を絞り，その基礎となる拡散律速反応について考える。

溶媒中での反応基 A あるいは B をもつ分子 A，B 間の 2 分子反応による C の生成反応のプロセスを考える。

$$\mathrm{A} + \mathrm{B} \underset{\substack{k_{-\mathrm{d}} \\ \text{拡散 (離散)}}}{\overset{\substack{\text{拡散 (接近)} \\ k_{\mathrm{d}}}}{\rightleftarrows}} (\mathrm{A} \cdot \mathrm{B}) \xrightarrow{\substack{\text{化学反応過程} \\ k_{\mathrm{c}}}} \mathrm{C} \tag{3.1}$$

ここで，(A · B) は A と B が接近衝突してできた遭遇対 (encounter pair) を示す。

通常の化学反応では反応基 A と B が衝突を繰り返して，反応を起こすのに十分な活性化エネルギーをもった状態となったとき，はじめて反応ポテンシャルの山を越えて C が生成すると考えられている。

A, B, C および (A・B) の濃度をそれぞれ [A], [B], [C] および [A・B] とし，[A・B] に対して定常状態近似を適用すると， [A・B] の時間変化に対して式 (3.2) が成り立つ。

$$\frac{\mathrm{d}[\mathrm{A}\cdot\mathrm{B}]}{\mathrm{d}t} = k_{\mathrm{d}}[\mathrm{A}][\mathrm{B}] - k_{-\mathrm{d}}[\mathrm{A}\cdot\mathrm{B}] - k_{\mathrm{c}}[\mathrm{A}\cdot\mathrm{B}] = 0 \tag{3.2}$$

したがって，生成物 C の生成速度は次式となる。

$$\frac{\mathrm{d}[\mathrm{C}]}{\mathrm{d}t} = k_{\mathrm{c}}[\mathrm{A}\cdot\mathrm{B}] = \frac{k_{\mathrm{c}}k_{\mathrm{d}}[\mathrm{A}][\mathrm{B}]}{k_{-\mathrm{d}} + k_{\mathrm{c}}} \tag{3.3}$$

通常の化学反応では，反応基間の活性化衝突によって初めて反応が進むので，$k_{-\mathrm{d}} \gg k_{\mathrm{c}}$ である。この場合， C の生成速度は次式で表される。

$$\frac{\mathrm{d}[\mathrm{C}]}{\mathrm{d}t} = k_{\mathrm{c}}\frac{k_{\mathrm{d}}}{k_{-\mathrm{d}}}[\mathrm{A}][\mathrm{B}] = k_{\mathrm{c}}K[\mathrm{A}][\mathrm{B}] = k_2[\mathrm{A}][\mathrm{B}] \tag{3.4}$$

ここで，$k_2$ は実験的に決定される 2 分子反応速度定数である。$K(= k_{\mathrm{d}}/k_{-\mathrm{d}})$ は反応点近傍と溶媒中での反応基濃度の平衡定数である。このように反応基の衝突だけでなく，ポテンシャルの山を越えるためのエネルギーを必要とする反応を活性化律速反応 (activation-controlled reaction) と呼んでいる。一般に，活性化律速反応においては，反応系の粘度は接近と離散の速度定数に対してほぼ同程度に働き，全反応速度にはほとんど影響を与えない。高分子間の反応においては，反応点が高分子鎖に取り固まれているので，反応速度は低分子間の反応の場合より遅くなることもある。

一方，$k_{\mathrm{d}} \gg k_{-\mathrm{d}}$ のとき，すなわち活性化エネルギーがほとんどゼロの反応のように，化学反応過程が拡散過程よりも十分に速い場合，一度生成した (A・B) は，離散の前に必ず反応して C を生成する。このような反応を拡散律速反応 (diffusion-controlled reaction) という。この場合，C の生成速度は Smoluchowski-Debye の式を用いて，次のように表される。

$$\frac{\mathrm{d}[\mathrm{C}]}{\mathrm{d}t} = k_{\mathrm{c}}[\mathrm{A}][\mathrm{B}] \tag{3.5}$$

$$k_{\mathrm{d}} = 4 \times 10^{-3}\pi(R_{\mathrm{A}} + R_{\mathrm{B}})(D_{\mathrm{A}} + D_{\mathrm{B}})N_{\mathrm{A}} = 8N_{\mathrm{A}}k/(3000\,\eta_0) \tag{3.6}$$

ここで式中，$R$ は反応半径，$D$ は拡散係数，$N_{\mathrm{A}}$ アボガドロ定数，$k$ はボルツマン定数，$\eta_0$ は溶媒の粘性率である。低粘性溶媒中での低分子間の反応における $k_{\mathrm{d}}$ は，$10^9$～$10^{10}$ $\mathrm{dm^3\ mol^{-1}\ s^{-1}}$ の範囲である。このように，拡散律速反応の速度は系の粘性率や反応分子の分子運動に依存する。活性化エネルギーがゼロに近い高速反応，つまり $k_c$ が非常に大きい反応としては，ラジカル重合における成長末端ラジカル間の 2 分子停止反応や光励起分子のエネルギー移動などが知られている。一方，活性化エネルギーが高く，$k_c$ が幾分小さいラジカルの分子間水素引き抜き反応や，光励起分子の水素引き抜き反応であっても，系の粘性率が高くなり $k_{-d}$ が小さくなると，拡散律速反応となる場合がある。高分子の固相での反応の大部分は拡散律速である。

### 3.2.4　分解反応

高分子の分解反応は，合成高分子が構造の明確な低分子（モノマーユニット）が共有結合でつながった巨大分子であることを証明するために，構造解析手段として古くから利用されてきた歴史を持つ。熱分解や加水分解によって高分子鎖の末端から順次分解し 100%モノマーを生成する，いわゆる解重合反応 (depolymerization) は分解反応に特有の高分子効果といえよう。熱分解反応における 2 分子ラジカル停止も，重合の場合と同様に拡散律速反応になる。ビニルポリマーの熱分解は，一般に反応進行とともに分子量が低下するので，停止速度は重合の場合と逆に増大し，全分解速度に影響を与えると考えられている。ポリマーの熱分解反応は連鎖反応機構で進行するが，高分子（固体）が溶融（メルト）した状態で反応し，生成した低分子成分の気化（蒸発）や 2 次分解などが起こり，結果として反応生成物を複雑にし，反応機構との対応が必ずしも明解でないことが多い。これも逆の意味で高分子効果といえなくもない。最近 2 次反応を抑制できる分解装置が開発され，比較的単純な生成物分布が得られるようになり，ラジカル連鎖機構とよく対応することが解ってきた。この結果，各素反応に対する反応分子の鎖長依存性（高分子効果）が明らかになってきた。詳細は 3.3.1 項で述べる。

## 3.3　高分子の分解

高分子の大部分は，熱，光，放射線，微生物などによって，分解 (decomposition) することが知られている。微生物分解を除いて，分解反応を促進する活性種が生成する（開始反応）と，連鎖的に後続反応が起こる（連鎖反応）がある。高分子鎖が切断されて低分子になることから，分解反応の成長過程は連鎖重合反応の逆反応となり，逆成長過程と呼ばれることがある。

分子の切断がそれほど激しく起こらない場合，高分子材料の実用的な性能評価の観点から，劣化 (degradation) と呼ばれ，分解と区別される場合も多いが，劣化は分解反応における初期過程に相当し，耐候性や耐熱性の向上のために重要な研究分野となっている。また，最近はとくに地球環境保全の観点から，プラスチック廃棄物の処理方法の 1 つとして，分解反応によるリサイクルの研究が盛んに行われている。使用ずみの高分子材料が容易に分解できるならば，ゴミ問題の解決に役立つことから，光や微生物などによる易分解性ポリマーの合成・分解研究も重要となっているが，高分子の原料である化石資源枯渇に対する資源循環の立場から，重合の原料となるモノマーやオリゴマーへ変換するケミカルリサイクル技術の確立が急務であろう。しかし，この方法は付録 4 に示す通り，現在のところリサイクル全体の 3%程度に過ぎない。

### 3.3.1　熱分解

厳密には，純粋に熱エネルギーだけによる分解反応のことを熱分解 (thermal decomposition) というが，実際には，そのような環境を整えることは，非常に難しく，とくに熱分解反応に対する酸素の影響は非常に大きい。逆に，酸素を積極的に導入する分解では熱酸化分解反応が進行し，プラスチックの成形加工や製品の劣化の研究に役立っている。ここでは，それらの基本的な反応を理解することを主目的として，ビニル系高分子の例を取り上げる。ビニル系高分子の熱分解反応は，大部分がラジカル連鎖機構で進行するが，① 主鎖の切断が主反応となるタイプ，② 側鎖の脱離が主反応となるタイプの 2 つに大別される。それらをまとめて表 3.1 に示す。

主鎖切断型ビニル系高分子の熱分解機構（ラジカル連鎖機構）を次に示す。

開始

ランダム開始 $\sim CH_2-\underset{\substack{|\\ X}}{CH}\sim \longrightarrow \sim\underset{\substack{|\\ X}}{CH}-\dot{C}H_2 \quad \underset{\substack{|\\ X}}{\dot{C}H}-CH_2\sim$

逆成長

解重合 $\sim\underset{\substack{|\\ X}}{CH} \vdots CH_2-\underset{\substack{|\\ X}}{\dot{C}H} \longrightarrow \sim\underset{\substack{|\\ X}}{\dot{C}H} + CH_2=\underset{\substack{|\\ X}}{CH}$

**表 3.1** ビニル系高分子の熱分解反応

| 反応タイプ | 主な素反応 | ポリマー（略記号） | 分解温度, ℃ a) | 主生成物 |
|---|---|---|---|---|
| 主鎖切断型 | 解重合 | ポリ-α-チノレスチレン (PαMS) | 287 | モノマー |
| | | ポリテトラフノレオロエチレン (PTFE) | 509 | ↑ |
| | | ポリメタクリル酸メチル (PMMA) | 327 | │ |
| | | ポリスチレン (PS) | 364 | │ |
| | | ポリクロロトリフルオロエチレン (PCTFE) | 380 | │ |
| | | ポリイソブチレン (PIB) | 348 | │ |
| | 連鎖移動 | ポリアクリル酸メチル (PMA) | 328 | │ |
| | 分子内 | ポリプロピレン (PP) | 387 | ↓ |
| | 分子間 | ポリエチレン (PE) | 406 | オリゴマー |
| 側鎖脱離型 b) | 脱酢酸 | ポリ酢酸ビニル (PVAc) | 200–300 | 酢酸 ＋ ポリエン |
| | 脱水 | ポリビニルアルコール (PVA) | 200–300 | 水 ＋ ポリエン |
| | 脱塩酸 | ポリ塩化ビニル (PVC) | 200–300 | 塩酸 ＋ ポリエン |
| | 脱オレフィン | ポリメタクリル酸イソプロピル (PM*i*P) | 250, 15% | オレブイン＋ポリメタクリル酸無水物 |
| | 脱オレフィン | ポリメタクリル酸-*t*-ブチル (PM*t*B) | 250, 47% | 〃 |

a) 主鎖切断型：真空中熱分解における 30 分加熱で重量の半減する温度。
b) 側鎖脱離型：PVAc, PVA, PVC は脱側鎖反応が起こる温度。PM*i*P と PM*t*B については真空熱分解における 250℃，100 分加熱での重量減少率も示す。

連鎖移動

分子内水素引き抜き (back-biting)

$$\sim\underset{X}{CH}-CH_2-\underset{X}{\overset{H}{C}}\ \ \underset{CH_2-\underset{X}{CH}}{}\ \ \overset{\overset{X}{\bullet CH}}{CH_2} \longrightarrow \sim\underset{X}{CH}\vdots CH_2-\underset{X}{\overset{\bullet}{C}}-CH_2-\underset{X}{CH}-CH_2-\underset{X}{CH_2}$$

↓ β 切断

$$\sim\underset{X}{\overset{\bullet}{CH}} + CH_2=\underset{X}{C}-CH_2-\underset{X}{CH}-CH_2-\underset{X}{CH_2}$$

分子間水素引き抜き

$$\sim CH_2-\underset{X}{\overset{\bullet}{CH}} + \sim CH_2-\underset{X}{CH}\sim \longrightarrow \sim CH_2-\underset{X}{CH_2} + \sim CH_2-\underset{X}{\overset{\bullet}{C}}-CH_2\vdots\underset{X}{CH}\sim$$

↓ β 切断

$$\sim CH_2-\underset{X}{C}=CH_2 + \underset{X}{\overset{\bullet}{CH}}-CH_2\sim$$

停止

2分子停止　P･＋P･ ⟶ 再結合または不均化反応生成物

P･：ポリマーラジカル　($\sim CH_2-\dot{C}H(X)$, $\dot{C}H_2-CH(X)\sim$, $-CH_2-\dot{C}(X)\sim$ など)

熱分解反応の特徴は反応進行とともに分子量が低下すること，そして反応条件下によっては分解で生成した低分子量成分が蒸発して反応系外に留出し重量が減少することである。反応はラジカル連鎖機構で進行するので，開始で生成した高分子量ラジカル（ポリマーラジカル）が，逆成長過程において種々の素反応を競争的に引き起こし，低分子量化を繰り返す。重合における成長反応の逆反応である解重合反応では，ポリマーラジカルが$\beta$切断してモノマーを生成する。ラジカル連鎖移動反応のうち，分子内水素引き抜きに続いて$\beta$切断が生起し，低分子量のモノオレフィン（オリゴマー）が生成する。一方，分子間水素引き抜きに続く$\beta$切断が起こると，主鎖が切断され末端二重結合をもつポリマーが生成する。逆成長過程では，ポリマーラジカルのどの反応においても，$\beta$切断が起こると1個の二重結合と1個のラジカルが生成する。停止反応は，重合の場合と同様に，ポリマーラジカルの2分子停止が一般的である。

表3.1に示されるように，$\alpha,\alpha'$–二置換ビニル系高分子であるP$\alpha$MSやPMMAでは開始反応が起こると，解重合が主反応となりモノマーを生成する。このタイプのポリマーを解重合型という。一方，PPやPEでは分子間水素引き抜きと$\beta$切断を繰り返し，分子量が急激に低下し，徐々にオリゴマー化する。このオリゴマーが十分小さくなると，揮発性生成物として留出する。このオリゴマーは，モノオレフィン，パラフィン，$\alpha,\omega$–ジオレフィンなどの混合物である。分子内水素引き抜きと$\beta$切断も競争的に起こり，この場合，モノオレフィン（オリゴマー）だけが生成する。このような場合，分子量低下を引き起こす主鎖切断がランダムな位置で起こるので，ランダム切断型と呼んでいる。PSやPIBは，逆成長過程の各反応が適度な割合で競争的に生起するので，揮発性生成物はモノマーとオリゴマーの混合物になる。

速度論的解析は比較的困難な場合が多いが，気相反応の速度データを用いて各素反応の速度パラメータが予測されている。速度論的連鎖長は比較的大きく，生成物のほとんどが逆成長過程で生成し，解重合の活性化エネルギーはラジカル連鎖移動（水素引き抜き）よりも高いので，モノマーの生成には高温度側ほど有利である。また分解反応は開始が律速段階となり，ポリマー中の最も弱い結合から始まることから，結合解離エネルギーの低い結合を導入して，分解開始温度を調節することもできる。

PIBの熱分解において，各素反応速度に対する反応分子の鎖長（分子量）依存性が解析されている。反応進行とともに減少する分子量が，各素反応の速度にどのような影響を与えるか，生成物の精細な解析と速度解析から検討された（精密熱分解法)。揮発性生成物は比較的単純な生成物分布となり，それらは開始で生成した2種のポリマーラジカルの解重合，および分子内水素引き抜きと続く$\beta$切断で合理的に説明される。解重合速度はポリマーラジカルの種類によって異なり，末端ラジカルの回転のポテンシャル障壁が高いほど起こりやすい。分子内水素引き抜きは末端ラジカル近傍のコンホメーションによって規制され，疑6員環遷移状態が最も安定であり，このような水素引き抜きが逐次的に起こることが明らかにされた。結局，解重合，分子内水素引き抜きはともに高分子鎖末端の分子運動（局所運動）が関与する反応であり，分子鎖長に依存しない。一方，ポリマーラジカルの2分子停止は拡散律速反応であり，溶融状態での高分子鎖の自己拡散が重要な役割を果たし，その結果，分子量の減少とともに停止の反応速度が増大し，反応系中のラジカル濃度の減少を通して生成物分布に影響を与えている。

このように，ビニル系高分子の熱分解反応は比較的単純な反応の組合せであり，揮発性生成物の2次反応を抑制した精密熱分解を行うと，原料ポリマーの立体規則性などを高度に保持したマクロモノマーやテレケリックス（2.4.3項）が高選択率・高収率で合成できる。これらの末端反応性ポリマー（オリゴマー）は，新しい高分子の原料として注目されており，新規な高分子材料開発だけでなく，廃プラスチックの新しい処理技術として役立つものと期待される。高分子の原料モノマーへのケミカルリサイクル（囲み記事参照）は，逐次重合系高分子であるPET，ナイロン6，PCなどで実用化された（表3.3)。しかし，ビニル系高分子では，PMMAを除いてPE，PP，PSなどの汎用プラスチックをモノマーに100%変換する素反応制御の方法はいまだ見いだされていない。

**精密ケミカルリサイクル（リビング解重合）**

付録4に示されるように，廃プラスチック（廃プラ）のリサイクルは，廃プラを含む廃棄物をそのまま焼却してエネルギーを回収するサーマルリサイクル (thermal recycling)，プラスチックのままで再利用するマテリアルリサイクル (material recycling)，および化学反応によって燃料油，モノマーあるいは他の化学原料へ変換するケミカルリサイクル (chemical recycling) に大別される。エネルギー的に有利なマテリアルリサイクルは品質，用途などに一定の限界があり，また，埋め立て，焼却などは廃棄物処理費の高騰のため，クローズドループや省資源の観点からも，ポリマーが100%モノマーに戻るケミカルリサイクル反応が重要である。

ポリエステル，ポリアミド，ポリウレタンなど逐次重合系ポリマーは，平衡反応系であることから，主に加溶媒分解などによるモノマーへの変換反応プロセスが古くから検討され，実用化プロセスが稼働している（表3.3）。最近，マイクロ波，水などの超臨界流体を用いて，非常に高い収率で，モノマーに変換する方法が注目されている。

**ポリエチレンテレフタレート**

$$\left[\mathrm{C(=O)}-\mathrm{C_6H_4}-\mathrm{C(=O)OCH_2CH_2O}\right]_n \xrightarrow[\text{加水分解}]{\text{超臨界水}} \mathrm{HOC(=O)}-\mathrm{C_6H_4}-\mathrm{C(=O)OH} + \mathrm{HOCH_2CH_2OH}$$

テレフタル酸　　エチレングリコール

$$\xrightarrow[\text{メタノリシス}]{\mathrm{CH_3OH}} \mathrm{H_3COC(=O)}-\mathrm{C_6H_4}-\mathrm{C(=O)OCH_3} + \mathrm{HOCH_2CH_2OH}$$

テレフタル酸ジメチル　　エチレングリコール

**ポリウレタン**

$$\left[\mathrm{C(=O)}-\mathrm{NH}-\mathrm{R}-\mathrm{NH}-\mathrm{C(=O)}-\mathrm{O}-\mathrm{R}-\mathrm{O}\right]_n \xrightarrow[\text{加水分解}]{\text{超臨界水}} \mathrm{H_2N-R-NH_2} + \mathrm{HO-R-OH} + \mathrm{CO_2}$$

ジアミン　　ジオール

**ポリカーボネート**

$$\left[\mathrm{O}-\mathrm{C_6H_4}-\mathrm{C(Me)_2}-\mathrm{C_6H_4}-\mathrm{O}-\mathrm{C(=O)}\right]_n \xrightarrow[\text{メタノリシス}]{\mathrm{CH_3OH}} \mathrm{HO}-\mathrm{C_6H_4}-\mathrm{C(Me)_2}-\mathrm{C_6H_4}-\mathrm{OH} + \mathrm{MeO-C(=O)-OMe}$$

ビスフェノールA　ジメチルカーボネート

**ポリアミド（ナイロン66）**

$$-\mathrm{NH(CH_2)_6NHCO(CH_2)_4CO}- \xleftrightarrow[\text{アミノリシス}]{\mathrm{C_4H_9NH_2}} \mathrm{C_4H_9NHCO(CH_2)_4CONHC_4H_9} + \mathrm{H_2N(CH_2)_6NH_2}$$

$\mathrm{C_4H_9NHCO(CH_2)_4CONHC_4H_9}$：$N, N'$-ジブチルアジパミド

$\mathrm{H_2N(CH_2)_6NH_2}$：ヘキサメチレンジアミン

一方，付加重合系ポリマー（ポリエチレン，ポリプロピレン，ポリスチレンなど）は，現在のところモノマーへの100%変換が困難なため（表3.1），燃料油回収が主流であり，さらに，これらにポリ塩化ビニルが混入すると，容易に生成する塩化水素や塩素化合物の除去法などが大きな問題となっている。水素添加による混合廃プラの油化還元プロセスや鉄鋼製造用の高炉還元剤としての利用など種々のケミカルリサイクル（3.3.6項，表3.3）が行われている。

21世紀の廃棄汎用プラスチックのケミカルリサイクルでは，より付加価値の高い素材に変換する化学反応プロセスの開発が重要になり，同時に，ケミカルリサイクル可能な高分子材料の開発が重要な課題となることは必然である。近年，究極の重合反応であるリビング重合が発展し充実してきた。例えば，とくに付加重合系ポリマーに関して，分解反応においても反応制御の観点から，生成する末端成長種のドーマント（安定）化によって連鎖移動や停止を抑制し，解重合反応だけを起こすことができるならば，リビング解重合 (living depolymerization) となり，モノマーが選択的に生成することになる。表3.1に示したように，PMMA，P$\alpha$MS，PTFEなど嵩高い構造のポリマーでは，熱分解で生成する末端成長種（炭素ラジカル）は比較的安定であり解重合が選択的に生起し，ほぼモノマーが100%生成する。PEやPPなどのポリオレフィンの場合，炭素ラジカルは不安定であるため移動反応が優位となり，オリゴマーが主要生成物となる。そこで先ずは分解生成物の半量がモノマーとなるPSにおいて，リビング解重合が達成できる反応制御技術の開発に期待したい。

### 3.3.2 光分解

高分子材料は太陽光（紫外線や可視光線）に曝されると一般に劣化し，高分子材料が本来備えている性能・機能は著しく低下し，材料としての本来の特性を示さなくなる。電磁波には波長が非常に短く，高エネルギーの $\gamma$ 線やX線などから波長の長い低エネルギーのマイクロ波まで，いろいろなものがある。遠紫外線～可視光線は波長が100～800 nmの領域［可視光線 (400～800 nm)，紫外線 (200～400 nm)，および遠紫外線 (100～200 nm)］にあり，これはエネルギーにすると1,197～146 kJ $mol^{-1}$ の範囲にある。地球上に到達する太陽光の，例えば，300 nmの光エネルギーは399 kJ $mol^{-1}$ (95 kcal $mol^{-1}$ ) に相当し，おおよそC–C結合やC–H結合の解離エネルギーに相当するので，太陽光でも分解する光分解性高分子 (photodegradable polymer) の開発が期待されている。

ある物質が光化学反応を起こすためには，その物質はまず光を吸収しなければならない。高分子材料中にいろいろな形で含まれているカルボニル基は，光分解反応で重要な役割を果たす。アクリル樹脂やポリエステルではカルボン酸エステルの成分として，ポリカーボネートでは炭酸エステルの成分として含まれている。また，カルボニル基を含まないポリエチレンやポリプロピレンなどのポリオレフィンにおいても，酸素が関与する酸化劣化反応によりポリマー分子中にカルボニル基が生成する。

高分子鎖中の芳香環やカルボニル基などの光吸収基が存在すると，光分解反応が引き起こされる。次に示すようなカルボニル基では Norrish I 型と Norrish Ⅱ 型光分解が開始される。

$$\sim\sim CH_2CH_2\underset{\|}{\overset{}{C}}CH_2CH_2 \sim\sim \;(C{=}O) \longrightarrow \sim\sim CH_2CH_2C(=O)\cdot \quad \cdot CH_2CH_2 \sim\sim$$

$$\xrightarrow{-CO} \sim\sim CH_2CH_2\cdot \qquad \text{(Norrish I)}$$

$$\sim\sim C(=O)-CH_2-CH_2-CH(H) \sim\sim \longrightarrow \sim\sim C(=CH_2)OH \quad CH_2=CH \sim\sim$$

$$\longrightarrow \sim\sim C(=O)-CH_3 \qquad \text{(Norrish II)}$$

発生したポリマーラジカルの後続反応は，熱分解の場合と同じように連鎖機構で進行する。熱分解反応の律速段階は開始反応にあり，通常，高温を必要とするが，光分解では室温でポリマーラジカルを発生させることができる。しかし，後続する反応は，ある程度活性化エネルギーを必要とする分解反応よりも，活性化エネルギーがゼロに近い停止反応が優先され，分解は急速には進まず，また，主鎖切断よりも架橋反応が起こりやすい。

また，太陽光に暴露される実使用条件下や成形加工時では，酸素の存在が重要となり，光酸化分解が起こる。熱酸化分解の場合と同じように，生成したペルオキシラジカル (POO・) は不安定であり，活性なアルコキシラジカル (RO・) を与えるので，光劣化の重要な活性種になる。このアルコキシラジカルは $\beta$ 位結合の開裂，他の高分子からの水素原子の引き抜き，および他のヒドロペルオキシド基の分解を誘発し，後続反応が連鎖的に進行し分解が促進される。酸化分解の程度を定量的に評価する方法として，生成したカルボニル基（C＝O 基）を赤外分光法で定量し，カルボニルインデックスとして示す方法が用いられる。カルボニル基は強いピークとして観測されるので高感度な評価法である。

ポリメタクリル酸メチル (PMMA) は紫外光照射により側鎖エステル基が解裂する。その結果，生成した主鎖ラジカルの $\beta$ 切断により主鎖切断が起こる。主鎖末端のラジカルから解重合が起こりモノマーを生成する。側鎖のメチルエステル部分の光分解は，紫外光照射により起こるが，より波長が短くエネルギーの高い真空紫外線を用いると，より効率よく起こる。光源に人口石英使用の低圧水銀灯を用い，酸素不在下で 185 nm 光を照射すると，PMMA 薄膜の光分解は極めて効率よく起こる。この反応では側鎖エステル基の脱離に続き，主鎖切断に伴う末端オレフィンの生成および解重合が起こる。PMMA の他，ポリメタクリル酸エステルでエステル基の構造が異なる，ポリ（$n$–ブチルメタクリレート）(P$n$BMA)，ポリ（イソプロピルメタクリレート）(P$i$PMA)，ポリ（$t$–ブチルメタクリレート）(P$t$BMA) に 185 nm 光を照射したときの主鎖切断の起こりやすさは，P$t$BMA $<$ PMMA $<$ P$i$PMA $<$ P$n$BMA の順に増大した。これは，それぞれのポリマーのガラス転移温度が低下する順と対応しており，ガラス転移温度が低いものほど，分解しやすいことを示している。

述べてきた光反応のみでポリマーをケミカルリサイクルに導くことは難しい。しかし，光分解反応と熱反応をうまく組み合わせることで，ポリマーのケミカルリサイクルにおける有用な手法とすることは可能である。また，汎用ポリマーのケミカルリサイクル法を開発するだけでなく，ケミカルリサイクルをしやすいような高分子材料をあらかじめ分子設計しておき，リサイクル用高機能ポリマーとして，汎用ポリマーに代替していく方法も有効である。

### 3.3.3　微生物分解

合成高分子は地球環境に蓄積され続けているという現実は，種々の分解性高分子の開発を必要としている。高分子の自然界での生分解は高分子鎖のランダム（エンド型）または末端（エキソ型）からの切断による低分子量化により始まる。低分子量化には機械的な作用や熱，光，空気中の酸素や水分によっても生じる。これに対して一部の高分子では，微生物（酵素）が低分子量化（分解）と資化に関与しており，この場合，進行は物理的な低分子量化と比べてはるかに速く，さらに分解が化学的に見て特異的（選択的）に進行する。このようなものを一般に生分解性ポリマー，すなわち高分子材料として生分解性プラスチック (biodegradable plastics) と称している。

地球環境保全の観点から，上述した自然界の微生物によって分解される生分解性プラスチックも重要である。高分子の生分解は酵素加水分解 (enzymatic hydrolysis) と非酵素加水分解 (non-enzymatic hydrolysis) に大別され，さらに分解が起こる場所から，生体内と生体外に区別される。高分子の微生物分解には，生体外酵素加水分解でも，一般に 2 つのプロセス（分解と代謝）が含まれる。まず，微生物が体外に分泌した分解酵素と高分子が結合し，高分子鎖を切断して低分子量物質を生成する。ついで，低分子量物質が微生物の細胞膜を浸透して取り込まれ，さまざまな代謝経路を経て，最終的には二酸化炭素（好気的環境下）やメタン（嫌気的環境下）に変換される。

生分解性プラスチックの素材には，微生物のつくる高分子，化学合成高分子，植物由来の天然高分子が知られている。表 3.2 にいくつかの素材をまとめて示す。

**表 3.2** 生分解性プラスチック

| タイプ | 高分子素材 |
|---|---|
| 化学合成系 | ポリビニルアルコール<br>ポリエチレングリコール<br>ポリ乳酸<br>ポリ（$\varepsilon$–カプロラクトン）<br>ポリブチレンスクシナート<br>ポリエチレンスクシナート |
| 天然物利用系 | デンプン/脂肪族ポリエステル<br>キトサン/セルロース<br>セルロースエステル<br>化学修飾木材 |
| 微生物産生系 | バイオポリエステル<br>バクテリアセルロース<br>プルラン，カードラン<br>ポリ–$\gamma$–グルタミン酸 |

微生物産生系ポリマーは，それらが天然酵素により合成された天然高分子であり，基本的に微生物（酵素）分解するので，分解と合成プロセスにおいて二酸化炭素等を排出しないカーボンニュートラルポリマーと呼ばれている。一方，ポリエチレン，ポリプロピレン，ポリスチレン，ポリ塩化ビニルなどの汎用プラスチックをはじめとする化学合成高分子の大部分は，ほとんど微生物分解を受けない。ポリエチレンの場合，分子量 1,000 以下のオリゴマーは微生物分解されるが，高分子量になると分解し難いと報告されている。天然ゴムの構成高分子であるポリイソプレンは合成高分子の不飽和炭化水素ポリマーと位置付けられているが，酵素・メディエーターシステムを用いた汎用ゴムの分解が試みられている。リポキシゲナーゼはリノール酸を酸化しヒドロペルオキシドを発生させる。この系により 1, 4–ポリイソプレンは，シス，トランス体ともに低分子量化する。しかし，$-CH_3$ 基が存在しない不飽和炭化水素ポリマーである 1, 4–ポリブタジエンの酵素分解は確認されていない。表 3.2 に示した合成高分子は，微生物分解が確認されている。それらは水溶性高分子系と脂肪族飽和ポリエステル系に大別される。水溶性ポリマーであるポリビニルアルコール (PVA) は，唯一主鎖が C–C 結合よりなる生分解性の水溶性ポリマーである。PVA の生分解は酸化・脱水素酵素と加水分解酵素またはアルドラーゼによる機構が報告されている。水溶性であるポリエチレングリコールは，主鎖が $CH_2$–O 結合からなるポリエーテルであるが，一般に分子鎖両末端に–OH 基を有する。ポリ乳酸に代表される脂肪族飽和ポリエステル類（ポリブチレンスクシナートやポリエチレンスクシナート）では，原

料である乳酸やコハク酸への発酵生産法が確立されている。これらのポリエステルは酵素を用いた重合によっても合成できるので，カーボンニュートラルポリマーとしても注目されている。石油化学由来の代表的生分解性プラスチックであるポリ（$\varepsilon$–カプロラクトン）(PCL) はクチナーゼにより分解されることから，本酵素によるリサイクルへの活用が考えられており，融点が低いため，他の生分解性素材とのブレンド成分としての利用が検討されている。

### 3.3.4　超臨界流体分解

超臨界流体は各種の反応場としての優れた性質を有しており，環境調和型のグリーンテクノロジーとして反応プロセスへの応用が注目されている。超臨界流体プロセスでもっぱら用いられている流体は水と二酸化炭素であるが，アルコールも反応媒体としては有望である。ここでは分解反応等への超臨界流体の反応場として適用されている超臨界水の基礎と応用についてのみ概説する。

超臨界流体は臨界温度，臨界圧力以上の状態にある高密度流体であり，温度および圧力の操作により，密度，溶解度，相状態などの物性を制御できるというマクロ的な特性の他に，ミクロ的な溶液構造においても密度ゆらぎ，溶媒和などの特異な性質を有している。水の臨界点温度（臨界温度）は 647.3 K，臨界圧力は 22.12 MPa であるが，反応において重要となる，次の性質がある。

通常の水の誘電率 $\varepsilon$ は 78 程度であるが，超臨界水では 2〜10 程度と小さくなり有機溶媒と匹敵する値となるため，有機物質を溶解する。さらに，$10^{-14}$ である水のイオン積 ($\log K_{\mathrm{w}}$) が高温高圧下の水では $10^{-11}$ 程度まで増大し，水自体が強酸，強アルカリの性質を有するためイオン的反応場を提供する。一方，超臨界の領域ではイオン積が急激に減少し，ラジカル反応が支配的となる。ただし，圧力の増加に伴い，イオン積も増加するため，高圧ではイオン的反応場としての性質を有する。したがって，超臨界水あるいは亜臨界水中では無触媒で加水分解が進行する。さらに，水と有機化合物あるいは無機化合物の溶解性は反応場として興味深い。

上述のように超臨界水中では有機化合物との親和性がよく溶解しやすいこと，酸素，水素などのガスとも均一相となることから非常に高い反応性を有する流体となる。また，誘電率やイオン積が臨界点近傍で大きく変化することから，温度・圧力によりイオン的な反応からラジカル的な反応まで反応場を大幅に制御できる。

亜臨界・超臨界水中での加水分解反応は触媒がなくても進行し，さまざまな反応が試みられている。バイオマスの主構成成分のセルロースは加水分解により低分子化され単糖，少糖や多糖に迅速に変換される。反応時間が長くなると単糖収率は増大する一方，単糖はさらに低分子量の生成物（エリスロース，グリコールアルデヒドなど）へ分解される。プラスチックの中でもエーテル結合，エステル結合，酸アミド結合を有する縮重合系ポリマーは超臨界水あるいは超臨界アルコール中で容易に加溶媒分解［加水分解や加アルコール分解（アルコリシス）］によりモノマーに分解する。モノマーを生成する加溶媒分解のみが起これば，ポリマーをその原料モノマーに戻しリサイクルできる。ナイロンは酸アミド結合をもつポリマーであり，ナイロン6は超臨界・亜臨界水中で加水分解され，生成物としてナイロン6のモノマー原料である$\varepsilon$–アミノカプロン酸と脱水環化された$\varepsilon$–カプロラクタムが得られる。ポリウレタンはジイソシアネートとポリエステルポリオールやポリエーテルポリオールとの混合反応によって製造されるポリマーであり，加水分解によりジアミンとポリオールにモノマー化できる。ポリカーボネートはビスフェノールAとホスゲンから製造されるポリマーであり，亜・超臨界水中でビスフェノールA等に分解される。さらに複合プラスチックである繊維強化プラスチック (FRP) のリサイクル技術も開発されている。

以上のように，超臨界流体は反応場として優れた場を提供すると同時に，反応物として各種高分子をモノマー化し，触媒等を用いない環境低負荷のケミカルリサイクルプロセスを実現できる可能性を有している。

### 3.3.5　メタセシス分解と酸化分解

3.3.1項の熱分解において，熱分解反応を精密に制御すると両末端にビニリデン二重結合を有するテレケリックスが選択的に生成することを紹介した。ここでは，2章2.3.5項，遷移金属重合 **3** で紹介したメタセシス重合，つまりオレフィンどうしのアルキリデン基の交換反応を利用し，両末端に二重結合を有するポリオレフィン類似ポリマーが合成できることを述べる。またポリマーの酸化分解による両末端に官能基を有するポリオレフィン系テレケリックスの合成例を紹介する。

まず，とくにポリマー主鎖中に，わずかに存在する二重結合のエチレンによるメタセシス分解（エテノリシス）によって両末端にビニル基を有するテレケリックポリエチレンやポリプロピレンの合成が注目されよう。主鎖中に少量の二重結合を有するポリオレフィンの類似ポリマーは，ブタジエンの1, 4–重合後の部分水素化やエチレンとブタジエンあるいはプロピレンとブタジエンの位置 (1.4–) 選択的–*ran*–共重合によって合成されている。前2者からはテレケリックポリエチレン，後者からはテレケリックイソタクチックポリプロピレンが生成する。生成した両末端ビニル基は，ヒドロホウ素化と酸化反応を経由して水酸 (–OH) 基に変換できるだけでなく，種々の官能基への変換は通常の有機合成反応で行うことができる。

上述の主鎖中の少量の二重結合を過マンガン酸カリウムによって酸化分解すると両末端カルボキシル (–COOH) 基を有するテレケリックスを得ることができる。イソタクチックポリプロピレンを硝酸とともに加熱撹拌すると両末端にカルボキシル基を有するテレケリックポリプロピレンが得られる。タクティシティは高く保持されており，カルボキシル基は塩素化やエステル化など官能基変換ができるので高機能ポリマーへの応用が期待される。しかし，得られたテレケリックポリプロピレンにはニトロ ($-NO_2$) 基が結合しており，これが生成物の安定性を損なったり，着色の原因となることなどの問題を残している。ポリエチレンを超臨界二酸化炭素中で二酸化窒素によって酸化すると，$NO_2$ ラジカルの水素引き抜き後，ポリエチレンの C–C 結合が開裂してアルデヒド基，さらにカルボキシル基まで酸化され，両末端にカルボキシル基，すなわちジカルボン酸を与える。またポリプロピレンを超臨界二酸化炭素中で二酸化窒素を用いて酸化すると，メチルコハク酸，2, 4–ジメチルグルタル酸，2, 4–ジメチルアジピン酸が生成するだけでなく，それらは原料ポリプロピレンの立体規則性をほぼそのまま保持している。

### 3.3.6　ケミカルリサイクル技術

プラスチック循環利用協会がまとめたプラスチックマテリアルフロー図（付録 4, 2015 年）で示したように，1 年間に生産されたプラスチックの 90%は廃棄されており，その 18%は全く利用されていないが，残り 82%が再利用されている。しかし，そのリサイクルプロセスの内，57%を占めるサーマルリサイクルは一度の利用であり，資源循環リサイクルとしてのマテリアルリサイクルが 18%，ケミカルリサイクルはわずか 3%に過ぎない。

我が国が 2000 年に制定した “循環型社会形成推進基本法” のもと，各種リサイクル法（容器包装，家電，建設，食品，自動車）に関する規制が整備された。この個別規制に基づき産業界が精力的に研究開発し公表したリサイクルプロセスを経済産業省が調査し 2005 年に発表した。ケミカルリサイクル技術として認められている，① 高炉原料化技術，② コークス炉化学原料化技術，③ ガス化技術，④ 油化技術，⑤ 原料・モノマー化技術の中から，ここでは素材としての高分子を原料・モノマー等に戻す，本来の意味での資源循環であるケミカルリサイクル（原料化・モノマー化）技術を表3.3にまとめて示す。

開発ステージに示されるように，平衡反応を単位反応とする逐次重合によって製造されたPET，PCの分解プロセス技術の実証化や商業化が先行している。連鎖重合系においては，閉環解重合によるナイロン6から$\varepsilon$–カプロラクタムの回収や熱解重合による100%モノマー化が可能なPMMA（表3.1）などは製品加工プロセスで排出される廃材を自社消費されている。熱解重合によるモノマー化が50%程度期待できるPS（表3.1）に関しては，発泡スチロールの減容原料回収が見込まれ，その熱分解プロセス技術が実証されたものの商業化に至っていない。ガラス繊維強化プラスチック(GFRP)のマトリックス樹脂として用いられている熱硬化性樹脂の代表であるフェノール樹脂は，ボート，バスタブなどに古くから広く利用され，その廃棄物の処理がかねて問題視されていた。このような熱硬化性架橋高分子をケミカルリサイクルするには，共有結合で構成されている架橋鎖を完全に切断することが求められる。しかし，不溶・不融の架橋高分子に不均一条件下で分解反応を施し，一般に安定な架橋鎖中の共有結合を100%に近い収率で分解することは困難である。技術開発レベルであるが，超臨界

**表 3.3** 国内の主要ケミカルリサイクル（原料・モノマー化）技術開発一覧表

| 実施機関 | 技術 | 開発ステージ | 処理能力 |
|---|---|---|---|
| 帝人ファイバー (PET) | 加グリコール/メタノール分解 | 商業化 | 62,000 t/年 |
| ペットリバース (PET) | 加グリコール分解 | 商業化 | 28,000 t/年 |
| 三星化学 (PET) | 加アルカリ分解法 | 実証化研究 | |
| 三菱重工業 (PET) | 超臨界メタノール法 | パイロットレベル | |
| 東芝プラントシステム (PS) | 熱分解制御技術 | 実証化検討終了 | 1,000 t/年 |
| 三菱レイヨン (PMMA) | 熱分解制御技術 | 自社消費 | 2,000 t/年 |
| 日本製鋼所等 (PMMA) | 押出し機剪断発熱による技術 | 技術開発 | |
| 東レ，帝人等（ナイロン6） | カプロラクタム回収技術 | 自社消費等 | |
| 日本ビクター等 (PC) | 液相分解法技術の適用 | 技術開発 | |
| NIKKISO(PC) | 超臨界流体技術の利用 | 技術開発 | |
| 帝人化成 (PC) | 低温での解重合技術開発 | 実証プラント | 数百 t/年 |
| 石川島播磨重工等（PEやPPなど） | 分解効率のよい触媒開発 | 実証プラント | |
| 神戸製鋼所 (PU) | 超臨界流体技術の利用 | TDIの商業化 | |
| 日立化成工業（フェノール樹脂） | 超臨界流体技術の利用 | 技術開発 | |
| 住友（フェノール積層板） | 液相分解法技術の適用 | 技術開発 | |

流体法や液相分解法を利用した樹脂の分解による繊維との分離技術が開発されている。近年，のちに高収率で架橋を解くことができるように分子設計された架橋高分子が活発に研究されている。

しかしながら，これらの国産リサイクル技術に関して，例えば，国民参加型回収PETボトルにおいてさえ，プラスチック循環利用協会「プラスチックのリサイクルの基礎知識2017」では，以下の通り特記している。

> これまでも帝人(株)がEG（エチレングリコール）とメタノール併用による独自の分解法で，廃PET樹脂をDMT（テレフタル酸ジメチル）まで戻し，繊維やフィルムの原料にしていた。その後同社はこの技術を発展させ，使用済PETボトルをDMTからさらにTPA（テレフタル酸）まで戻してPET樹脂をつくる技術を開発し，2003年から帝人ファイバー(株)で年間処理能力62,000トンの設備を稼働させて話題となった。このPET樹脂は，2004年食品安全委員会から食品飲料容器への使用可能との評価を得，厚生労働省の承認のもと，4月から「ボトルtoボトル」がスタートした。また，(株)アイエスはEGによる分解法に新規技術を用いて，高純度のBHET［ビス（2-ヒドロキシエチル）テレフタレート］モノマーに戻し樹脂を製造する技術を確立し，(株)ペットリバースにおいて，2004年から年間処理能力約28,000トンの設備を稼動させた。しかしながら，廃PETボトルの輸出急増による原料不足から，帝人ファイバー社はボトルtoボトル事業から撤退せざるをえなくなった。また，ペットリバース社の事業は，東洋製罐(株)グループのペットリファインテクノロジー(株)に引き継がれた。

以上のように，逐次重合における平衡反応から究極のケミカルリサイクルとして商業化が先行したPETの各種分解法による100%モノマー化技術でさえ，グローバル経済の問題の前に事業から撤退せざるを得ない状況にあり，日本発新規ケミカルリサイクル技術の凍結が懸念される。いわんや連鎖重合で合成される汎用プラスチックにおいては，側鎖脱離型PVCを除いて，PE，PP，PSをモノマーに100%変換できる反応制御技術は見いだされていない。最近，3.3.1項で紹介した精密熱分解法で得られる，重合や有機合成で容易に合成できない高付加価値物質［末端反応性オリゴマー（マクロモノマーやテレケリックス）］の連続製造法が見いだされ，それらを原料とする新規高分子材料の製造実用化に向けた開発研究が進行している。今後のさらなる高分子の分解反応に関する基礎研究に期待したい。

# 4章　高分子の分子特性と溶液の性質

高分子鎖は，モノマーが共有結合でつながった長い分子鎖であるので，その特徴を調べるには1本の高分子鎖がどのような形態をとっており，それがどのような性質であるかを検討すればよい。そのためには，高分子鎖を真空中に浮かべ孤立状態にし，他の分子鎖の影響を除けばよいが，これは困難なので，通常は高分子を溶媒に溶解し，高分子鎖同士を接触させない程度に充分に希薄な濃度にして性質を調べる。そこで，このような状態での高分子鎖の大きさや高分子溶液中の性質の基本について述べる。

## 4.1　高分子鎖の形態

### 4.1.1　両末端間距離 $R$

高分子は分子量が大きいために多様な構造と形をもち，一様性が低く，一定の決まった形と大きさをもつわけでもないので，大きさを表すには統計的な平均値が用いられる。最初に問題を簡単にするために，仮想的な直鎖状の自由連結鎖 (freely jointed chain) を考える。各ボンドの結合長は一定値 $\boldsymbol{b}$ であり，隣り合った2つのボンドベクトルのなす角は任意である。図4.1に示すように高分子鎖の両末端間を結ぶベクトル $\boldsymbol{R}$ の絶対値 $R$ を両末端間距離と呼び，高分子鎖の形態を示す量とする。$\boldsymbol{R}$ は，主鎖の炭素原子 $n+1$ 個を結ぶボンド (bond) ベクトル $\boldsymbol{b}_i$ の和になっている。

$$\boldsymbol{R} = \sum_{i=1}^{n} \boldsymbol{b}_i \tag{4.1}$$

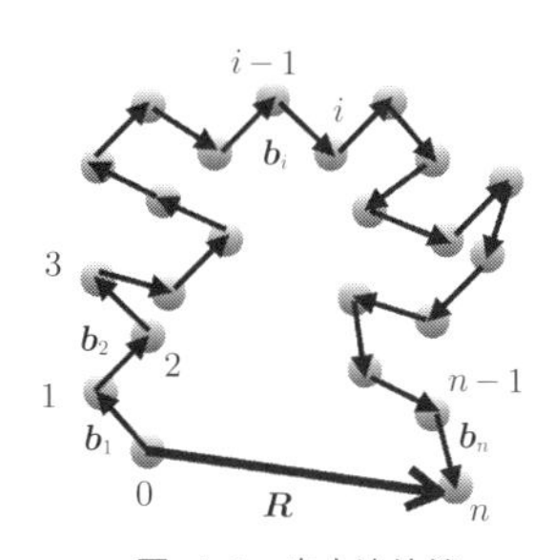

図 4.1　自由連結鎖

高分子鎖の形態は，ボンドベクトルの組 $(\boldsymbol{b}_1, \boldsymbol{b}_2, \cdots, \boldsymbol{b}_n)$ で決まるが，これは時間的に変化するし，等方的状態では $\boldsymbol{R}$

の向きは空間的にランダムであるので，その平均は 0 になる。そこで，$\boldsymbol{R}$ の 2 乗平均 $<\boldsymbol{R}^2>$，または集団平均を調べることになる。

$$<\boldsymbol{R}^2>=<\boldsymbol{R}\cdot\boldsymbol{R}>=\left\langle\sum_{i=1}^{n}\boldsymbol{b}_i\cdot\sum_{i=1}^{n}\boldsymbol{b}_i\right\rangle=\sum_{i=1}^{n}<\boldsymbol{b}_i^2>+2\sum_{i=1}^{n-1}\sum_{j>i}^{n}<\boldsymbol{b}_i\cdot\boldsymbol{b}_j> \tag{4.2}$$

$\theta_{ij}$ をボンドベクトル $\boldsymbol{b}_i$，$\boldsymbol{b}_j$ のなす角とすると，$<\boldsymbol{b}_i^2>=b^2$，$<\boldsymbol{b}_i\cdot\boldsymbol{b}_j>=b^2<\cos\theta_{ij}>=0$ であるので，

$$<\boldsymbol{R}^2>=nb^2 \tag{4.3}$$

となり，したがって自由連結鎖の両末端間距離 (end-to-end distance) $R$ は，

$$R\equiv<\boldsymbol{R}^2>^{1/2}=\sqrt{n}b \tag{4.4}$$

となる。

次に，隣り合ったボンドが一定の結合角 $\theta$ をもち，図 4.2 のように各ボンドは直前のボンドに対して自由に回転できる分子鎖を考える。これを，自由回転鎖 (freely rotating chain) という。この場合は，結合角 $\theta$ が一定であるので，

$$<\boldsymbol{b}_i\cdot\boldsymbol{b}_{i+1}>=b^2<\cos(\pi-\theta)>=-b^2\cos\theta \tag{4.5}$$

次に，$\boldsymbol{b}_{i+2}$ ベクトルは，図の円錐状を自由に回転しているので，$\boldsymbol{b}_{i+2}$ の平均の方向は，$\boldsymbol{b}_{i+1}$ の方向と一致し，その大きさは $b\cos(\pi-\theta)$ になる。したがって，

$$\begin{aligned}<\boldsymbol{b}_i\cdot\boldsymbol{b}_{i+2}>&=<\boldsymbol{b}_i\cdot\boldsymbol{b}_{i+1}>\cos(\pi-\theta)\\&=b^2\cos^2(\pi-\theta)\end{aligned} \tag{4.6}$$

以下同様に，

$$<\boldsymbol{b}_i\cdot\boldsymbol{b}_{i+k}>=b^2\cos^k(\pi-\theta) \tag{4.7}$$

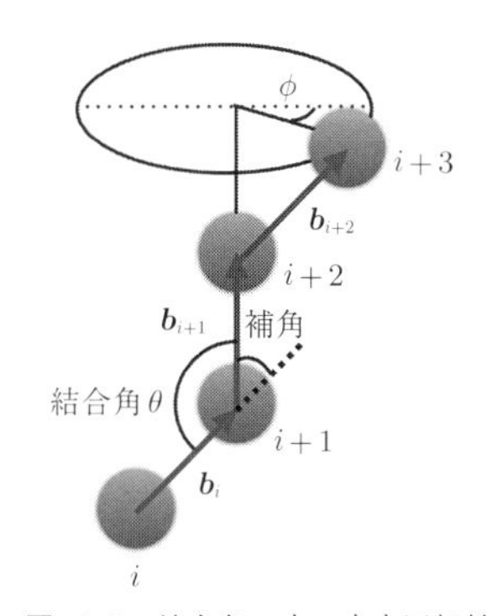


図 **4.2**　結合角一定の自由回転鎖

であり，ここで， $p=\cos(\pi-\theta)$ と置くと，

$$\begin{aligned}\sum_{i=1}^{n-1}\sum_{j>i}^{n}<\boldsymbol{b}_i\cdot\boldsymbol{b}_j> &= \sum_{i=1}^{n-1}\sum_{k=1}^{n-i}<\boldsymbol{b}_i\cdot\boldsymbol{b}_{i+k}>= b^2\sum_{k=1}^{n-1}(n-k)\cos^k(\pi-\theta)\\ &= nb^2\sum_{k=1}^{n-1}p^k-b^2\sum_{k=1}^{n-1}kp^k\\ &= nb^2\frac{p-p^k}{1-p}-\frac{pb^2}{(1-p)^2}\left\{1-np^{n-1}+(n-1)p^n\right\}\end{aligned} \tag{4.8}$$

よって，結合角一定の自由回転鎖の両末端間距離は

$$<R^2>=nb^2\left\{\frac{1+p}{1-p}-\frac{2p}{n}\frac{1-p^n}{(1-p)^2}\right\} \tag{4.9}$$

$n$ が充分大きいときは，右辺第 2 項を無視して，

$$<R^2>\cong nb^2\frac{1-\cos\theta}{1+\cos\theta}\equiv nb_e^2 \tag{4.10}$$

となる。右辺の $n$ 以外の部分は $n$ に無関係で，この鎖の特性を表すから，その平方根を $b_e$ と書き，自由回転鎖の有効ボンド長と呼ぶ。C–C 結合では，$\theta$ は四面体角なので， $\cos\theta=-1/3$ となり，

$$<R^2>=2nb^2 \tag{4.11}$$

である。したがって，自由回転鎖の両末端間距離 $R$ は，

$$R=\sqrt{2n}b \tag{4.12}$$

で，自由連結鎖の $\sqrt{2}$ 倍になっている。

次に，内部回転角 $\phi$ を考慮に入れた束縛回転鎖 (hindered polymer chain) の場合は，ボンド間のポテンシャル $U(\phi)$ の影響で，ある角 $\phi$ のところに平均的に位置するが，計算が大変なので，詳細は省略して結果のみを示す。

$$<R^2>=nb^2\frac{1-\cos\theta}{1+\cos\theta}\frac{1+<\cos\phi>}{1-<\cos\phi>}\equiv nb_e^2 \tag{4.13}$$

ここで，$<\cos\phi>$ は，内部回転角の熱平均値で，

$$< \cos\phi >= \frac{\int_{-\pi}^{\pi} \cos\phi e^{-U(\phi)/kT} \mathrm{d}\phi}{\int_{-\pi}^{\pi} e^{-U(\phi)/kT} \mathrm{d}\phi} \tag{4.14}$$

であり，この場合の $b_e$ も束縛回転鎖の有効ボンド長という。

### 4.1.2　両末端間距離の分布

前節では，3つのモデル鎖について鎖の大きさを表す2乗平均両末端間距離がどのように与えられるかを示した。それでは，長さ $b$ のボンドが $n$ 個つながった分子鎖1本に着目し，両末端間距離がどのような値をとりうるかを考える。簡単のために自由連結鎖を考える。図4.3のようにモデル化し，分子鎖の一端を原点にとると，他端 $\boldsymbol{R}(x, y, z)$ は，0から $|\boldsymbol{R}| = nb$ までさまざまな値をとり得るので，それが $(y, y, z)$ と $(x + \mathrm{d}x, y + \mathrm{d}y, z + \mathrm{d}z)$ の間にある確率 $P(x, y, z)\mathrm{d}x\mathrm{d}y\mathrm{d}z$ を求めてみよう。ところで，$R$ は異方性がないので，確率 $P(x, y, z)\mathrm{d}x\mathrm{d}y\mathrm{d}z$ は，$x, y, z$ の各軸方向の確率 $P(x)\mathrm{d}x$, $P(y)\mathrm{d}y$, $P(z)\mathrm{d}z$ の積となり，それぞれ同じ形をもつはずである。

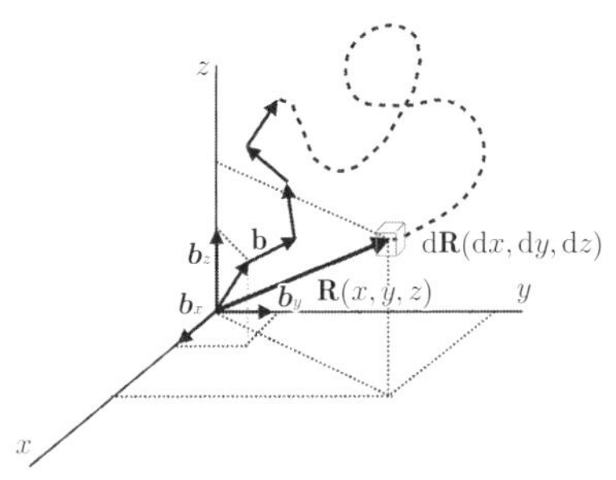


図 4.3　両末端間距離の分布

$$P(x, y, z) = P(x)\mathrm{d}x\ P(y)\mathrm{d}y\ P(z)\mathrm{d}z \tag{4.15}$$

まず1次元の確率から考える。これは，歩幅 $b$ の酔っ払いが，$n$ 歩目に原点からどのくらい離れたところにいるかという酔歩 (random walk) の問題に対応している。右向きのボンドの数を $n_+$，左向きのボンド数を $n_-$ とすると，

$$n = n_+ + n_- \tag{4.16}$$

分子鎖の両端の距離 $x$ は，

$$x = (n_+ - n_-)b \tag{4.17}$$

したがって，

$$n_+ = \frac{1}{2}\left(n + \frac{x}{b}\right) = \frac{n}{2}\left(1 + \frac{x}{nb}\right)$$
$$n_- = \frac{1}{2}\left(n - \frac{x}{b}\right) = \frac{n}{2}\left(1 - \frac{x}{nb}\right)$$
$$\therefore n_\pm = \frac{n}{2}\left(1 \pm \frac{x}{nb}\right) \tag{4.18}$$

ボンドの向きは + か − の 2 方向しかとれないので，鎖がとりうる場合の総数は $2^n$ である。$n$ を指定すれば，$x$ も決まってしまうので，末端の位置が $x$ になる場合の総数 $W$ は，$n$ 歩の中から $n_+$ 歩を取り出す組合せの数に等しい。すなわち，

$$W(x) = {}_nC_{n_+} = \frac{n!}{n_+!\,n_-!} \tag{4.19}$$

この場合，ボンドの 1 つを反転させてみればわかるように $x$ の単位は $b$ でなく，$2b$ である。以上により，一端を原点にしたとき，他端が $x$ と $x + \mathrm{d}x$ にある鎖の確率 $P(x)\mathrm{d}x$ は，

$$P(x)\mathrm{d}x = \frac{1}{2b}\,\frac{1}{2^n}\,\frac{n!}{n_+!\,n_-!}\mathrm{d}x \tag{4.20}$$

となる。両辺の対数をとり，階乗について，次の Stirling の近似 ($N \gg 1$ )

$$\log N! = N \log N - N + \frac{1}{2}\log N + \frac{1}{2}\log 2\pi \tag{4.21}$$

を用い，また，次の近似

$$\log n_\pm = \log\left(\frac{n}{2}\right) + \log\left(1 \pm \frac{x}{nb}\right) \simeq \log\left(\frac{n}{2}\right) \pm \left(\frac{x}{nb}\right) - \frac{1}{2}\left(\frac{x}{nb}\right)^2 \tag{4.22}$$

を用いて整理すると，結果的に次式となる。

$$P(x)\mathrm{d}x = \left(\frac{1}{2\pi nb^2}\right)^{1/2} \exp\left(-\frac{x^2}{2nb^2}\right)\mathrm{d}x \tag{4.23}$$

この形は，$n$ 歩後に原点にいる確率が一番高いガウス関数であり，このような確率分布は 1 次元のガウス分布という。これを 3 次元に拡張するのは，簡単で三方向の解を独立に求めて積をとればよい。

$\boldsymbol{R}$ は，各ボンドベクトル $\boldsymbol{b}_i$ の和で，各ボンドは，全く任意の方向に等しい確率で向き得るので，例えば，$x$ 軸への射影を考えればよい。各ボンドの $x$ 軸方向の射影の長さ $b_{x,i}$ をステップとして，その向きがランダムとしたときの $n$ 番目の点の位置を考

えればよい。$b_{x,i}$ の長さも変化するが,

$$b_{x,i}^2 + b_{y,i}^2 + b_{z,i}^2 = b_i^2 = b^2 \tag{4.24}$$

$$\therefore < b_x^2 > + < b_y^2 > + < b_z^2 > = b^2 \tag{4.25}$$

であり, $n$ が充分大きいとすれば, 等方性なので, それぞれの平均値は,

$$< b_x^2 > = < b_y^2 > = < b_z^2 > = \frac{b^2}{3} \tag{4.26}$$

よって, 3 次元鎖の両末端距離の分布関数は,

$$P(x,y,z)\mathrm{d}x\mathrm{d}y\mathrm{d}z = \left(\frac{3}{2\pi b^2}\right)^{3/2} \exp\left(-\frac{3(x^2+y^2+z^2)}{2nb^2}\right)\mathrm{d}x\mathrm{d}y\mathrm{d}z \tag{4.27}$$

$$P(\boldsymbol{R})\mathrm{d}\boldsymbol{R} = \left(\frac{3}{2\pi nb^2}\right)^{\frac{3}{2}} \exp\left(-\frac{3R^2}{2nb^2}\right)\mathrm{d}\boldsymbol{R} \tag{4.28}$$

となる。これを図示したのが図 4.4 であり, このような末端間の分布を与える鎖をガウス鎖 (Gaussian chain) または理想鎖 (ideal chain) と呼ぶ。ガウス鎖は, 高分子糸まりの大きさを考えるときの重要な尺度となる。

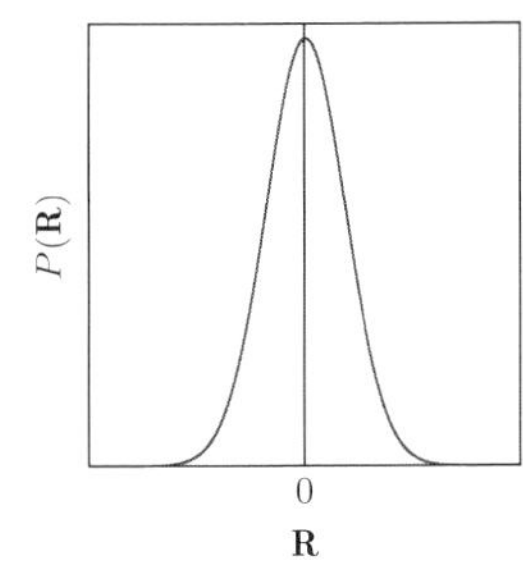

図 **4.4** ガウス分布

この分布関数を用いると, 鎖の両末端間距離の絶対値 $|\boldsymbol{R}|$ が, $R$ と $R+\mathrm{d}R$ の間にある確率 $W(R)\mathrm{d}R$ は,

$$W(R)\mathrm{d}R = 4\pi R^2 P(R)\mathrm{d}R \tag{4.29}$$

であるので, ガウス鎖の 2 乗平均両末端間距離 $< R^2 >_0$ は, 次のように計算される。ここで, 下付の 0 は, ガウス鎖を意味する。

$$\therefore < R^2 >_0 = 4\pi\left(\frac{3}{2\pi nb^2}\right)^{\frac{3}{2}} \int_0^\infty R^4 \exp\left(-\frac{3R^2}{2nb^2}\right)\mathrm{d}R \tag{4.30}$$

この積分を行うには定積分の公式

$$\int_{-\infty}^{\infty} \exp(-\beta R^2)\mathrm{d}R = \sqrt{\frac{\pi}{\beta}} \tag{4.31}$$

の両辺を 2 回 $\beta$ で微分すると，

$$\int_{-\infty}^{\infty} R^2 e^{-\beta R^2} \mathrm{d}R = \frac{3}{4}\sqrt{\frac{\pi}{\beta^5}} \tag{4.32}$$

いまの場合，$\beta = 3/(2nb^2)$ であるので，

$$< R^2 >_0 = \frac{3}{2}\ \frac{1}{\beta} = nb^2 \tag{4.33}$$

を得る。これは (4.3) 式と一致している。

### 4.1.3　回転半径

高分子鎖の大きさを表す指標としてもう 1 つ，高分子鎖の回転半径 (radius of gyration) $R_{\mathrm{g}}$ が用いられる。回転半径は分子鎖の重心 $O$ から各ボンドまでの距離の 2 乗平均の平方根として定義される。いま，ガウス鎖として，ボンドの質量 $m$ が一定のとき，重心から $i$ 番目のボンドまでの距離を $\boldsymbol{S}_i$ とすると (図 4.5)，

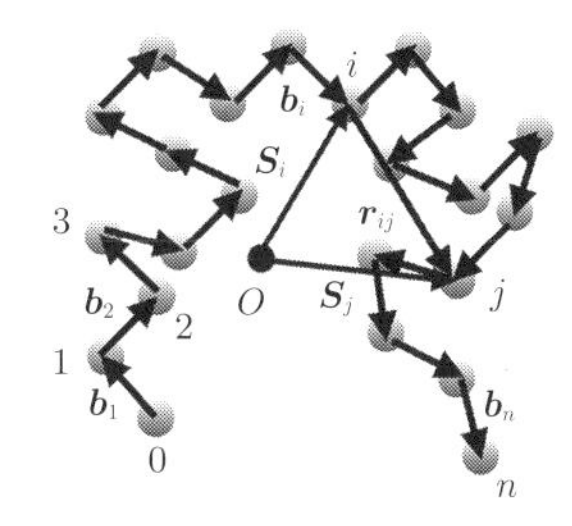


図 4.5　回転半径と両末端間距離

$$R_{\mathrm{g},0}^2 \equiv < S^2 >_0 \equiv \left\langle \frac{\sum_i^n m_i S_i^2}{\sum_i^n m_i} \right\rangle = \frac{\langle \sum_i^n S_i^2 \rangle}{n} \tag{4.34}$$

$i$，$j$ 間のベクトルを $\boldsymbol{r}_{j,j}$ とすると，

$$\boldsymbol{r}_{j,j} = \boldsymbol{S}_j - \boldsymbol{S}_i \tag{4.35}$$

$$\boldsymbol{r}_{i,j}^2 = r_{i,j}^2 = S_j^2 + S_i^2 - 2\boldsymbol{S}_i\boldsymbol{S}_j \tag{4.36}$$

重心の定義から，$\sum \boldsymbol{S}_i = 0$ となるから

$$\begin{aligned}\sum_{i=1}^{n}\sum_{j=1}^{n} r_{i,j}^2 &= \sum_{i=1}^{n}\sum_{j=1}^{n} S_j^2 + \sum_{i=1}^{n}\sum_{j=1}^{n} S_i^2 - 2\sum_{i=1}^{n}\sum_{j=1}^{n} \boldsymbol{S}_i\boldsymbol{S}_j \\ &= n\sum_{j=1}^{n} S_j^2 + n\sum_{i=1}^{n} S_i^2 - 2\sum_{i=1}^{n}\boldsymbol{S}_i\sum_{j=1}^{n}\boldsymbol{S}_j = 2n\sum_{i=1}^{n} S_i^2\end{aligned} \tag{4.37}$$

よって，

$$\sum_{i=1}^{n}\sum_{j=1}^{n} < r_{ij}^2 >= 2n \sum_{i=1}^{n} < S_i^2 > \tag{4.38}$$

$$\begin{aligned} < S^2 >_0 &= \frac{1}{2n^2}\sum_{i=1}^{n}\sum_{j=1}^{n} < r_{ij}^2 >= \frac{1}{n^2}\sum_{j}^{n} \ \ > \ \sum_{i}^{n} < r_{ij}^2 >= \frac{1}{n^2}\sum_{j}^{n} \ \ > \ \sum_{i}^{n} n_{ij} b^2 \\ &= \frac{b^2}{n^2}\sum_{j}^{n} \ \ > \ \sum_{i}^{n}(j-i) = \frac{b^2}{n^2}\sum_{j=1}^{n}\sum_{i=1}^{j-1} i = \frac{b^2}{n^2}\sum_{j=1}^{n}\frac{j(j-1)}{2} \\ &\simeq \frac{b^2}{2n^2}\sum_{j=1}^{n} j^2 = \frac{b^2}{2n^2}\frac{n(n+1)(2n+1)}{6} \end{aligned} \tag{4.39}$$

$n$ が充分大きいときは，

$$R_{\mathrm{g},0}^2 =< S^2 >_0= \frac{1}{6} n b^2 = \frac{1}{6} < R^2 >_0 \tag{4.40}$$

となり，高分子鎖の広がりを示す回転半径 $R_{\mathrm{g}}$ と両末端間距離 $R$ との関係が導かれる。

### 4.1.4 実在の高分子鎖

前節までに述べてきた高分子鎖の形態は，かなりモデル化した分子鎖のものであった。実在の高分子鎖は，鎖に沿って短距離にあるボンド間ではある程度の制約を受けるが，離れるにつれて相互の配置は無関係になるはずである。すなわち，ある鎖長の範囲内でのみ相関があり，それ以上離れたボンド間，例えば，$g$ 個離れたところではこのような相関はなくなるものと考えてよい。したがって，鎖全体を $g$ 個のボンドずつに分割し，これをセグメント (segment) と名付ける。これらのセグメントは連結されているが，各々独立にでたらめの方向を向きうるから，セグメント数 $N(= n/g)$ が充分大きいと，このセグメント鎖はガウス鎖となる。このような短距離相互作用のみを考慮した鎖を理想鎖または Flory の $\Theta$ 状態の鎖という。セグメント長を $a$ とすると，

$$< R^2 >_0= (n/g) \ < a^2 >= N a^2 \tag{4.41}$$

この場合，$N$ や $a$ の値は任意であるので，これらを特性値にするには，$M_a$ をセグメントの分子量とすると，

$$< R^2 >_0 = N a^2 = \frac{M}{M_a} a^2 = M A^2 \tag{4.42}$$

$$A^2 \equiv \frac{a^2}{M_a} = \frac{< R^2 >_0}{M} \tag{4.43}$$

ここで，$A$ を短距離相互作用因子 (short-range interaction factor) と呼ぶ。

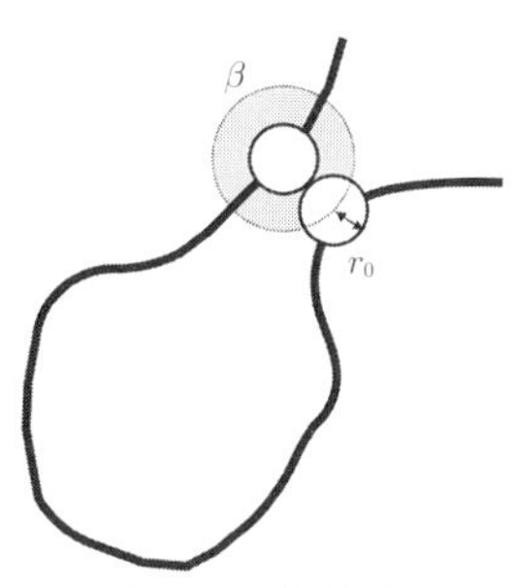

図 **4.6** 排除体積

次に，分子鎖に沿って遠く離れた部分がもとに戻ってきて分子鎖自身にぶつかるために起きる排除体積効果 (excluded volume effect) あるいは長距離相互作用因子 (long-range interaction factor) を考慮する必要がある。いま，セグメントが半径 $r_0$ の剛体球であると仮定すると，このセグメント球に他のセグメントが接近したとき，半径 $2r_0$ の球以内には入れない (図 4.6)。すなわち，このセグメントはその 8 倍の体積を排除することになる。この体積 をセグメント対に関する排除体積という。溶液中の高分子鎖のセグメントでは，溶媒分子が溶媒和しているので，排除体積は溶媒和力に依存する。分子鎖上で遠く隔たった 2 つのセグメントが距離 $r$ だけ離れているときのポテンシャル $U(r)$ を用いると，排除体積パラメータ $\beta$ (binary cluster integral) は，

$$\beta = \int_0^\infty \left[ 1 - \exp\left( \frac{-U(r)}{kT} \right) \right] 4\pi r^2 \mathrm{d}r \tag{4.44}$$

で定義される。

$U(r)$ は，単純な形ではないが，いま，

$$U(r) = \begin{cases} \infty & (r < 2r_0) \\ -u_0(2r_0/r)^6 & (2r_0 \leq r) \end{cases} \tag{4.45}$$

で表され，$U(r)/kT < 1$ であれば，

$$\beta = \left( \frac{4\pi}{3} \right) (2r_0)^3 \left[ 1 - \frac{\Theta}{T} \right] \tag{4.46}$$

となる。$\Theta$ は温度の次元をもつ定数で，$T = \Theta$ のとき，$\beta = 0$ となる。この温度を $\Theta$ 温度 (theta temperature) と呼ぶ。この例のように $T > \Theta$ ならば，正の排除体積を生じ高分子は溶媒に溶解し拡がる。また逆に，$T < \Theta$ ならば，$\beta < 0$ となり高分子

は溶けにくくなる。

溶液中の高分子鎖が受けている長距離離相互作用による力を摂動 (perturbation) とみなせば，Θ 状態では，分子鎖には見かけ上力が働かない。このような高分子鎖を非摂動鎖 (unperturbed chain) と呼び，その状態を非摂動状態 (unperturbed state) という。前述の理想鎖の 2 乗平均両末端距離 $< R^2 >_0$ や回転半径 $R_{g,0}$ は，この非摂動鎖に対応している。高分子鎖が，摂動を受けて膨張あるいは収縮しているかの程度を $\alpha$ で表し，これを膨張因子 (expansion factor) または，拡がり因子と呼ぶ。

$$\alpha^2 \equiv \frac{< R^2 >}{< R^2 >_0} \tag{4.47}$$

## 4.2 高分子溶液の性質

高分子溶液物性の基本の 1 つは，孤立した分子の性質を知ることにある。これは分子が溶液中で孤立して浮かんでいるときにどのような形，大きさをもち，その溶液が溶媒と比べてどんな特徴をもつか調べる問題である．

### 4.2.1 希薄溶液の統計熱力学

高分子溶液の浸透圧や相平衡などの熱力学的性質を調べるには，系の熱力学的関数を求めればよい。通常は一定温度 $T$，一定圧力 $P$ で議論するので，ギブズの自由エネルギー $G$ が適当な関数である。$G$ は定義により，

$$G = H - TS = U + PV - TS \tag{4.48}$$

である。ここで，$H$ はエンタルピー，$S$ はエントロピー，$U$ は内部エネルギー，$V$ は体積である。実際には，これらの絶対値は必要なく，高分子と溶媒の混合前後の変化を求めればよい。混合前後の変化量を $\Delta$ で表すと，

$$\Delta G = \Delta H - T\Delta S = \Delta U + P\Delta V - T\Delta S \tag{4.49}$$

となるが，一般に，高分子溶液の場合，変化量 $\Delta V$ は無視できる。

Flory-Huggins の格子理論（図 4.7）基づいて上記熱力学量を求める。$N_1$ 個の溶媒分子と $N_2$ 個の高分子からなる系を考える。1 本の高分子は $x$ 個のセグメントからな

り，セグメント1個の大きさは溶媒分子の大きさと同じと仮定する（すなわち，$x$ は高分子と溶媒のモル体積の比になる）。格子点の数を $N$ 個とすると，

$$N = N_1 + xN_2 \tag{4.50}$$

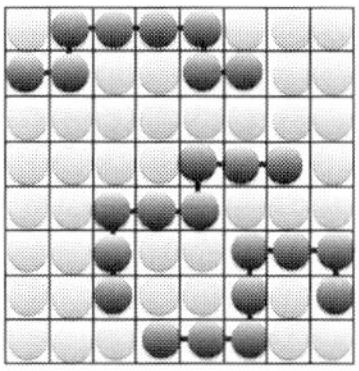

図 **4.7** 格子モデル

まず最初に完全に秩序だった高分子と溶媒との混合エントロピー $S$ を求める。最近接格子点の数（配位数）を $z$ とする。$N$ 個の格子点に $N_2$ 個の高分子鎖を配置する方法の数 $W$ を求めれば，混合のエントロピー $S$ は，次の Boltzmann の式から求められる。

$$S = k \ln W \tag{4.51}$$

$N_2$ 個の高分子に番号を付け，番号順に格子点に配置する。$i$ 番目の高分子まで配置したとすると，$(i+1)$ 番目の高分子の1番目のセグメントを配置できる格了点の数は，$N - xi$ であり，2番目のセグメントの置き方は配位数 $z$ だけあるはずであるが，このうちすでに配置した $i$ 個の高分子鎖が占めている確率が $xi/N$ であるので，$z(1 - xi/N)$ となる。3番目以降のセグメントの置き方は，平均的に $(z-1)(1-xi/N)$ となり，したがって，$i+1$ 番目の高分子を配置する方法の数 $w_{i+1}$ は，

$$w_{i+1} = \frac{[N - xi]!}{[N - x(i+1)]!} \cdot \left[\frac{(z-1)}{N}\right]^{x-1} \tag{4.52}$$

と表される。それゆえに，$N_2$ 個の高分子が互いに見分けがつくものとすれば，全部の高分子を格子の上に並べる仕方の数は，$w_1 \cdot w_2 \cdots w_{N_2}$ となる。しかし，高分子は互いに区別できないので，重複分は $N_2!$ である。よって，$W$ は，

$$W = \frac{1}{N_2!} \prod_{i=1}^{N_2} w_i = \frac{N!}{N_2!\,(N - xN_2)!}\left[\frac{(z-1)}{N}\right]^{N_2(x-1)} \tag{4.53}$$

で与えられる。混合の配位エントロピー $S_c$ は，混合前のエントロピーはゼロであることおよびスターリングの近似，$\ln N! = N \ln N - N$ を用いて計算すると，

$$S_c = -k\left[N_1 \ln\left(\frac{N_1}{N}\right) + N_2 \ln\left(\frac{N_2}{N}\right) - N_2(x-1)\ln\left(\frac{z-1}{e}\right)\right] \tag{4.54}$$

次に，無配向化のエントロピー $S_d$ は上式で溶媒がない場合に等しいから，

$$S_d = kN_2\left[\ln x + (x-1)\ln\left(\frac{z-1}{e}\right)\right] \tag{4.55}$$

したがって，配向のない高分子と溶媒との混合エントロピー $\Delta S$ は $S_c - S_d$ になり，

$$\Delta S = S_c - S_d = -k\left[N_1 \ln\left(\frac{N_1}{N}\right) + N_2 \ln\left(\frac{xN_2}{N}\right)\right] \tag{4.56}$$

ここで，溶媒の体積分率 $\phi_1$ および高分子の体積分率 $\phi_2$

$$\phi_1 = \frac{N_1}{N} = \frac{N_1}{N_1 + xN_2}, \quad \phi_1 = \frac{xN_2}{N} = \frac{xN_2}{N_1 + xN_2} \tag{4.57}$$

を用いると，

$$\Delta S = -kN\left[\phi_1 \ln \phi_1 + \frac{\phi_2}{x}\ln \phi_2\right] \tag{4.58}$$

となる。

次に，混合のエンタルピー変化 $\Delta H$ を求める。いまの場合，体積変化 $\Delta V = 0$ なので，$\Delta H$ は内部エネルギー変化 $\Delta U$ に等しい。分子間には近距離でのみ働く斥力と van der Waals 力とが作用する。最隣接以外の分子間のエネルギーを無視すると，系の全エネルギー $U$ は，

$$H \simeq U = p_{11}\varepsilon_{11} + p_{22}\varepsilon_{22} + p_{12}\varepsilon_{12} \tag{4.59}$$

と書ける。ここで， $p_{11}$，$p_{22}$，$p_{12}$ は，それぞれ溶媒どうし，セグメントどうし，溶媒–セグメントの対の数を，$\varepsilon_{11}$，$\varepsilon_{22}$，$\varepsilon_{12}$ はそれぞれに対応する相互作用エネルギーを示す。

高分子 1 個がつくり得る対の数 $p$ は，

$$p = x(z-2) + 2 \tag{4.60}$$

であるが，$z \gg 1$ とすると，

$$p \simeq xz \tag{4.61}$$

としてよい。

次に，$p_{11}$，$p_{22}$，$p_{12}$ は，

$$p_{11} = \frac{Nz\phi_1^2}{2}, \quad p_{22} = \frac{Nz\phi_2^2}{2}, \quad p_{12} = \frac{Nz\phi_1\phi_2}{2} \tag{4.62}$$

であるので，

$$H \simeq U = \left(\frac{Nz}{2}\right)\left[\phi_1^2\varepsilon_{11} + \phi_2^2\varepsilon_{22} + 2\phi_1\phi_2\varepsilon_{12}\right] \tag{4.63}$$

ここで，

$$\Delta\varepsilon = \varepsilon_{12} - \frac{\varepsilon_{11} + \varepsilon_{22}}{2} \tag{4.64}$$

と置いて，代入すると

$$H = \left(\frac{Nz}{2}\right)\left[\phi_1^2\varepsilon_{11} + \phi_2^2\varepsilon_{22} + 2\phi_1\phi_2\Delta\varepsilon\right] \tag{4.65}$$

となる。ここで，右辺第 1 項および第 2 項は，それぞれ溶媒および高分子の全相互作用エネルギーであるので，第 3 項が混合によって増加するエネルギーである。すなわち，

$$\Delta H = Nz\phi_1\phi_2\Delta\varepsilon \tag{4.66}$$

ここで，混合エネルギーを無次元化した $\chi_{12}$ を導入する。

$$\chi_{12} \equiv \frac{z\Delta\varepsilon}{kT} \tag{4.67}$$

$\chi_{12}$ は Flory-Huggins の相互作用パラメータ (interaction parameter)，あるいは $\chi_{12}$ パラメータと呼ぶ。これを用いて，

$$\Delta H = kNT\chi_{12}\phi_1\phi_2 \tag{4.68}$$

式 (4.58)，(4.68) から，混合の自由エネルギー変化 $\Delta G$ は，

$$\Delta G = kNT\left[\chi_{12}\phi_1\phi_2 + \phi_1\ln\phi_1 + \frac{\phi_2}{x}\ln\phi_2\right] \tag{4.69}$$

となる。

浸透圧，相平衡などの議論に必要な化学ポテンシャル $\mu$ を求めておく。溶液中の溶

媒の化学ポテンシャルを $\mu_1$，純溶媒の化学ポテンシャルを $\mu_1^0$ とすると，

$$\Delta\mu_1 \equiv \mu_1 - \mu_1^0 = \left(\frac{\partial \Delta G}{\partial N_1}\right)_{P,T,N_2} \tag{4.70}$$

の関係があるので，式 (4.69) を $N_1$ で偏微分して，1分子当たりの化学ポテンシャル差は，

$$\Delta\mu_1 = kT\left[\ln(1-\phi_2) + \left(1-\frac{1}{x}\right)\phi_2 + \chi_{12}\phi_2^2\right] \tag{4.71}$$

となるが，モル当たりの化学ポテンシャル差 $\Delta\mu_1$ を考えるときには，$kT$ の代わりに $RT$ を用いればよい。すなわち，

$$\Delta\mu_1 = RT\left[\ln(1-\phi_2) + \left(1-\frac{1}{x}\right)\phi_2 + \chi_{12}\phi_2^2\right] \tag{4.72}$$

同様に，モル当たりの高分子の化学ポテンシャル差 $\Delta\mu_2$ は，

$$\Delta\mu_2 = RT[\ln\phi_2 - (x-1)(1-\phi_2) + \chi_{12}x(1-\phi_2)^2] \tag{4.73}$$

で表せる。式 (4.73) を $\phi_2 \ll 1$ として，濃度（体積分率）で展開すると，

$$\Delta\mu_1 = -RT\left[\frac{1}{x}\phi_2 + \left(\frac{1}{2}-\chi_{12}\right)\phi_2^2 + \frac{1}{3}\phi_2^3 \cdots\right] \tag{4.74}$$

また，溶媒の活量 $\alpha_1$ は，式 (4.73) を用いて

$$\ln\alpha_1 = \frac{\Delta\mu_1}{RT} = \ln(1-\phi_2) + \left(1-\frac{1}{x}\right)\phi_2 + \chi_{12}\phi_2^2 \tag{4.75}$$

で与えられる。

浸透圧 $\Pi$ と $\Delta\mu_1$ の間には，溶媒のモル体積を $V_1$ とすると，$\Pi V_1 = -\Delta\mu_1$ の関係があり，また，高分子の部分比体積を $v_p$，高分子濃度を $C(\mathrm{g\ mL^{-1}})$ とすると，$\phi_2 = Cv_p$ であり，$x$ は高分子と溶媒のモル体積の比であるので，高分子の分子量を $M$ とすると，$\phi_2/xV_1 = Cv_p/xV_1 = C/M$ であるので，これらの関係を式 (4.74) に代入すると，次式を得る。

$$\Pi = RT\left[\frac{C}{M} + \left(\frac{1}{2}-\chi_{12}\right)\frac{v_p^2}{V_1}C^2 + \frac{v_p^3}{3V_1}C^3 + \cdots\right] \tag{4.76}$$

第二および第三ビリアル係数，$A_2$ および $A_3$ は

$$A_2 = \left(\frac{1}{2} - \chi_{12}\right)\frac{v_p^2}{V_1}, \quad A_3 = \frac{v_p^3}{3V_1} \tag{4.77}$$

で与えられ，それぞれ二体間および三体間の相互作用を表す。相互作用パラメータ $\chi_{12}$ は温度の関数であるので，$(1/2 - \chi_{12})$ を $\varphi_1(1 - \Theta/T)$ と書き変えるとすると，

$$A_2 = \frac{v_p^2\varphi_1}{V_1}\left(1 - \frac{\Theta}{T}\right) \tag{4.78}$$

と表される。ここで，$\varphi_1$ はエントロピーパラメータで，多くの高分子–溶媒系では，正であるので，$T > \Theta$ ならば，$A_2 > 0$ となり高分子は溶媒によく溶けるようになる。そこで，$A_2 \gg 0$ となる溶媒を良溶媒 (good solvent) という。逆に，$T \leq \Theta$ ならば，高分子は溶媒に溶けにくくなり，このような溶媒を貧溶媒 (poor solvent) といい，$T = \Theta$ のときは，$\Theta$ 溶媒 ($\Theta$ solvent) という。

### 4.2.2　相平衡

ここでは，簡単化のために，2 成分系相平衡を考える。前節で述べたように，$T > \Theta$ にある均一溶液の温度を下げていくと，$A_2$ が減少し，やがて溶液は曇って，ついには高分子の希薄相（体積分率 $\phi_2$）と濃厚相（体積分率 $\phi_2'$）に分離する。この二相間の平衡条件は，希薄相で $\Delta\mu_i$，濃厚相で $\Delta\mu_i'$ とすると

$$\Delta\mu_1 = \Delta\mu_1' \tag{4.79}$$

$$\Delta\mu_2 = \Delta\mu_2' \tag{4.80}$$

を同時に満足するときである。したがって，式 (4.72) と式 (4.73) から

$$\ln\frac{(1-\phi_2')}{(1-\phi_2)} + (\phi_2' - \phi_2)\left(1 - \frac{1}{x}\right) + \chi_{12}(\phi_2'^2 - \phi_2^2) = 0 \tag{4.81}$$

および，

$$\frac{1}{x}\ln\frac{\phi_2'}{\phi_2} + \left(1 - \frac{1}{x}\right)(\phi_2' - \phi_2) - \chi_{12}(\phi_2' - \phi_2)\Big[2 - (\phi_2' - \phi_2)\Big] = 0 \tag{4.82}$$

が得られる。理論双交曲線を得るには，$\gamma = \phi_2'/\phi_2$ を置き，式 (4.81) と (4.82) から $\chi_{12}$ を消去し，対数関数を級数で展開し，若干の近似をすると，次の有用な Flory 近

似式が得られる。

$$\phi_2 \simeq \frac{\left[-(\gamma+1)h+\{(\gamma+1)^2h^2+4(\gamma-1)^3h\}^{1/2}\right]}{2(\gamma-1)^3} \tag{4.83}$$

ここで，

$$h=\left(\frac{12}{x}\right)\left\{(\gamma+1)(\ln\gamma)/2-(\gamma-1)\right\} \tag{4.84}$$

である。対応する $\chi_{12}$ は，

$$\chi_{12}=\frac{(\gamma-1)(1-1/x)+(\ln\gamma)/\phi_2 x}{2(\gamma-1)-\phi_2(\gamma^2-1)} \tag{4.85}$$

で与えられる。上の3式から。相平衡曲線，すなわち双交曲線 (binodal curve) を描くことができる（図4.8)。(a) は上限臨界共溶温度 (upper critical solution temperature, UCST) 型，(b) は下限臨界共溶温度 (lower critical solution temperature, LCST) 型と呼ばれる。それぞれの例を表4.1に示す。図4.8の点線は不安定状態と準安定状態の境界を表し，

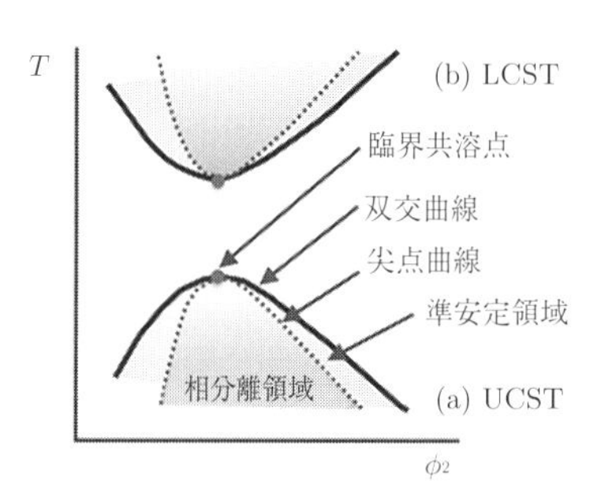


**図 4.8** 双交曲線と尖点曲線（点線）

$$\left(\frac{\partial\Delta\mu_1}{\partial\phi_2}\right)_{T,P}=0 \tag{4.86}$$

で与えられ，尖点曲線 (spinodal curve) と呼ばれる。双交曲線と尖点曲線の極大位置を臨界共溶点 (critical solution point) といい，臨界温度 $T_C$ と臨界組成 $\phi_C$ は，

$$\left(\frac{\partial\Delta\mu_1}{\partial\phi_2}\right)_{T,P}=0,\quad \left(\frac{\partial^2\Delta\mu_1}{\partial\phi_2^2}\right)_{T,P}=0$$

を同時に満足することから求められる。この条件は，Gibbs-Duhem の式より

$$\left(\frac{\partial\Delta\mu_2}{\partial\phi_2}\right)_{T,P}=0,\quad \left(\frac{\partial^2\Delta\mu_2}{\partial\phi_2^2}\right)_{T,P}=0$$

とも書かれ，

**表 4.1**　上限臨界共溶温度 (UCST) 型と下限臨界共溶温度 (LCST) 型の例

| UCST | LCST |
|---|---|
| ポリスチレン–シクロヘキサン | ポリエチレンオキシド–水 |
| ポリビニルメチルエーテル–シクロヘキサン | ポリビニルメチルエーテル–水 |
| ポリテトラヒドロフラン–2–プロパノール | ポリ（*N*–イソプロピルアクリルアミド）–水 |

$$-\frac{1}{1-\phi_2}+\left(1-\frac{1}{x}\right)+2\chi_{12}\phi_2=0 \tag{4.87}$$

および，

$$-\frac{1}{(1-\phi_2)^2}+2\chi_{12}=0 \tag{4.88}$$

となるので，$\chi_{12}$ を消去して，$\phi_C$ が次のように求められる。

$$\phi_C=\frac{1}{1+\sqrt{x}} \tag{4.89}$$

$\phi_C$ を式 (4.87) か (4.88) のどちらかに入れて，臨界共溶点での $\chi_C$ は，

$$\chi_C=\frac{(1+\sqrt{x})^2}{2x}=\frac{1}{2}\left(1+\frac{1}{\sqrt{x}}\right)^2\simeq\frac{1}{2}+\frac{1}{\sqrt{x}} \tag{4.90}$$

となる。$x\to\infty$ のとき，すなわち，$M\to\infty$ のときは，$\chi_C=1/2$ となる。また，

$$\left(\frac{1}{2}-\chi_C\right)=\varphi_1\left(1-\frac{\Theta}{T_c}\right)$$

の関係から，

$$\frac{1}{T_C}=\frac{1}{\Theta}\left[1+\frac{1}{\varphi_1}\left(\frac{1}{\sqrt{x}}+\frac{1}{2x}\right)\right] \tag{4.91}$$

となり，$x$ の大きい値に対しては，$b=(V_1/v_p)^{1/2}/\varphi_1$ と置くと，$x=Mv_p/V_1$ であるので，

$$\frac{1}{T_C}\simeq\frac{1}{\Theta}\left[1+\frac{b}{\sqrt{M}}\right] \tag{4.92}$$

となり，高分子の分子量を無限大にしたときの $T_C$ が $\Theta$ に等しいことを示す。

### 4.2.3　高分子希薄溶液の粘性率

粘度高分子溶液の粘性率 $\eta$ は，高分子濃度 $C$ があまり大きくない範囲では，次のような展開式で表される。

$$\eta = \eta_0(1 + k_1 C + k_2 C^2 + \cdots) \tag{4.93}$$

ここで，$\eta_0$ は溶媒の粘性率，$k_1$，$k_2$ は定数である。$\eta_{\mathrm{r}} \equiv \eta/\eta_0$ を相対粘度 (relative viscosity) あるいは粘度比 (viscosity ratio)，$\eta_{\mathrm{sp}} \equiv \eta_{\mathrm{r}} - 1$ を比粘度 (specific viscosity) といい，高分子が存在することによる粘性率の増分を意味する。また，$\eta_{\mathrm{sp}}/C$ を還元粘度 (reduced viscosity) あるいは粘度数 (viscosity number) といい，単位濃度当たりの粘性率の増分なので，これを無限希釈状態で求めれば，高分子1個当たりが示す粘性率の増分となる。したがって，その高分子1分子固有の特性を表すものである。これを固有粘度 (intrinsic viscosity) あるいは極限粘度数 (limiting viscosity number) といって，$[\eta]$ で表す。$[\eta]$ は次式のように書ける。

$$[\eta] \equiv \left(\frac{\eta_{\mathrm{sp}}}{C}\right)_{C\to 0} = k_1 + k_2 C = [\eta] + k'[\eta]^2 C \tag{4.94}$$

これを，Huggins の式といい，$k'$ を Huggins 定数という。

また，Mead-Fuoss は，対数粘度数 (logarithmic viscosity number) $\ln\eta_{\mathrm{r}}/C$ を用いた次式を提案している。

$$\frac{\ln\eta_{\mathrm{r}}}{C} = [\eta] - k''[\eta]^2 C \tag{4.95}$$

高分子溶液は，一般に非ニュートン液体であるので，$[\eta]$ は，測定時のずり速度に依存する。

しかし，分子量数十万以下で，濃度1%以下の溶液を用いている限り，実験の精度上からニュートン液体と見なしてもよい。極限粘度数 $[\eta]$ を求めるには，粘性率の絶対値は必要ないので，Ostwald や Ubbelohde の毛管粘度計を用いて，粘度比を式 (4.96) から求め，図4.9に示すようなプロットを行い，濃

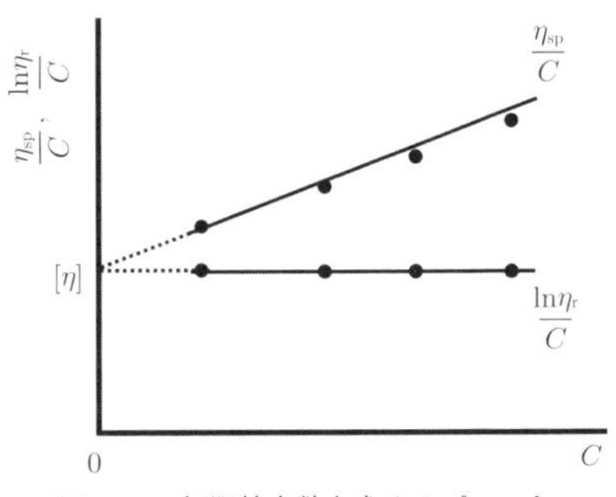


**図 4.9**　極限粘度数を求めるプロット

度 0 への外挿値から求める。

$$\eta_{\mathrm{r}} = \frac{t\rho}{t_0\rho_0} \simeq \frac{t}{t_0} \tag{4.96}$$

ここで，$t$，$t_0$ は，それぞれ毛管粘度計を用いたときの溶液および溶媒の流下時間で，$\rho$，$\rho_0$ は，それぞれ溶液および溶媒の密度である。

### 1　極限粘度数の分子論

溶液中で高分子鎖が流れの場におかれたときの振る舞いについては，流体力学の立場からよく研究されており，糸まり状の高分子コイルの中を相対的には溶媒は流れず，高分子鎖は剛体球的挙動をすることが明らかにされている。このような場合，高分子コイルを非素抜け (non-draining) という。流体力学的等価球の半径 $R$ と摩擦係数 $f$ との間に成り立つ Stokes の法則 $f = 6\pi\eta_0 R$ の関係からは，屈曲性高分子の回転半径 $R_g \equiv < S^2 >^{1/2}$ に対して，$f \propto \eta_0 < S^2 >^{1/2}$ の関係がある。これらの関係と Einstein の粘度式，$\eta = \eta_0(1 + 2.5\phi)$ を結びつけると，

$$[\eta] \propto \frac{< S^2 >^{3/2}}{M} \tag{4.97}$$

となり，$< S^2 >^{1/2}$ を両末端間距離 $< R^2 >$ に置き換え，比例定数（普遍定数）を $\Phi$ とすると，

$$[\eta] = \Phi\frac{< R^2 >^{3/2}}{M} \tag{4.98}$$

と表される。$\Theta$ 状態での極限粘度数 $[\eta]$ を $[\eta]_\Theta$ とすると，$< R^2 >_0^{1/2}$ と結びつくので，式 (4.43) を用いると，

$$[\eta]_\Theta = \Phi\left(\frac{< R^2 >_0}{M}\right)^{3/2} M^{1/2} = \Phi A^3 M^{1/2} \tag{4.99}$$

を得る。非素抜けの場合，$\Phi$ の理論値は，$2.87 \times 10^{23}\ \mathrm{mol}^{-1}$ であるが，実験的に最も信頼できる値は，$2.55 \times 10^{23}\ \mathrm{mol}^{-1}$ である。

極限粘度数 $[\eta]$ と粘度平均分子量 $M_{\mathrm{v}}$との関係に対して，次の Mark-Houwink-桜田の式と呼ばれる経験式がある。

$$[\eta] = KM_{\mathrm{v}}^a \tag{4.100}$$

ここで，$K$ および $a$ は，高分子–溶媒の組合せによって決まる定数であるが，とくに，

$a$ は高分子に対する溶媒の良否と高分子の溶液中での形によって決まり，$\Theta$ 状態では $1/2$ である。

### 4.2.4　高分子溶液の浸透圧

#### 1　浸透圧

高分子溶液のような比較的大きな溶質粒子を含む溶液を図 4.10 に示すように半透膜を隔てて純溶媒と向かい合わせると，溶液中の溶媒の化学ポテンシャル $\mu_1$ と純溶媒の化学ポテンシャル $\mu_1^0$ に差があるため，溶液側に浸透圧 $\Pi$ がかかって釣り合う。いま，高分子の分子量を $M$，高分子濃度を $C$，溶媒のモル体積を $V_1$ とすると，分子量一定（分子量分布がない）の高分子の非常に希薄な溶液に対しては，

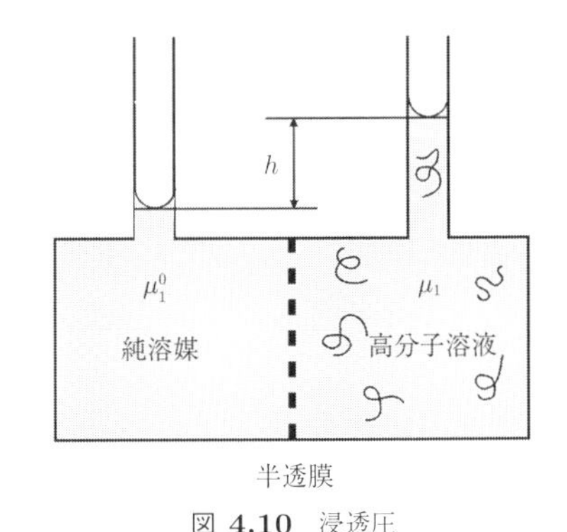


図 **4.10**　浸透圧

$$\Pi = -\frac{\mu_1 - \mu_1^0}{V_1} = \frac{CRT}{M} \tag{4.101}$$

が成り立つ。これは van't Hoff の式として知られている。有限濃度の溶液では，浸透圧 $\Pi$ は，高分子濃度 $C$ に比例せず，濃度の展開式で書かれる。また，分子量分布があるとき，$M$ を数平均分子量 $M_{\rm n}$ でおきかえて（式 (4.76) 参照），

$$\frac{\Pi}{C} = RT\left(\frac{1}{M_{\rm n}} + A_2C + A_3C^3 + \cdots\right) \tag{4.102}$$

ここで，$A_2$ および $A_3$ は，それぞれ第二ビリアル係数および第三ビリアル係数であり，2 体間，3 体間の相互作用の大きさを表すパラメータである。3 体間以上の相互作用を考慮しなければ，

$$\frac{\Pi}{CRT} = \frac{1}{M_{\rm n}} + A_2C \tag{4.103}$$

となる。$\Theta$ 状態では，$A_2 = 0$ である。

#### 2　蒸気圧オスモメトリー

溶液中の溶媒成分の蒸気圧 $P_1$ は，それと同じ温度 $T$ の純溶媒の蒸気圧 $P_1^0$ よりも

小さい。これが蒸気圧降下といわれる現象である。全く蒸気圧をもたない非揮発性溶質（蒸気圧 0）を溶解した溶液の液滴と純溶媒の液滴を，同じ温度 $T_0$ の純溶媒の飽和蒸気圧 $P_1^0(T_0)$ の雰囲気下に静置すると，溶媒蒸気の溶液滴への凝縮速度が溶液滴からの蒸発速度より大きく，そのため溶液滴の温度は雰囲気，すなわち溶媒滴の温度より高くなる。溶液滴と溶媒滴の温度差 $T - T_0$ は，溶液中の溶媒成分の蒸気圧降下の程度（溶媒の活量 $a_1$）に関係する。したがって，温度差 $\Delta T$ を測定すれば，溶質の分子量を決定できる。これを蒸気圧オスモメトリー (vapor pressure osmometry) という。これを式で書けば，温度差 $\Delta T$ は $\Delta T \propto P_1^0 - P_1$ で表され，より一般的には，次のように濃度の展開式で表される。

$$\frac{\Delta T}{C} = K\left(\frac{1}{M_{\mathrm{n}}} + A_2C + A_3C^2 + \cdots\right) \tag{4.104}$$

ここで，$K(\mathrm{cm^3\ K\ mol^{-1}})$ は，溶質・溶媒の性質や装置の形，大きさ，雰囲気によって決まる定数である。蒸気圧オスモメトリーは任意の温度で測定できるので，沸点上昇法のように高温測定の必要がなく，実験操作も容易で，測定過程における分子量低下を避けることができる。しかも，試料量が少量ですみ，測定が迅速に行えるという特徴をもつ。

### 4.2.5 高分子溶液の光散乱と X 線小角散乱

散乱実験からは，孤立分子の分子定数，例えば分子量 $M$，回転半径 $R_{\mathrm{g}}$ などを求めることができる。光散乱 (light scattering) の場合は波長が長いので，数百 nm の大きさの分子量を求めるのに便利である。一方，X 線小角散乱 (small-angleX-ray scattering) の場合には，波長が 0.1〜1 nm 程度であるので，高分子の内部の情報，すなわち，平均持続長，分子横断面の回転半径，そして半希薄溶液の場合には，遮蔽長，高分子セグメント間の 2 体および 3 体相互作用パラメータなどが求められる。図 4.11 に散乱の模式図を示す。散乱強度は光散乱の場合は屈折率，X 線の場合は電子密度と図 4.11 高分子鎖からの散乱に依存する。実際の測定では，溶液の散乱強度から溶媒のそれを差し引いた過剰散乱強度 $i(q)$ が求まるが，これを次

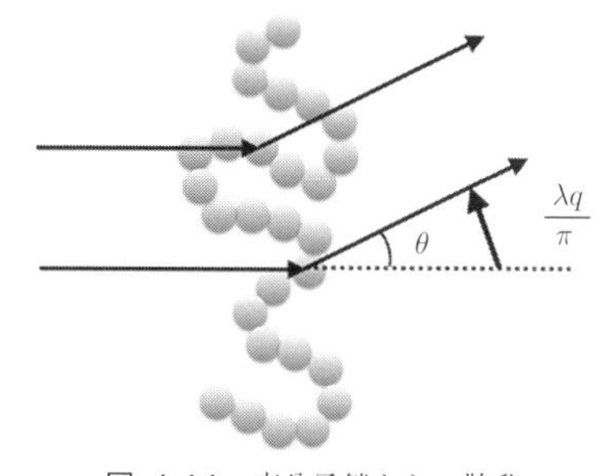


図 4.11 高分子鎖からの散乱

式を用いて絶対散乱強度 $I(q)$ に換算する。

光散乱の場合は，

$$I(q) \equiv i(q)\frac{R^2}{I_0 V(1+\cos^2\theta)/2} \tag{4.105}$$

で，$I(q)$ の単位は $\mathrm{cm}^{-1}$ である。

X 線小角散乱の場合は，

$$I(q) \equiv i(q)\frac{R^2}{I_0 T_m^2 V(1+\cos^2\theta)/2} \tag{4.106}$$

で，$I(q)$ の単位は $\mathrm{eu\ cm}^{-3}$ である。ここで，$R$ はカメラ長，$I_0$ は入射線強度，$V$ は照射体積，$\theta$ は散乱角，$T_m^2$ は Thomson 因子 $(= 7.94 \times 10^{-26}\ \mathrm{cm}^2)$ である。X 線小角散乱の場合には，散乱角 $\theta$ は小さいので，偏向因子 $(1+\cos^2\theta)/2$ は1としてよい。

$I(q)$ と分子定数との関係は一般に次式で表される。

$$I(q) = KCM_\mathrm{w}P(q)\left[1 - 2A_2 M_\mathrm{w}\frac{Q(q)}{P(q)}C + \cdots\right] \tag{4.107}$$

$$P(q) = 1 - \frac{1}{3}R_\mathrm{g}^2 q^2 + \cdots \tag{4.108}$$

ここで，$M_\mathrm{w}$ は重量平均分子量，$A_2$ は第二ビリアル係数，$P(q)$ は粒子散乱因子，$Q(q)$ は粒子間干渉因子，$q = (4\pi/\lambda)\sin(\theta/2)$，$\lambda$ は波長である。また，$K$ は装置，溶液・溶媒，温度で決まる定数であり，

光散乱の場合には，

$$K \equiv \frac{4\pi^2 n_1^2}{N_\mathrm{A}\lambda^4}\left(\frac{\mathrm{d}n}{\mathrm{d}C}\right) \tag{4.109}$$

であり，$n_1$ は溶媒の屈折率，$\mathrm{d}n/\mathrm{d}C$ は溶液の屈折率増分，$N_\mathrm{A}$ はアボガドロ定数である。

X 線の場合には，

$$K \equiv (z_p - \rho_1 v_p)^2 N_\mathrm{A} \tag{4.110}$$

であり，$z_p$ は，高分子 1g 当たりのモル電子数，$\rho_1$ は溶媒のモル電子密度，$v_p$ は高分子の部分比体積である。式 (4.107) と (4.108) から

$$\frac{KC}{I(q)} = \frac{1}{M_\mathrm{w}}\left(1 + \frac{1}{3}R_\mathrm{g}^2 q^2 + \cdots\right)\left(1 + 2A_2 M_\mathrm{w}\frac{Q(q)}{P(q)}C + \cdots\right) \tag{4.111}$$

と表せるので，図 4.12 に示すように $KC/I(q)$ の $q^2$ と $C$ に対するダブルプロットを行い，$q \to 0$ と $C \to 0$ の切片から $M_\mathrm{w}$ が求まる。これを Zimm プロットという。

また，2 つの傾きから回転半径 $R_\mathrm{g}$ および $A_2$ が得られる。

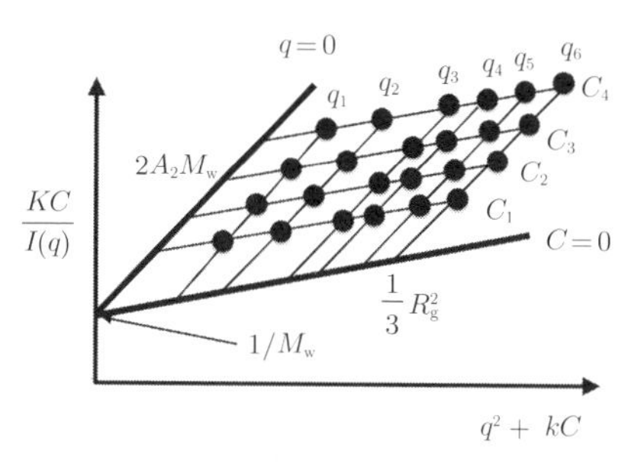


図 **4.12**　Zimm プロット

回転半径 $R_\mathrm{g}$ のみを求めるときは，絶対散乱強度は必要なく，次の方法で求める。ただし，$C \to 0$ の条件が必要である。小角，すなわち $R_\mathrm{g}^2 q^2 \ll 1$（Guinier 近似）。ならば $I(0) \equiv KCM_\mathrm{w}$ であるので，

$$I(q) = KCM_\mathrm{w}\left(1 - \frac{1}{3}R_\mathrm{g}^2 q^2 + \cdots\right) \simeq I(0)\exp\left\{-\frac{1}{3}R_\mathrm{g}^2 q^2\right\} \tag{4.112}$$

したがって，$\ln I(q)$ の $q^2$ に対するプロットから回転半径 $R_\mathrm{g}$ が求まる。これを Guinier プロットという。

### 4.2.6　高分子半希薄溶液

これまでは，高分子の濃度が充分希薄な場合を考え，孤立した高分子鎖 1 本の性質について述べてきたが，最近ではそれよりも少し高い高分子濃度での議論ができるようになった。とくに，貧溶媒系では，定量的な理論および実験がある。高分子が互いに絡み合った半希薄溶液の場合には，高分子鎖 1 本ではなく，高分子鎖を構成するセグメントで議論することになる。高分子の割当体積 $N/\rho$ が実際に占める体積 $R_\mathrm{g}^3$ より大きいときを希薄溶液，それより小さくかつセグメント体積 $v_0$ より大きいときを半希薄溶液または準希薄溶液 (semi-dilute solution) といい，また，希薄溶液と半希薄溶液の境界濃度を cross-over 濃度という。式で表せば，

$$\text{希薄溶液,}\quad \frac{N}{\rho} > R_\mathrm{g}^3 \tag{4.113}$$

$$\text{半希薄溶液,}\quad v_0 \ll \frac{N}{\rho} < R_\mathrm{g}^3 \tag{4.114}$$

であり，ここで，$N$ は高分子 1 本中のセグメント数，$\rho$ はセグメントの数密度であり，

占有体積 $R_\mathrm{g}^3$ を回転半径 $R_\mathrm{g}$ の 3 乗に近似している。

次に，良溶媒，貧溶媒については，4.2.1 項でも述べたように，次に定義する $z_1$ で判別できる。

$$z_1 \equiv \beta_1 a^{-3} N^{1/2} \tag{4.115}$$

ここで，$\beta_1$ は 2 体クラスター積分（4.2.1 項の $\beta$ に等しい），$a^2$ はセグメントの 2 乗平均長である。これを $MA^2 = Na^2$，$M^2 B_1 = N^2 \beta_1$ なる関係を用いて，実測量に変換すると，

$$z_1 \equiv B_1 A^{-3} M^{1/2} \tag{4.116}$$

であり，$z_1 > 1$ のときを良溶媒，$z_1 < 1$ のときを貧溶媒という。なお，$B_1$ は 2 体相互作用パラメータ（排除体積効果）である。貧溶媒でかつ半希薄の場合（貧溶媒系半希薄溶液）では，4.2.5 項の散乱強度式は

$$\frac{1}{I(q)} = \frac{1}{I(0)}(1 + \xi q^2) \tag{4.117}$$

$$\frac{1}{\xi^2} = \frac{1}{MA^2} + 12N_\mathrm{A}\frac{B_1}{A_2}C + 36N_\mathrm{A}^2\frac{B_2}{A^2}C^2 \tag{4.118}$$

となり，光散乱あるいは X 線小角散乱から 2 体および 3 体相互作用パラメータ $B_1$，$B_2$ が求められる。

### 4.2.7　濃厚溶液・高分子融体

半希薄溶液から，さらに高分子濃度が増大し，溶媒分子の体積分率が低下した状態を濃厚溶液という。溶媒分子が全く存在しない極限状態は，高分子液体または高分子融体と呼ばれる。これらの状態では，高分子鎖は重なり合い，互いに侵入し合う形態となり，高分子鎖が回転しようとしても，周りの高分子鎖と衝突するため回転が妨げられ高分子鎖の形態変化が起こりにくくなる。そのため濃厚溶液では粘度の増加が起こる。

濃厚溶液・高分子融体での各高分子鎖は，Gauss 的であり理想的であることが Flory によって最初に見いだされたが，この考えが受け入れるためには長い年月を要した.

#### [1]　中性子散乱実験

希薄溶液では，溶液中の高分子鎖の平均的な大きさを観察できることを述べた。高

分子濃度が高くなると，高分子鎖間のセグメント間相互作用が無視できず回転半径のような情報を得ることは困難となる。溶媒分子が存在しない濃厚溶液では，互いの相互作用が打ち消されるため理想的になることから，セグメントがいずれの分子に属しているかが区別できれば濃厚溶液中での高分子鎖の形態を知ることが可能となる。

1970 年代の中頃，中性子散乱が行われるようになり，小角散乱装置が開発された。これに伴って，濃厚系の高分子鎖の実験が行われた。実験結果から，濃厚溶液・高分子融体中での高分子鎖は Flory の予言通り，理想的であることが明らかとなった。中性子は，物質中の原子核によって散乱されるので，水素原子を重水素原子に置き換えた重水素化高分子を化学的に合成し，通常の高分子中にわずかに混合する。水素と重水素の中性子に対する散乱能が異なることから，通常の高分子鎖と重水素化高分子鎖との区別ができる（重水素化ラベル法）。高分子全体では濃厚系でありながら，重水素化高分子鎖は希薄であるという状態をつくり出せる。この状態を中性子小角散乱で測定すると，重水素化高分子鎖の回転半径を実験的に求めることが可能となる。

同一種の高分子で，総数が $N$，各高分子鎖が $z$ 個のセグメントからなる場合，通常の高分子鎖 H と重水素化高分子鎖 D を，体積分率がそれぞれ $x$ および $(1-x)$ で混合したときに，中性子散乱実験で観測される散乱強度 $I(q)$ は

$$I(q) = (b_{\rm D} - b_{\rm H})^2\, x(1-x)Nz^2 P(q) \tag{4.119}$$

で示される。ここで，$b_{\rm H} = -0.374 \times 10^{-12}\,{\rm cm}$ および $b_{\rm D} = 0.667 \times 10^{-12}\,{\rm cm}$ は水素および重水素の散乱長であり，$P(q)$ は高分子鎖 1 本の形状因子である。任意の混合割合の中性子散乱実験から，高分子鎖 1 本の形の情報を含む $P(q)$ を求めることが可能となる。

# 5章　固体高分子の基礎特性

## 5.1　ガラス転移

物質に温度や圧力を加えると，固体から液体，そして気体へと凝集状態が変化する。これを一般に相転移という。高分子の場合は，温度の上昇とともに，副転移，ガラス転移，結晶融解などの転移が起こる。本章ではこれらの転移がどのような性質をもち，なぜ起こるのか，そして高分子の分子構造とどのような関係があるかなどについて述べる。

ガラス転移 (glass transition) とは，非晶領域における高分子主鎖のセグメント（分子鎖の運動単位で，モノマー単位の場合もあるし，それより大きい場合もある）がミクロブラウン運動を開始し，高分子がガラス状態からゴム状態へと変化，すなわち高分子主鎖の再配列に伴う緩和現象である。ポリエチレン，ポリプロピレン，ナイロン6，ポリビニルアルコールなど部分的に結晶化している高分子では，結晶が融解する融点を境にして，柔軟な固体状態から液体状態へと変化する。

高分子の弾性率を温度の関数として測定すると，大略図 5.1 のように 4 つの領域にわたって変化する。

図 5.1 の領域 ① では，高分子主鎖のミクロブラウン運動は凍結しており，弾性率 $E$ は $10^9$ Pa (GPa) のオーダの値となる。ガラス領域では高分子は剛直でガラス状態である。温度が上昇するにつれて凍結されていた分子鎖の運動は解放され，徐々にセグメントのミクロブラウン運動が始まり，温度変化に伴って $E$ は $10^9$ Pa から $10^5$ Pa 程度まで大きく減少し，② の領域に至る。① から ② への急激な変化がガラス転移といわれるもので，これが起きる温度をガラス転移温度といい，$T_\mathrm{g}$ で表す。領域 ② では高分子は皮革状であるといわれている。さらに温度が上昇すると，分子量が大きく分子鎖が相互に侵入した絡み合い高分子，結晶性高分子，架橋高分子などでは $E$ が $10^5$ Pa のオーダで温度変化による影響はあまり受けずに，ほぼ平坦なゴム状プラトー領域

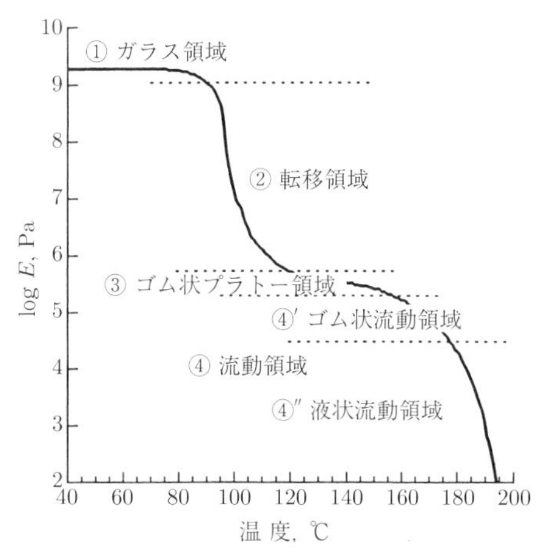


**図 5.1**　温度を変数とする弾性率の 4 つの領域

③ を示す。この領域では高分子はゴム弾性挙動を示す。③ よりも高温度側では，分子量の高い高分子の絡み合いがほぐれはじめ，分子鎖の運動が激しくなる。$E$ も $10^5$ Pa から $10^4$ Pa へと減少する。結晶性高分子では，$T_g$ よりも高温度側で結晶の融解が始まり，$E$ はますます減少し流動状態になる。この領域 ④ では，分子量の高い高分子においても絡み合いがより減少し分子鎖間の相対位置を変化させるマクロブラウン運動が生じ，高分子は濃厚で粘り気の強い粘稠な流動性を示すようになる。流動領域は ④′ ゴム状流動領域と，④″ 液状流動領域に分けることもできる。比較的に分子量が小さく絡み合いの無い非晶性高分子では，② の転移領域から ④ の液状流動領域まで一度に変化する。また，架橋高分子では，流動性を示さないので ④ の領域がなく，高分子鎖の熱劣化が生じるまで $E$ の値に変化はない。

#### 高分子鎖の絡み合い

4 章 4.2.7 項で濃厚溶液と高分子融体（メルト）の性質について触れた。希薄溶液において孤立して存在するランダムコイル鎖（非絡み合い状態，unentangled state）は臨界濃度 (critical concentration)/ 臨界分子量 (critical molecular weight, $M_c$)[1] を超えたところで互いに接触，オーバーラップ後，相互に侵入し始め，さらなる濃度の増加とともに絡み合いを形成し熱力学的に安定化する (entangled state)。溶媒不在の固体高分子では，非晶性（無定形）および結晶性高分子は加熱により $T_g$ および $T_m$ を越えると分子鎖は形成した絡み合い状態を保持したまま溶融し融体となる。高分子の種類によって 4,000〜35,000 と異なる $M_c$[1] があり，これより高い分子量では，分子運動に及ぼす隣接分子の影響がもはや局所的な摩擦力だけで説明ができなくなり，分子鎖に沿ったいくつかの点で隣接分子と強く結合 (coupling) していると考えなければならない粘弾性的性質が出現する。このような結合を一般に“絡み合い (entanglement または entanglement coupling)”[1] と呼んでいる。

分子量分布の狭い単分散高分子を用いて，メルト状態のゼロせん断粘度 ($\eta_0$) および分子鎖の重心（自己）拡散定数 ($D_s$) の分子量 ($M$) 依存性が実験的に求められており，絡み合い効果として明瞭な $M_c$ が出現する。その一例を図に示す。

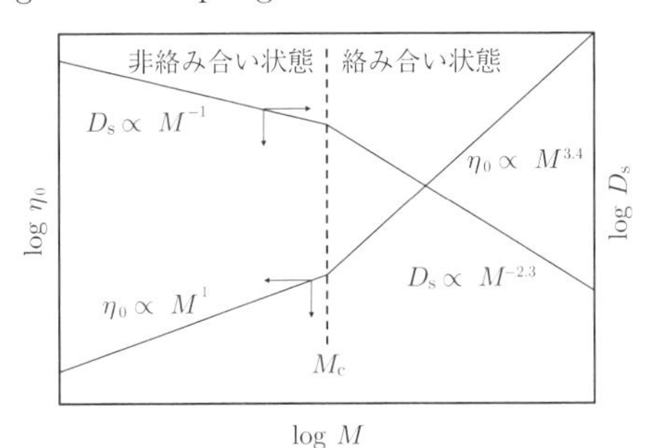

高分子融体におけるゼロせん断粘度 $\eta_0$ および自己拡散係数 $D_s$ の分子量依存性（一例）

$\eta_0$ について，$M > M_c$ の場合，次の 3.4 乗測が実験的に得られている[2]。

$$\eta_0 = kM^{3.4}$$

ここで，$k$ は温度および高分子鎖によって定まる定数 $M_c$ 以下のとき $\eta_0$ は $M$ の 1〜2 乗に比例し，この分子量範囲の場合には粘性率（粘度）はせん断速度によってほとんど変化せず Newton 流動する。$D_s$ に関しては図に示した通りである。これらの絡み合いに関わる高分子の運動には，高分子の 1 次構造によらない普遍性がある。たとえば，非絡み合い状態と絡み合い状態間の転移はポリエチレンから DNA まで多様な高分子について報告され，拡散定数の分子量依存性も概ね化学種によらない[3]。また，$M_c$ 以上の絡み合い状態にある線状高分子には化学架橋点は存在しないが，絡み合い（物理架橋）点が化学架橋点と同じ役目を果たし，ゴム弾性の網目理論がそのまま適用され，ゴム状プラトー領域（5 章，図 5.1 参照）の準平衡弾性率との関係から絡み合い点間の分子量 $M_e$ が計算される。高分子の種類によらず $M_e < M_c$ であるが，$M_c/M_e$ は 1.7〜5.5 と異なる。

非絡み合い状態 ($M < M_c$) および絡み合い状態 ($M > M_c$) における分子シミュレーションモデルとして，それぞれ Rouse 模型およびレプテーション（reptation, ほふく運動）に基づいた管模型（de Gennes–土井-Edward）が知られている。

1)(a) 小野木重治, 高分子, **20**(229), **254**(1971); (b) J. D. Ferry, "Viscoelastic Properties of Polymers, 3rd Ed.", John Wiley & Sons (1980); (c) 小野木重治,「化学者のためのレオロジー」, 化学同人 (1982) など, 2) T. G. Fox, "Rheology", Ed by Eirish (1956), Vol. 1. Chap. 12, 3) T. Lodge, *Phys. Rev. Lett.*, **83**, 3218 (1999)

### 5.1.1 相転移とガラス転移

物質の凝集状態は, 温度や圧力変化によって大きく影響を受ける。低分子量の物質の融解や気化は, 特定の温度, すなわち転移温度で起こり, この温度を境にして固体から液体, 液体から気体へと急激な状態変化が起こる。また, このことに伴い, 物質の構造や性質も不連続的に変化する。低分子量の物質では融解や気化で, 比体積 $V(=(\partial G/\partial P)_{\mathrm{T}})$ やエントロピー $S(=-(\partial G/\partial T)_{\mathrm{P}})$ が転移温度において不連続性を示す。このように, 自由エネルギー $G$ の 1 次微分が不連続的に変化する転移を, Ehrenfest は 1 次相転移 (first-order transition) と名づけた。1 次相転移には潜熱が伴う。

一方, これに対して, 分子結晶における振動・回転転移などのように潜熱を伴わず, 熱膨張率 $\alpha$ や熱容量 $C_{\mathrm{p}}$ の温度変化に不連続が生じる場合, 2 次転移 (second-order transition) という。$\alpha$ や $C_{\mathrm{p}}$ は, 次式のように自由エネルギーの 2 次微分量である。

$$\alpha=\left(\frac{\partial v}{\partial T}\right)_{\mathrm{P}}\frac{1}{v}=\left(\frac{\partial^2 G}{\partial T\cdot\partial P}\right)\frac{1}{v} \tag{5.1}$$

$$C_{\mathrm{p}}=T\left(\frac{\partial S}{\partial T}\right)_{\mathrm{P}}=-T\left(\frac{\partial^2 G}{\partial T^2}\right)_{\mathrm{P}} \tag{5.2}$$

高分子のガラス転移は, 図 5.2 のように比体積 $(v)$ 対温度 $(T)$ 曲線に屈曲点を生じ, 熱膨張率 $\alpha$ が不連続的に変化するために 2 次転移であると考えられていた。しかし, 最近では熱力学的な相転移ではなく, 高分子鎖の再配列を伴う緩和現象と考えられている。すなわち, $T_{\mathrm{g}}$ よりも高い温度から $T_{\mathrm{g}}$ 付近へと冷却していくと, 低分子化合物の場合とは異なり, 比体積 $v$ はただちに平衡値を示さずに, 徐々に減少する体積の緩和現象を示す。

ガラス転移が 2 次相転移であるかどうか, もう少し詳しく調べてみる。融点の場合には, 自由エネルギーの 1 次微分の体積やエントロピーが不連続なので, それを 1 次の相転移と分類した。ガラス転移では, 体積の微分にあたる熱膨張率やエントロピーの微分に当たる定圧熱容量が不連続で, これは自由エネルギーの 2 次微分に当たるので, このような相転移は 2 次の相転移と分類される。そこで, ガラス転移を 2 次の相

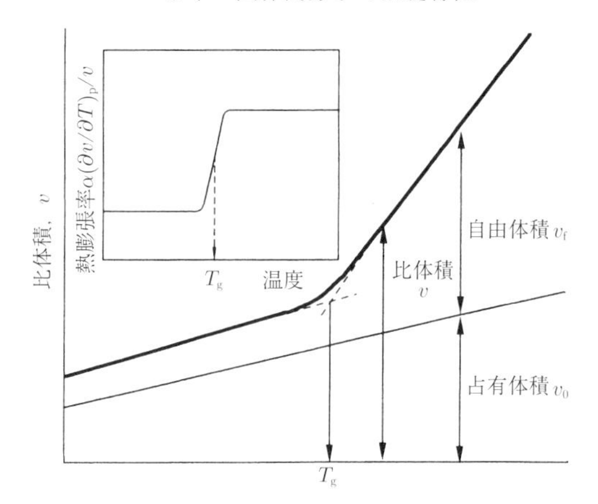


**図 5.2** 典型的な比体積–温度曲線および熱膨張率–温度曲線の例

転移として考えてみる。図 5.3 のように横軸を温度 $T$，縦軸を圧力 $P$ としたとき，液体相 (l) とガラス相 (g) の境界線が引けるであろう。

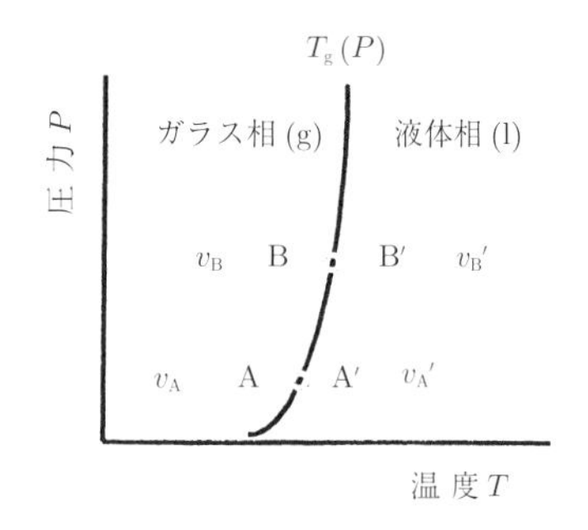


**図 5.3** 2 次の相転移の考え

いま，状態 A と A′ を考え，それらは境界線上にあるが，それぞれガラス相 (g) と液体相 (l) にあるとする。同様に，B と B′ は A からわずかにずれたところにあるとする。このとき，$v_A$, $v_A'$ を A, A′ での各相のモル体積とすると，体積は連続なので，

$$v_A = v_A' \tag{5.3}$$

となる。B, B′ でも同様に，

$$v_B = v_B' \tag{5.4}$$

しがたって，

$$v_B - v_A = v_B' - v_A' \tag{5.5}$$

である。$v$ を $T$, $P$ の関数と考えれば，式 (5.5) を全微分形式で書くと

$$\left(\frac{\partial v}{\partial T}\right)_{\mathrm{P}} \mathrm{d}T + \left(\frac{\partial v}{\partial P}\right)_{\mathrm{T}} \mathrm{d}P = \left(\frac{\partial v'}{\partial T}\right)_{\mathrm{P}} \mathrm{d}T + \left(\frac{\partial v'}{\partial P}\right)_{\mathrm{T}} \mathrm{d}P \tag{5.6}$$

である。式 (5.6) で，熱膨張率 $\alpha$，等温圧縮率 $\kappa$ は系の体積を $v$ として次のように定義されているので，

$$\alpha \equiv \frac{1}{v}\left(\frac{\partial v}{\partial T}\right)_{\mathrm{P}}, \kappa \equiv -\frac{1}{v}\left(\frac{\partial v}{\partial P}\right)_{\mathrm{T}} \tag{5.7}$$

液体相，ガラス相での $\alpha, \kappa$ を $\alpha_{\mathrm{l}}, \alpha_{\mathrm{g}}, \kappa_{\mathrm{l}}, \kappa_{\mathrm{g}}$ と書けば，

$$\alpha_{\mathrm{l}}\mathrm{d}T - \kappa_{\mathrm{l}}\mathrm{d}P = \alpha_{\mathrm{g}}\mathrm{d}T - \kappa_{\mathrm{g}}\mathrm{d}P \tag{5.8}$$

より，

$$\frac{\mathrm{d}P}{\mathrm{d}T} = \frac{\alpha_{\mathrm{l}} - \alpha_{\mathrm{g}}}{\kappa_{\mathrm{l}} - \kappa_{\mathrm{g}}} \tag{5.9}$$

となる。$T_{\mathrm{g}}$ 前後での熱膨張率の差を $\Delta\alpha \equiv \alpha_{\mathrm{l}} - \alpha_{\mathrm{g}}$，等温圧縮率の差を $\Delta\kappa \equiv \kappa_{\mathrm{l}} - \kappa_{\mathrm{g}}$ とすると，$T_{\mathrm{g}}$ の圧力依存性は

$$\frac{\mathrm{d}T_{\mathrm{g}}}{\mathrm{d}P} = \frac{\Delta\kappa}{\Delta\alpha} \tag{5.10}$$

という関係が成り立つはずである。いま，ガラス転移が熱力学的な 2 次相転移であるとすると，実測値を式 (5.10) に代入しても成り立つはずである。しかし，実際に代入し計算してみると，表 5.1 に示すように，式 (5.10) が成り立っているとは言いがたい。以上のことからも，ガラス転移は 2 次の相転移でないことがわかる。

高分子試料の比体積 $v(\mathrm{cm}^3\,\mathrm{g}^{-1})$ は，図 5.4 に示したようなガラス製のディラトメータ (dilatometer) を用いて測定する。これは毛細管を接続したガラス容器に高分子試料を入れ，さらに水銀を充たしたものである。これを油浴中に浸漬し，温度を一定速

**表 5.1** 主な高分子について式 (5.10) の検討

| 高分子 | $T_{\mathrm{g}}$<br>K | $\Delta\alpha$<br>$10^{-4}\mathrm{K}^{-1}$ | $\Delta\kappa$<br>$10^{-10}\mathrm{Pa}^{-1}$ | $\Delta\kappa/\Delta\alpha$<br>$10^{-7}\mathrm{KPa}^{-1}$ | $dT_{\mathrm{g}}/dP$<br>$10^{-7}\mathrm{KPa}^{-1}$ |
|---|---|---|---|---|---|
| ポリスチレン | 362 | 2.84 | 2.02 | 7.11 | 3.2 |
| ポリメタクリル酸メチル | 378 | 2.35 | 1.29 | 5.49 | 2.31 |
| ポリ酢酸ビニル | 304 | 3.68 | 2.02 | 5.49 | 2.64 |
| ポリ塩化ビニル | 353 | 2.15 | 0.95 | 4.42 | 1.35 |

度で上昇させながら，水銀柱の高さの変化を読みとり，体積に換算する。現在では，自動測定が可能な種々の熱分析装置（後述）が市販されるようになったことや水銀を用いることもあり，ガラス転移温度を決定する目的ではディラトメータはあまり用いられなくなった。

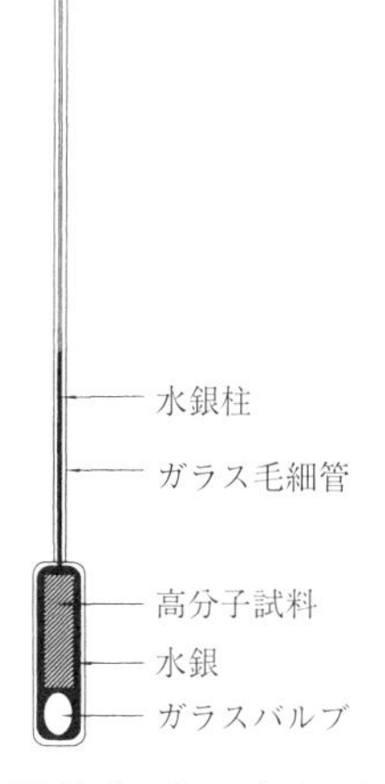


**図 5.4** ディラトメータ

高分子の比体積 $v$ は，図 5.2 のように分子の占有体積 $v_0$ と自由体積 $v_\mathrm{f}$（分子が動くことのできる空間の体積）からなると考えることができる。

$$v = v_0 + v_\mathrm{f} \tag{5.11}$$

高分子の占有体積 $v_0$ は，温度とともに直線的に増大する。一方，自由体積はガラス転移温度 $T_\mathrm{g}$ 以下では温度とともに一定の割合で増加するが，$T_\mathrm{g}$ を越えるとセグメントのミクロブラウン運動が激しく起こり，自由体積は急激に増大する。したがって，高分子の比体積 $v$ は図 5.2 に示したように温度とともに増大し，$T_\mathrm{g}$ を境に急激に上昇することになる。$T_\mathrm{g}$ における比体積のほぼ 1/40 が自由体積であると見積もられている。熱膨張率は図 5.2 の上部挿入図のようにステップ状に変化し，2 次の相転移のように見えるが，$v$ は緩和現象の特徴として $T_\mathrm{g}$ を境に有限の幅をもつ温度範囲で変化しており，したがって $\alpha$ の変化もある温度幅をもつ。結晶性高分子の場合は，図 5.5 に示したように $T_\mathrm{g}$ よりも高温度側に結晶の融解が現れ，この温度（融点 $T_\mathrm{m}$）で比体積 $v$ は

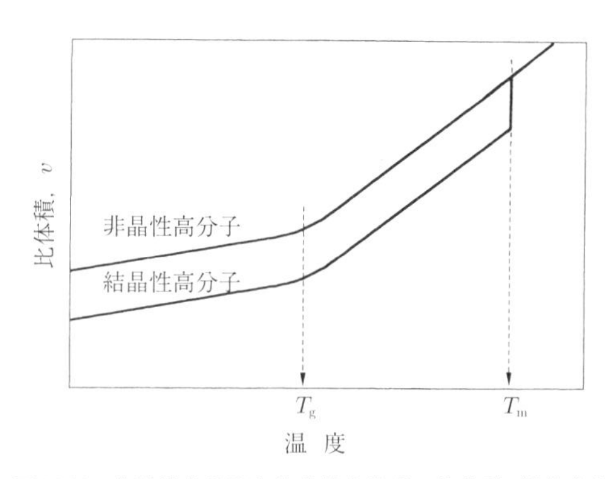


**図 5.5** 非晶性高分子と結晶性高分子の比体積–温度曲線

不連続性を示す。

### 5.1.2 ガラス転移温度の測定

#### 1 示差熱分析および示差走査熱量測定

高分子のガラス転移，結晶の融解・結晶化，分解や硬化などを評価するためには，示差熱分析 (differential thermal analysis, DTA) や示差走査熱量測定 (differential scanning calorimetry, DSC) を利用するのが便利である。これらの測定法は，日本工業規格 JIS K 7121 に規定されている。DTA と DSC の概念図を図 5.6 に示す。DTA は試料および基準物質の温度を同一条件のもとで可変させて，試料と基準物質との温度差 $\Delta T$ を熱電対で測定するものである。試料に転移や化学反応などの熱的な変化を伴う場合，試料と基準物質との間には温度差 $\Delta T$ が生じるので，この温度差 $\Delta T$ を温度の関数として測定，記録する。基準物質としては，高分子の測定温度範囲で熱的な変化を起こさない $\alpha$ アルミナのような不活性物質が用いられる。

一方，DSC では，試料と基準物質の間に生じる温度差が無くなるように電気的にエネルギーを加え，単位時間当たりに試料と基準物質に加えられた熱量の差 $\mathrm{d}q/\mathrm{d}t$ を温度の関数として記録する。試料は，フィルム状，フレーク状，繊維状，粉末状など，どのような形状でも測定は可能であるが，試料容器の底面に密着させる必要がある。試料の量は，温度分布が均一であることが望ましいので少ないほうがよい。昇温速度は，分解能，転移温度，ピーク強度などに影響するので，異なる試料の DSC 挙動を比較するときは，同じ昇温速度で測定しなければならない。

高分子のガラス転移は吸熱を伴い，通常の DSC 曲線では，図 5.7 に示したようにベースラインのずれとして，ある幅をもって観測される。この図からガラス転移温度を求めるには，$T_{\mathrm{g}}$ 付近の DSC 曲線の図にあるように補助線を引き，それぞれの交点から高温側の補外ガラス転移終了温度 $T_{\mathrm{eg}}$，低温側の補外ガラス転移開始温度 $T_{\mathrm{ig}}$，中

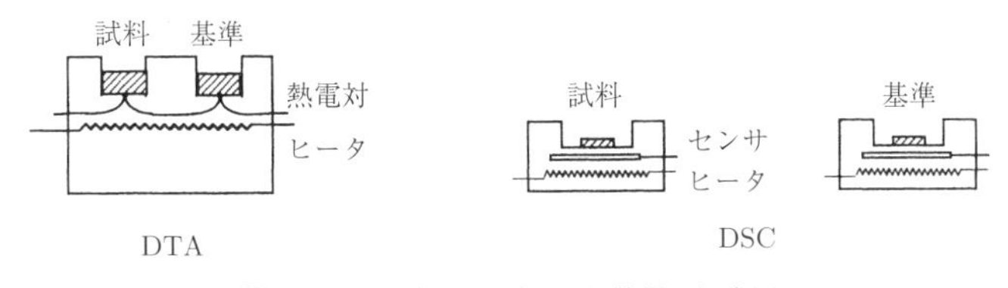


図 5.6 DTA および DSC 装置の概念図

間点ガラス転移温度 $T_{\mathrm{mg}}$ を決める。

結晶の融解がおこるときは，図 5.8 のように吸熱ピークとして観測される。この場合も図にあるように補助線を引き，融解温度は融解ピーク温度 $T_{\mathrm{pm}}$，補外融解開始温度 $T_{\mathrm{im}}$，補外融解終了温度 $T_{\mathrm{em}}$ として求められる。

図 5.9 は，非晶性のポリスチレン，結晶性のポリエチレンとポリビニルアルコール (PVA) の DSC 曲線の例を示す。非晶性の高分子では，ガラス転移のみが観測される

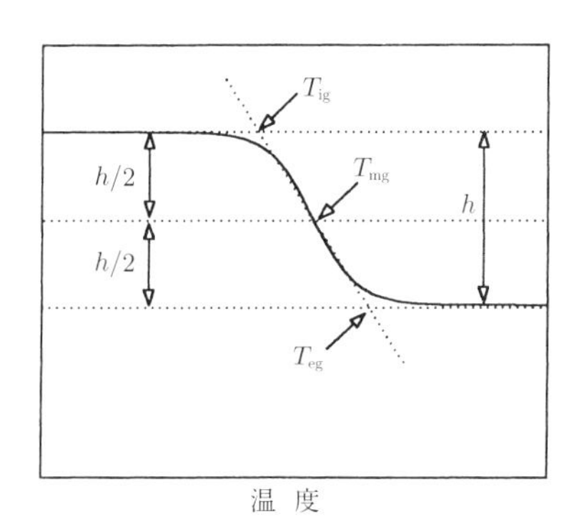


**図 5.7**　DTA や DSC 曲線に現れる高分子のガラス転移

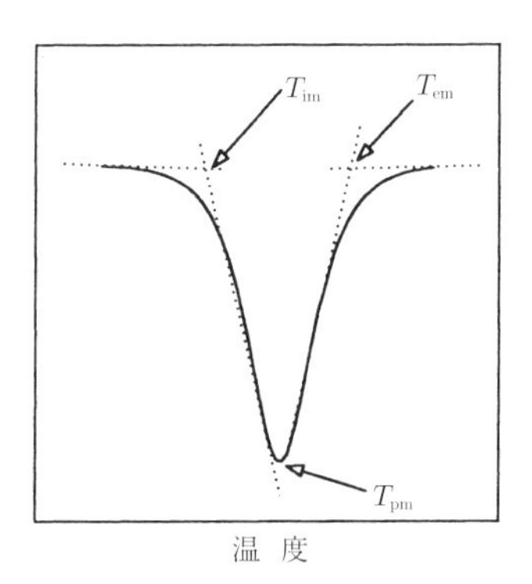


**図 5.8**　DTA や DSC 曲線に現れる高分子の結晶の融解

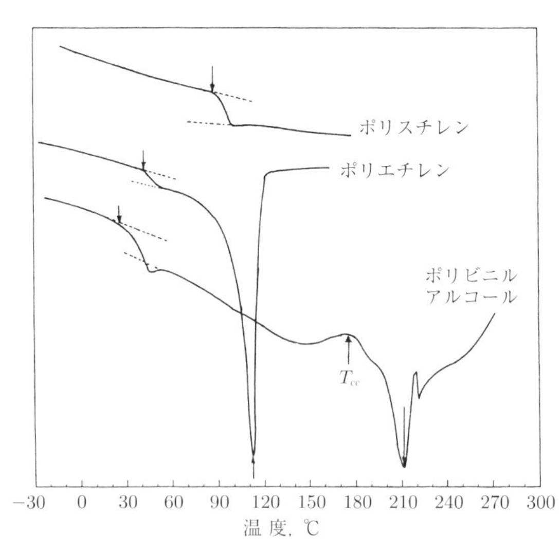


**図 5.9**　ポリスチレン，ポリエチレンおよびポリビニルアルコールの DSC 曲線

が，結晶性高分子では，ガラス転移および結晶の融解ピークが観測される。PVA の場合には 180℃付近に冷結晶化 ($T_{cc}$) に伴う発熱も観測されている。

### 2　熱機械分析

熱機械分析 (thermo-mechanical analysis, TMA) は高分子の熱変形などを調べるもので，図 5.10 のような機構をもつ測定器が用いられる。

高分子試料に一定の荷重をかけつつ，一定の速度で温度を変化させながら，試料の変形量を温度の関数として測定する方法で，JIS K 7196 にその測定法が規定されている。試料の形状，状態（繊維，フィルム，シート，ブロック，高粘性液体など）と目的に応じて，適した測定法を選択する。例えば，針入法は，針状の圧子が試料に侵入していくときの変位を温度の関数として測定する方法で，ブロック状，シート状固体試料の軟化や高粘性の液体の粘度を測定するのに適している。引張り法では，温度を変化させたときの繊維およびフィルムの伸びや収縮量を測定するのに用いられる。圧縮法は，ブロックまたはシートなど，厚手の試料に荷重をかけたときの変形を測定する。また，円柱状や角柱状の試料を用いて高分子の熱膨張率を測定することもできる (JIS K 7197)。図 5.11 は，針入法によって得られる TMA 曲線の例であるが，高分子試料によってさまざまなパターンを示す。曲線の直線部分を延長した点が熱変形温度として決定される。

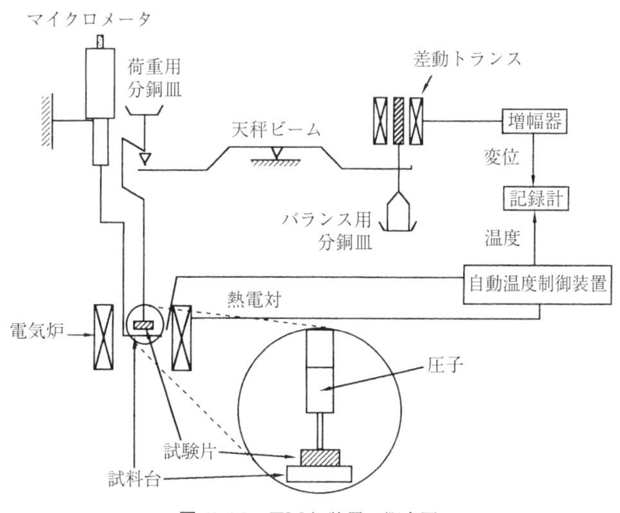


**図 5.10**　TMA 装置の概念図

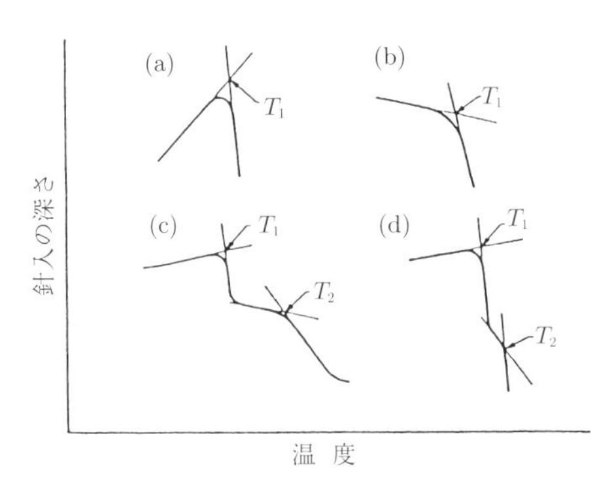


図 **5.11**　針入法による TMA 曲線の例

### 3　動的粘弾性測定

高分子は，力学的には粘性と弾性とをあわせもつ典型的な粘弾性体である。高分子の粘弾性については，5.5 節以降で詳細に述べるので，ここでは高分子鎖の運動に関連する転移現象がどのように測定されるかについて述べる。

高分子の固体粘弾性を測定する方法には，静的方法と動的方法がある。静的方法は，試料に一定ひずみをかけて，その応力の時間変化を測定する応力緩和測定，試料に一定応力をかけて，そのひずみの経時変化を測定するクリープ測定，試料を一定ひずみ速度で引張り，その応力とひずみの変化を測定する応力–ひずみ測定などがある。動的測定法は試料に一定振動ひずみ，あるいは振動応力をかけて，それぞれ振動応力または振動ひずみの応答を得る方法で振動数や温度の関数として測定する。高分子の動的粘弾性測定法は，ISO や JIS によって標準化されている。典型的な高分子の動的粘弾性の測定法は，主に自由減衰ねじり振動法，共振強制振動法，非共振強制振動法に分けられる。自由減衰ねじり振動法は，ISO 6721 Part 2 や JIS K 7213 で標準化されており，高分子の動的粘弾性挙動を測定するための最も簡単な装置である。

高分子の動的粘弾性を測定する方法としては，非共振強制振動法が現在最も普及している方法であり，市販の装置の多くがこの方式を採用している。非共振強制振動法は，ISO 6721 では引張り振動 (part 4)，曲げ振動 (part 5)，ずり振動 (part 6)，強制ねじり振動 (part 7) が標準化されている。また，JIS K 7198 でもその測定法が規定されている。

図 5.12 は，非共振強制振動法の装置の概要を示したものである。高分子試料に起振

器により一定振動数の振動ひずみを与える。振動ひずみの大きさはひずみ計により計測される。振動ひずみを刺激として与えると，それに応答して振動応力が応力検出器を通して得られる。振動ひずみと応答としての振動応力を記録すると，図 5.13 のような波形が得られる。

これらの波形から複素弾性率 $|E^*|$ を Hooke の法則（6 章）から計算すると，式 (5.12) のようになる。

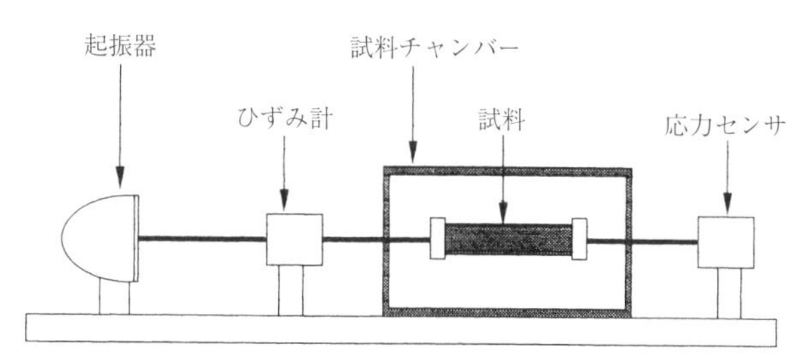


**図 5.12**　非共振強制振動法の装置の概要

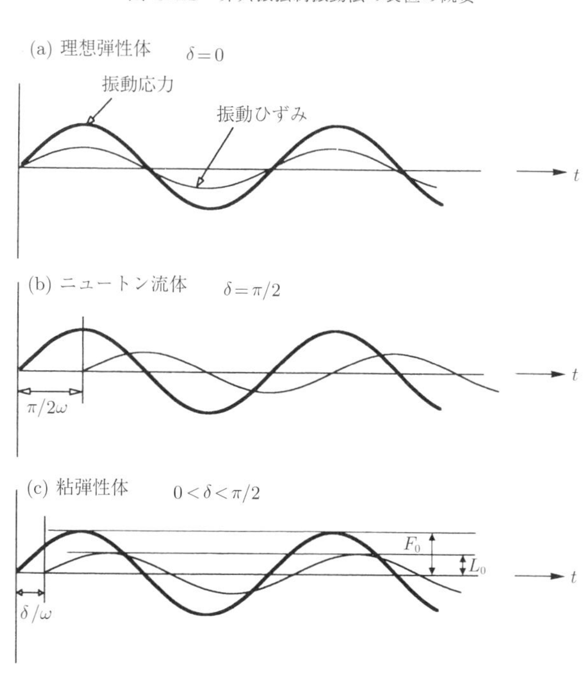


**図 5.13**　非共振強制振動法における振動ひずみ（刺激）と振動応力（応答）の関係

$$|E^*| = \left(\frac{l}{A}\right)\left(\frac{F_0}{L_0}\right) \tag{5.12}$$

ここで，$l$ は試料の初期の長さ，$A$ は試料の断面積，$F_0$ は最大荷重，$L_0$ は最大変位である。粘弾性体の場合には，刺激としての振動ひずみの位相とその応答としての振動応力の位相に角度 $\delta$ だけのずれを生じる（ニュートン液体では $\delta = \pi/2$，理想弾性体では $\delta = 0$）。$|E^*|$ は貯蔵弾性率 $E'$ および損失弾性率 $E''$ と位相差 $\delta$ の間には図 5.14 に示す関係があり，式 (5.14)，(5.15) のように与えられる。

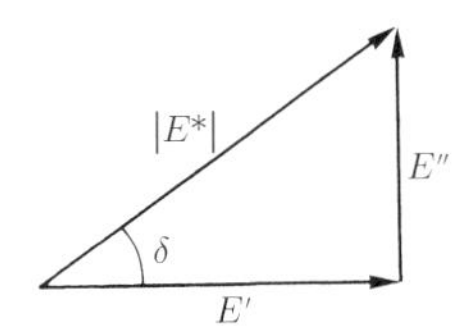


**図 5.14** $|E^*|, E', E''$ の関係

$$|E^*| = E' + iE'' \tag{5.13}$$

$$E' = |E^*|\cos\delta \tag{5.14}$$

$$E'' = |E^*|\sin\delta \tag{5.15}$$

$$\tan\delta = \frac{|E^*|\sin\delta}{|E^*|\cos\delta} = \frac{E''}{E'} \tag{5.16}$$

$E'$ は貯蔵弾性率といい高分子の硬さを表す。$E''$ は損失弾性率といい，1 周期当たりの力学的エネルギーの損失（熱として散逸される）を表し，高分子の柔軟性の評価となる。$\tan\delta$ は損失正接といい，温度の関数として測定したとき，分子運動が始まる温度でピークを生じる。

通常，動的粘弾性は，振動数の関数または温度の関数として測定されるが熱分析測定として高分子の分子運動を評価したいきとは，$E'$，$E''$，$\tan\delta$ を温度の関数として測定する。動的粘弾性挙動を温度の関数として測定すると，図 5.15 のように動的弾性率，$G'$，$G''$ および $\tan\delta\,(= G''/G')$ の温度変化（温度分散）が得られる。ねじり振動やずり振動などで測定されたずり弾性率（剛性率）は $G$ で表され，引張り振動や曲げ振動で測定される伸び弾性率（ヤング率）は $E$ で表すのが慣例である。図 5.15 はポリメチルメタクリル酸メチルの例であるが，$G'$ は約 100℃で大きく減少し，20℃から 40℃に小さな階段状の低下がみられる。$G'$ の変化に伴って，$G''$ は 20℃と 120℃，$\tan\delta$ では 20℃と 140℃にピークが現われる。高温側の変化はポリマーのガラス転移に基づく緩和であり，20℃の変化は側鎖の–$COOCH_3$ の運動によるものである。

通常，高分子の分子運動に応じて高温側から，$\alpha$ 分散，$\beta$ 分散，$\gamma$ 分散などが現れる（図 5.16）。$\alpha$ 分散は高分子鎖のミクロブラウン運動が始まるガラス転移，$\alpha$ 分散

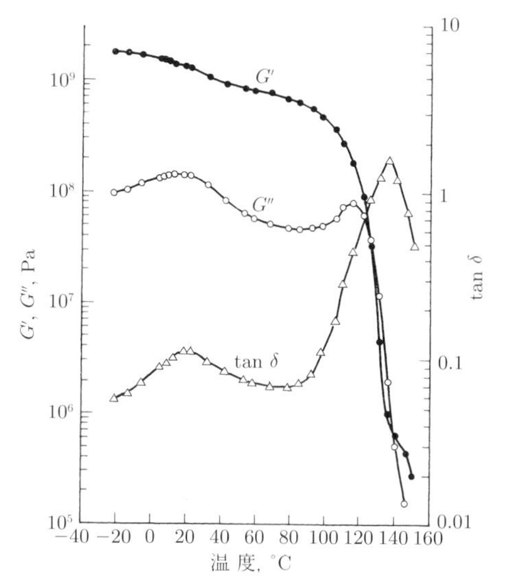


**図 5.15**　ポリメタクリル酸メチルの動的粘弾性の温度依存性

より低温度に現れる $\beta$ 分散などは副分散と呼ばれ，ガラス状態における高分子の緩和現象を反映し，高分子の種類によって異なるが，結晶領域の分子運動，非晶質領域と結晶領域の間の配向した分子鎖の運動，分子鎖の局部的な運動，側鎖の運動などが反映される。$\alpha$ 分散よりも高温では，高分子はゴム状流動あるいは液状流動を示す。分子全体の運動が活発となり，もはや絡み合いが保てず，固体用の動的粘弾性測定装置では測定ができない。

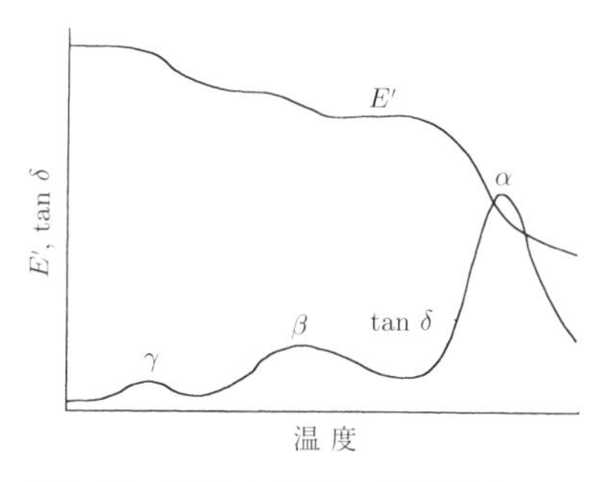


**図 5.16**　典型的な高分子の動的弾性率および tan $\delta$ の温度分散

### 5.1.3　分子構造とガラス転移温度およびガラス転移温度の分子量依存性

代表的な高分子の分子構造とガラス転移温度 $T_\mathrm{g}$ を表 5.2 に示す。$T_\mathrm{g}$ は分子量，添加剤（充填剤や可塑剤），測定法，昇温速度などにより多少変化するが，ここでは代表

表 **5.2** 代表的な高分子のガラス転移温度

| 高分子 | 化学構造 | $T_g$, ℃ |
|---|---|---|
| ポリジメチルシロキサン | $-(\mathrm{Si(CH_3)_2{-}O})_n-$ | −123 |
| ポリブタジエン | $-(\mathrm{CH_2{-}CH{=}CH{-}CH_2})_n-$ | −85 |
| ポリイソブチレン | $-(\mathrm{CH_2{-}C(CH_3)_2})_n-$ | −70 |
| ポリイソプレン | $-(\mathrm{CH_2{-}C(CH_3){=}CH{-}CH_2})_n-$ | −73 |
| ポリエチレン | $-(\mathrm{CH_2{-}CH_2})_n-$ | −80～−90 |
| ポリプロピレン | $-(\mathrm{CH_2{-}CH(CH_3)})_n-$ | −10～−18 |
| ポリ−1−ブテン | $-(\mathrm{CH_2{-}CH(C_2H_5)})_n-$ | −25 |
| ポリ−1−ペンテン | $-(\mathrm{CH_2{-}CH(C_3H_7)})_n-$ | −24～−40 |
| ポリ−1−ヘキセン | $-(\mathrm{CH_2{-}CH(C_4H_9)})_n-$ | −50 |
| ポリ−1−オクテン | $-(\mathrm{CH_2{-}CH(C_6H_{13})})_n-$ | −65 |
| ポリオキシメチレン | $-(\mathrm{CH_2{-}O})_n-$ | −82 |
| ポリ塩化ビニル | $-(\mathrm{CH_2{-}CHCl})_n-$ | 87 |
| ポリ塩化ビニリデン | $-(\mathrm{CH_2{-}CCl_2})_n-$ | −17 |
| ポリフッ化ビニル | $-(\mathrm{CH_2{-}CHF})_n-$ | 41 |
| ポリフッ化ビニリデン | $-(\mathrm{CH_2{-}CF_2})_n-$ | −40 |

| | | |
|---|---|---|
| ポリトリフルオロエチレン | $-(\mathrm{CHF{-}CF_2})_n-$ | 31 |
| ポリテトラフルオロエチレン | $-(\mathrm{CF_2{-}CF_2})_n-$ | 126 |
| ポリスチレン | $-(\mathrm{CH_2{-}CH(C_6H_5)})_n-$ | 100 |
| ポリアクリル酸 | $-(\mathrm{CH_2{-}CH(COOH)})_n-$ | 106 |
| ポリメタクリル酸 | $-(\mathrm{CH_2{-}C(CH_3)(COOH)})_n-$ | 228 |
| ポリアクリル酸メチル | $-(\mathrm{CH_2{-}CH(COOCH_3)})_n-$ | 3 |
| ポリメタクリル酸メチル | $-(\mathrm{CH_2{-}C(CH_3)(COOCH_3)})_n-$ | 45（イソタクチック）<br>105～120（シンジオタクチック） |
| ポリアクリル酸エチル | $-(\mathrm{CH_2{-}CH(COOC_2H_5)})_n-$ | −22 |
| ポリメタクリル酸エチル | $-(\mathrm{CH_2{-}C(CH_3)(COOC_2H_5)})_n-$ | 65 |
| ポリアクリル酸プロピル | $-(\mathrm{CH_2{-}CH(COOC_3H_7)})_n-$ | −44 |
| ポリメタクリル酸プロピル | $-(\mathrm{CH_2{-}C(CH_3)(COOC_3H_7)})_n-$ | 35 |
| ポリアクリル酸ブチル | $-(\mathrm{CH_2{-}CH(COOC_4H_9)})_n-$ | −56 |
| ポリメタクリル酸ブチル | $-(\mathrm{CH_2{-}C(CH_3)(COOC_4H_9)})_n-$ | 21 |
| ポリカーボネート | $-(\mathrm{O{-}C_6H_4{-}C(CH_3)_2{-}C_6H_4{-}O{-}CO})_n-$ | 150 |
| ポリエチレンテレフタレート | $-(\mathrm{O{-}CH_2{-}CH_2{-}O{-}CO{-}C_6H_4{-}CO})_n-$ | 69 |

| | | |
|---|---|---|
| ナイロン 6 | 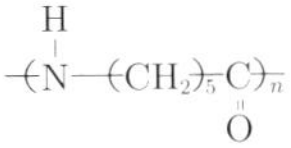 $-\!\!\left(\overset{\text{H}}{\overset{\mid}{\text{N}}}-\!\left(\text{CH}_2\right)_5\!-\underset{\text{O}}{\underset{\parallel}{\text{C}}}\right)_n$ | 50 |
| ナイロン 66 | 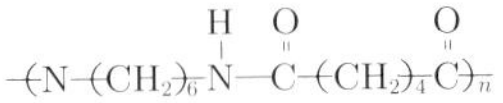 $-\!\!\left(\text{N}\!-\!\left(\text{CH}_2\right)_6\!-\overset{\text{H}}{\overset{\mid}{\text{N}}}-\overset{\text{O}}{\overset{\parallel}{\text{C}}}-\left(\text{CH}_2\right)_4\!-\overset{\text{O}}{\overset{\parallel}{\text{C}}}\right)_n$ | 50 |
| ポリ酢酸ビニル | 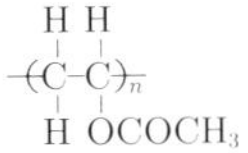 $-\!\!\left(\underset{\text{H}}{\overset{\text{H}}{\text{C}}}-\underset{\text{OCOCH}_3}{\overset{\text{H}}{\text{C}}}\right)_n$ | 30 |
| ポリビニルアルコール | 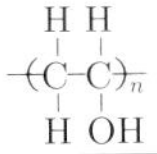 $-\!\!\left(\underset{\text{H}}{\overset{\text{H}}{\text{C}}}-\underset{\text{OH}}{\overset{\text{H}}{\text{C}}}\right)_n$ | 85 |

的な値を示す。

ポリジメチルシロキサン，ポリブタジエン，ポリイソブチレン，ポリイソプレンなど曲がりやすい主鎖をもつ高分子は比較的低い $T_g$ を示す。側鎖は一般に，$T_g$ を高くする傾向がある。例えば，メチル基を側鎖にもつポリプロピレン，塩素をもつポリ塩化ビニル，フェニル基をもつポリスチレンなどはポリエチレンよりも $T_g$ が高くなる。フェニル基や塩素のような嵩高い側鎖はとくに $T_g$ を高くする。ポリアクリル酸メチル (PMA) は，側鎖に–$COOCH_3$ をもつが，さらに，側鎖にメチル基が多いポリメタクリル酸メチル (PMMA) は PMA よりも $T_g$ が高い。ポリアクリル酸エチル (PEA) とポリメタクリル酸エチル (PEMA) やポリアクリル酸ブチル (PBA) とポリメタクリル酸ブチル (PBMA) の場合も同じ関係にある。より長い側鎖をもつポリマーは $T_g$ が低くなる。これは PMA，PEA，PBA の間の関係や PMMA，PEMA，PBMA の間の関係をみればわかる。また，側鎖として同じ基が対称的に置換すると，その基が 1 つ置換したものよりも $T_g$ は低くなる傾向にある。これは，例えば，ポリ塩化ビニルとポリ塩化ビニリデン，ポリイソブチレンとポリプロピレンの $T_g$ を比べるとわかる。

$T_g$ は分子量に依存する。これは，分子鎖末端が分子鎖の中心部分よりも運動しやすく，自由体積の増大に寄与するということから説明される。分子量の小さいもの，すなわち分子鎖の短いものほど，分子鎖末端の数は増大する。いま，分子量 $M$ の高分子 1 g 当たりの分子鎖の数を $N_m$[個 $g^{-1}$] とすると，

$$N_m = \frac{N_A}{M} \tag{5.17}$$

ここで，$N_A$ はアボガドロ定数である。高分子の密度を $\rho\left[\mathrm{g\,cm^{-3}}\right]$ とすると高分子 1 $cm^3$ 当たりの分子鎖の数 $N_v$ は

$$N_v = \left(\frac{N_A}{M}\right)\rho \tag{5.18}$$

となる。1 つの分子鎖末端の比体積を $\theta$ とすると，高分子 1 $cm^3$ 当たりの分子鎖末端の体積 $V_e$ は次式のようになる。

$$V_e = \left(\frac{N_A}{M}\right)\rho \cdot 2\theta \tag{5.19}$$

分子量が無限大の高分子（分子鎖どうしがすべて結合し，3 次元網目を形成している）のガラス転移温度を $T_g^{\infty}$ とし，分子量 $M$ のそれを $T_g$ とする。これらの高分子のガラス転移温度の差は鎖末端の数の増大に起因するものと考えられる。分子量が無限大の高分子には末端が無いと考えると，分子量が無限大から $M$ へ減少したときの体積の増加は，末端の体積の増加 $V_e$ に等しくなる。いま，高分子の体積膨張率を $\alpha$ とすると

$$V_e = \alpha\left(T_g^{\infty} - T_g\right) \tag{5.20}$$

$$T_g^{\infty} - T_g = \frac{V_e}{\alpha} = \frac{N_A\rho 2\theta}{\alpha M} \tag{5.21}$$

$$T_g = T_g^{\infty} - \frac{N_A\rho 2\theta}{\alpha}\cdot\frac{1}{M} \tag{5.22}$$

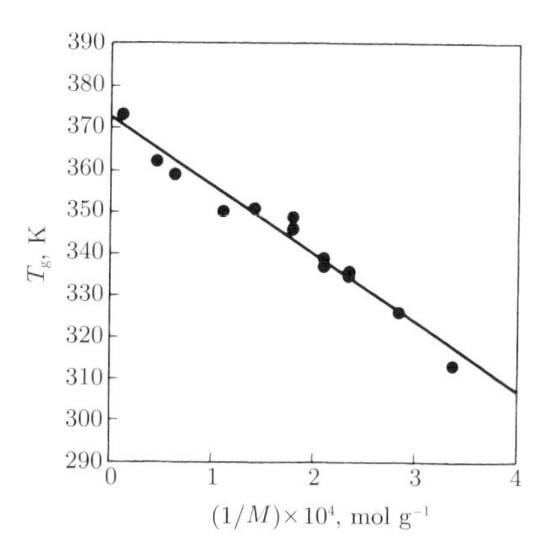

図 5.17　ポリスチレンの $T_g$ の分子量依存性

これから $T_g$ は分子量 $M$ の逆数に比例することがわかる。図 5.17 はポリスチレンの $T_g$ の分子量依存性を示す。ポリスチレンの体積膨張率を $6\times10^{-4}\,K^{-1}$，密度を $1.05\,g\,cm^{-3}$ とすると，式 (5.22) からポリスチレンの末端の体積 $\theta$ は 77.6 $Å^3$ と見積もられる。

### 5.1.4 共重合体のガラス転移温度

2 成分系共重合体のガラス転移温度は，成分の組成に従って変化する。ガラス転移温度の低い成分 1 と高い成分 2 からなる共重合体の $T_g$ は，各成分のホモポリマーの $T_g$ の間にあり，これらの $T_g$ より高くも低くもならない。2 成分系共重合体の $T_g$ に関

してはいくつかの関係式が提案されている。

### 1 Gordon-Taylor の式

比体積 $\nu$ の加法性がゴム状態とガラス状態の両方で成立すると仮定する。また，共重合体を均一な混合体とみなし，

$$\nu = w_1 \cdot v_1 + w_2 \cdot v_2 \tag{5.23}$$

ここで，$w_1$，$w_2$ はそれぞれ成分 1 と 2 の重量分率，$v_1$，$v_2$ は成分 1 と 2 の比体積である。共重合体の $T_{\mathrm{g}}$ は次の式のようになる。

$$T_{\mathrm{g}} = \frac{w_1 \cdot \Delta\alpha_1 \cdot T_{\mathrm{g1}} + w_2 \cdot \Delta\alpha_2 \cdot T_{\mathrm{g2}}}{w_1 \cdot \Delta\alpha_1 + w_2 \cdot \Delta\alpha_2} \tag{5.24}$$

$\Delta\alpha_1$ は成分 1 の $T_{\mathrm{g1}}$ の上下での熱膨張率の差であり，$\Delta\alpha_2$ は成分 2 の $T_{\mathrm{g2}}$ の上下での熱膨張率の差である。$\Delta\alpha_1 \fallingdotseq \Delta\alpha_2$ とおければ

$$T_{\mathrm{g}} = w_1 \cdot T_{\mathrm{g1}} + w_2 \cdot T_{\mathrm{g2}} \tag{5.25}$$

のように簡単になる。

### 2 Mandelkern の式

共重合体および成分 1，2 のホモポリマーの自由体積分率はすべて等しいとして，Mandelkern は共重合体の $T_{\mathrm{g}}$ に対して次式を導いた。

$$\frac{1}{T_{\mathrm{g}}} = \frac{(w_1/T_{\mathrm{g1}}) + (w_2/T_{\mathrm{g2}})}{w_1 + Rw_2} \tag{5.26}$$

$$R = \frac{\alpha_2 - \alpha_2^* - k\alpha_2}{\alpha_1 - \alpha_1^* - k\alpha_1} \cdot \frac{T_{\mathrm{g2}}}{T_{\mathrm{g1}}} \tag{5.27}$$

$\alpha_1$ は成分 1 の $T_{\mathrm{g}}$ 以上の温度における熱膨張率である，$\alpha_1^*$ は成分 1 の $T_{\mathrm{g1}}$ 以下の温度における熱膨張率である。$k$ は比体積と自由体積の比を表す。$R = 1$ のときは式 (5.28) の Fox の式となる。多くの共重合体に関して比較的よくあてはまるといわれている。

$$\frac{1}{T_{\mathrm{g}}} = \frac{w_1}{T_{\mathrm{g1}}} + \frac{w_2}{T_{\mathrm{g2}}} \tag{5.28}$$

### 3 Wood の一般式

Wood は次の一般式を提案した。

$$A_1 w_1 (T_g - T_{g1}) + A_2 w_2 (T_g - T_{g2}) = 0 \tag{5.29}$$

式 (5.29) で，$A_1 = \Delta\alpha_1$，$A_2 = \Delta\alpha_2$ とおくと，式 (5.24) に示す Gordon-Taylor の式となる。

共重合体の $T_g$ と組成の間の関係についてはこれら以外にも多くの式が提案されているが，実用的には式 (5.25) の Gordon-Taylor の式や式 (5.28) の Fox の式がよく用いられる。

## 5.2　結晶

食塩，砂糖（主成分，スクロース），水など低分子化合物は固体状態で結晶をつくるものが多い。高分子の場合には，ポリエチレン，ポリプロピレン，ポリエチレンオキシド，ポリジメチルシロキサンなどのように，主鎖が折れ曲がりやすく屈曲性があり，側鎖にかさ高い置換基が付いていないものがある。一方，ポリビニルアルコール，ナイロン，セルロースのように分子間で水素結合を形成しやすい高分子は，固体状態で部分的に分子鎖が配列して結晶構造をとるものもある。

高分子の結晶は，1930 年頃から図 5.18 (a) のように分子鎖が部分的に平行に配列した結晶領域とランダムな状態である無定形領域とからなる房状ミセル構造をとると

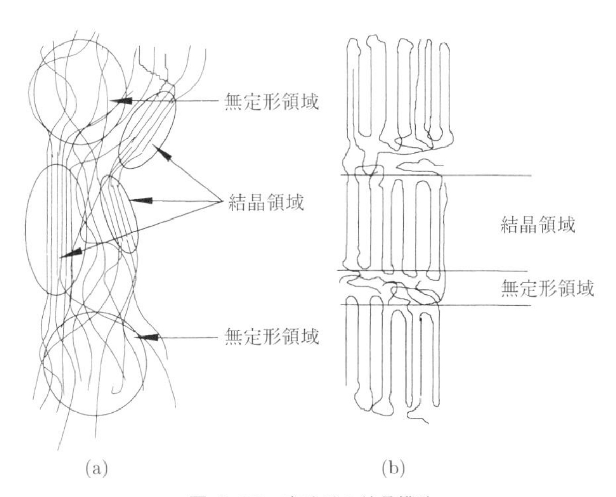


**図 5.18**　高分子の結晶構造

考えられてきた。天然のセルロースはこのような構造をとっているといわれている。1960年頃から，図5.18 (b) のように1本の鎖が折り畳まれながら配列し，分子鎖の末端や一部が乱れて無定形領域をつくる折り畳み構造が提案された。一般的な結晶性高分子の多くは，低分子化合物と異なり，完全に結晶化しているものはなく，結晶領域とランダムな配列をとる非晶領域，また，結晶配向，結晶欠陥などさまざまな形態が共存したいわゆる不均一性が内包された内部組織（モルフォロジー）を示す。同じ高分子でも結晶性の低いものと高いものがあり，不均一性の違いによって，弾性率や破断強度，ひずみなどの力学特性，耐熱性，透明性や光沢性などの光学特性，誘電・焦電・圧電といった電気特性など高分子材料のさまざまな物性に影響を与えている。不均一性は高分子材料において重要なテーマである。高分子の結晶化は熱可塑性高分子にのみ見られる挙動で，熱硬化性高分子は結晶化せずに無定形である。

### 5.2.1　結晶構造パラメーター

高分子材料の特性を知る上で，一般的な結晶構造パラメーター，例えば，格子パラメーターや原子，分子構造，微結晶サイズなどの情報に加えて，結晶の存在割合を示す結晶化度，さらには，配向度などの情報も必要となってくる。結晶化度が高くなると，材料強度や耐熱性，寸法安定性が向上する。一方で，伸び率，柔軟性などが低下する。また，繊維では構造の違いによって肌触り，吸湿性，色合いなども変わってしまう。このため，高分子材料を開発する上で，結晶領域と無定形領域のバランスを考慮する必要がある。高分子の高次構造に対する測定対象と測定法の関係について，表5.3にまとめる。

**表 5.3**　高分子の高次構造に対する測定対象と測定法の関係

| 測定対象 | 測定法 |
|---|---|
| 分子配向 | 複屈折（屈折率），赤外吸収 (IR)，核磁気共鳴 (NMR)，X 線散乱，光散乱 (DLS) |
| 結晶構造 | X 線広角回折 (WAXD)，電子線回折 |
| 結晶化度 | WAXD，IR，密度，屈折率，示差走査熱量計 (DSC) |
| 非晶構造 | DSC，X 線散乱，固体 NMR，中性子散乱 |
| 微結晶サイズ形態，球晶，ボイド，長周期 など | X 線小角散乱，WAXD，DLS，電子顕微鏡 など |

出典：文献50

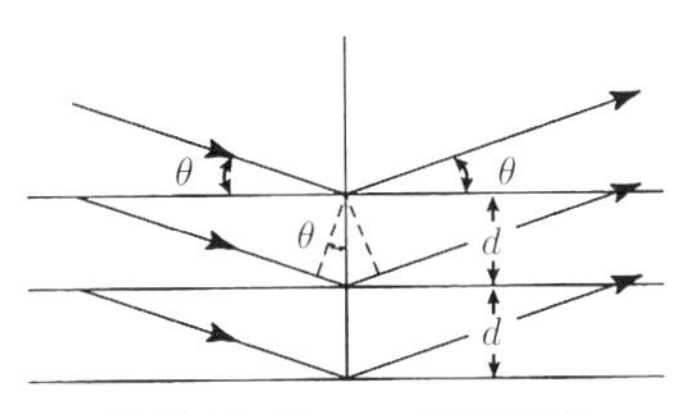


図 **5.19**　Bragg の反射条件

表 5.3 に示す通り，測定対象に対してさまざまな測定法があるが，多くに共通する方法として X 線を用いた測定がある。ここでは，比較的に一般的な X 線広角回折 (WAXD: Wide-angle X-ray Diffraction) 測定について述べる。

X 線の回折には，X 線光源として銅管球，Cu K$\alpha$ 線（波長 $\lambda$：0.154 nm）が使われ，単色化するためにニッケルフィルター，グラファイト，フッ化リチウム単結晶のモノクロメーターが用いられる。対象物である試料に X 線を照射し，試料から回折される X 線強度をいろいろな回折角で測定する。試料を構成する原子は波長相当の間隔で配列されており，一定の方向から X 線を入射すると，それぞれの原子から X 線が散乱され，この波が互いに干渉し合う。結晶の場合では，原子が規則正しく配列して結晶格子を形成している。したがって，X 線の回折はこの規則配列を反映した反射であると考えることができる。いま，X 線波長を $\lambda$，規則配列の間隔を $d$，X 線の入射方向と反射方向のなす角を $\theta$，反射の次数を $n$（自然数）とすると，X 線回折が観測されるためには，X 線の光路差が波長の整数倍である必要がある。これを，Bragg の反射条件といい，図 5.19 に示す。この関係から，

$$2d\sin\theta = n\lambda,\ n = 1, 2, 3, 4\cdots \tag{5.30}$$

式 (5.30) の条件式が示される。この条件が満たされたとき，回折角 $2\theta$ の方向で強い回折となって現れる。試料が無定形領域からなる非晶性の場合にはクリアな回折パターンは見られず，全体が散漫とした散乱（Halo, ハロー）になる。

### 1　結晶化度

得られた回折像から，試料の結晶化度を評価することができる。WAXD 測定において重量分率結晶化度 $X_{\mathrm{c}}$ は，回折強度の総和からハローに由来する回折強度を差し引く，すなわち，全結晶回折強度と全干渉性回折強度の比として定義することができる。

$$X_\mathrm{c} \equiv \frac{\int_0^\infty s^2 I_\mathrm{c}(s)\mathrm{d}s}{\int_0^\infty s^2 I(s)\mathrm{d}s} \tag{5.31}$$

ここで，$I_\mathrm{c}(s)$，$I(s)$ はそれぞれ結晶領域から，および全体からの回折強度である。$s$ は散乱ベクトルの大きさであり，$s = (2\sin\theta)/\lambda$（$\theta$ は Bragg 角，$\lambda$ は X 線の波長）である。しかし，高分子材料の微結晶サイズは小さく，また，結晶内にひずみや乱れなどが多く含まれるために原子の熱振動により，結晶領域からの回折ピークがブロードになる傾向にある。このため，$I_\mathrm{c}$ が，本来得られるべき回折強度に比べて低く見積もられることになってしまう。この強度損失を考慮するのに，Ruland が示した格子の乱れ因子を強度式に含め補正するという方法がある。Ruland 法は，$I_\mathrm{c}$ の実測強度が本来の強度の $\exp(-ks^2)$ 倍になるとの考えによるものである。$X_\mathrm{c}$ と乱れ因子パラメーター $k$ を同時に求めることができる。しかしながら，この方法には角度範囲が広い領域での測定が必要であり，計算方法も複雑になるなどの欠点もある。

### 2　微結晶サイズ

結晶格子に全くの乱れのない場合など，データ精度の観点からある程度の条件が必要であるが，WAXD 測定からも微結晶サイズ $D$ を Scherrer の式から求めることができる。

$$D = \frac{K\lambda}{\beta\cos\theta} \tag{5.32}$$

ここで，$\beta$ は回折ピークの線幅（半値幅）で，ラジアン角を用いる。$K$ は装置定数であり，0.9，0.95，1.0 などの値が使用される。$\theta$ および $\lambda$ は Bragg 角と X 線の波長である。式 (5.32) は近似を大幅に取り入れて導かれており，求められる結晶サイズも平均としてのサイズであることに注意が必要である。

### 3　配向度

繊維などのような 1 軸方向に配向した試料では，繊維軸方向に対して垂直方向から X 線を入射し，この軸周りに繊維を回転させながら強度分布を求めるとすると，赤道付近の反射強度が低く抑えられることになる。このため，1 軸方向に配向した試料を測定する場合には，方位角 $\phi$ を少しずつ変えて $\theta-2\theta$ 等角傾斜法で回折角方向の強度分布を測定し，それぞれに $\sin\phi$ の重みをかけて足し合わせるのが一般的な測定方法となる。

$\theta-2\theta$ 配置で得られた回折強度分布 $I(\phi)$ から，次式により配向軸と面法線ベクトルとのなす角 $\phi$ の余弦の 2 乗平均を計算する。

$$\langle\cos^2\phi\rangle = \frac{\int_0^{\pi/2} I(\phi)\cos^2\phi\sin\phi \mathrm{d}\phi}{\int_0^{\pi/2} I(\phi)\sin\phi \mathrm{d}\phi} \tag{5.33}$$

式 (5.33) で得られた値から，次式によって配向軸に対する面法線ベクトルの配向係数 $f_{hkl}$ が算出される。

$$f_{hkl} = \frac{3\langle\cos^2\phi\rangle - 1}{2} \tag{5.34}$$

実施の測定においては，分子鎖軸（c 軸）に平行な面法線ベクトルをもつ回折面の反射が利用できれば，分子鎖の配向係数が求められる。このような反射を生じる回折面が必ず存在するとは限らず，$\phi \approx 0$ 付近に反射が存在していたとしても，イメージングプレートなどで平板状の 2 次元 X 線強度検出器を用いた場合では観測ができない。ゴニオメーターを用いた場合でも，試料設置位置，方向のわずかなズレも大きな測定誤差になってしまう。そこで，一般的には，赤道上の反射である $hk0$ 面反射による配向係数を求めることが多い。この時，分子鎖軸に対する軸対称性を仮定すると，結晶中の分子鎖の配向度を表す配向係数 $f$ は次式によって見積もることができる。

$$f = -2f_{hk0} \tag{5.35}$$

ただし，繊維のような 1 軸配向している場合でも，必ずしも分子鎖軸まわりに対称性がいつも成り立っているとは限らないので注意が必要である。

### 5.2.2 結晶の融解

結晶性高分子は，無定形高分子でも観察されるガラス転移温度 ($T_{\mathrm{g}}$) の他に，相転移を表す結晶融解温度 ($T_{\mathrm{m}}$) が観察される。$T_{\mathrm{m}}$ で融解してゴム状から液状になる。

低分子化合物では，結晶の融点 $T_{\mathrm{m}}$ において固体状態から液体状態へ変化し，体積 $v = (\partial G/\partial P)_{\mathrm{T}}$ やエントロピー $S = -(\partial G/\partial T)_{\mathrm{P}}$ が不連続的に変化する熱力学的な 1 次相転移が観察される。熱力学的 1 次相転移である融解挙動はきわめてシャープに起こり，融点 $T_{\mathrm{m}}$ では自由エネルギー変化 $\Delta G$ が 0 となり，

$$T_{\mathrm{m}} = \frac{\Delta H}{\Delta S} \tag{5.36}$$

となる。

高分子結晶の融解が 1 次相転移として観測され，式 (5.36) が成立するためには，結

晶相内で分子鎖が完全に配向し，融解の自由エネルギーに対する結晶表面または二相間の界面に起因する自由エネルギーの寄与を最小にするために，結晶は十分大きくなければならない。つまり，分子間エネルギーがすべてエントロピーの大きい状態にある分子の運動へ転化されなければならない。しかし，高分子結晶の状態は，一般に分子の組織化の点で複雑であり，融点が観測されるためには，平衡に近い条件が満足される条件で結晶化を進めることが必要であるが，高分子鎖は長いために，安定化するのに時間がかかり，融点近傍での結晶化はきわめて緩慢に起こる。したがって，高分子の融解現象を観測するためには，試料を長時間アニーリングして結晶を十分に成長させる，もしくは昇温速度を十分に遅くして測定するなどの注意と工夫が必要となる。

図5.20に，ポリエチレンの比熱 $C_P$ の温度依存性を示す。これは低分子化合物の $\lambda$（ラムダ）転移*に似ており，融解の開始から終了まで温度幅が約16℃もあり，1次相転移と見なすことは難しい。

高分子結晶を毎分0.1℃程度の昇温速度で融解させていくと，観測される融点は結晶化温度に依存する。図5.21に示した天然ゴムの比体積–温度曲線に見られるように，結晶化温度が高くなると融点も高くなり，広い温度幅をもって融解するようになる。結晶化温度が融点よりも十分に低いと，結晶が不完全で，そのサイズも小さなものと

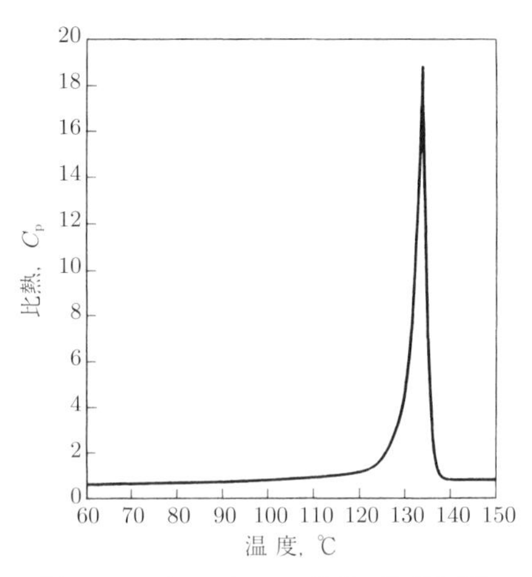


図 **5.20**　ポリエチレンの比熱の温度依存性

* $\lambda$（ラムダ）転移：2成分系合金などでみられる秩序–無秩序の高次相転移で，比熱の異常転移現象として知られる。比熱曲線が $\lambda$ の文字の形に似ていることからラムダ転移とよばれている。

なり，融点 ($\Delta G = 0$) の熱力学的安定性を低下させる。しかし，高分子結晶でも，きわめてゆっくりと加熱しながら融解させると，熱履歴に無関係な融点が観測される。

図 5.22 は，それぞれの温度で 24 時間保ったのち測定するという非常に遅い昇温速度で測定したポリエチレンオキシドの比体積–温度曲線である。結晶の融解は 3～4℃の狭い温度範囲でシャープに起こっている。この条件はかなり平衡に近い状態を実現しているといえる。また，融液からの結晶化を融点にできるだけ近い温度で長時間か

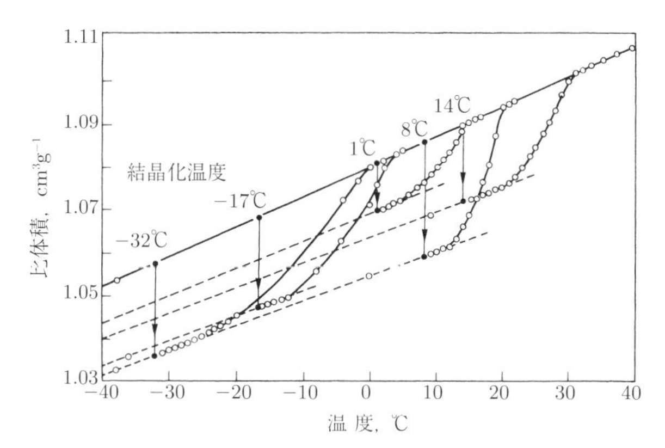


図 **5.21** 天然ゴムの融解範囲の結晶化温度による変化

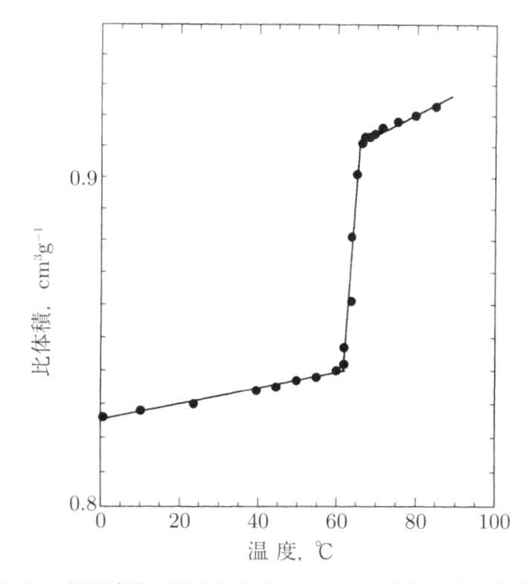


図 **5.22** 非常に遅い昇温速度で測定したポリエチレンオキシドの比体積と温度の関係

けて行わせると，ほぼ平衡状態を実現でき，完全に近い大きな結晶を生成させることができる。融点が 137.5 ± 0.5℃の高密度ポリエチレンを 130℃で 40 時間結晶化させて，室温まで冷却した試料の結晶の融解は，2℃以内の温度範囲できわめてシャープに起こる。

単分散のような分子量分布が狭い結晶性高分子の融点は，分子量分布の広い高分子の融点よりも鋭い。低分子化合物の 1 次相転移によく類似した挙動を示す。1 次相転移の特徴は転移温度において二相は平衡状態にあり，圧力は比体積に無関係でなければならない。このような条件は，高密度ポリエチレンについて詳細に調べられている。

### 5.2.3　融点の分子量依存性

高分子の結晶では分子鎖末端が結晶の安定性や形成に影響を与える。分子鎖末端が結晶部分に入らず，ランダムに分布していると仮定する。高分子結晶の融点の分子量依存性は，次式に示すように Flory により理論的に導かれている。

$$\frac{1}{T_{\mathrm{m}}} - \frac{1}{T_{\mathrm{m}}^{\circ}} = \frac{2RM_0}{\Delta H_{\mathrm{u}} M_{\mathrm{n}}} \tag{5.37}$$

ここで，$T_{\mathrm{m}}$ は高分子結晶の融点，$T_{\mathrm{m}}^{\circ}$ は末端基の影響が無視できると仮定したときの融点，$R$ は気体定数，$M_0$ は繰り返し単位の分子量，$\Delta H_{\mathrm{u}}$ は繰り返し単位 1 モル当たりの融解エンタルピー（融解熱），$M_{\mathrm{n}}$ は数平均分子量である。分子量が大きくなると，分子鎖末端の数も少なくなり，融点は高くなる。

### 5.2.4　共重合体の融点

組成 $A_x B_{1-x}$ からなる 2 成分系の共重合体で，A 成分だけが結晶化するものとする。Flory はこのような共重合体の融点 $T_{\mathrm{m}}$ について理論的に次式を導いた。

$$\frac{1}{T_{\mathrm{m}}} - \frac{1}{T_{\mathrm{Am}}} = \left(\frac{2RM_0}{\Delta H_{\mathrm{u}}}\right) \ln X_{\mathrm{A}} \tag{5.38}$$

ここで $T_{\mathrm{Am}}$ は A 成分のみからなるホモポリマー A の融点，$R$ は気体定数，$M_0$ はホモポリマー A の繰り返し単位の分子量，$\Delta H_{\mathrm{u}}$ は繰り返し単位 1 モル当たりの融解エンタルピー（融解熱），$X_{\mathrm{A}}$ は共重合体中の A 成分のモル分率である。第 2 成分 B の存在によって A 成分の結晶化は制約され，共重合体の融点はホモポリマーのときの融点よりも低下する。ブロック共重合体 (AAAAA……AAABBBB……BBBB) では，A 成分の長い連鎖をつくるために，

ランダム共重合体 (ABBAB...ABBABBABBAA...BABAAB......BBAAB) の融点よりも高くなる。交互共重合体 (ABABABA...BABABA) ではランダム共重合体の融点よりも低くなることが予測される。ホモポリマーの融点は，ガラス転移温度の場合と同じく，可塑剤の添加によっても影響を受けて低下する。

### 5.2.5 ガラス転移温度と融点の関係

結晶性高分子の融点もガラス転移温度の場合と同様に化学構造によって違いがある。表 5.4 に代表的な高分子の融点 $T_\mathrm{m}$ と繰り返し単位 1 モル当たりの融解エンタルピー（融解熱）$\Delta H_\mathrm{u}$ の値を示す。例えば，ポリエチレン (137℃)，シス–1, 4–ポリイソプレン (28℃)，ポリエチレンオキシド (66℃)，ポリプロピレンオキシド (75℃) のように分子鎖の柔軟な高分子の結晶の融点は低く，これらに対して，三酢酸セルロース (306℃)，ポリカーボネート (220℃)，ポリエチレンテレフタレート (267℃) などのような剛直な分子鎖をもつ結晶の融点は高くなる。イソタクチックポリプロピレンの融点は 176℃

**表 5.4** 代表的な高分子の融点 $T_\mathrm{m}$ とモノマー単位当たりの融解熱 $\Delta H_\mathrm{u}$

| 高分子 | 融点 $T_\mathrm{m}$(℃) | $\Delta H_\mathrm{u}$(cal/mol) |
|---|---|---|
| ポリエチレン | 137 | 925 |
| ポリプロピレン | 176 | 2370 |
| ポリイソプレン (*cis*) | 28 | 1050 |
| ポリイソプレン (*trans*) | 74 | 3040 |
| 1, 2–ポリブタジエン（シンジオタクチック） | 154 | |
| 1, 2–ポリブタジエン（イソタクチック） | 120 | |
| 1, 4–ポリブタジエン (*trans*) | 148 | 1430 |
| ポリイソブチレン | 128 | 2870 |
| ポリスチレン（イソタクチック） | 240 | 2150 |
| ポリエチレンオキシド | 66 | 1980 |
| ポリプロピレンオキシド | 75 | |
| ポリメタクリル酸（イソタクチック） | 160 | |
| ポリメタクリル酸（シンジオタクチック） | | >200 |
| ポリエチレンテレフタレート | 267 | 5820 |
| ナイロン 6 | 225 | |
| ナイロン 66 | 265 | |
| 三酢酸セルロース | 306 | |
| ポリ塩化ビニル | 212 | 3040 |
| ポリ塩化ビニリデン | 198 | 3780 |
| ポリテトラフルオロエチレン | 327 | 685 |
| ポリカーボーネート | 220 | |

と高い融点を示す。これは，ポリプロピレンの分子鎖は結晶格子中でらせん状の配位をとり，結晶が融解して液体状態になってもなおらせん状の配位が保たれるため，融解エントロピー $\Delta S$ がランダムな配位をとるときよりも小さくなり，式 (5.36) に示す通り $T_{\mathrm{m}}$ が高くなる。また，一般に分子間力が大きいと融点は高くなる。例えば，ナイロンや三酢酸セルロースの融点が高いのは，分子鎖間の強い水素結合によるものである。

ガラス転移温度 $T_{\mathrm{g}}$ と融点 $T_{\mathrm{m}}$ の間には，経験的におおむね次の関係が当てはまることが知られている。

$$\frac{T_{\mathrm{g}}}{T_{\mathrm{m}}} = \frac{2}{3} = 0.67 \qquad (\text{非対称性高分子}) \tag{5.39}$$

$$\frac{T_{\mathrm{g}}}{T_{\mathrm{m}}} = \frac{1}{2} = 0.50 \qquad (\text{対称性高分子}) \tag{5.40}$$

$T_{\mathrm{g}}, T_{\mathrm{m}}$ は絶対温度で表す。例えば，対称性高分子のポリ塩化ビニリデンでは $T_{\mathrm{g}} = 256\,\mathrm{K}$，$T_{\mathrm{m}} = 471\,\mathrm{K}$ で，$T_{\mathrm{g}}/T_{\mathrm{m}} = 0.54$，ポリイソブチレンでは $T_{\mathrm{g}} = 203\,\mathrm{K}$，$T_{\mathrm{m}} = 401\,\mathrm{K}$ で，$T_{\mathrm{g}}/T_{\mathrm{m}} = 0.51$，ポリエチレンでは $T_{\mathrm{g}} = 183 \sim 193\mathrm{K}$，$T_{\mathrm{m}} = 410\mathrm{K}$ で，$T_{\mathrm{g}}/T_{\mathrm{m}} = 0.45 \sim 0.47$ となり，式 (5.40) に当てはまる。一方，非対称性高分子のポリエチレンテレフタレートでは $T_{\mathrm{g}} = 342\,\mathrm{K}$，$T_{\mathrm{m}} = 540\,\mathrm{K}$ で，$T_{\mathrm{g}}/T_{\mathrm{m}} = 0.63$，ナイロン6では $T_{\mathrm{g}} = 323\,\mathrm{K}$，$T_{\mathrm{m}} = 498\,\mathrm{K}$ で，$T_{\mathrm{g}}/T_{\mathrm{m}} = 0.65$ となり，式 (5.39) に当てはまるが，ポリ塩化ビニル ($T_{\mathrm{g}} = 360\,\mathrm{K}$，$T_{\mathrm{m}} = 485\,\mathrm{K}$ で，$T_{\mathrm{g}}/T_{\mathrm{m}} = 0.74$) やポリスチレン ($T_{\mathrm{g}} = 373\,\mathrm{K}$，$T_{\mathrm{m}} = 513\,\mathrm{K}$ で，$T_{\mathrm{g}}/T_{\mathrm{m}} = 0.73$) などは，先の経験則から若干はずれる。

## 5.3 粘弾性体とは

物質の力学的性質として，粘性，弾性，塑性などがある。完全な弾性体であれば，変形させればそれに応じた応力が生じ，変形を元に戻せば応力も元に戻り，加えた力学的エネルギーも回復する。一方，完全な粘性体であれば，変形速度に比例した応力が発生するが，変形を止めれば応力は0となり，粘性体は変形したまま残り，加えた力学エネルギーはすべて熱として消えてしまう。最後に塑性とは，粘度のように物体に外力を加えることで，変形して形をつくることのできる性質である。このために，プラスチックや金属製品が成形できるのである。多くの高分子物質はこれらの性質をあわせもった粘弾性体であるので，力学的性質は時間依存性を示す。本章では，弾性変形，粘性・塑性流動の基本的事項を述べた後に，静的，動的粘弾性の現象論，架橋高分子の弾性，すなわちゴム弾性，誘電緩和現象と分子論を記述する。

### 5.3.1　固体の弾性

固体材料に外力 (external force) を加えると，その体積が変わったり，変形したりする。このとき図 5.23 に示すように固体内部の任意の一点を通る微小平面を境として，その両側の部分面に直角および面の方向に成分をもつ力 $\sigma_{zz}$，$\sigma_{zy,}\sigma_{zx}$ などを作用し合う状態が起こる。単位面積当たりのこの力を応力 (stress, $\sigma$)，変形の割合をひずみ (strain, $\gamma$) という。図 5.24 の OE で示すように，応力 $\sigma$ が小さい範囲では，$\sigma$ は $\gamma$ に比例する。

$$\sigma = E\gamma \tag{5.41}$$

この関係を弾性の法則を発見した Hooke に因んで Hooke の法則といい，この法則が成り立つ物体を完全弾性体 (perfect elastic body) という。応力がある限界（弾性限界，elastic limit）E 点を超えると，ひずみは元に戻らず，さらに応力が増して Y 点（yield point, 降伏点）に達すると，応力の値は，そのまま，あるいは一時的に減少して，ひずみは急に増加を続ける。この領域を塑性流動 (plastic flow) とよび，引き続き応力を働かせておくと B 点で破壊する（破断，rupture, fracture)。T 点は，その物体の引張り強度 (tensile strength) を表す。

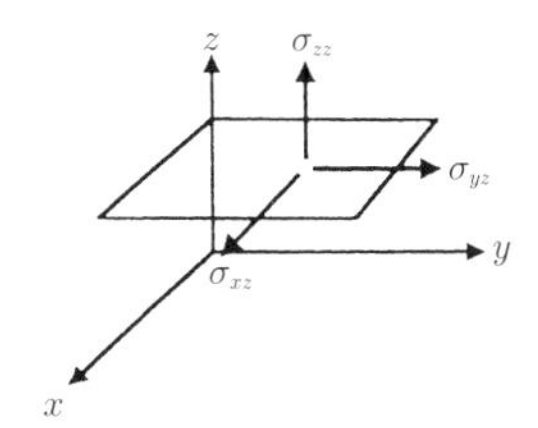


図 5.23　$xy$ 面での 3 応力成分，この他 $yz$，$zx$ 面があるので，全部で 9 応力成分が考えられる。

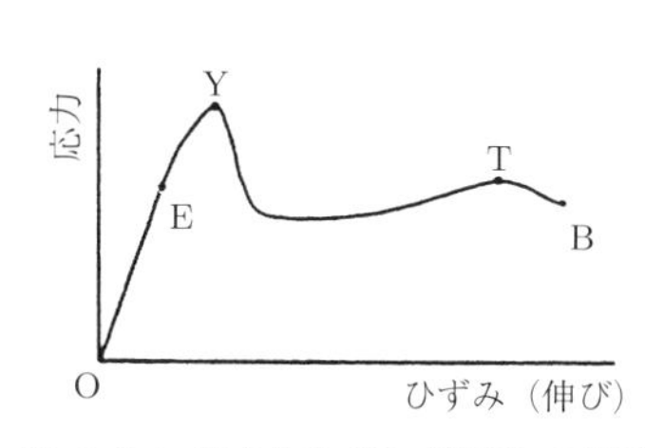


図 5.24　応力とひずみ（伸び）の関係

### 5.3.2　等方体の弾性率

物質ないし空間の物理的性質が方向によって違わない固体材料の特性を表す基本的な変形様式を考える。ある対象の性質や分布が方向に依存しないとき，それは等方的 (isotropic) であるという。荷重に対する変形応答が方向によらない性質を等方性といい，このような性質をもった材料を等方性体と呼ぶ。

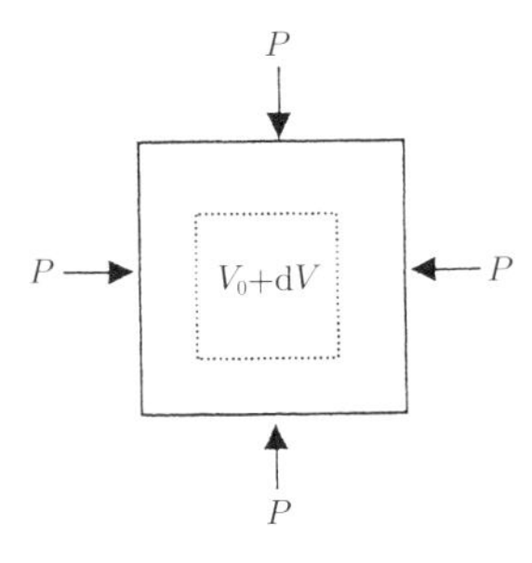


図 5.25　一様な圧力による圧縮

#### 1　体積弾性率 K

体積 $V_0$ の固体が一様な圧力 $P$ をすべての方向から受けて，$V_0$ から $V_0 + \mathrm{d}V(\mathrm{d}V < 0)$ に変化したとき，ひずみ $(= -\mathrm{d}V/V_0)$ は $P$ に比例する（図 5.25）。

$$P \propto -\frac{\mathrm{d}V}{V_0} \tag{5.42}$$

$$P = K\left(-\frac{\mathrm{d}V}{V_0}\right) \tag{5.43}$$

この比例定数 $K$ を体積弾性率 (bulk modulus)，$\kappa\,(= 1/K)$ を圧縮率 (compressibility) という。

#### 2　ポアソン比 υ

固体がある方向に $\gamma_1$（力の方向のひずみ）だけひずんだとき，これと（ある方向と）直角方向に $\gamma_2$（力に垂直な方向のひずみ）だけひずむならば，

$$\upsilon = \frac{\gamma_2}{\gamma_1} \tag{5.44}$$

この $\upsilon$ をポアソン比 (Poisson's ratio) という。例えば，図 5.26 の半径 $r_0$ の丸棒を長さ $l_0$ の方向に引き伸ばした $(r_0 + \mathrm{d}r, l_0 + \mathrm{d}l)$ とき，ポアソン比 $\nu$ は正になるように次式で，

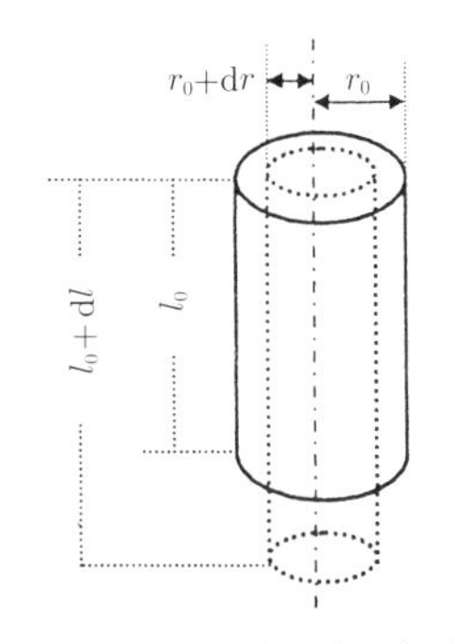


図 5.26　円柱体の力学変形

$$\nu = -\frac{\mathrm{d}r/r_0}{\mathrm{d}l/l_0} \tag{5.45}$$

定義される。$\nu$ は，物質により異なるが，おおよそ，石やガラス：$\sim 1/4$，金属やプラスチック：$\sim 1/3$，液体やゴム：$\sim 1/2$ である。

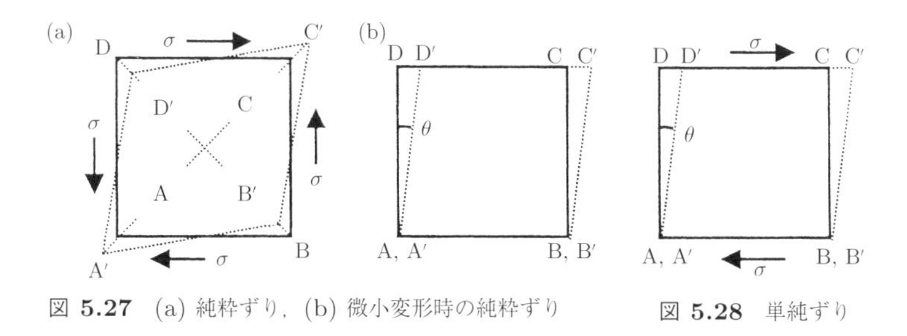


図 **5.27** (a) 純粋ずり，(b) 微小変形時の純粋ずり　　図 **5.28** 単純ずり

### 3 ずり弾性率（剛性率）$\boldsymbol{G}$

固体内で単位長の稜をもった立方体を考える。この4つの面に図5.27 (a) のような接線応力 (tangential stress) あるいはずり応力 (shearing stress) $\sigma$ が働くと，この立方体は点線のような菱形に変形する。このような変形を純粋ずり (pure shear) という。微小変形の場合は，変形前後の稜の長さは等しいとすると，図5.27 (a) は (b) のように書き換えられる。この場合のひずみ $\gamma$ は，$\gamma = \tan\theta \fallingdotseq \theta = \mathrm{DD}'/\mathrm{DA} = \mathrm{CC}'/\mathrm{BC}$ で，$\theta$ はせん断角といい，Hooke の法則に従うと，

$$\sigma = G\theta \tag{5.46}$$

と書け，この比例定数 $G$ をずり弾性率 (shear modulus) あるいは剛性率 (rigidity) という。

上記の立方体に，図5.28に示すように2つの面のみに接線応力が働く場合は，図5.27 (b) と同じように，点線のようにずりが起こる。この変形様式を単純ずり (simple shear) と呼ぶ。この際は，変形のほかに時計方向の回転も起こるが，これは弾性に関与しない。すなわち，

$$\text{単純ずり} = \text{純粋ずり} + \text{回転} \tag{5.47}$$

### 4 伸び弾性率（ヤング率）$\boldsymbol{E}$

固体にある方向だけに力を作用させると，この方向にある割合だけ伸びまたは縮む。この際，弾性限界内であれば，Hooke の法則により，

$$\sigma = E\gamma \tag{5.48}$$

この比例定数 $E$ を伸び弾性率あるいはヤング率 (Young's modulus) といい，この材料の伸びにくさの程度を定量的に示す。式 (5.48) を図 5.29 について示すと，引張り力（または荷重）$f$ を作用させて，断面積 $A_0$，長さ $l_0$ の丸棒を $\mathrm{d}l$ だけ伸ばしたとすると，$\sigma = f/A_0$，$\gamma = \mathrm{d}l \ / \ l_0$，したがって，式 (5.48) は，

$$\frac{f}{A_0} = E\frac{\mathrm{d}l}{l_0} \tag{5.49}$$

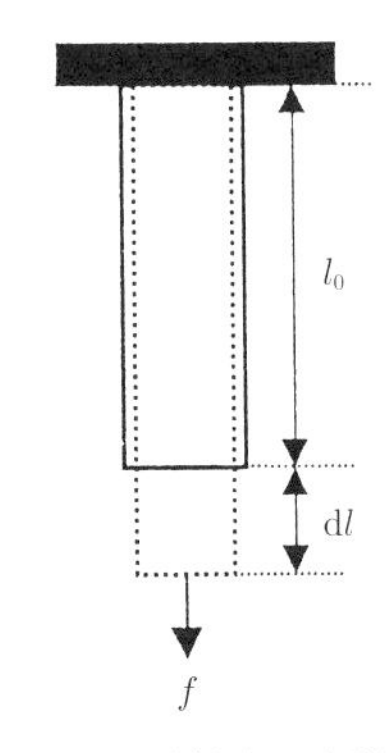

図 **5.29**　試料片の引張り変形

この際，延伸方向と直角方向にポアソン比に応じた割合だけ縮むことは当然である。上記，三者の間には次の関係がある。

$$E = 2(1+\nu)G \tag{5.50}$$

$$E = 3(1-2\nu)K \tag{5.51}$$

表 5.5 に各種物質の弾性率の例を示す。

表 **5.5**　各種物質の弾性率とポアソン比

| 物質名 | $E$(GPa) | $G$(GPa) | ポアソン比 $\nu$ |
|---|---|---|---|
| 石英ガラス | 75.0 | 32.1 | 0.17 |
| 鉄 | 206 | 80.3 | 0.28 |
| 銅 | 123 | 45.5 | 0.35 |
| 金 | 79.5 | 27.8 | 0.42 |
| ポリプロピレン | 4.13 | 1.54 | 0.34 |
| ポリスチレン | 3.76 | 1.39 | 0.35 |
| ポリメタクリル酸メチル | 6.24 | 2.33 | 0.34 |
| 高密度ポリエチレン | 2.55 | 0.91 | 0.41 |
| ダイヤモンド | 1076 | | |
| ゴム | $2 \sim 6 \times 10^{-3}$ | $0.6 \sim 2 \times 10^{-3}$ | 0.499 |

### 5.3.3　弾性の原因

#### 1　エネルギー弾性

物体は原子から構成されていることを考える。力を加えたとき引き起こされる変形，または逆にある変形を与えたときいかなる力が生じるかを，分子論的立場に立って定

性的に眺めることは意味あることであろう。まず，物体を一方向に伸張する場合を考える。伸びの小さいとき，その伸び率が加えた力に比例するというのが Hooke の法則である。このとき原子間隔は伸張方向に広がり，その直角方向では縮むであろう。図 5.30 は伸張方向での原子間隔の広がり方の様子を表したものである。いま，理想的な固体で原子が規則正しく並んでいる固体を考え，熱運動による不規則さの影響は無視して考えることにしよう。そのとき，未変形状態での原子間ポテンシャルは，図の下に示すように表され，原子はポテンシャルの谷の位置を占める。一方向に力を加えて伸張すると，原子間隔の広がった状態に対応するポテンシャルの再編成が行われ，その状態でのポテンシャルの谷の位置に原子は落ちつく。ただし，変形状態の谷は，未変形状態の谷より高いエネルギー状態にある。いま，未変形状態の原子間隔を $a$，伸び率を $\gamma$，原子 1 個の伸び方向の力を $f$（$f \propto \gamma$，Hooke の法則）とすると，2 原子間には，$\gamma af/2$ エネルギーが蓄えられ，これが未変形状態の谷とのエネルギー差を表し，その大きさはポテンシャルの谷から $\gamma a$ はずれた位置，$P_4, P_4'$ のエネルギー差にほぼ等しい。こうして，変形により高いエネルギー状態に励起された原子が元の低いエネルギー状態に戻ろうとするために力を生じることとなる。このように，物体の変形が系の内部エネルギーの増加を引き起こすことに起因する弾性をエネルギー弾性 (energy elasticity) といい，金属などの通常の固体の弾性の本質はエネルギー弾性である。

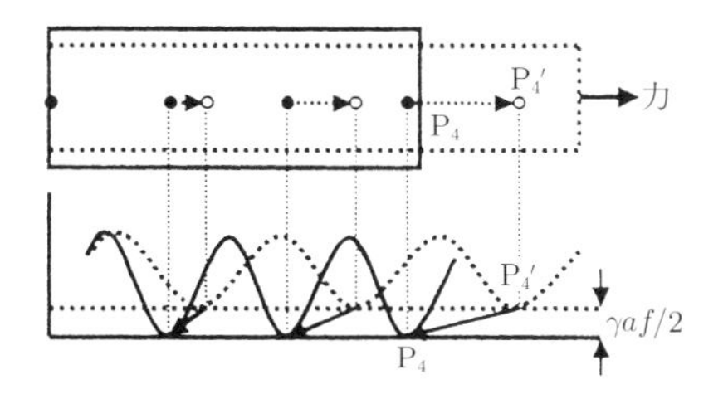

**図 5.30**　延伸したときの原子間ポテンシャルの変化

### 2　エントロピー弾性

分子の熱運動に起因するエントロピー弾性について考察しよう。例えば，ポリイソプレンは十分高温であれば，各セグメントは熱運動のため，隣接セグメントとの結合軸のまわりで自由に回転し，分子鎖は完全な屈曲性をもっていて，その形態は絶えず変化していると考えられる。このような状態では，どのような形態もエネルギー的に全く同等である。したがって，この鎖状分子の両端を引き伸ばしても内部エネルギーは変化しないから，エネルギー的な弾性は無視できる。しかし，引き延ばされた分子鎖の形態は，縮んでいるものに比べてきわめて確率の小さい状態にある。すなわち，引き延ばされた分子ではエントロピーが低い。孤立系で自然に起こる現象はエントロピーの増大する方向，すなわち，出現確率の大きい状態へ変化するという原理（熱力学第二法則）に従って，伸長されたゴムの鎖状分子は収縮しようとする傾向をもつ。これがゴム弾性である。このようにエントロピーに由来する弾性をエントロピー弾性 (entropic elasticity) という。ゴム弾性については，5.8 節で詳細に述べる。

## 5.4　液体の粘性

ある物体に力を加えたとき，物体はその力によって変形するが，その変形は力を取り除いてももう元には戻らない。

弾性体の場合は外から加えられた力は各分子間の結合のひずみとなって物体内に蓄えられるのに対し，粘性体の場合は分子が移動するときに，隣接する分子との間に生じる摩擦熱として，与えられたエネルギーが散逸する。そのため，力を取り除いたあとも，変形が回復することはない。

### 5.4.1　ニュートン液体

平行に置かれた 2 枚の平板（その幅 $\mathrm{d}x$）の間に液体を入れて，図 5.31 のように下面を固定し上面（断面積 $A_0$）に面に平行な力 $f$ をかける。上面は，$\mathrm{d}v$ の速度で移動する。このとき $\mathrm{d}v$ や $\mathrm{d}x$ が十分小さいならば，液体の各部分は 2 つの平面に平行な層状 (laminar flow) の流れ方をし，その各部分の速度は下面からの距離に比例して大きくなると考えてよい。

したがって，液体の各部分の速度勾配はどの部分においても一様となる。Newton は，上面を動かすのに必要な力 $f$ は，面積 $A_0$ と 2 面間の速度勾配 (velocity gradient) $D \equiv \mathrm{d}v/\mathrm{d}x$ に比例するとし，比例定数を $\eta$ で表し，これを粘性率 (viscosity coefficient) とよんだ。これが Newton の粘性則 (Newton's law of viscosity) であり，式 (5.52) に従う液体をニュートン液体 (Newtonian liquid) という。

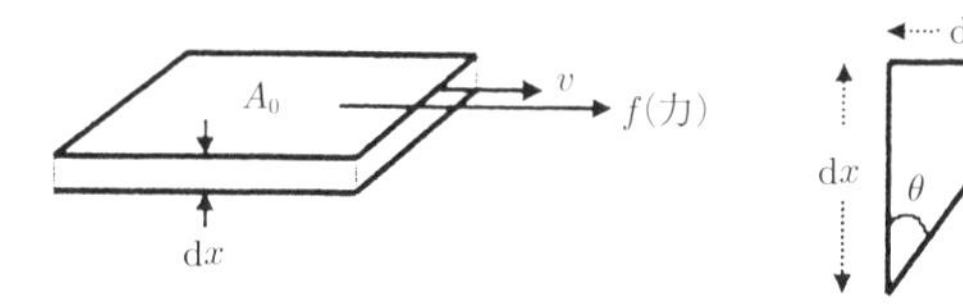


**図 5.31**　平面状の層流

**表 5.6**　20℃における粘性率

| 物質名 | 粘性率 [Pa s＝cP] |
|---|---|
| 水 | 1.0020 |
| ベンゼン | 0.652 |
| メタノール | 0.611 |
| 水銀 | 1.560 |
| シクロヘキサン | 0.881 |

$$\sigma = \eta \frac{\mathrm{d}v}{\mathrm{d}x} = \eta D \tag{5.52}$$

ここで，$\sigma = f/A_0$ は，ずり応力 (shear stress) で，$\eta$ の単位は Pa s であるが，慣用単位は，ポアズ (poise: Poiseuille の名前から由来) P $(= \mathrm{g\ cm^{-1}\ s^{-1}})$ で，$1\,\mathrm{mPa\ s} = 1\,\mathrm{cP}$ $(1\ \mathrm{cP} = 10^{-2}\ \mathrm{P})$ である。平面的層流流動の場合には，速度勾配 $D$ はずり速度 (shear rate) $\dot{\gamma} = \mathrm{d}\gamma/\mathrm{d}t$ に等しい。表 5.6 に 20℃における粘性率を示す。

### 5.4.2　非ニュートン液体

高分子溶液や粘土のサスペンジョンなどでは，ずり応力が速度勾配 $D$ に比例しないものが多い。これらを非ニュートン流体 (non-Newtonian fluid) という。

**1**　チキソトロピー

単にかき混ぜたり振り混ぜたりすることによって，ゲルが流動性のゾルに変わり，これを放置すると，再びゲルに戻る性質をチキソトロピー（Thixotropy: 揺変性，“ふれる”と “変わる”の意味のギリシャ語）と呼ぶ。例としては，顔料粒子を重合あまに油に分散したペイント，印刷インキ，ボールペンのインク（ボールが動くと流動する)，マヨネーズ，マーガリンなどがある。

一般にコロイド粒子が形の異方性をもち，粒子間の結合力で互いにゆるく結合してゲルを形成しやすい系に現れる。外力によりゲルの内部結合が一部あるいは全部破壊されて流動性が増すが，放置しておくとゆっくりではあるが再び粒子間の結合が再現される。図 5.32 にチキソトロピーを示す流体のずり応力 $\sigma$ 〜 速度勾配 $D$ の関係を示す。ここで，非ニュートン粘性率 (non-Newtonian viscosity) $\eta_{\mathrm{NN}}$ を式 (5.52) と同様に定義すると，

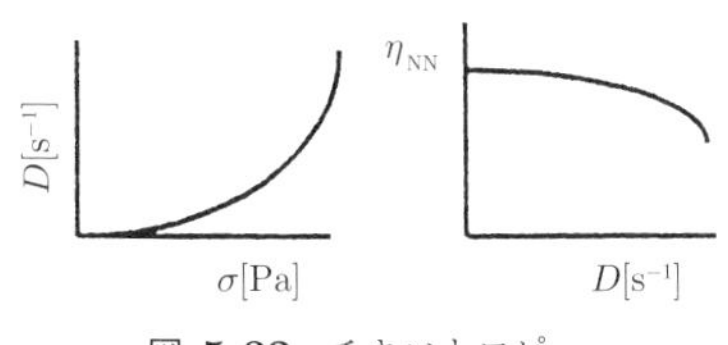

**図 5.32**　チキソトロピー

$$\eta_{\mathrm{NN}} = \frac{\sigma}{D(\sigma)} = \frac{\sigma}{\dot{\gamma}(\sigma)} \tag{5.53}$$

$\eta_{\mathrm{NN}}$ は速度勾配 $D$ とともに低下する。これは，変形に抗して妨げていたある種の構造が流動によって破壊するためである。このような粘性を構造粘性 (structural viscosity) と呼ぶこともある。

### 2　ダイラタンシー

海辺の濡れた砂地を足で踏むと砂粒の間隔が拡がり，水が砂の中に吸い込まれて，砂地が乾いて見え，固くなる。この現象を Reynolds はダイラタンシー（dilatancy：膨らむの意味）とよび，比較的形状が均一で，相互作用の小さい粒子からなる分散系にみられる（図 5.33）。例えば，デンプンに適度の水を加えて練ったものは，容器をゆっくり傾ければ，自由に流れ出るが，急激にかき混ぜしようとするときわめて固くなる。この場合の $\sigma \sim D$ の関係を図 5.34 に示す。

### 3　べき乗則流体

いままでの例のような非ニュートン粘性に対して，Newton の粘性式を拡張して，新しく 1 つのパラメータ $n$ を導入した実験式

$$D = k\sigma^{n} \tag{5.54}$$

が Ostwald によって提出された。この式に従う流体をべき乗則流体 (power law fluid) という。ここで，$k$，$n$ は流体の特性を表すパラメータであり，べき指数 $n$ の値により，$n = 1$ はニュートン液体，$n > 1$ はチキソトロピー，$n < 1$ はダイラタンシーを示す（図 5.35）。

### 4　塑性流動

小さな応力に対しては弾性を示すが，ある値（降伏値）以上の応力に対しては流動

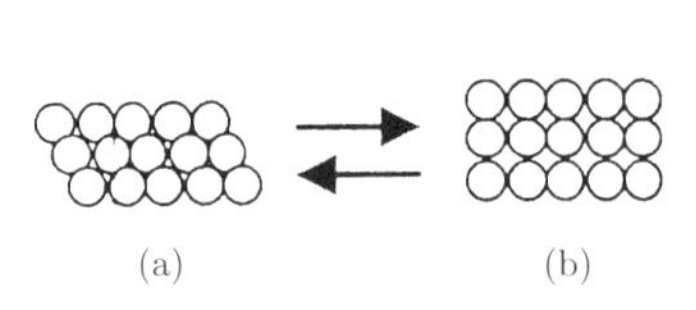


図 5.33　ダイラタンシー
(a) 外力のかからない場合
(b) 外力のかかった場合

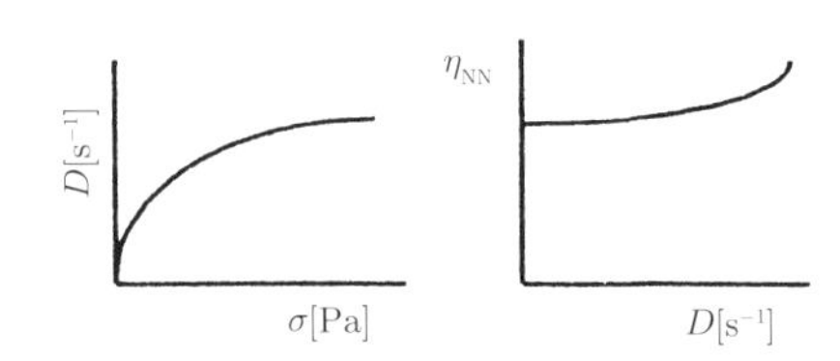


図 5.34　ダイラタンシー
$\sigma \sim D$ の関係。

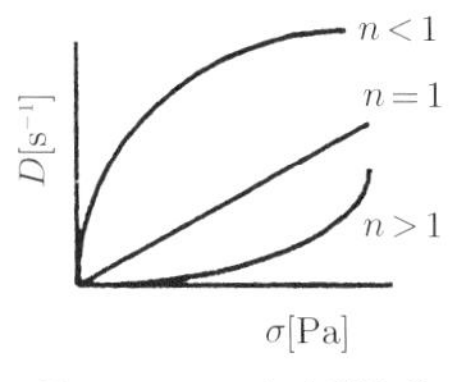


図 **5.35**　べき乗則流体

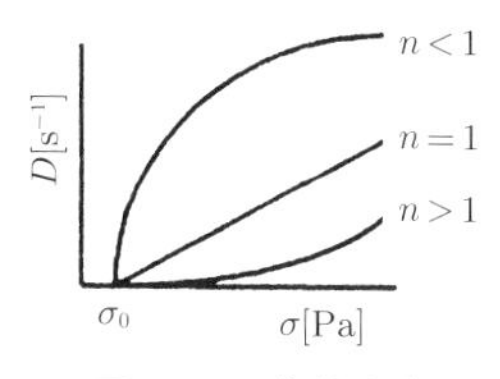


図 **5.36**　塑性流動

性を示す現象を塑性 (plasticity) という。図 5.36 に示すような流動曲線を与え，このような流動を塑性流動 (plastic flow) という。

$$D = k(\sigma - \sigma_0)^n \tag{5.55}$$

ただし，$\sigma_0$ は降伏応力 (yield stress)，$k$，$n$ は定数で，とくに，$n = 1$ のときをビンガム流動 (Bingham flow) といい，このような物体をビンガム物体 (Bingham body) という。$n = 1$ のとき，$k$ は粘性率の逆数の単位をもち，$n_{\mathrm{p}} \equiv 1/k$ を塑性粘度 (plastic viscosity) という。

### 5　非ニュートン粘性率

非ニュートン流体を圧力差 $P$ で，半径 $R$，長さ $L$ の円管中に流す。このとき ① 流れが層流である，② 非圧縮性流体である，③ 定常状態が維持されている，④ 末端効果は無視する，⑤ 管壁ですべりがない，という条件が満たされているとする。図 5.37 に示すように任意の半径 $r$ でのずり応力 $\sigma$ は，面積 $2\pi rL$ の円筒面上に働く $\sigma$ と断面に加わる前後の圧力差 $P$ との力の釣り合いにより

$$\sigma = \frac{Pr}{2L} \tag{5.56}$$

で与えられる。また，半径 $r$ の円筒面上における流体の流速を $v$ とし，それより $\mathrm{d}r$

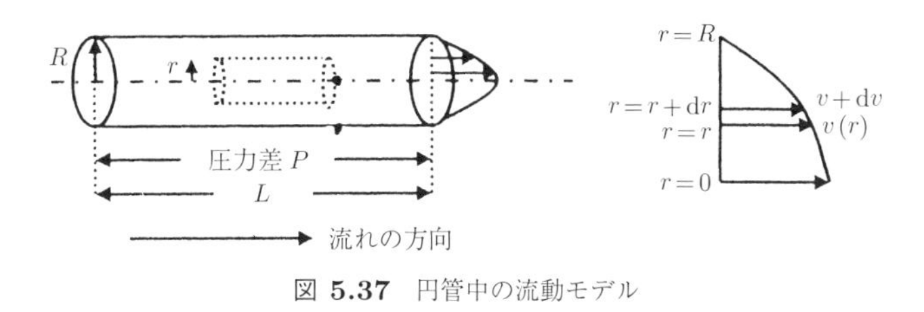


図 **5.37**　円管中の流動モデル

だけさらに離れた円筒面上で $\mathrm{d}v$ だけ流速が減ずるとすれば，その円筒面上における速度勾配 $D$ は $-\mathrm{d}v(r)/\mathrm{d}r$ であるが，円管内流動においては，これはずり速度 $\dot{\gamma}$ に等しい。この $\dot{\gamma}$ は一般にずり応力 $\sigma$ の関数であるから，次のように書ける。

$$D(\sigma) = \dot{\gamma}(\sigma) = -\frac{\mathrm{d}v(r)}{\mathrm{d}r} \tag{5.57}$$

したがって，単位時間当たりの流量を $Q$ とすれば，

$$Q = \int_0^R 2\pi r v(r)\,\mathrm{d}r = \frac{\pi R^3}{\sigma_R^3}\int_0^{\sigma_R} \sigma^2 \dot{\gamma}(\sigma)\,\mathrm{d}\sigma \tag{5.58}$$

ただし，

$$\sigma_R = \frac{PR}{2L} \tag{5.59}$$

式 (5.58) の両辺を $\sigma_R$ で微分して，式 (5.59) を代入すると，

$$\dot{\gamma}(\sigma_R) = \left(\frac{1}{\pi R^3}\right)\left[3Q + P\left(\frac{\mathrm{d}Q}{\mathrm{d}P}\right)\right] \tag{5.60}$$

が得られる。式 (5.60) は，Rabinowitsch の式とよばれる。したがって，種々の圧力差 $P$ を与えて，それに対する流量 $Q$ を求め，その結果より $\mathrm{d}Q/\mathrm{d}P$ を計算し，式 (5.60) より管壁におけるずり速度 $\dot{\gamma}(\sigma_R)$ が求められる。また，$P$ より管壁でのずり応力 $\sigma_R$ が得られるから，$\dot{\gamma}(\sigma_R)$ と $\sigma_R$ との関係，すなわち，流動曲線 (flow curve) が求められる。この曲線上の任意の点の $\sigma_R/\dot{\gamma}(\sigma_R)$ を求めれば，その値はずり応力が $\sigma_R$ における非ニュートン粘性率 $\eta_{\mathrm{NN}}$ を与える。

### 5.4.3　粘性理論–Eyring の理論–

液体においては，分子は狭い空間に密集しているために，気体分子のように自由に運動することができず，互いに引力や斥力の作用を及ぼしあっている。この分子の集団をどのように表すかによって，液体の分子理論の基礎となる模型ができる。

Eyring は液体構造のモデルとして空孔理論を採用し，これに基づいた粘性の理論を導いた。理論の基礎となる液体の構造として，それを一種の不完全結晶体と考えた。多数の分子の集団の中に，分子が欠けている部分が多数存在しているものとする。分子の欠けている部分は分子が入るだけのスペースのあるすき間で，空孔 (hole) と呼ぶ。アイリングは，液体内のある部分における分子の配列を図 5.38 に示すような簡単な球

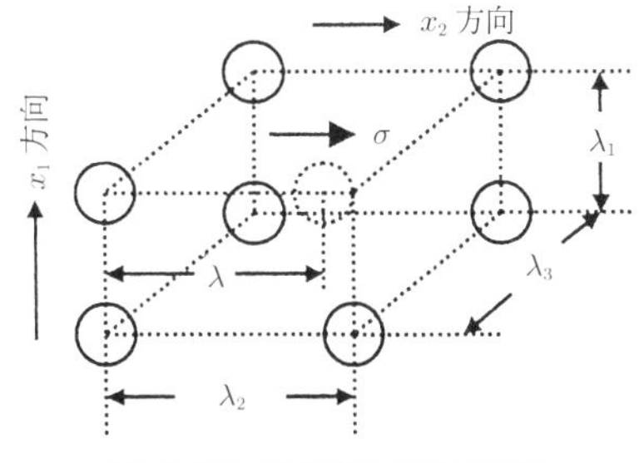


**図 5.38** 液体内の分子間距離

形分子の配列と考え，ところどころに点線で表したように空孔が存在すると考えた。

液体の $x_2$ 方向の流速が $x_1$ 方向に勾配を示すものとする。上の層が下の層よりも速やかに流動するのは，1 つの分子がある平衡位置から，その隣りにある空孔へ移動するためであると考える。2 つの液層の間隔を $\lambda_1$，速度の差を $\Delta v$ とする。このとき，速度勾配 $D\,(=\Delta v/\lambda_1)$ が生じるために，必要なずり応力を $\sigma$ とすれば，ニュートンの法則により

$$\sigma = \eta\frac{\Delta v}{\lambda_1} = \eta D \tag{5.61}$$

となる。分子がある平衡位置から隣の平衡位置に移るためには隣に空孔がなければならないから，隣にあった分子をあらかじめ取り除くことが必要である。したがって，このために若干のエネルギーを費やさないと，分子は隣の位置に移ることができない。アイリングは，この過程がちょうど化学反応の進行の場合と同じと考えられることに着目して，このような流動過程に化学反応の一般理論である絶対反応速度論 (theory of absolute reaction rates) を適用した。このような有限の速度をもって進行する過程を速度過程 (rate process) という。

分子はどの平衡位置に置いても同じエネルギーをもっているから，移動の前後では同じ値のエネルギーをもつが，途中で一度高いエネルギーの状態を通らなければならない。このエネルギーの山をポテンシャル障壁といい，活性化状態に相当する。はじめの状態からみた山の高さを活性化エネルギー (activation energy) とよび，分子 1 個当たりで $\varepsilon_0$ であるとする。

静止している液体の場合には，分子の移動は逆の方向にも起こるが，この逆の方向の移動の活性化エネルギーも正方向の場合と等しい。速度過程の絶対反応速度論によ

れば，反応速度定数 $k_0$ は，毎秒当たり分子が活性化状態を通って始めの状態から終わりの状態に移る回数であり，$\varepsilon_0$ によって決まる。その関係は Arrhenius の式

$$k_0 = A\exp\left(-\frac{\varepsilon_0}{kT}\right) = \frac{kT}{h}\exp\left(-\frac{\varepsilon_0}{kT}\right) \tag{5.62}$$

で与えられる。$A$ は定数で，ほぼ $kT/h$ に等しく，$k$ は Boltzmann 定数，$h$ は Planck 定数である。

流動する層内で分子 1 個当たりの有効表面積は $\lambda_2\lambda_3$ であるから，運動方向に分子 1 個当たりに働くずり力は $\sigma\lambda_2\lambda_3$ である。したがって，動いている分子がポテンシャル障壁の頂上に達したときにもっているエネルギーは，それまでにずり力によってなされた仕事に等しく，$\sigma\lambda_2\lambda_3\lambda/2$ となる（図 5.39）。

その結果，流動の場合には 1 分子当たりの活性化エネルギーは，正方向に対して，$\varepsilon_0 - \sigma\lambda_2\lambda_3\lambda/2$，逆方向に対して $\varepsilon_0 + \sigma\lambda_2\lambda_3\lambda/2$ となる。流動方向への流動過程の速度定数 $k_f$ は，

$$k_f = A\exp\left(-\frac{\varepsilon_0}{kT}\right)\exp\left(\frac{\sigma\lambda_2\lambda_3\lambda}{2kT}\right) \tag{5.63}$$

逆方向の流動過程の速度定数 $k_b$ は，

$$k_b = A\exp\left(-\frac{\varepsilon_0}{kT}\right)\exp\left(-\frac{\sigma\lambda_2\lambda_3\lambda}{2kT}\right) \tag{5.64}$$

となる。分子はポテンシャル障壁を 1 回越えるたびに $\lambda$ だけ動く。$k_f$，$k_b$ は分子が毎秒障壁を越える回数であるから，分子が毎秒力の方向へ動く距離，すなわち流動速度 $\Delta v$ は式 (5.65) のようになる。

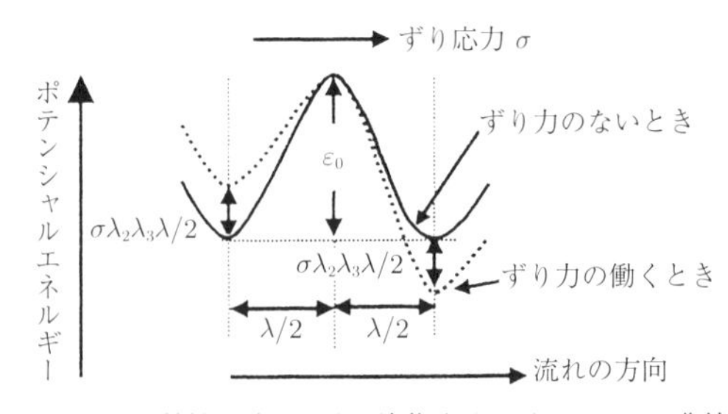


図 5.39　粘性流動における液体分子のポテンシャル曲線

$$\Delta v = \lambda (k_f - k_b) \cong A\lambda_1 \exp\left(-\frac{\varepsilon_0}{kT}\right)\frac{\sigma\lambda_2\lambda_3\lambda_1}{kT} \tag{5.65}$$

この式を式 (5.61) に代入して，

$$\eta = \frac{\sigma\lambda_1}{\Delta v} = \frac{h\left[\exp\left(\frac{\varepsilon_0}{kT}\right)\right]}{\lambda_2\lambda_3\lambda_1} \tag{5.66}$$

$\lambda_2\lambda_3\lambda_1$ は，分子 1 個当たりの占める有効体積であるから，モル体積を $V_{\mathrm{m}}$，アボガドロ定数を $N_{\mathrm{A}}$ とすれば，$V_{\mathrm{m}}/N_{\mathrm{A}} = \lambda_1\lambda_2\lambda_3$ である。1 モル当たりの活性化エネルギーを $\Delta E$ とすると，

$$\eta = \frac{hN_{\mathrm{A}}\left[\exp\left(\frac{\Delta E}{RT}\right)\right]}{V_{\mathrm{m}}} = \frac{hN_{\mathrm{A}}}{V_{\mathrm{m}}}\left[\exp\left(\frac{\Delta E}{RT}\right)\right] \tag{5.67}$$

となる。$hN_{\mathrm{A}}/V_{\mathrm{m}}$ は温度および物質の種類によってあまり変化しないから，定数とみなすことができるので，

$$\eta = B\exp\left(\frac{\Delta E}{RT}\right) \tag{5.68}$$

となり，Andrade の粘度式が得られる。

## 5.5 静的粘弾性

高分子物質の力学物性は，弾性，粘性，塑性が相互に関係しており，単独では不十分であり，その中でも弾性，粘性の寄与を含んだ弾性体 (viscoelasticity) として記述されることが多い。粘弾性の基本となる考え方は 2 つの最も簡単なモデルで表現することができる。多くの高分子物質の力学特性はこれらのモデルの組合せで説明され，モデルを構成する要素をエレメント (elements) と呼ぶ。

### 5.5.1 粘弾性モデル

図 5.40 に示すような，弾性を象徴するスプリング (spring) と粘性を示すダッシュポット (dash pot) を組み合わせて，高分子物質の力学的性質を理解する手助けとする。スプリングは Hooke の法則に従う弾性体を体現し，その弾性率を $G$ と表記する。

**図 5.40** 粘弾性モデル

ダッシュポットはNewtonの粘性則に従う粘性体を表し，その粘性率を$\eta$とする。これらをエレメントという。

### 1 Maxwellモデル

図5.41に示すように，スプリングとダッシュポットを直列に連結したモデルを，Maxwellの名にちなんでMaxwellモデルといい，応力緩和現象 (relaxation) を説明するのに適している。このモデルにおける，応力 ($\sigma$) – ひずみ ($\gamma$) の一般的関係を導く。$\sigma_G$ をスプリングによる弾性応力，$\sigma_\eta$ をダッシュポットの粘性によるずり応力とし，$\gamma_G$ および $\gamma_\eta$ をそれぞれスプリングおよびダッシュポットによるひずみとし，また，$G$をスプリングの弾性率，$\eta$をダッシュポットの粘性率とすると，

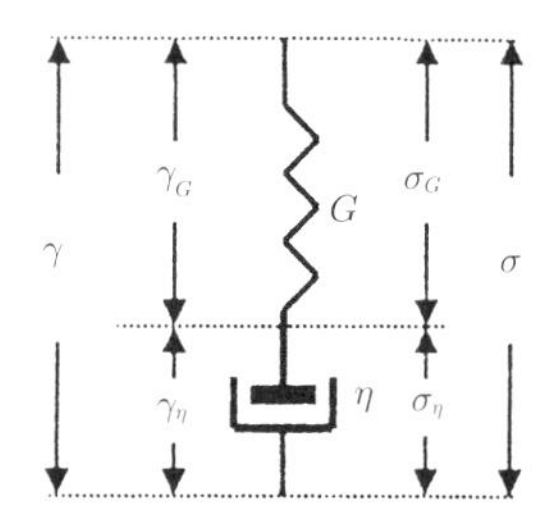


**図 5.41** Maxwellモデル

$$\gamma = \gamma_G + \gamma_\eta \tag{5.69}$$

$$\sigma = \sigma_G = \sigma_\eta \tag{5.70}$$

Hookeの法則より，

$$\sigma_G = G\gamma_G \tag{5.71}$$

Newtonの粘性則より，

$$\sigma_\eta = \eta\frac{\mathrm{d}\gamma_\eta}{\mathrm{d}t} \tag{5.72}$$

であるので，次の関係が導かれる。

$$\frac{\mathrm{d}\gamma}{\mathrm{d}t} = \frac{\mathrm{d}\gamma_G}{\mathrm{d}t} + \frac{\mathrm{d}\gamma_\eta}{\mathrm{d}t} = \frac{1}{G}\frac{\mathrm{d}\sigma}{\mathrm{d}t} + \frac{1}{\eta}\sigma \tag{5.73}$$

これを Maxwell の粘弾性式 (Maxwell's viscoelastic equation) という。

### 2 Maxwell モデルの静的性質

(i) ひずみ $\gamma$ を一定 ($\gamma = \gamma_0$) に保ったときの応力 $\sigma$ の時間変化 (応力緩和: relaxation)

$\mathrm{d}\gamma/\mathrm{d}t = 0$ であるので，式 (5.73) から，

$$\frac{\mathrm{d}\sigma}{\mathrm{d}t} + \frac{G}{\eta}\sigma = 0 \tag{5.74}$$

これは，1 次反応速度式と同一形式であり，容易に次のように解ける。

$$\int_{\sigma_0}^{\sigma} \frac{\mathrm{d}\sigma}{\sigma} = -\frac{G}{\eta}\int_0^t \mathrm{d}t \tag{5.75}$$

$$\ln\left(\frac{\sigma}{\sigma_0}\right) = -\frac{G}{\eta}t \tag{5.76}$$

$$\tau = \frac{\eta}{G} \tag{5.77}$$

よって，

$$\sigma(t) = \sigma_0 e^{-t/\tau} = G\gamma_0 e^{-t/\tau} \tag{5.78}$$

$\sigma_0$ が $\sigma_0/e$ まで減少する（緩和する）のに要する時間を緩和時間 $\tau$(relaxation time) という（図 5.42 参照)。

(ii) 応力 $\sigma$ を一定 ($\sigma = \sigma_0$) に保ったときのひずみ $\gamma$ の時間変化

式 (5.73) から，

$$\frac{\mathrm{d}\gamma}{\mathrm{d}t} = \frac{1}{\eta}\sigma_0 \tag{5.79}$$

式 (5.79) を積分するのに，$t = 0$ で瞬間的にスプリングのひずみは $\gamma_0$ となるから，

$$\int_{\gamma_0}^{\gamma} \mathrm{d}\gamma = \frac{1}{\eta}\sigma_0 \int_0^t \mathrm{d}t \tag{5.80}$$

$$\gamma = \gamma_0 + \frac{1}{\eta}\sigma_0 t \tag{5.81}$$

これは図 5.43 に示すように，第 2 項は流動変形で，図中の点線で示す。したがって，$t = t_1$ で応力を除くと，$\gamma_0$ だけ縮んでひずみが一定となる。

(iii) 変形速度を一定 ($\mathrm{d}\gamma/\mathrm{d}t = R$) に保ったときの応力 $\sigma$ の時間変化

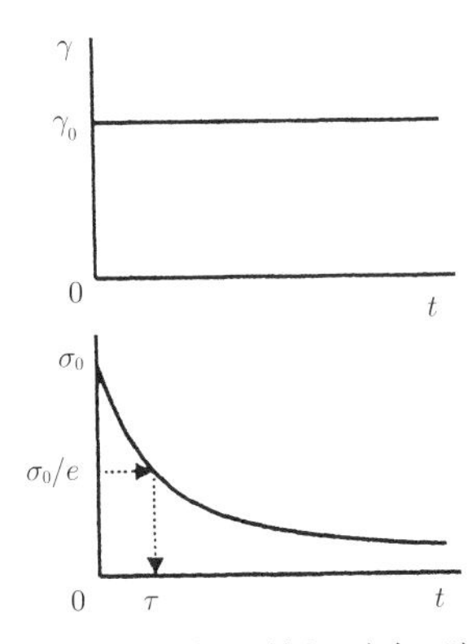


図 **5.42** 一定ひずみに対する応力の時間変化（応力緩和）

図 **5.43** 一定応力に対するひずみの時間変化

式 (5.73) から,

$$\frac{\mathrm{d}\sigma}{\mathrm{d}t} + \frac{G}{\eta}\sigma = GR \tag{5.82}$$

であるので, $R$ を一定として解くと,

$$\sigma(t) = \tau GR\left(1 - e^{-t/\tau}\right) = R\eta\left(1 - e^{-t/\tau}\right) \tag{5.83}$$

これを図示すると, 図 5.44 のようになる。

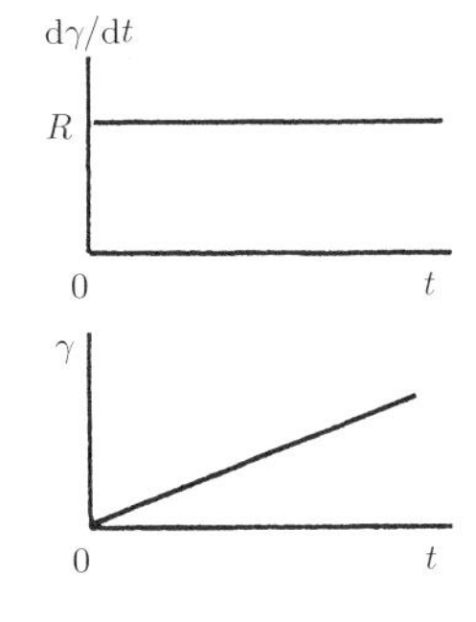


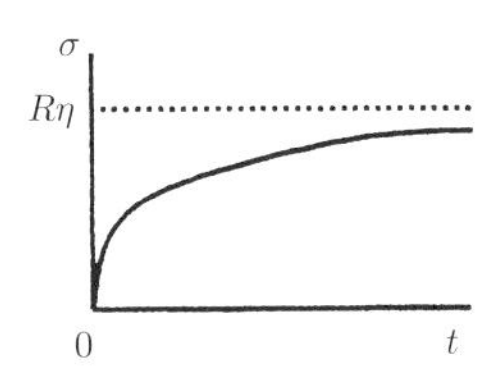


図 **5.44** 一定変形速度に対する応力の時間変化

## 3 Voigt モデル

スプリングとダッシュポットを並列に連結したモデルを Voigt の名にちなんで Voigt モデルといい, 高分子物質のクリープ現象 (Creep) の説明に最適なモデルである。このモデルの応力 $\sigma$ とひずみ $\gamma$ の一般的な関係は図 5.45 に示すように,

$$\sigma = \sigma_G + \sigma_\eta \tag{5.84}$$

$$\gamma = \gamma_G = \gamma_\eta \tag{5.85}$$

であるので，式 (5.71) と式 (5.72) を用いると，

$$\sigma(t) = G\gamma_G + \eta\frac{\mathrm{d}\gamma_\eta}{\mathrm{d}t} = G\gamma + \eta\frac{\mathrm{d}\gamma}{\mathrm{d}t} \tag{5.86}$$

が得られる。これを Voigt の粘弾性式 (Voigt's viscoelastic equation) という。

**4　Voigt モデルの静的性質**

(i)　応力 $\sigma$ を一定 ($\sigma = \sigma_0$) に保ったときのひずみ $\gamma$ の時間的変化（クリープ: creep）

このとき，式 (5.86) は，

$$G\gamma + \eta\frac{\mathrm{d}\gamma}{\mathrm{d}t} = \sigma_0 \tag{5.87}$$

と書くことができる。

$$\lambda = \frac{\eta}{\mathrm{G}} \tag{5.88}$$

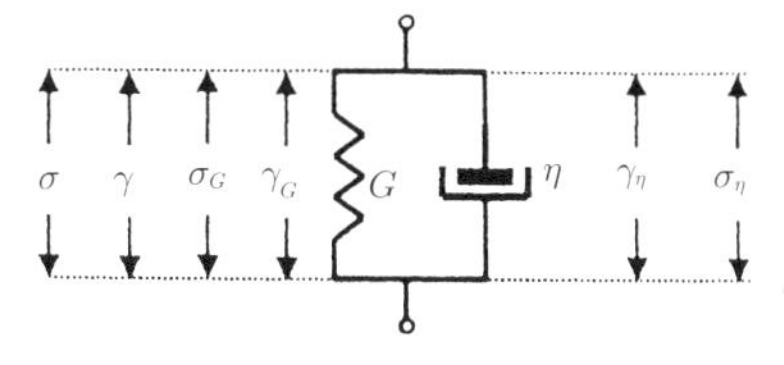

図 **5.45**　Voigt モデル

とし，式 (5.87) を解くと，

$$\gamma(t) = \frac{\sigma_0}{G}\left(1 - e^{-t/\lambda}\right) = \gamma_\infty\left(1 - e^{-t/\lambda}\right) \tag{5.89}$$

上式を図示すると図 5.46 のようになる。変形は荷重の瞬間から除々に増加し，荷重に遅れて一定値 (平衡ひずみ $\gamma_\infty$) に近づく。その遅れの度合いを数量的に示したものが $\lambda$ であり，遅延時間 (delay time または retardation time) という。

(ii)　上記 (i) で，変形しつつあるとき急に $t = t_1$ で応力を除いた後の回復（クリープ回復）

$t = t_1$ におけるひずみ $\gamma(t_1)$ は

$$\gamma(t_1) = \gamma_\infty\left(1 - e^{-t_1/\lambda}\right) \tag{5.90}$$

であり，式 (5.86) で $\sigma = 0$ でおき，$t_1$ から $t$ までの積分を行うと，

$$\gamma(t) = \gamma(t_1)\,e^{-(t-t_1)/\lambda} \tag{5.91}$$

となる。これは，応力緩和挙動を示す式と全く同じ形式となる。それを図 5.47 に示す。

(iii)　変形を一定 ($\gamma = \gamma_0, \mathrm{d}\gamma/\mathrm{d}t = 0$) に保ったときの応力 $\sigma$ の時間変化

式 (5.86) において，$\mathrm{d}\gamma/\mathrm{d}t = 0$ とすると，

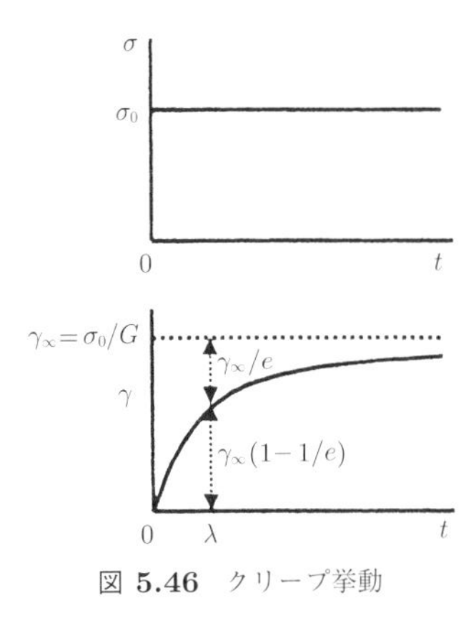

図 **5.46** クリープ挙動

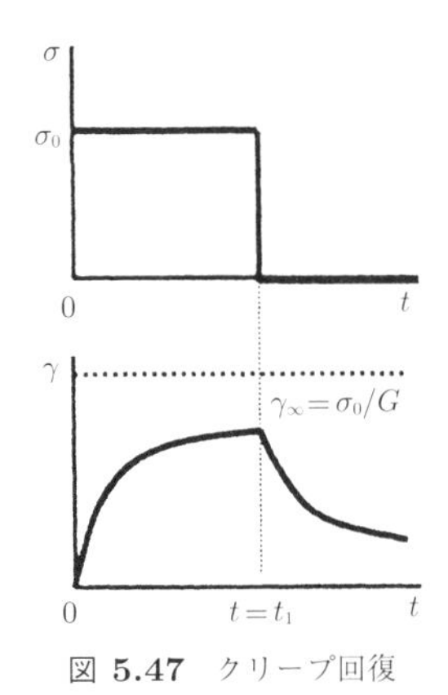

図 **5.47** クリープ回復

$$\sigma(t) = G\gamma_0 \tag{5.92}$$

であるので，スプリングだけの効果で変形に比例した $\sigma$ が生じるのみで，緩和挙動は示さない。これは，モデルの図からも直感的にわかる。

### 5 4要素モデル

4要素モデル（図5.48）における応力 $\sigma$ とひずみ $\gamma$ との関係は，

$$\gamma = \gamma_1 + \gamma_2 + \gamma_3 \tag{5.93}$$

$$\sigma = \sigma_1 = \sigma_2 = \sigma_3 \tag{5.94}$$

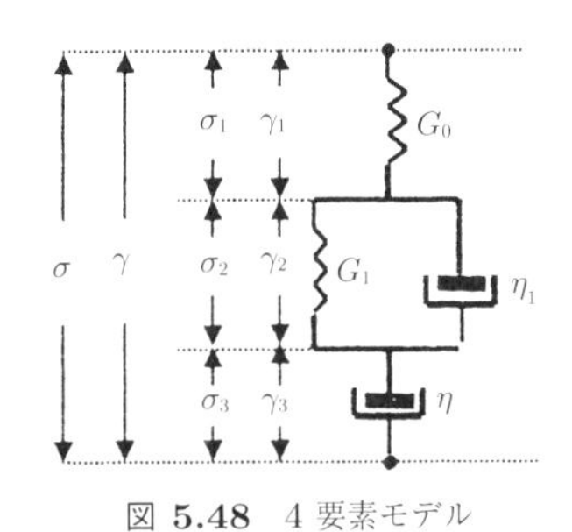

図 **5.48** 4要素モデル

および

$$\sigma = \sigma_1 = G_0\gamma_1 \tag{5.95}$$

$$\sigma = \sigma_2 = G_1\gamma_2 + \eta_1\frac{\mathrm{d}\gamma_2}{\mathrm{d}t} \tag{5.96}$$

$$\sigma = \sigma_3 = \eta\frac{\mathrm{d}\gamma_3}{\mathrm{d}t} \tag{5.97}$$

の関係を用いて解くと

$$\sigma\left(1 + \frac{G_1}{G_0} + \frac{\eta_1}{\eta}\right) + G_1\int\frac{\sigma}{\eta}\mathrm{d}t + \frac{\eta_1}{G_0}\frac{\mathrm{d}\sigma}{\mathrm{d}t} = G_1\gamma + \eta_1\frac{\mathrm{d}\gamma}{\mathrm{d}t} \tag{5.98}$$

となる。

4 要素モデルを応力 $\sigma = \sigma_0 =$ 一定 で解くと,

$$\gamma(t) = \frac{\sigma_0}{G_0} + \frac{\sigma_0}{G_1}\left(1 - e^{-t_1/\lambda}\right) + \frac{\sigma_0}{\eta}t \tag{5.99}$$

ただし, この場合の遅延時間 $\lambda$ は,

$$\lambda = \frac{\eta_1}{G_1} \tag{5.100}$$

である。この結果を図示したのが図 5.49 である。これは, Voigt モデルより一般的なクリープ現象に近づく。

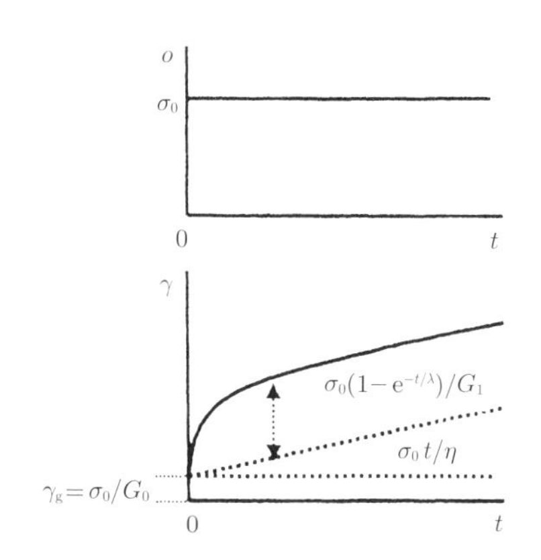


**図 5.49** 4 要素モデルのクリープ

### 5.5.2 静的粘弾性の一般論

上記のような簡単なモデルの力学的挙動（クリープまたは応力緩和挙動）は, 実際の高分子物質の挙動と定性的には似ているが, 定量的には一致しないことが多い。もちろん, Maxwell や Voigt の要素を数多く組み合わせることにより実際に近づけることはできる。事実, このような組合せによる試みは数多くなされたが, その個々のモデルと分子構造とが対応するかと言うと, その点は全く無関係である。このような試みは, かえって何かの対応を暗示する危険さえある。モデル的考察はこの程度にして, 次に現象論的取扱いを示す。このような抽象的な理解のほうがかえって一般性がある。これは, 一見わかり難いようであるが, 非実在モデルで自然像を描くよりも有意義である。

#### 1 一般的緩和理論

はじめに, 一定ひずみ $\gamma_0$ を与えたときの応力 $\sigma$ の時間的変化を考える。これは, 最も簡単な変形の例で, あらゆる変形はこの組合せと考えられる。ここで, 緩和弾性率 $G(t)$ を次のように定義する。

$$G(t) \equiv \frac{\sigma(t)}{\gamma_0} \tag{5.101}$$

粘弾性物質についての実験事実として,

(i) 応力 $\sigma$ は, 図 5.50 に示すように, $e^{-t/\tau}$ に類似の形で減少する。これを緩和

(relaxation) という。ただし，$\tau$ は 1 つのみとは限らない。一般的に，この緩和の形を $\Phi(t)$ と書くことにする。

(ii)　Maxwell モデルのときは，$\sigma(\infty)=0$ であったが，例えば，加硫ゴムなどでは，長時間伸長しておいても張力は 0 にならない。すなわち，$\sigma(\infty)$ は，一般には 0 ではなく，そのときの弾性率 $G(\infty)$ とひずみ $\gamma_0$ で決まる次の値をもつ。

$$\sigma(0)=G(0)\gamma_0 \tag{5.102}$$

$$\sigma(\infty)=G(\infty)\gamma_0 \tag{5.103}$$

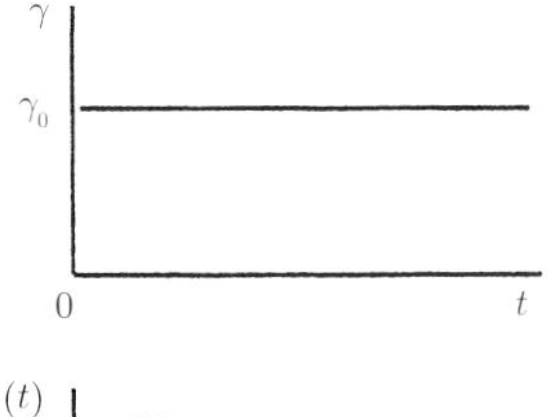


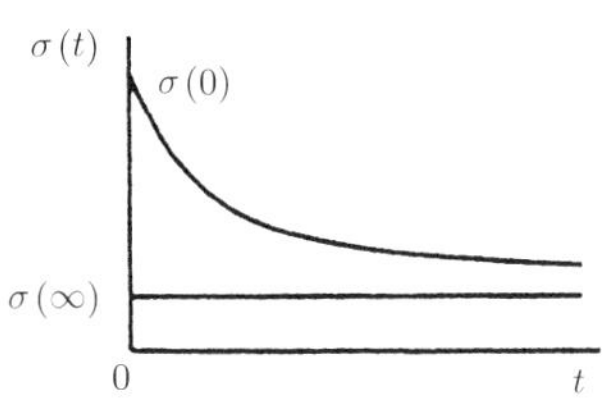


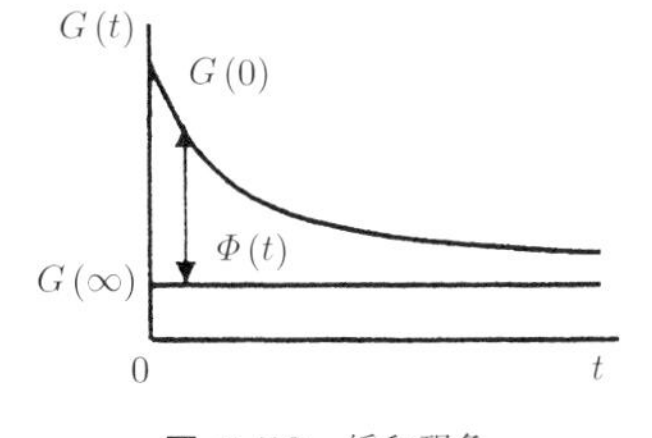


図 **5.50**　緩和現象

$\gamma_0$ を上記の一定ひずみとして，この (i)，(ii) のことを式にまとめる。この際，弾性率を次のように 2 つに分け，

$$\sigma(t)=G(t)\gamma_0=[\Phi(t)+G(\infty)]\,\gamma_0 \tag{5.104}$$

$G(\infty)$ は，長時間後に，変形が一定になったとき（平衡時）の応力 / ひずみであるから，これを平衡弾性率 (equilibrium modulus) といい，$\Phi(t)$ は，上記 (i) のような一般的な応力緩和の形を示すものであるから，緩和関数 (relaxation function) という。また，$t=0$ のときの弾性率 $G(0)$ を，瞬間弾性率 (instantaneous modulus) という。

上記から明らかなように，

$$\Phi(0)=G(0)-G(\infty) \tag{5.105}$$

$$\Phi(\infty)=0 \tag{5.106}$$

この $\Phi(t)$ が，その物質の粘弾性的特徴を代表するもので，その内容に少し立ち入ってみる。この考え方に 2 通りあり，1 つはその物質の応力緩和の形は無数の Maxwell 要素の集まりで表現できるとするものである。これを式で示すと，

$$\sigma(t)=\sum\sigma_i=\gamma_0\sum G_i\mathrm{e}^{-t/\tau_i} \tag{5.107}$$

$\sigma_i$, $G_i$ および $\tau_i$ はそれぞれ $i$ 番目の要素の応力，弾性率および緩和時間である。前記の $\Phi(t)$ は $\sigma$ の部分に相当するから，

$$\Phi(t) = \sum G_i \mathrm{e}^{-t/\tau_i} = \sum \frac{G_i}{\Delta\tau_i} \mathrm{e}^{-t/\tau_i} \Delta\tau_i \equiv \sum h_i \mathrm{e}^{-t/\tau_i} \Delta\tau_i \tag{5.108}$$

実在的（物理的）には，このような不連続が本来の姿であろうが，計算の便宜上，この $\tau$ が連続分布をするものとして和を積分にする。

$$\Phi(t) = \int_0^{\infty} h(\tau) \exp\left(-\frac{t}{\tau}\right) \mathrm{d}\tau \tag{5.109}$$

このような性質をもつ $h(\tau)$ は，一般に緩和時間 $\tau$ の分布関数 (distribution function of relaxation time) という。

上記は，理解に便利な Maxwell 要素の集合を考えたが，このような表現を借りなくても，次のように抽象的に連続関数として考えたほうが一般的である。応力は，時間とともに緩和（減少）するはずであるから，これを単調減少関数で表すのが合理的である。その表現には，式 (5.109) のような関数 $h(\tau)$ を含んだ積分を用いるか，またはこれを一般的に解して，$\mathrm{e}^{-t/\tau}$ という一種の減少関数を $\tau$ の分布関数 $h(\tau)$ で平均したものを用いる。$\tau$ の範囲が広いと（例えば，実在のゴムの場合では 10 秒程度から，長いものでは $10^9$ 秒も珍しくない），このままの形では記述に不便であるから，$h(\tau)$ の代わりに $H(\ln\tau)$ として，下記のように全く別の形の関数 $H(\ln\tau)$ を用いることもできる。

$$\Phi(t) = \int_{-\infty}^{\infty} H(\ln\tau) \mathrm{e}^{-t/\tau} \mathrm{d}\ln\tau \tag{5.110}$$

$$h(\tau)\,\mathrm{d}\tau = H(\ln\tau)\,\mathrm{d}\ln\tau = \mathrm{H}(\ln\tau)\,\frac{\mathrm{d}\tau}{\tau} \tag{5.111}$$

$$H(\ln\tau) = \tau \cdot h(\tau) \tag{5.112}$$

$h(\tau)$ の意味は，$\tau_i$ と $\tau_i + \mathrm{d}\tau$ の範囲にある緩和機構が全体の $\Phi(t)$ に寄与する程度を $E_i/\Delta\tau_i$ の形で示したもので，一般に分布関数の表現形式であるから，$h(\tau)$ または $H(\ln\tau)$ を緩和スペクトル (relaxation spectrum) という。この $h(\tau)$，$H(\ln\tau)$ の中に対象とする物質の粘弾性緩和現象の特徴がすべて集約されているので，非常に重要な関数である。

### 2　一般化クリープ理論

はじめに，一定の荷重（したがって，一定応力 $\sigma_0$）を加えたときのひずみ $\gamma(t)$ の時間変化を求めよう。クリープコンプライアンス (creep compliance) $J(t)$ を次のように定義する。

$$J(t) \equiv \frac{\gamma(t)}{\sigma_0} \tag{5.113}$$

実験事実として，図 5.51 に示すように次の 3 つの部分に分けられる。

(i) 最初，瞬間的に $\gamma(0)$ だけ伸びる。

$$\gamma(0) = J(0)\,\sigma_0 \tag{5.114}$$

$J(0)$ は，ガラスコンプライアンス (glass compliance) または，瞬間コンプライアンスという。

(ii) 時間に比例して伸びる部分。単純な粘性流動とすれば，Newton の粘性式を適用して，$\gamma(t) = (\sigma_0/\eta)\,t$ となるが，橋かけ高分子の場合にはこの項は現れない。

(iii) (i)，(ii) 以外の変形で時間とともに徐々に伸びて，ついに伸びが止まる部分。これは，$\sigma_0$ に比例するものとして，$\Psi(t)\,\sigma_0$ で表す。$\Psi(t)$ をクリープ関数 (creep function) という。

よって，

$$\gamma(t) = J(t)\,\sigma_0 = \left(J(0) + \Psi(t) + \frac{t}{\eta}\right)\sigma_0 \tag{5.115}$$

$$J(t) = J(0) + \Psi(t) + \frac{t}{\eta} \tag{5.116}$$

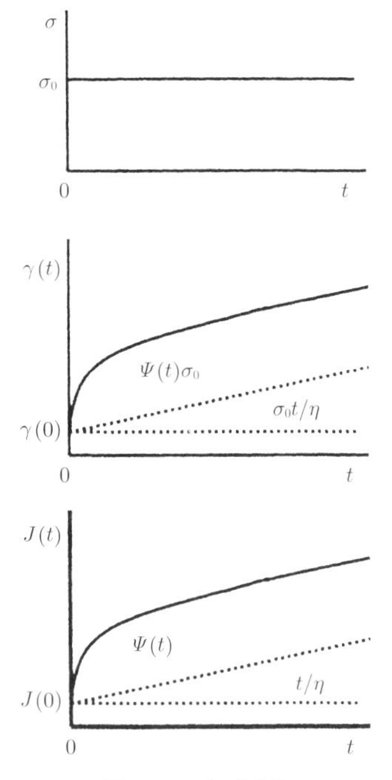


図 5.51　遅延現象

ひずみが応力に遅れる遅延現象は，クリープ関数に集約される。これも一般的応力緩和のときと同様に無数の Voigt 要素の集合と考えて，遅延時間が連続分布すると考えれば，次のように表せる。

$$\Psi(t) = \int_0^\infty l(\lambda)\left(1 - e^{-t/\lambda}\right)\mathrm{d}\lambda \tag{5.117}$$

$$\Psi(t) = \int_{-\infty}^\infty L(\ln\lambda)\left(1 - e^{-t/\lambda}\right)\mathrm{d}\ln\lambda \tag{5.118}$$

$$L(\ln\lambda) = \lambda \cdot l(\lambda) \tag{5.119}$$

$l(\lambda)$ または $L(\ln\lambda)$ は，遅延時間の分布関数を表し，遅延スペクトル (retardation spectrum) という。

粘弾性体の力学的性質は，すべて，緩和スペクトル $H$ あるいは遅延スペクトル $L$ の中に集約されており，逆にいえば，ある物質の $H$ もしくは $L$ が既知であれば，原理的には，その物質のすべての力学的性質を予測することができる。したがって，応力緩和，クリープ実験から $H$，$L$ を決定することが，粘弾性材料の力学特性の研究にとって最も正当な方法の 1 つといえる。

### 3 緩和スペクトルの求め方

実験的に得られる緩和関数 $\Phi(t)$ と緩和スペクトルとの関係は，式 (5.109)，式 (5.110) で表されているので，第 1 近似として，次のような階段関数（図 5.52）で置き換えることにより簡単に解くことができる。

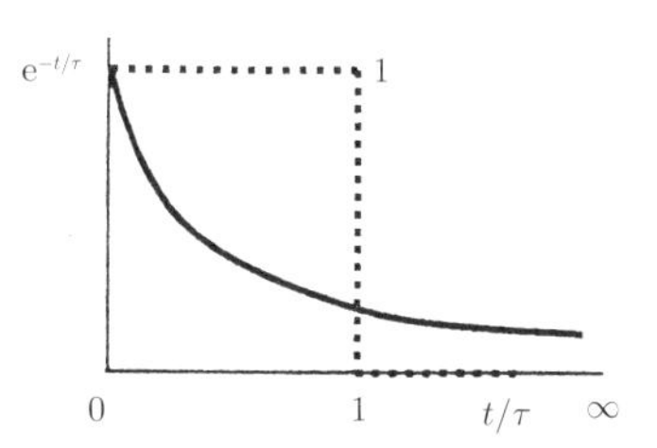


**図 5.52** 階段関数による第 1 近似

$$0 \leq \frac{t}{\tau} \leq 1\,(0 \leq t \leq \tau) \text{ のとき，} \mathrm{e}^{-t/\tau} = 1$$

$$1 \leq \frac{t}{\tau} \text{ のとき，} \mathrm{e}^{-t/\tau} = 0$$

であるので，

$$\Phi(t) = \int_0^t h(\tau)0\mathrm{d}\tau + \int_t^\infty h(\tau)\mathrm{d}\tau = \int_t^\infty h(\tau)\mathrm{d}\tau \tag{5.120}$$

同様に，

$$\Phi(t) = \int_t^\infty H(\tau)\frac{1}{\tau}\mathrm{d}\tau \tag{5.121}$$

である。これらの積分は変数を含んでいるので，簡単に積分できない。そこで，

$$h(\tau) \equiv \frac{\mathrm{d}F(\tau)}{\mathrm{d}\tau} \tag{5.122}$$

とおくと，

$$\Phi(t) = \int_t^\infty \frac{\mathrm{d}F(\tau)}{\mathrm{d}\tau}\mathrm{d}\tau = [F(\tau)]_t^\infty = F(\infty) - F(t) \tag{5.123}$$

となり，ここで，$F(\infty)$ は定数となるので，式 (5.123) を $t$ で微分すると，

$$\frac{\mathrm{d}}{\mathrm{dt}}\Phi(t) = -\frac{\mathrm{d}F(t)}{\mathrm{d}t} = -h(t) \tag{5.124}$$

となるので，$t = \tau$ とおけば，緩和スペクトルが次のように求められる。

$$h(\tau) = -\left(\frac{\mathrm{d}\Phi(t)}{\mathrm{d}t}\right)_{t=\tau} \tag{5.125}$$

$$H(\ln\tau) = -\tau\left(\frac{\mathrm{d}\Phi(t)}{\mathrm{d}t}\right)_{t=\tau} = -\left(\frac{\mathrm{d}\Phi(t)}{\mathrm{d}\ln t}\right)_{t=\tau} = -\left(\Phi(t)\frac{\mathrm{d}\ln\Phi(t)}{\mathrm{d}\ln t}\right)_{t=\tau} \tag{5.126}$$

また，式 (5.64) から，

$$G(t) = \Phi(t) + G(\infty) \tag{5.127}$$

であり，平衡弾性率 $G(\infty)$ は一定の値であるので，$G(t)$ から直接，緩和スペクトルが求められる。すなわち，

$$h(\tau) = -\left(\frac{\mathrm{d}G(t)}{\mathrm{d}t}\right)_{t=\tau} \tag{5.128}$$

$$H(\ln\tau) = -\tau\left(\frac{\mathrm{d}G(t)}{\mathrm{d}t}\right)_{t=\tau} = -\left(\frac{\mathrm{d}G(t)}{\mathrm{d}\ln t}\right)_{t=\tau} = -\left(G(t)\frac{\mathrm{d}\ln G(t)}{\mathrm{d}\ln t}\right)_{t=\tau} \tag{5.129}$$

以上が第 1 次近似であるが，さらに近似を上げる方法があるが，実際上補正はわずか

であるので，特殊な場合を除いてその必要はない。

### 4 遅延スペクトルの求め方

クリープ関数 $\Psi(t)$ は，式 (5.117) と式 (5.118) で与えられているので，緩和スペクトルを求めるときと同じ手法を用いて，遅延スペクトルを求めることができる。

$$l(\lambda) = -\left(\frac{\mathrm{d}\Psi(t)}{\mathrm{d}t}\right)_{t=\lambda} \tag{5.130}$$

$$L(\ln\lambda) = \lambda\left(\frac{\mathrm{d}\Psi(t)}{\mathrm{d}t}\right)_{t=\lambda} = \left(\frac{\mathrm{d}\Psi(t)}{\mathrm{d}\ln t}\right)_{t=\lambda} = \left(\Psi(t)\,\frac{\mathrm{d}\ln\Psi(t)}{\mathrm{d}\ln t}\right)_{t=\lambda} \tag{5.131}$$

しかし，式 (5.116) 中の第 3 項が時間に依存するので，$J(t)$ から直接，遅延スペクトルを求めることができない。

## 5.5.3 重ね合わせの原理

### 1 Boltzmann の重ね合わせの原理

ひずみや応力が階段的に変化したときどうなるかを考えてみる。例えば，図 5.53 の応力緩和実験で，観測時間 $t = t_1$ で，ひずみを 2 倍にしたとき，このステップ状の刺激を，$\gamma_0$ と $\gamma_1 - \gamma_0$ $(= \gamma_0)$ に分解し，応力 $\sigma$ はそれぞれのステップ状の応答と見なすことができる。

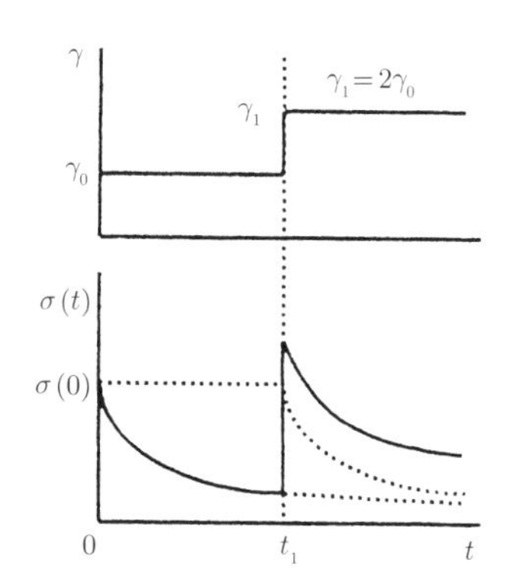

図 5.53 Boltzmann の重ね合わせの原理

すなわち，変形に対応する応力は何度加えても，前に加えた応力は次に加える応力に関係しない。そして，変形と応力は互いに線形関係を保つ。別の言葉でいうと「繰り返し変形を受けたとき，各変形は互いに独立である」，これを Boltzmann の重ね合わせの原理 (superposition principle) という。この例のような応力緩和の場合，初期ひずみ $\gamma_0$ が時間 $t_1$ で $\gamma_1$ に変えられ，以降順次，ひずみが変わるとき

$$\begin{aligned}\sigma(t) &= G(t)\,\gamma_0 + G(t-t_1)(\gamma_1-\gamma_0) + \cdots + G(t-t_i)(\gamma_i-\gamma_{i-1}) + \cdots \\ &= \sum G(t-t_i)(\gamma_i-\gamma_{i-1}) = \sum G(t-t_i)\,\Delta\gamma_i\end{aligned} \tag{5.132}$$

ここで，$G(t)$ は緩和弾性率で，$t_i - t_{i-1}$ を短くした極限では，

$$\sigma(t) = \int_{-\infty}^{t} G\left(t - t'\right) \frac{\mathrm{d}\gamma(t')}{\mathrm{d}t'} \mathrm{d}t' \tag{5.133}$$

となる。ここで，$t'$ は過去から現在までの時間であり，どのような $\Delta\gamma_\mathrm{i}$ に対しても $G(t-t')$ と同じ $G(t)$ をもっている。

クリープ実験についても同様なことが成り立つ。

$$\gamma(t) = \sum J(t - t_i)(\sigma_i - \sigma_{i-1}) = \sum J(t - t_i)\Delta\sigma_i \tag{5.134}$$

### 2　時間–温度の重ね合わせの原理（時間–温度の換算則）

図5.54に示すように，緩和弾性率 $G(t)$ の時間 $t$ 依存性をいろいろな温度 $T$ で測定し，基準温度 $T_\mathrm{s}$ でのデータに $\log t$ の軸移動のみで重ね合わせができることを，時間–温度の重ね合わせの原理 (superposition principle for time -temperature) あるいは時間–温度の換算則という。基準温度 $T_\mathrm{s}$ に対して，それより低温側のデータは短時間側，高温側のデータは長時間側に移動でき，ちょうど温度と時間が換算できるようにみえる。このような時間と温度の同等性は，Williams, Landel, Ferry (Williams-Landel-Ferry: WLF) や Tobolsky，Leaderman によって見いだされた。このようにして比較的短い時間範囲内で測定ができ，温度を大きく変えて行えば，それぞれの温度での測定結果を合成して，長い時間範囲にわたるスペクトルを描くことができる。できあがった合成曲線をマスターカーブ (master curve) という。各温度ごとの時間軸の移動量 $a_T$ をシフトファクター (shift factor) あるいは移動因子という。シフトファクターの温度依存性を図5.55に示す。緩和時間はおおよそ，基準温度より 20 K 低温側では 100 倍以

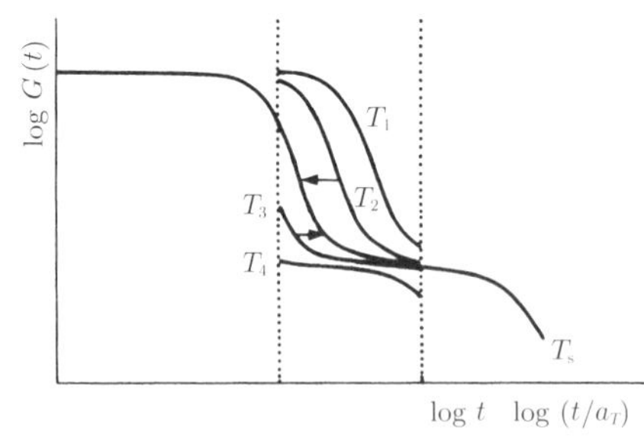


図 5.54　時間–温度の重ね合わせ

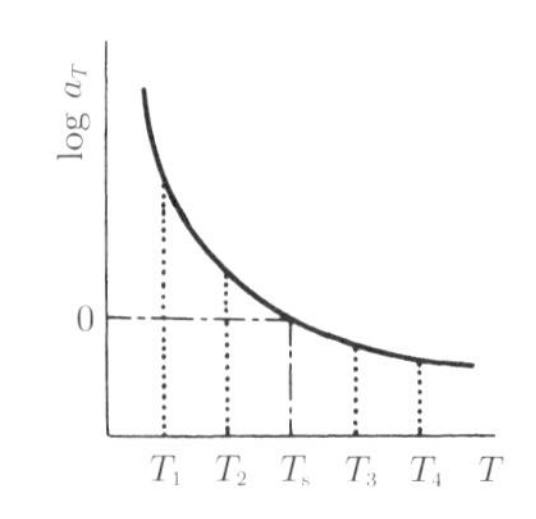


図 5.55　図5.54から求めたシフトファクターの温度依存性

上長くなり，40 K 高ければ 1/100 以上短くなる。

図 5.56 のように，時間と温度の換算によりマスターカーブが作成できる。このことは，次のように考えると理解しやすい。基準温度での $G(t)$ は緩和時間の分布を考慮すると，

$$G_{\mathrm{s}}\left(t, T_{\mathrm{s}}\right)=\sum G_i\left(T_{\mathrm{s}}\right) \exp \left[-\frac{t}{\tau_i\left(T_{\mathrm{s}}\right)}\right] \tag{5.135}$$

$$\tau_i\left(T_{\mathrm{s}}\right)=\frac{\eta_i\left(T_{\mathrm{s}}\right)}{G_i\left(T_{\mathrm{s}}\right)} \tag{5.136}$$

である。

一方，任意の温度 $T$ での $G(t)$ は，

$$G_{\mathrm{T}}(t, T)=\sum G_i(T) \exp \left[-\frac{t}{\tau_i(T)}\right] \tag{5.137}$$

$$\tau_i(T)=\frac{\eta_i(T)}{G_i(T)} \tag{5.138}$$

である。$G_i$ はゴム弾性的であると考え，また，$T$ と $T_S$ での緩和時間の比は $i$ によらず，$a_T$ であると仮定すると，

$$a_T=\frac{\tau_i(T)}{\tau_i\left(T_{\mathrm{s}}\right)} \tag{5.139}$$

と書くことができる。このことから式 (5.137) を整理すると，

$$G_{\mathrm{T}}(t, T)=\frac{\rho T}{\rho_{\mathrm{s}} T_{\mathrm{s}}} \sum G_i\left(T_{\mathrm{s}}\right) \exp \left[-\frac{t}{a_T \tau_i\left(T_{\mathrm{s}}\right)}\right]=\frac{\rho T}{\rho_{\mathrm{s}} T_{\mathrm{s}}} G_{\mathrm{s}}\left(\frac{t}{a_T}, T_{\mathrm{s}}\right) \tag{5.140}$$

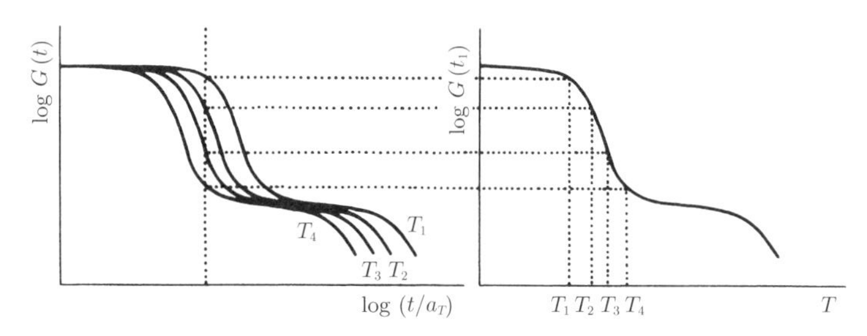


**図 5.56** 時間–温度の重ね合わせによるマスターカーブの作成

となる。ここで，$\rho T/\rho_{\mathrm{s}}T_{\mathrm{s}} \fallingdotseq 1$ とすると，

$$G_{\mathrm{T}}(t,T) = G_{\mathrm{s}}\left(\frac{t}{a_T}, T_{\mathrm{s}}\right) \tag{5.141}$$

したがって，時間軸方向に $\log a_T$ だけシフトさせればよいことになる。また，$a_T$ は次のように表せる。

$$a_T = \frac{\tau_i(T)}{\tau_i(T_{\mathrm{s}})} = \frac{\tau(T)}{\tau(T_{\mathrm{s}})} = \frac{\tau(T)}{\tau(T_{\mathrm{g}})} \cong \frac{\eta(T)}{\eta(T_{\mathrm{s}})} \cong \frac{\eta(T)}{\eta(T_{\mathrm{g}})} \tag{5.142}$$

$$\therefore a_T = \frac{t}{t_{\mathrm{s}}} \tag{5.143}$$

このシフトファクター $a_T$ に対して，実験式として次の関係が得られている。ただし，基準温度 (K) の取り方によって係数が異なるので注意を要する。

(i)　$T_{\mathrm{s}}$=$T_{\mathrm{g}}$+50 を基準温度とした WLF の式（$T_{\mathrm{g}}$ はガラス転移温度）

$$\log a_T = \log\left(\frac{\eta(T)}{\eta(T_{\mathrm{s}})}\right) = \frac{-8.86\ (T-T_{\mathrm{s}})}{101.6+(T-T_{\mathrm{s}})} \tag{5.144}$$

(ii) $T_{\mathrm{g}}$ を基準温度とした WLF の式

$$\log a_T = \log\left(\frac{\eta(T)}{\eta(T_{\mathrm{s}})}\right) = \frac{-17.44\ (T-T_{\mathrm{s}})}{51.6+(T-T_{\mathrm{s}})} \tag{5.145}$$

となる。

### 3　自由体積理論による粘性率の温度依存性

5.1 節で述べたように，流体中で分子が移動できるのは，分子運動によってある体積以上の空間が分子の周辺にできるためである。これらの空間をすべて加えたものが自由体積 (free volume) である。この考え方で，粘性率 $\eta$ の温度依存性を求めると，自由体積分率 $f(T)$ を使って，

$$\eta(T) = A\exp\left(\frac{B}{f(T)}\right) \tag{5.146}$$

となる。ここで，$A$ および $B$ は物質に依存した定数である。式 (5.146) を Doolittle の粘度式という。この式を式 (5.142) に代入し，整理すると，WLF の式と同形の式が得られる。とくに，基準温度に $T_{\mathrm{g}}$ を用いると $B \fallingdotseq 1$ となり，等自由体積理論 (iso-free volume theory) では，熱膨張係数 $\Delta\alpha = 4.84\times10^{-4}\,\mathrm{K}^{-1}$，$T_{\mathrm{g}}$ における自由体積分率 $f_{\mathrm{g}} = 1/40 = 0.025$ となるので，

$$\log\left(\frac{\eta(T)}{\eta(T_{\mathrm{s}})}\right) = \frac{-17.37\,(T - T_{\mathrm{s}})}{51.65 + (T - T_{\mathrm{s}})} \tag{5.147}$$

が得られる。また，ガラス転移温度で多くの高分子の粘性率 $\eta$ が一定値を示すという等粘性理論 (iso-viscous theory) では，

$$\eta(T_{\mathrm{g}}) = 10^{12}\,\mathrm{Pa\,s} = 10^{13}\,\mathrm{Poise} \tag{5.148}$$

である。

### 5.5.4　粘弾性の分子論

前述のような方法で，重ね合わせにより求められた無定形高分子物質の緩和弾性率 $G(t)$ の温度あるいは時間依存性は，5 章の図 5.1 と本質的に同じである。クリープ実験から得られるクリープコンプライアンス $J(t)$ についても同様の曲線を描くことができる。ただし，$J(t)$ は定義から $G(t)$ の逆の次元をもつ。$G(t)$ あるいは $J(t)$ から 5.3.2 項で求められる緩和スペクトルあるいは遅延スペクトルは，分子論的には同じように解釈することができるので，ここでは，緩和スペクトルを例に解説する。緩和スペクトルの一般的な曲線を図 5.57 に示す。

緩和時間 $\tau$ は広く分布し，$\log\tau$ に対して 20 くらいにわたって分布している。分布は一様でなく，緩和時間の短い箇所に対応するスペクトルは平坦で箱形 (box type) をしており，$10^9$ Pa オーダー程度を示す。次に，$\tau^{-1/2}$ に比例したくさび型 (wedge type)，さらに，緩和時間の長い箇所は緩和時間によらず，$10^6$ Pa オーダー程度のほぼ一定値となる箱型 (box type) スペクトルとなる。緩和時間の短い側にある高い箱型

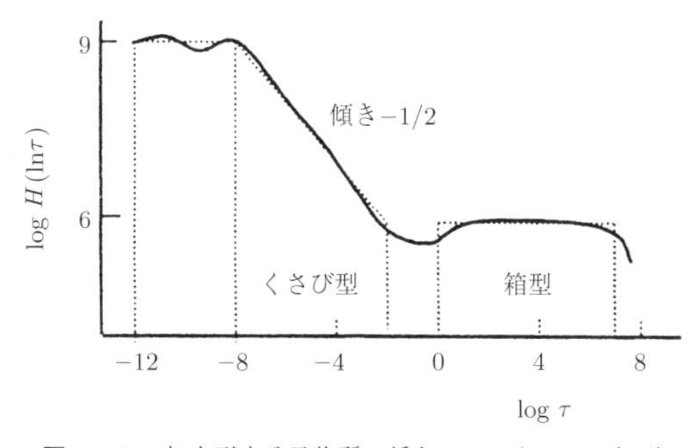


図 5.57　無定形高分子物質の緩和スペクトルの一般形

スペクトルは，セグメント内部，すなわち，モノマー単位あるいは側鎖の熱運動に起因する情報が含まれている。くさび型の部分は，高分子鎖内部におけるセグメント相互の協同運動によるものである。ある長さの弦の中にいろいろの長さの波長の振動が起こるように，分子鎖内のセグメントの複雑な協同運動をいろいろな相関長をもつものに分解することができる。基準振動の節の数が多くなるほど一団となって運動する分子鎖領域は小さくなり，またそれに対応する緩和時間は順次短くなる。Rouse らは，このような考え方に立ち，緩和スペクトルが $\tau^{-1/2}$ に比例して減少することを理論的に導いた。緩和時間が長い側に観測される低い箱型スペクトルは，高分子鎖相互の絡み合いによる網目構造によるものである。網目構造の中ではそれぞれの高分子鎖は，他の高分子鎖を引きずって運動するようになり，そのために緩和時間が長くなる。

## 5.6　動的粘弾性

物体に周期的な力を加えると，物体がゴムなどの弾性体であれば周期的に弾性変形するようになる。また，粘性体であれば周期的粘性流動を生じる。物体への周期的な外力（外部刺激 (periodic excitation)）に対する応答 (response) であるひずみの関係について調べる。

### 5.6.1　動的粘弾性の基礎

周期的振動現象では，物理量を複素数の形で定義して諸量の間の関係を表すと，解析処理など計算が容易になることが多い。

図 5.58 の複素数表示において，次の関係がある。

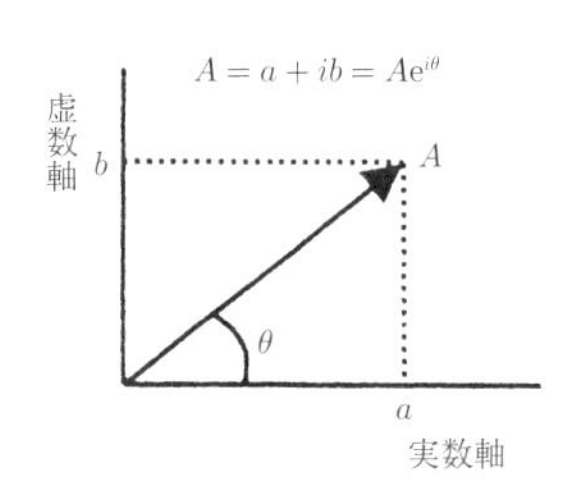


**図 5.58**　複素数平面による表示

$$A = a + ib = A\mathrm{e}^{i\theta} = A\left(\cos\theta + i\sin\theta\right) = \sqrt{a^2+b^2}\mathrm{e}^{i\theta} \tag{5.149}$$

$$A = \left|\vec{\boldsymbol{A}}\right| = \sqrt{a^2+b^2},\theta = \tan^{-1}\left(\frac{b}{a}\right) \tag{5.150}$$

一般には，物体に正弦 (sin) 波，または余弦 (cos) 波のいずれかの刺激（応力）を与える。まず，理想的な物体に対する刺激応答の関係を調べる。伸縮振動を扱う場合，弾

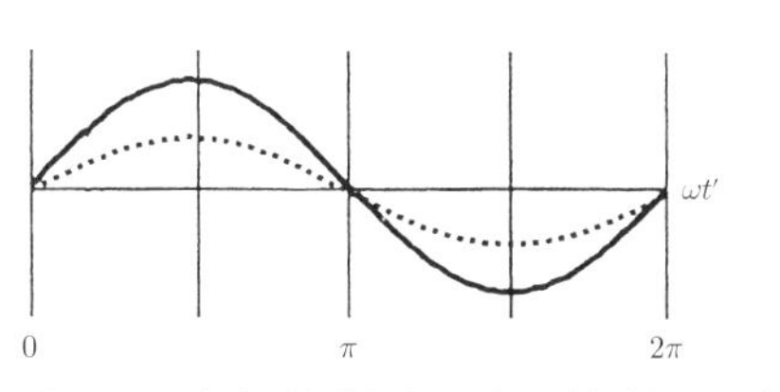

**図 5.59** 応力（実線）とひずみ（点線）

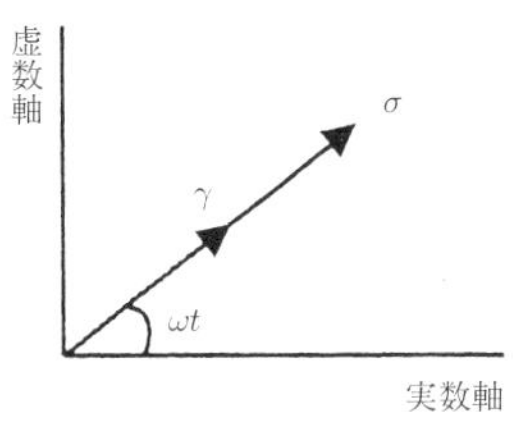


**図 5.60** 複素数平面における $\sigma$ と $\gamma$ の関係

性率としてヤング率 $E$ を用いる。

### 1 理想弾性体

物体に外から振動的な力を加えると，理想弾性体であれば外力が物体になす仕事としての力学的エネルギーは，物体の弾性変形という形で物体に伝わる。したがって，変形が元に戻れば，同時に物体が受け取った力学的エネルギーを外界に返して，始めの状態に戻る。そこで理想弾性体に次の sin 波の外力を与えてみる（図 5.59，図 5.60）。

$$\sigma = \sigma_0 \sin \omega t, \text{または } \sigma = \sigma_0 \mathrm{e}^{i\omega t} \tag{5.151}$$

ただし，$\sigma_0$ は振幅，$\omega$ は角速度，$f$ は振動数で，$\omega = 2\pi f$ である。その応答であるひずみ $\gamma$ は，Hooke の法則から

$$\gamma = \frac{\sigma_0}{E} \sin \omega t, \text{または } \gamma = \frac{\sigma_0}{E} \mathrm{e}^{i\omega t} = \frac{\sigma_0}{E} (\cos \omega t + i \sin \omega t) \tag{5.152}$$

以上のように，理想弾性体の場合には，応力とひずみは同位相にある。また，このように sin 波で与えたときは，複素表示では虚数部だけを見ればよい。

次に，理想弾性体に cos 波の外力を与えたときは，以下のように複素表示の実数部だけを見ればよいことになる。

$$\sigma = \sigma_0 \cos \omega t, \text{または } \sigma = \sigma_0 \mathrm{e}^{i\omega t} \tag{5.153}$$

$$\gamma = \frac{\sigma_0}{E} \cos \omega t, \text{または } \gamma = \frac{\sigma_0}{E} \cos \omega t + i \frac{\sigma_0}{E} \sin \omega t \tag{5.154}$$

### 2 理想粘性体

理想弾性体とは異なり，外からの与えられたエネルギーが粘性という機構によって，すべて熱として失われる理想粘性体（純粘性体）に，外力として sin 波を与える。先

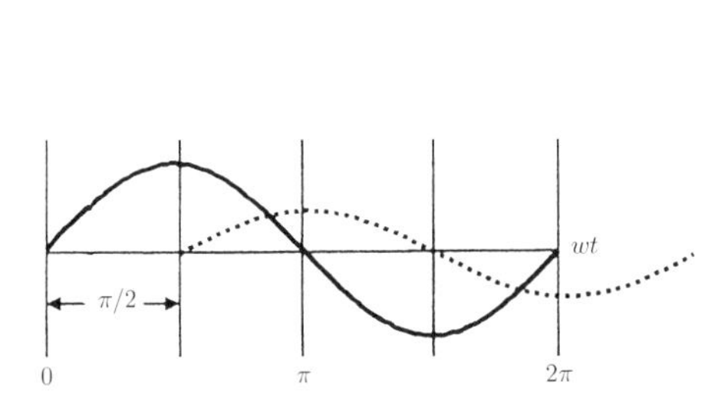

図 5.61　純粘性体の応力（実線）とひずみ（点線）

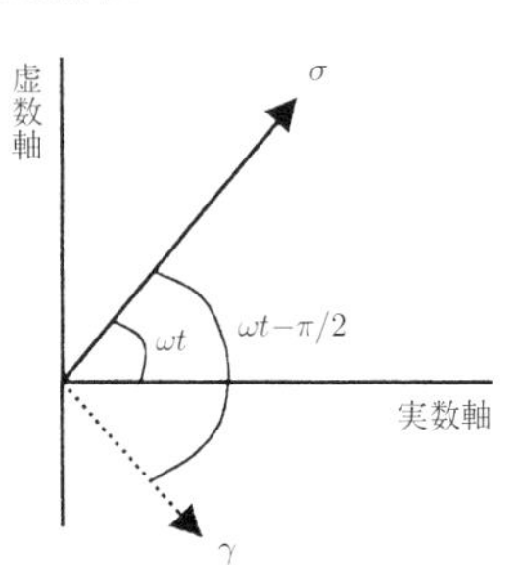


図 5.62　複素数平面における $\sigma$ と $\gamma$ の関係

と同様に応力とひずみの関係を示す。

$$\sigma = \sigma_0 \sin \omega t, \text{ または } \sigma = \sigma_0 \mathrm{e}^{i\omega t} \tag{5.155}$$

$$\gamma = \frac{\sigma_0}{\eta\omega} \sin\left(\omega t - \frac{\pi}{2}\right), \text{ または } \gamma = \frac{\sigma_0}{\eta\omega} \mathrm{e}^{i\left(\omega t - \frac{\pi}{2}\right)} \tag{5.156}$$

ただし，次の関係を用いている。

$$\sin\left(A - \frac{\pi}{2}\right) = -\cos A, \text{ および } \mathrm{e}^{i\frac{\pi}{2}} = \cos\frac{\pi}{2} - i\sin\frac{\pi}{2} = -i \tag{5.157}$$

したがって，理想粘性体の場合には，ひずみの位相は応力より $\pi/2$ 遅れる（図 5.61，図 5.62）。

### 3　Maxwell モデルの解析例

次に，Maxwell モデルを例に考えてみる。これまでと同様に外力を sin 波として与える。

$$\sigma = \sigma_0 \sin \omega t, \text{ または } \sigma = \sigma_0 \mathrm{e}^{i\omega t} \tag{5.158}$$

これを，Maxwell の粘弾性式である式 (5.73) に代入すると，

$$\gamma = \frac{\sigma_0}{E}\left(\sin \omega t - \frac{1}{\omega\tau}\cos \omega t\right), \text{ または } \gamma = \frac{\sigma_0 \mathrm{e}^{i\omega t}}{E}\left(1 - \frac{i}{\omega\tau}\right)$$

ここで，緩和時間 $\tau$ および $A$ を次のように

$$\tau = \frac{\eta}{E}, \quad A \equiv \sqrt{1 + \frac{1}{\omega^2\tau^2}}$$

とおくと,

$$\gamma = \frac{\sigma_0}{E} A \left( \frac{\sin \omega t}{A} - \frac{1/\omega\tau}{A} \cos \omega t \right), \text{または } \gamma = \frac{\sigma_0 \mathrm{e}^{i\omega t}}{E} A \left( \frac{1}{A} - \frac{i/\omega\tau}{A} \right) \tag{5.159}$$

図 5.63, 図 5.64 に示すように,

$$\frac{1}{A} = \sin \delta,\ \frac{1/\omega\tau}{A} = \cos \delta, \text{または } \frac{1}{A} = \cos \delta,\ \frac{1/\omega\tau}{A} = \sin \delta$$

であるので,

$$\gamma = \frac{\sigma_0}{E} A \sin(\omega t - \delta), \text{または } \gamma = \frac{\sigma_0}{E} A \mathrm{e}^{i(\omega t - \delta)} \tag{5.160}$$

したがって, ひずみは応力より $\delta$ だけ位相が遅れる。

このように, 粘弾性体の位相差 $\delta$ は一般に $0 < \delta < \pi/2$ の値をとることになるので, 図 5.65 のように, 周期的外力 $\sigma$ を加えたとき, ひずみは $\delta$ だけ位相が遅れる（図 5.66)。

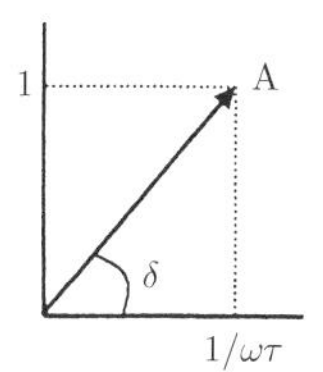


図 5.63　A と $1/\omega\tau$ との位置的関係

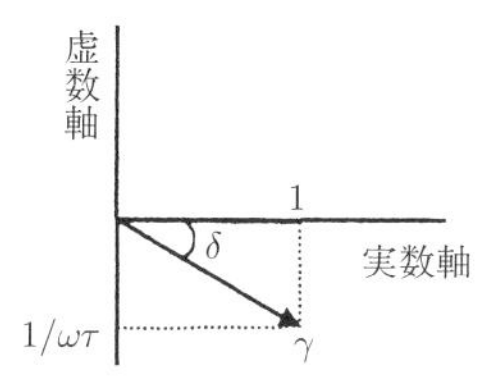


図 5.64　複素数平面における $\gamma$ と $1/\omega\tau$ との位置的関係

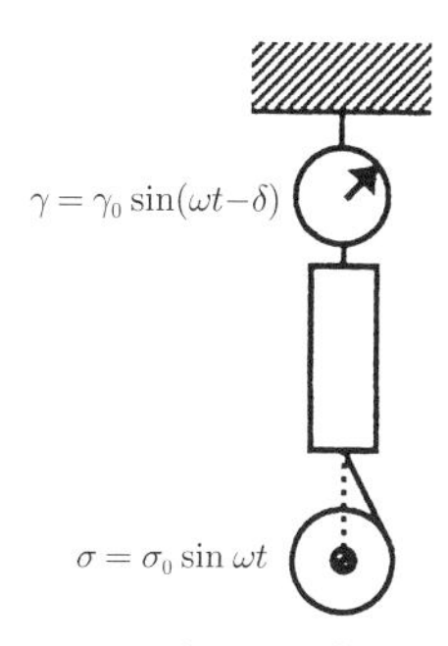


図 5.65　$\sigma$ と $\gamma$ の周期的変化

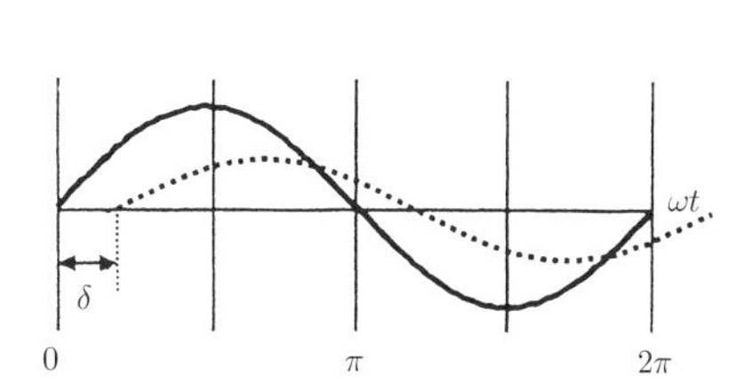


図 5.66　応力（実線）とひずみ（点線）の関係

### 5.6.2　動的粘弾性率，コンプライアンス, 粘性率の一般的関係

粘弾性体では，一般に応力 $\sigma$ とひずみ $\gamma$ は同周期であるが，位相が $\delta$ だけ遅れる。これを記述するには，次のような比例定数を複素数で示せばよい。応力が $\sigma = \sigma_0 \mathrm{e}^{i\omega t}$ で，ひずみ $\gamma$ が位相 $\delta$ だけ遅れるとすると，

$$\sigma = \sigma_0 \mathrm{e}^{i\omega t} \tag{5.161}$$

$$\gamma = \gamma_0 \mathrm{e}^{i(\omega t - \delta)} \tag{5.162}$$

と書くことができ，ずり速度 $\dot{\gamma}$ を用いて式 (5.163) のようになる。

$$\dot{\gamma} = \frac{\mathrm{d}\gamma}{\mathrm{d}t} = i\omega\gamma_0 \mathrm{e}^{i(\omega t - \delta)} = i\omega\gamma = \omega\gamma_0 \mathrm{e}^{i(\omega t - \delta + \pi/2)} \tag{5.163}$$

となる。物体を弾性体と見なしたときは Hooke の法則のヤング率 $E$ の代わりに，複素弾性率 (complex modulus) $E^*$ として表し，その実数部を $E'$，虚数部を $E''$ と書く。$E'$ を貯蔵弾性率 (storage modulus)，$E''$ を損失弾性率 (loss modulus) という。

$$\sigma = E^* \gamma = \left(E' + iE''\right) \gamma = \frac{1}{\dfrac{E' - iE''}{E'^2 + iE''^2}} \gamma \tag{5.164}$$

同様に，

$$\sigma = \frac{1}{J^*} \gamma = \frac{1}{(J' - iJ'')} \gamma = \frac{J' + iJ''}{J'^2 + iJ''^2} \gamma \tag{5.165}$$

$$\sigma = \eta^* \dot{\gamma} = \left(\eta' - i\eta''\right) \dot{\gamma} = \left(\eta' - i\eta''\right) i\omega\gamma = \left(\omega\eta'' + i\omega\eta'\right) \tag{5.166}$$

となる。ここで, それぞれ $J^*$ を複素コンプライアンス (complex compliance)，$J'$ を貯蔵コンプライアンス (storage compliance)，$J''$ を損失コンプライアンス (loss compliance)，$\eta^*$ を複素粘性率 (complex viscosity)，$\eta'$ を動的粘性率 (dynamic viscosity) という。式 (5.164)–(5.166) から，

$$J' = \frac{E'}{E'^2 + iE''^2}, \quad J'' = \frac{E''}{E'^2 + iE''^2}$$

$$E' = \frac{J'}{J'^2 + iJ''^2}, \; E'' = \frac{J''}{J'^2 + iJ''^2} \tag{5.167}$$

$$E' = \omega\eta'', \; E'' = \omega\eta', \; \eta'' = \frac{E'}{\omega}, \; \eta' = \frac{E''}{\omega} \tag{5.168}$$

の関係がそれぞれ得られる。次に，式 (5.164) から

$$\frac{\sigma}{\gamma} = E^* = E' + iE'' \tag{5.169}$$

であり，式 (5.161) および式 (5.162) から

$$\frac{\sigma}{\gamma} = \frac{\sigma_0}{\gamma_0}\mathrm{e}^{i\delta} = \frac{\sigma_0}{\gamma_0}(\cos\delta + i\sin\delta) \tag{5.170}$$

であるので，この両式から

$$E' = \frac{\sigma_0}{\gamma_0}\cos\delta, \text{ および } E'' = \frac{\sigma_0}{\gamma_0}\sin\delta \tag{5.171}$$

したがって，損失正接 (loss tangent) tan $\delta$ は

$$\tan\delta = \frac{E''}{E'} = \frac{J''}{J'} = \frac{\eta'}{\eta''} \tag{5.172}$$

と表される。

### 5.6.3 粘弾性体のエネルギー損失

#### 1 1 周期に物体中で消散されるエネルギー

粘弾性体に外部から周期的な外力を与えると，熱として消散（熱損失）される。1 周期当たりの熱損失量を考えることにする。粘弾性体のある面に周期的応力 $\sigma(t)$ が作用したときのひずみを $\gamma(t)$ とすると，単位体積当たりの消散される損失エネルギー $W_{\mathrm{LT}}$ は，一般的に，

$$W_{\mathrm{LT}} \equiv \oint \sigma(t)\mathrm{d}\gamma(t) = \oint \sigma(t)\frac{\mathrm{d}\gamma(t)}{\mathrm{d}t}\mathrm{d}t \tag{5.173}$$

$$\sigma(t) = \sigma_0 \sin\omega t = \sigma_0 \mathrm{e}^{i\omega t} \tag{5.174}$$

$$\gamma(t) = \gamma_0 \sin(\omega t - \delta) = \gamma_0 \mathrm{e}^{i(\omega t - \delta)} \tag{5.175}$$

とそれぞれ書き表すことができる。ずり速度 $\dot{\gamma}$ は

$$\frac{\mathrm{d}\gamma(t)}{\mathrm{d}t} = \dot{\gamma} = \omega\gamma_0 \cos(\omega t - \delta) = \omega\gamma_0 \mathrm{e}^{i(\omega t - \delta + \pi/2)} \tag{5.176}$$

であるので，

$$\begin{aligned} W_{\mathrm{LT}} &= \oint \sigma_0 \gamma_0 \omega \sin \omega t \cos(\omega t - \delta)\, \mathrm{d}t \\ &= \int_0^{2\pi/\omega} I_m(\sigma)\, I_m\left(\frac{\mathrm{d}\gamma}{\mathrm{d}t}\right) \mathrm{d}t \end{aligned} \tag{5.177}$$

となる。ここで，$I_m$ は虚数部を意味する。いま，$\omega t = \theta$ とすると，積分範囲は $0 \sim 2\pi$，すなわち，1 周期について積分すればよいことになる。したがって，

$$\begin{aligned} W_{\mathrm{LT}} &= \sigma_0 \gamma_0 \int_0^{2\pi} \sin\theta \cos(\theta - \delta)\, \mathrm{d}\theta \\ &= \gamma_0^2 E' \int_0^{2\pi} \frac{\sin 2\theta}{2} \mathrm{d}\theta + \gamma_0^2 E'' \int_0^{2\pi} \frac{1 - \cos 2\theta}{2} \mathrm{d}\theta \\ &= \gamma_0^2 E'' \pi \end{aligned} \tag{5.178}$$

と計算される。

### 2　1 周期に物体中で貯蔵されるエネルギー

物体と外界との間に受け渡しされるエネルギーは，1 周期後には差し引き零になる。この受け渡しされるエネルギーの絶対値は，1/4 周期，すなわち $0 \sim \pi/2$ の範囲について積分したものの 2 倍量に等しくなる。この値を貯蔵エネルギー $W_{\mathrm{ST}}$ といい，式 (5.178) の右辺第 1 項から計算することができる。

$$W_{\mathrm{ST}} = 2\gamma_0^2 E' \int_0^{\pi/2} \frac{\sin 2\theta}{2} \mathrm{d}\theta = \gamma_0^2 E' \tag{5.179}$$

次に，材料の特性値 $Q^{-1}$ について考える。$W_{\mathrm{LT}}$ は，単位体積当たりの損失エネルギーであり，これでは材料の特性値とはならない。貯蔵されるエネルギー ($W_{\mathrm{ST}}$) と失うエネルギー ($W_{\mathrm{LT}}$) の比を求めれば，その材料のエネルギー損失割合になるので，これを特性値 $Q^{-1}$ として取り扱う。

$$Q^{-1} \equiv \frac{W_{\mathrm{LT}}}{W_{\mathrm{ST}}} = \pi \frac{E''}{E'} = \pi \tan \delta \tag{5.180}$$

この割合は，$\tan \delta$ に比例しているので，$\tan \delta$ に損失正接という名称がつけられた。また，$Q^{-1}$ は内部摩擦ともいい，とくに，金属材料などでよく用いられる。

## 5.7 分布関数

緩和時間 $\tau$ や遅延時間 $\lambda$ に分布があるときには，静的粘弾性と同様に記述され，緩和スペクトルや遅延スペクトルも同様の手法で次のように求めることができる。

$$E^* = \int_{-\infty}^{\infty} H(\ln \tau) \frac{\omega^2 \tau^2}{1 + \omega^2 \tau^2} \mathrm{d} \ln \tau + i \int_{-\infty}^{\infty} H(\ln \tau) \frac{\omega \tau}{1 + \omega^2 \tau^2} \mathrm{d} \ln \tau \tag{5.181}$$

$$J^* = \int_{-\infty}^{\infty} L(\ln \lambda) \frac{1}{1 + \omega^2 \lambda^2} \mathrm{d} \ln \lambda - i \int_{-\infty}^{\infty} L(\ln \lambda) \frac{\omega \lambda}{1 + \omega^2 \lambda^2} \mathrm{d} \ln \lambda \tag{5.182}$$

$$H(\ln \tau) = \left( \frac{\mathrm{d} E'(\omega)}{\mathrm{d} \ln \omega} \right)_{\omega = 1/\tau} \tag{5.183}$$

$$L(\ln \lambda) = -\left( \frac{\mathrm{d} J'(\omega)}{\mathrm{d} \ln \omega} \right)_{\omega = 1/\lambda} \tag{5.184}$$

## 5.8 ゴム弾性

高分子でなければ発現しない物性の代表例としてゴム弾性がある。ゴム弾性の見かけ上の特徴は，可逆的な大変形が可能なことと，非常に低い弾性率にある。ゴムの弾性率は，温度の上昇とともに増加する。このような性質をエントロピー弾性 (entropic elasticity) またはゴム弾性 (rubbery elasticity) という。

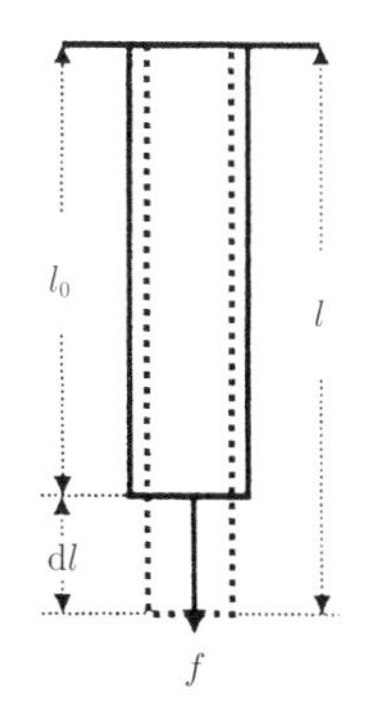

**図 5.67** ゴム片の伸長モデル

### 5.8.1 ゴム弾性の熱力学的解釈

図 5.67 に示すように，長さ $l_0$ のゴムを張力 $f$ で伸長したとき d$l$ だけ伸びたとする。温度を $T$，圧力を $P$，体積を $V$，加えられた熱量 d$Q$，外界にした仕事を d$W$ とすると，内部エネ

ルギー変化 d$U$ は,

$$\mathrm{d}U = \mathrm{d}Q - \mathrm{d}W + f\mathrm{d}l = T\mathrm{d}S - P\mathrm{d}V + f\mathrm{d}l \tag{5.185}$$

である。また,ヘルムホルツの自由エネルギー $A$ は,

$$A = U - TS \tag{5.186}$$

で定義されるので,

$$\mathrm{d}A = \mathrm{d}U - T\mathrm{d}S - S\mathrm{d}T = -P\mathrm{d}V + f\mathrm{d}l - S\mathrm{d}T \tag{5.187}$$

となる。これより,

$$-S = \left(\frac{\partial A}{\partial T}\right)_{V,l}, \ f = \left(\frac{\partial A}{\partial l}\right)_{V,T} \tag{5.188}$$

の関係を得る。上式を $l$ または $T$ で偏微分すると,

$$\frac{\partial^2 A}{\partial T \partial l} = -\left(\frac{\partial S}{\partial l}\right)_{V,T} = \left(\frac{\partial f}{\partial T}\right)_{V,l} \tag{5.189}$$

という Maxwell の関係が得られる。

式 (5.188) より,$f$ の中身は

$$f = \left(\frac{\partial A}{\partial l}\right)_{V,T} = \left(\frac{\partial U}{\partial l}\right)_{V,T} - T\left(\frac{\partial S}{\partial l}\right)_{V,T} \tag{5.190}$$

となっている。ここで,右辺第1項は内部エネルギー変化に由来するので,エネルギー弾性項といい,第2項はエントロピー変化に由来するので,エントロピー弾性項という。式 (5.190) に式 (5.189) を代入すると,

$$f = \left(\frac{\partial U}{\partial l}\right)_{V,T} + T\left(\frac{\partial f}{\partial T}\right)_{V,l} \tag{5.191}$$

の関係が得られる。したがって,一定体積,一定伸長で張力とその温度変化を測定すると,エネルギー弾性とエントロピー弾性に分離することができる。しかし,体積一定,長さ一定で温度変化させるのは現実的でない。そこで,ひずみ $\gamma\,(= \mathrm{d}l/l_0)$ を用いて

$$\left(\frac{\partial f}{\partial T}\right)_{V,l} \cong \left(\frac{\partial f}{\partial T}\right)_{P,\gamma} \tag{5.192}$$

という関係が導かれる。ゴムは表 5.5 の通りポアソン比 0.5 に近いので，体積変化が無視できる。すなわち，

$$f = \left(\frac{\partial U}{\partial l}\right)_T + T\left(\frac{\partial f}{\partial T}\right)_\gamma \tag{5.193}$$

としてよい。そこで，一定圧力，一定ひずみで，ある温度 $T$ における張力を測定し，次に，同じひずみに保ちつつ測定温度を変えて張力を求める。これを繰り返すことで，張力 $f$ と測定 $T$ の関係のグラフができる。数十％以下のひずみでは，ゴムで測定される $f-T$ 関係は，右上がりの勾配をもち，原点近くを通る直線になることが知られている (図 5.68)。つまりこのことは，ゴムの伸長は内部エネルギー変化が無視できるほどその寄与が小さく，伸長に伴い，エントロピーが減少することを意味する。すなわち，

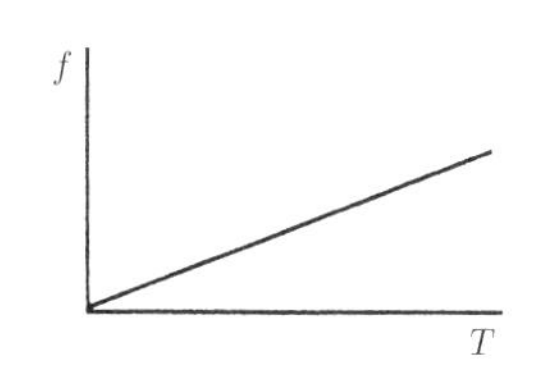

**図 5.68** 一定ひずみ下での $f$–$T$ 関係

$$f = \left(\frac{\partial U}{\partial l}\right)_T - T\left(\frac{\partial S}{\partial l}\right)_T \cong -T\left(\frac{\partial S}{\partial l}\right)_T = T\left(\frac{\partial f}{\partial T}\right)_\gamma \tag{5.194}$$

となり，ゴム弾性挙動はエントロピー項が支配的であることがわかる。

### 5.8.2 ゴム弾性の分子論

ゴムは固体であるにもかかわらず，液体の場合と同じように構成分子の相対的位置が自由自在に変わり，高分子鎖のセグメントがいろいろな位置を自由にとり，動き回っていると考えることができる。網目鎖間の 1 本の分子鎖は理想鎖，すなわち，ガウス鎖と見なすことができる。また，延伸しても結晶化しない。いま，内部エネルギー変化が無視でき，網目鎖はすべて張力に寄与し，体積は変形前後で変わらない，などの条件を満たす理想ゴムを考える。

1 本の分子鎖（セグメント数 $N$, セグメント長 $a$）の一方の末端を原点に置いたとき，もう一方の末端が $R$（両末端間距離）だけ離れたところにある確率は，この高分子鎖がガウス鎖として振る舞うとすると，式 (3.28) で与えられる。したがって，他端が $R$ となる場合の数 $W(R)$ は，$W(R) \propto P(R)\,\mathrm{d}R$ であるので，エントロピー $S$ は，次式で与えられる。

$$S = k \ln W(R) = -k\frac{3R^2}{2Na^2} + C \tag{5.195}$$

ここで，$C$ は定数である。したがって，延伸前のエントロピー $S_1$ は，未延伸状態の $R$ を $R_1 = (x_1,\ y_1,\ z_1)$ とすると，

$$S_1 = -k\frac{3R^2}{2R_0^2} + C = -k\left(\frac{3\left(x_1^2 + y_1^2 + z_1^2\right)}{2R_0^2}\right) + C \tag{5.196}$$

となる。ここでは，$R_0^2 = Na^2$ としている。延伸後の $R = (x,\ y,\ z)$ は，$x,\ y,\ z$ 方向の延伸比をそれぞれ $\lambda_1,\ \lambda_2,\ \lambda_3$ とすると，$x,\ y,\ z$ は

$$x = \lambda_1 x_1,\ y = \lambda_2 y_1,\ z = \lambda_3 z_1 \tag{5.197}$$

と表され，延伸後のエントロピー $S$ は，

$$S = -k\left(\frac{3\left(\lambda_1^2 x_1^2 + \lambda_2^2 y_1^2 + \lambda_3^2 z_1^2\right)}{2R_0^2}\right) + C \tag{5.198}$$

となる。延伸前後でのエントロピー変化 $\Delta S(= S - S_1)$ は，網目鎖を構成しているすべての鎖 $n$ が，アフィン変形（微視的な分子の変形と巨視的な変形が比例する）で，等方的な挙動を示すとすると，

$$\Delta S_n = -\frac{1}{2}kn\left(\lambda_1^2 + \lambda_2^2 + \lambda_3^2 - 3\right) \tag{5.199}$$

となる。

次に，$x$ 方向に $\lambda$ 倍延伸すると，体積は変形前後で変わらないと仮定しているので，$y$, $z$ 方向は $1/\sqrt{\lambda}$ 倍になる。$\lambda_1 = \lambda$, $\lambda_2 = \lambda_3 = 1/\sqrt{\lambda}$ を式 (5.199) に代入すると，

$$\Delta S_n = -\frac{1}{2}kn\left[\lambda^2 + \left(\frac{1}{\sqrt{\lambda}}\right)^2 + \left(\frac{1}{\sqrt{\lambda}}\right)^2 - 3\right] = -\frac{1}{2}kn\left(\lambda^2 + \frac{2}{\lambda} - 3\right) \tag{5.200}$$

が得られ，内部エネルギー変化を無視すると，

$$\Delta A \cong -T\Delta S_n = \frac{1}{2}knT\left(\lambda^2 + \frac{2}{\lambda} - 3\right) \tag{5.201}$$

となり，これを式 (5.190) に代入すると，

$$f = \left(\frac{\partial A}{\partial l}\right)_{V,T} = \left(\frac{\partial A}{\partial \lambda}\right)_{V,T}\left(\frac{\partial \lambda}{\partial l}\right)_{V,T} = \frac{knT}{l_0}\left(\lambda - \frac{1}{\lambda^2}\right) \tag{5.202}$$

ここで，$\lambda$ は延伸比 $(= l/l_0)$ である。初期断面積 $A_0$ 当たりの応力を $\sigma_0$，単位体積当たりの網目鎖（網目鎖密度）を $\nu\,(= n/A_0 l_0)$ とすると，

$$\sigma_0 = \frac{f}{A_0} = k\nu T\left(\lambda - \frac{1}{\lambda^2}\right) \tag{5.203}$$

で，ゴムの密度を $\rho$，網目鎖（橋かけ点間）の分子量を $M_\mathrm{C}$，アボガドロ定数を $N_\mathrm{A}$ とすると，

$$\nu\left(\frac{M_\mathrm{C}}{N_\mathrm{A}}\right) = \rho \tag{5.204}$$

であるので，

$$\sigma_0 = \frac{\rho RT}{M_\mathrm{C}}\left(\lambda - \frac{1}{\lambda^2}\right) \tag{5.205}$$

となる。図 5.69 には実験値と理論値の両方を示した。この図から，$\lambda = 5$ 程度までは，両者の完全な一致は難しいが，およそ 20%程度の差異はあるもののよく一致しているといえる。$\lambda > 5$ の領域では，実験値が理論値に比べて急激に増加する傾向を示し，$\lambda$ の増加に伴いその差は顕著に大きくなる。ゴムが大きく変形する領域では，網目鎖間の分子鎖の挙動が，これまで前提として考えてきたガウス鎖としての挙動と大きく隔たりを生じるようになるためであると考えられる。なお，$\lambda \to 1$ の初期勾配からヤング率 $E$ が次のように求められる。

$$E = \left(\frac{\mathrm{d}\sigma_0}{\mathrm{d}\gamma}\right)_{\gamma\to 0} = \left(\frac{\mathrm{d}\sigma_0}{\mathrm{d}\lambda}\right)_{\lambda\to 0} = \frac{3\rho RT}{M_\mathrm{C}} \tag{5.206}$$

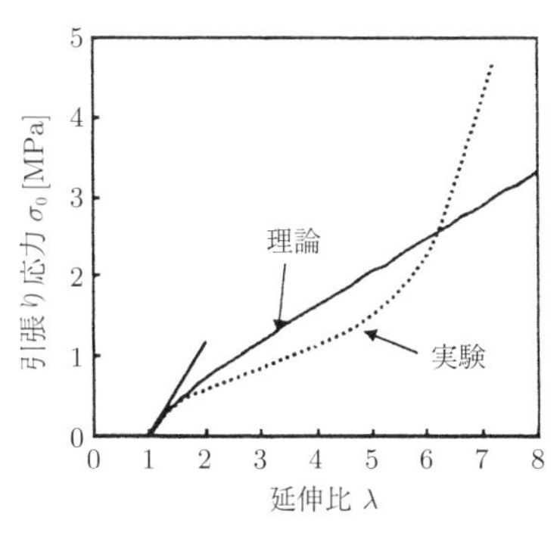


**図 5.69**　引張り応力と延伸比との関係

### 5.8.3　実在鎖のゴム弾性

実際のゴムは，1839 年，Goodyear によって発明される．生ゴムの弾性限界を伸ばすために，実在のゴムでは硫黄などを加えて架橋させる，すなわち，加硫加工がなされている．このときに全部が橋架けされないので，その分を考慮しなければならない。単位体積当たりの加硫前の第 1 次分子数を $N$ とすると，末端の数 $2N$ に相当する分が架橋されずに残るので，有効網目鎖密度 $v_e$ は

$$v_e = \nu - 2N \tag{5.207}$$

と表される。これを実測量に変換すると，

$$v_e = \frac{\rho RT}{M_C}\left(1 - \frac{2M_C}{M_n}\right) \tag{5.208}$$

で，ここでは加硫前の第 1 次分子に分子量分布があるので，分子量 $M$ の代わりに数平均分子量 $M_n$ を用いる。したがって，式 (5.205) は次のようになる。

$$\sigma_0 = \frac{\rho RT}{M_C}\left(1 - \frac{2M_C}{M_n}\right)\left(\lambda - \frac{1}{\lambda^2}\right) \tag{5.209}$$

### 5.8.4　充填剤の影響

多くの場合にゴムには不活性な非ゴム性充剤が添加される。このような充填剤は，ゴムに対して大きな強度と対摩耗性を与えることが多い。充填剤は微細な粉末の形でゴムに入れられ，ゴムマトリックスに均一に分散されるのが望ましい。この充填剤粒子を球とすると，古典理論によって，次のように示される。

$$\sigma_0 = \frac{\rho RT}{M_C}\left(1 - \frac{2M_C}{M_n}\right)\left(1 + 2.5\phi + 14.1\phi^2 + \cdots\right)\left(\lambda - \frac{1}{\lambda^2}\right) \tag{5.210}$$

ここで，$\phi$ は充填剤の体積分率である。

## 5.9　誘電緩和

動的誘電測定も動的粘弾性と同じように分子運動に基づく緩和現象を調べるために有用な手段である。

図 5.70 のように，面積 $A$ の電極板を間隔 $d$ で平行におき (平行板コンデンサー)，真

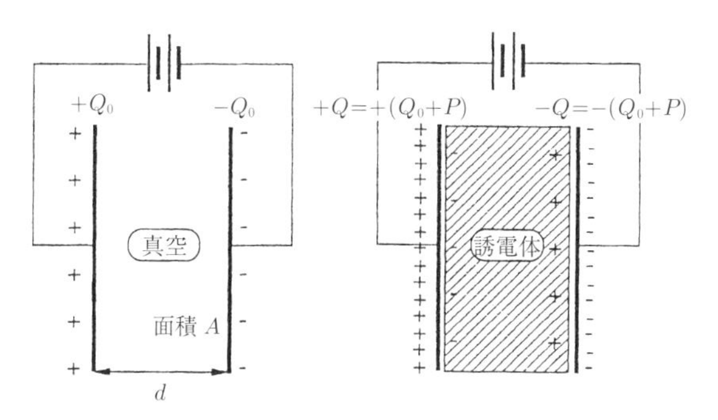


図 **5.70**　平行板コンデンサーの電荷分布

空で直流の電位差 $V$ をかけると，充電電流が流れ，正，負の電極板にそれぞれ $+Q_0A$，$-Q_0A$ の電荷（単位クーロン C）が貯えられる。$Q_0$ は単位面積当たりの電気量，すなわち電荷密度 $[\mathrm{Cm}^{-2}]$ である。電場の強さ $E$ は，クーロンの法則によって単位電荷に働く力（ベクトル量）として定義され，$d$ が十分小さいとき，極板の間の電場の強さは，

$$E = \frac{Q_0}{\varepsilon_0} \tag{5.211}$$

で与えられる。$\varepsilon_0$ は真空の誘電率で，$8.85\times10^{-12}\,\mathrm{Fm}^{-1}$（F はファラドで，C/V に等しい）の値をもつ。電位差 $V$ は単位電荷を一方の極板から他方に運ぶに要する仕事，すなわち，(電場の強さ) × (電極板の間隔) なので，

$$V = E \times d = \frac{Q_0 \times d}{\varepsilon_0} \tag{5.212}$$

である。この極板の電気容量 $C_0$（単位: ファラド F）は単位電位差当たりに貯えられた電気量と定義される。

$$C_0 = \frac{A \times Q_0}{V} \tag{5.213}$$

式 (5.212) と式 (5.213) から，

$$C_0 = \varepsilon_0 \times \frac{A}{d} \tag{5.214}$$

となる。いま，この平行板の間に高分子のような誘電体を挿入すると，電流がしばら

くの間流れ，正，負の極板にそれぞれ $+QA$, $-QA$ の電荷が貯えられる（図 5.63)。誘電体の挿入によって，極板の単位面積当たりに貯えられた電荷は，次式のようになる。

$$Q = Q_0 + P = \varepsilon_r Q_0 \tag{5.215}$$

新たに貯えられた電荷 $P$ を分極電荷といい，$Q$ と $Q_0$ の比 $\varepsilon_r$ を比誘電率または単に誘電率という。誘電体を挿入した後も電位差は $V = Ed$ なので，電場の強さ $E$ の変化はなく，新たに生じた分極電荷 $P$ は電場に寄与していない。これは誘電体内部の電荷が分極して，極板との界面に $-PA$ と $+PA$ の電荷を生じ，極板上の真電荷 $Q$ の効果を相殺しているためで，この現象を電気分極という。比誘電率 $\varepsilon_r$ の誘電体の入ったコンデンサーの電気容量 $C$ は，

$$C = A \times \frac{Q}{V} \tag{5.216}$$

となるので，$C/C_0$ は次式のようになり，コンデンサーに貯えられる電気量は $\varepsilon_r$ 倍になる。

$$\frac{C}{C_0} = \frac{Q}{Q_0} = \frac{Q_0 + P}{Q_0} = \frac{\varepsilon_r Q_0}{Q_0} = \varepsilon_r \tag{5.217}$$

誘電体に電場の強さ $E$ を印加して，分極電荷 $P$ が生じたときの電気変位（電束密度）$D$ は次式で定義され，

$$D = \varepsilon_0 E + P \tag{5.218}$$

誘電体に生じる分極は電場に比例するので

$$P = \chi E \tag{5.219}$$

となり，$\chi$ を電気感受率という。式 (5.219) を式 (5.218) に代入すると，電束密度 $D$ は，

$$D = (\varepsilon_0 + \chi)\, E = \varepsilon E \tag{5.220}$$

となる。真空中の場合は $\chi = 0$ である。誘電率 $\varepsilon$ には，真空の誘電率 $\varepsilon_0$ と比誘電率 $\varepsilon_r$ を用いて，

$$\varepsilon = \varepsilon_0 \times \varepsilon_{\rm r} \tag{5.221}$$

の関係があり，誘電分極は，

$$P = \varepsilon_0 (\varepsilon_{\rm r} - 1) E \tag{5.222}$$

となる。力学系において，応力 $\sigma$ とひずみ $\gamma$ の関係は，$J$ をコンプライアンスとして，$\gamma = J \times \sigma$ の関係があるので，式 (5.220) から $D$ はひずみ，$E$ は応力，$\varepsilon$ はコンプライアンスに対応している。

以上は静的平衡状態を考えたものである。高分子誘電体に電場 $E$ を刺激として与えると，誘電分極 $P$ がその応答として得られることを示している。これを時間の関数として観測すると，まず誘電体をコンデンサーに挿入したとき，瞬間的に電圧の低下（分極の増大）が生じ，瞬間分極 $P_\infty$ が生じる。次にゆっくりとした電圧の減少が見られ，図 5.71 のように誘電分極が時間とともに増加する。このような誘電分極 $P$ の経時変化は，近似的に式 (5.223) で表される。

$$P = P_\infty + P_{\rm d} \left(1 - e^{-t/\tau}\right) \tag{5.223}$$

ここで，$\tau$ は誘電緩和時間である。直流電場下の誘電挙動はクリープコンプライアンス $J$ で表される力学的な遅延現象（遅れ弾性効果）に類似している。式 (5.223) は，式 (5.224)，式 (5.224)$'$ のように書きなおせる。

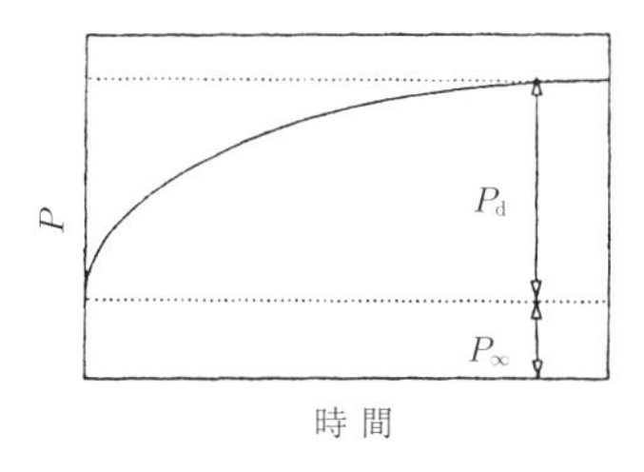


**図 5.71** 分極 P の時間依存性

$$\frac{{\rm d}(P - P_\infty)}{{\rm d}t} = \frac{P_\infty + P_{\rm d} - P}{\tau} \tag{5.224}$$

$$\tau \frac{{\rm d}(P - P_\infty)}{{\rm d}t} + (P - P_\infty) = {\rm P_d} \qquad (5.224)'$$

$P_\infty$ と $(P_\infty + P_{\rm d})$ は，高振動数における誘電率 $\varepsilon_\infty$ と静的な誘電率 $\varepsilon_{\rm r}$ を用いて，式 (5.222) から，それぞれ式 (5.225)，式 (5.226) のように書ける。

$$P_\infty = (\varepsilon_\infty - 1) \varepsilon_0 E \tag{5.225}$$

$$P_\infty + P_{\rm d} = (\varepsilon_{\rm r} - 1) \varepsilon_0 E \tag{5.226}$$

この 2 つの式から，$P_{\rm d}$ は式 (5.227) のようになる。

$$P_{\mathrm{d}} = (\varepsilon_{\mathrm{r}} - \varepsilon_\infty)\,\varepsilon_0 E \tag{5.227}$$

ここで，交流電場 $E = E_0 e^{i\omega t}$ をかけると，式 (5.224)' は次式のようになるので，これを解くと，式 (5.229) が得られる。

$$\tau \frac{\mathrm{d}\,(P - P_\infty)}{\mathrm{d}t} + (P - P_\infty) = (\varepsilon_{\mathrm{r}} - \varepsilon_\infty)\,\varepsilon_0 E_0 \mathrm{e}^{\mathrm{i}\omega\mathrm{t}} \tag{5.228}$$

$$P - P_\infty = \frac{(\varepsilon_{\mathrm{r}} - \varepsilon_\infty)\,\varepsilon_0 E_0 e^{i\omega t}}{1 + i\omega\tau} \tag{5.229}$$

式 (5.222) で交流電場では誘電率は複素誘電率 $\varepsilon^*$ で表されるので，式 (5.230) のようになる。また，式 (5.225) は式 (5.231) のようになるので，式 (5.229) は式 (5.232) のように書ける。

$$P = (\varepsilon^* - 1)\,\varepsilon_0 E_0 e^{i\omega t} \tag{5.230}$$

$$P_\infty = (\varepsilon_\infty - 1)\,\varepsilon_0 E_0 e^{i\omega t} \tag{5.231}$$

$$\varepsilon^* = \varepsilon_\infty + \frac{\varepsilon_{\mathrm{r}} - \varepsilon_\infty}{1 + \mathrm{i}\omega\tau} = \varepsilon_\infty + \frac{\varepsilon_{\mathrm{r}} - \varepsilon_\infty}{1 + \omega^2\tau^2} - i\frac{(\varepsilon_{\mathrm{r}} - \varepsilon_\infty)\,\omega\tau}{1 + \omega^2\tau^2} \tag{5.232}$$

ここで，

$$\varepsilon' = \varepsilon_\infty + \frac{\varepsilon_{\mathrm{r}} - \varepsilon_\infty}{1 + \omega^2\tau^2} \tag{5.233}$$

$$\varepsilon'' = \frac{(\varepsilon_{\mathrm{r}} - \varepsilon_\infty)\,\omega\tau}{1 + \omega^2\tau^2} \tag{5.234}$$

とおくと，式 (5.232) は式 (5.235) のようになる。

$$\varepsilon^* = \varepsilon' - i\varepsilon'' \tag{5.235}$$

$$\tan\delta = \frac{\varepsilon''}{\varepsilon'} \tag{5.236}$$

式 (5.233)，式 (5.234) は力学緩和による貯蔵コンプライアンスの式 (5.237) や損失コンプライアンスの式 (5.238) によく似ていることがわかる。

$$J' = \left(\frac{1}{G}\right)\frac{1}{1 + \omega^2\tau^2} \tag{5.237}$$

$$J'' = \left(\frac{1}{G}\right)\frac{\omega\tau}{1 + \omega^2\tau^2} \tag{5.238}$$

ここで $G$ は弾性率である。

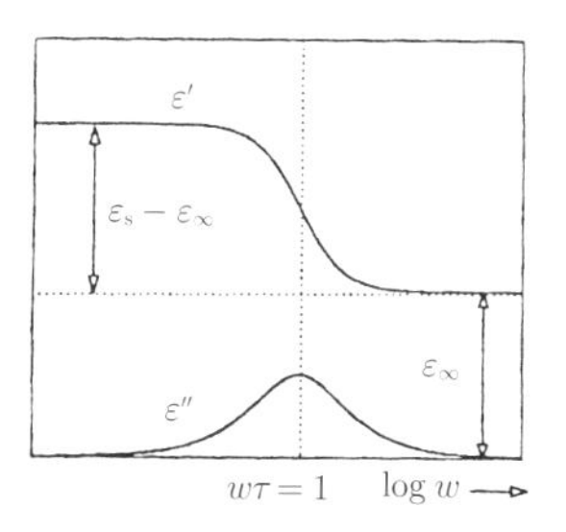


図 **5.72**　$\varepsilon'$ と $\varepsilon''$ の振動数依存性

実数部 $\varepsilon'$ は貯蔵誘電率で，電場と同位相で分極を生じる通常の誘電率に相当する。$\varepsilon''$ は分極が電場よりも位相 $\pi/2$ だけ遅れる部分で，損失誘電率（誘電損失）である。1 周期当たりに熱として散逸されるエネルギーに関係する。$\tan\delta$ は誘電正接という。$\varepsilon'$ と $\varepsilon''$ を温度一定で振動数の関数として測定すると図 5.72 のようになり，$\varepsilon'$ は振動数とともに低下する。$\varepsilon''$ は $\omega\tau = 1$ でピークを生じる。温度をパラメータに振動数の関数として $\varepsilon'$ と $\varepsilon''$ を測定すると，$\varepsilon'$ は温度が高くなるほど高振動数側へシフトする。また，$\varepsilon''$ のピーク $f_{\max}$ も温度が高くなると，高振動数側へとシフトする。$f_{\max}$ は Arrhenius の式に従い，$\ln f_{\max}$ を絶対温度の逆数に対してプロットすると直線が得られ，その傾きから活性化エネルギーを算出することができる。角振動数 $\omega$ と振動数 $f$ の間には $\omega = 2\pi f$ の関係がある。

$$\tau = \frac{1}{2\pi f_{\max}} \tag{5.239}$$

$$\tau = \tau_0 \exp\left(\frac{\Delta H}{RT}\right) \tag{5.240}$$

図 5.73 は，極性高分子のポリビニルブチラール (PVB) の誘電率 $\varepsilon'$ と誘電損失 $\varepsilon''$ を示したものであるが，振動数（周波数）をパラメータに温度の関数として測定したも

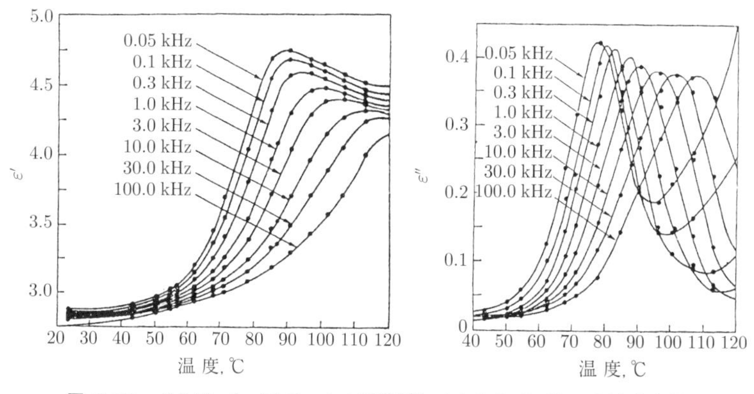


図 **5.73**　ポリビニルブチラールの誘導緩和（$\varepsilon'$ および $\varepsilon''$）の温度依存性

のである。温度の上昇とともに $\varepsilon'$ は増大し，高温度側ではやや平坦になったあと減少する。この $\varepsilon'$ の減少は，分子の熱運動により双極子の配向が低下するとともに，PVB の密度が低下するためである。$\varepsilon''$ は力学的分散と同様にある温度でピークを生じる。このピークは，振動数が高いほど高温側へシフトし，式 (5.239) と式 (5.240) を用いて，振動数とピーク温度の関係から活性化エネルギーを算出することができる。低振動数における $\varepsilon''$ が，高温において極小値をとったあと増大するのは，伝導性のためといわれている。

極性高分子について，$\varepsilon''$ を一定振動数で，温度の関数として広い温度範囲にわたって測定すると，動的粘弾性の温度分散と同じように分子の運動に応じて主分散（$\alpha$ 分散）や副分散 ($\beta, \gamma \cdots$) が観測される。このような極性高分子の $\varepsilon''$ のピークは，双極子の種類，双極子がおかれている環境，双極子の運動様式によって発現する。つまり，$T_{\mathrm{g}}$ 以上の温度で観測される結晶表面あるいは結晶内部の分子鎖の運動（力学的温度分散の $\alpha_{\mathrm{c}}$ 緩和），高分子のセグメント運動（主分散：$\alpha$ 緩和），側鎖の運動，ローカルモード（力学緩和の $\beta$ 分散）などである。誘電緩和と力学緩和は，ポリ塩化ビニルのように分子の双極子の部分が主鎖に直結している場合には相関性はきわめてよい。しかし，ポリメタクリル酸メチルのように，双極子が側鎖に結合しているときには，誘電分散の主ピーク（$\alpha$ 分散）は，力学分散の主ピーク（$\alpha$ 分散）とは一致しない。これは力学分散の主ピークが主鎖の分子運動 ($T_{\mathrm{g}}$) に関連しているのに対し，誘電分散の主ピークは側鎖の運動によるためである。この場合には力学分散の副分散（$\beta$ 分散）とよい相関がある。

## 5.10 誘電特性と光学機能

### 5.10.1 電気的性質

比誘電率（誘電率）$\varepsilon_{\mathrm{r}}$ は，インピーダンス装置を使用して電気容量 $C$ と誘電正接 $\tan\delta$ を測定してから計算する。いま，厚み，すなわち電極板を間隔 $d$ の試料に蒸着または銀ペーストなどで面積 $A$ の電極を両面に付けたときの $C$ と $\varepsilon_{\mathrm{r}}$ の関係は，式 (5.241) のようになる。

$$\varepsilon_{\mathrm{r}} = \frac{d \times C}{A \times \varepsilon_0} \cong \frac{d \times C}{A \times (8.85 \times 10^{-12})} \tag{5.241}$$

誘電体に交流電場を加えると，低い周波数では，分極は電場に追随できるが，高い周波数では追随できなくなる。この結果として，$\varepsilon_r$ が小さくなる。このことを分散といい，ある特定の周波数での誘電損失の原因となる。電子遷移や分子振動では，光電場によって電子や分子が平衡位置からずれるが，元の位置に戻ろうとする調和的な力が作用する。このことが共鳴現象となって現れ，紫外，可視，赤外線の吸収現象となって観察することができる。表 5.7 に室温における高分子の誘電率と屈折率 $n$ の関係を示す。ポリエチレンのような無極性高分子では，分極以外に可動性の電荷が存在しないため，誘電率は周波数にあまり影響されない。また，温度による影響も熱膨張が関係するのみで，温度とともに誘電率は減少する。極性の低い高分子では，誘電率は主に電子分極率が関係するため，$\varepsilon_r = n^2$ に近い値となることがわかる。構造内に大きな双極子があると，高温では双極子が電場によって回転するので誘電率は増加する。ただし，回転運動中，粘性による摩擦力が働く。PTFE は電気陰性度の高いフッ素を含むが分子構造の対称性がよいため双極子が寄与せず低い誘電率を示す。同様に PE，PP も低い誘電率となる。芳香環あるいは極性を有するエステル結合をもつ PS，PC，PMMA，PET では誘電率は増加する。PVDF では，フッ素が非対称に置換され，大きな双極子を示すことから誘電率も 7.5 から 12 と非常に高い値を示す。圧電性材料や焦電性素子として応用されている。

### 5.10.2　屈折率と複屈折

屈折率 $n$ は，Snell の法則にもあるように，真空中を進む光の速度 $c$ と媒体中を進む光の速度 $v$ の比として次式で表される。

$$n = \frac{c}{v} \tag{5.242}$$

**表 5.7**　室温における高分子の誘電率 $\varepsilon_r$ と屈折率 $n$ の関係

| 高分子 | 誘電率（1 kHz，室温） | 屈折率 | $n^2$ |
|---|---|---|---|
| ポリエチレン (PE) | 2.3 | 1.44 | 2.07 |
| ポリプロピレン (PP) | 2.0–2.3 | 1.49 | 2.22 |
| ポリテトラフルオロエチレン (PTFE) | 2.1 | 1.38 | 1.90 |
| ポリスチレン (PS) | 2.55 | 1.59 | 2.52 |
| ポリメタクリル酸メチル (PMMA) | 3.0–3.5 | 1.49 | 2.22 |
| ポリカーボネート (PC) | 3.02 | 1.59 | 3.18 |
| ポリエチレンテレフタレート (PET) | 3.25 | 1.60 | 2.56 |
| ポリフッ化ビニリデン (PVDF) | 7.5–12 | 1.42 | 2.01 |

光がもつ電界により，物質内の電子が呼応し，電子の振動が光の電界によって影響を受ける，すなわち電子分極が光の電界と相互作用をもつようになる。このため，光の速度は物質中では真空中よりも小さくなる傾向にある。この相互作用が大きいほど屈折率は高くなる。相互作用の大きさは，電界に対して分極しやすいのか否かで決まる。分極のしやすさを表す指標として分極率 $\alpha$（分極率体積）がある。屈折率と分極率には，Lorentz-Lorenz 式に示すような関係にある。

$$\frac{n^2-1}{n^2+2} = \frac{4\pi}{3}N\alpha = \frac{4\pi}{3}\cdot\frac{\rho N_{\mathrm{A}}}{M}\alpha = \frac{[R]}{V_{\mathrm{m}}} = \phi \tag{5.243}$$

$$n = \sqrt{\frac{1+2\phi}{1-\phi}} \tag{5.244}$$

ここで，$N$ は単位体積中の分子の数，$\rho$ は密度，$N_{\mathrm{A}}$ はアボガドロ定数，$M$ は分子量である。$[R]$ は分子屈折といい，原子屈折の和として与えられる。$V_{\mathrm{m}}\,(= M/\rho)$ はモル体積である。高分子の屈折率は，定性的には単位体積当たりの分極率，別な表現をすると密度を大きくすると，より大きな値となる。多くの高分子が 1.3 から 1.5 程度で，化学構造や内部構造，結晶化などを調整することで 1.7 と高い屈折率を示すものもある。光学レンズを例にとると，眼鏡レンズでは屈折率を大きくすることでレンズ厚みが薄くなり，省資源化かつ軽量化にも繋がる．一方で，コンタクトレンズでは，眼球に密着して使用することから，水晶体の屈折率に近い 1.3 程度の低屈折率のほうが好ましい。また，屈折率は光の反射率とも密接に関わっている。このため，ディスプレイなど画面の保護シート，コーティング材では，反射率を低くする必要があるため低屈折率の高分子が求められている。ポリマーブレンド，結晶性高分子など密度差が生じる場合，例えば，結晶領域と非晶領域では密度が異なるために，その界面で光が散乱する。したがって，一般的に結晶性高分子は白く不透明なものが多い。ただし，高分子の成形加工技術の向上に伴い，結晶部のドメインサイズが可視光線波長よりも十分に小さい場合，透過させたい光の波長の半分から 1/4 程度，すなわち，約 100 nm 以下の場合は，光の散乱が生じにくいために透明となる。高屈折率ポリマーを設計するためには，単位体積当たりの分極率が大きい，つまり，原子核からの束縛が小さい芳香環，硫黄原子，ハロゲン（フッ素を除く），密度に関わるので自由体積が増えないような分子構造，これらに加えて可視光線領域で特性吸収をもたない（着色に繋がる）ものを選択する必要がある。一方で，低屈折率ポリマーの場合では，分極率が小さい，つまり，原子核からの束縛が大きいフッ素，かさ高く自由体積の大きい構造を導入すると効果的である。

物質に光を垂直に入射し，そのまま直進する光線を常光線，入射光に対して屈折し，斜めに進む光線を異常光線という。光線は直線偏光であり，電界の振動する方向とは互いに直交している。また，これらの光線に対する屈折率はそれぞれの光線によって異なる値を示す。このような現象を複屈折という。偏光方向によって屈折率が異なる複屈折性の媒体で観測される。例えば，物が二重に見える，色ムラ（色収差）が生じるなどがある。種々のレンズ，光ディスク基板，ディスプレイ用偏光板保護フィルムなどでは視野角を広くするために複屈折をできるだけ低くすることが重要である。無定形高分子の分子鎖はランダムな方向に配向しているため偏りがなく，巨視的に見て等方的であるために，ただ1つの屈折率をもつ等方性物質となる。しかし，高分子を種々の形状に成形する際，例えば，フィルムの延伸，押出し紡績では，高分子鎖がある方向に揃う，すなわち，配向することが多い。このときに生じる複屈折を配向複屈折 $\Delta n$ といい，以下の式で定義される。

$$\Delta n = n_{\parallel} - n_{\perp} \tag{5.245}$$

ここで，$n_{\parallel}$ は配向方向に平行な方向に偏光している直線偏光に対する屈折率，$n_{\perp}$ は配向方向に直交する方向に偏光している直線偏光に対する屈折率である。複屈折には正，負の値があるが，高分子の化学構造がもつ分極率の異方性と密接な関係があり，それぞれ高分子物質固有の性質を示すものである。配向状態において，正の配向複屈折をもつ高分子では，繰り返し単位構造の配向方向の平均分極率が直交する方向に比べて高くなり，負の配向複屈折をもつ高分子では，逆に直交する方向の平均分極率が配向方向に比べて高くなる。媒体の入射面内における最も屈折率の高い方向（$x$ 軸方向）とそれに直交する方向（$y$ 軸方向）の2つの直線偏光に分かれる。それぞれに対する屈折率 $n_x$ と $n_y$ は，$n_x > n_y$ である。したがって，Snell の法則に示されるように媒体中では，$x$ 軸方向よりも $y$ 軸方向の直線偏光のほうが速く進み，両者の間に位相差が生じる。2つの偏光がほぼ同じ経路を通り，ほぼ同じ位置から出射された場合は出射時に2つの偏光は合成される。2つの偏光の間に生じた位相差に応じて偏光状態が決まる。円偏光または楕円偏光とは，ある点での観測地点において向かって来る光を観測したときに，電界の振動方向が時間とともに回転する偏光であり，ベクトル量である電界ベクトルの軌跡がそれぞれ円または楕円となるものをいう。一般的に，観測点から見て時計回りに回転するものを右旋性，反時計回りに回転するものを左旋性と定義される。

配向複屈折 $\Delta n$ と配向関数（配向度合いを表す関数で配向度という。すべて配向している場合は 1，ランダムで無配向の場合は 0 となる）$f$ は，次式に示す関係がある。

$$\Delta n = f \cdot \Delta n^0 \qquad (5.246)$$

ここで，$\Delta n^0$ は高分子主鎖が完全に配向した状態（配向関数 $f = 1$）における複屈折の値であり，固有複屈折という。表 5.8 に代表的な汎用プラスチックの固有複屈折の値を示す。配向関数 $f$ は，$\Delta n^0$ が既知の高分子に対して任意の成形条件で成形した試料の複屈折を求めることで得られる。

**表 5.8**　各種プラスチックの固有複屈折

| プラスチック | $\Delta n^0$ |
|---|---|
| ポリスチレン | −0.10 |
| ポリフェニレンオキサイド | 0.21 |
| ポリカーボネート | 0.106 |
| ポリ塩化ビニル | 0.027 |
| ポリメタクリル酸メチル | −0.0043 |
| ポリエチレンテレフタレート | 0.105 |
| ポリエチレン | 0.044 |

# 6章　合成高分子の材料特性

素材としての高分子の著しい特徴は，金属やセラミックなど他の素材に比較して軽量で加工性がよいことであろう。プラスチック，ゴム，繊維などはすべて高分子材料である。これらのうち生産量の最も高いのはプラスチックであり，全体の約60%を占める。プラスチックには熱可塑性樹脂と熱硬化性樹脂がある。ここでは，性能材料としての汎用プラスチック，エンジニアリングプラスチック，繊維，ゴムに続き高分子系のアロイや複合材料，さらに代表的な機能材料の特性について述べる。

## 6.1　高分子材料とは

モノマーの重合によって合成される高分子の溶液物性，溶融物性および，いわゆる材料としての固体合成高分子の基礎物性については，それぞれ4章と5章に詳述した。高分子材料の用途別の分類は付録3に示した通り，生産量の高い順にプラスチック，ゴム，繊維であり，塗料そして合成洗剤・界面活性剤と続く。繊維は溶融したポリマーを，一般に延伸によって繊維状に成形加工して製造されるので，熱可塑性を有するポリマーであればよい。熱硬化性樹脂と化学架橋ゴムには基本的に適用できないが，物理架橋によってゴムの性質を示す熱可塑性エラストマーは高弾性繊維の素材として利用されている。繊維とゴムについては6.3および6.4節で詳しく述べる。

高分子材料には，強度，耐久性，耐熱性などの基本的な性質に基づく構造構築性あるいは各種性能を利用した性能材料と，分離，透過，光変換などの材料システムや情報変換あるいはエネルギー変換する場合などに用いられる機能材料がある。この観点に沿った分類例を表6.1に示す。性能材料と機能材料を明確に区別することは難しく両方を兼ね備えた材料も多い。汎用樹脂やエンジニアリングプラスチックは単一の高分子物質で材料として製品化される場合が多いが，それぞれの特徴を活かすために異種ポリマーや異種素材（金属やセラミック）とのブレンドによって得られる複合材料

表 **6.1**　高分子材料の分類

| 性能材料 | 性能材料—機能材料 | 機能材料 |
|---|---|---|
| 高強度材料 | 弾性材料 | 透過膜（分離膜） |
| 耐久性材料 | 膨潤性材料 | 分離材料 |
| 耐熱性材料 | 光透過材料 | 形状記憶材料 |
| 柔構造材料 | 高屈折材料 | 光変換材料 |
| バリア膜 | 誘電材料 | 光導電材料 |
| 炭素繊維 | 非収縮性重合材料 | 非線形光学材料 |
| シリコーン樹脂 | 熱硬化材料・熱分解材料 | 光記憶材料 |
| 軽量材料 | 光硬化材料・光分解材料 | 高分子試薬 |
| 含金属繊維 | 分解性材料・生分解性材料 | 圧電・焦電材料 |
| 接着材料 | ケイ素樹脂 | 生体機能材料 |
| 生体適合材料 | イオン伝導性材料 | 医用材料 |
| 延伸材料 | 電子伝導性材料 | 薬物徐放材料 |
| ハイブリッド材料 | バイオテクノロジー材料 | |
| 積層材料 | 表面加工材料 | 吸水性材料 |
| キャスティング材料 | 超薄膜・LB 膜 | ヘルスケア材料 |
| | ラテックス・コロイド | |

は新規な高分子材料の開発手段としてコストパフォーマンスの面からも欠かせない基礎技術である。ポリマーアロイと高分子複合材料については 6.5 と 6.6 節を参照にされたい。また 6.7 節には主な機能性材料をまとめた。

単一ポリマーから製造される各種高分子材料の弾性率と強度を比較してみよう。材料に外力である荷重を加えるとわずかに変形するが，弾性領域では荷重を除くと元の形に戻るという性質をもち，これを弾性体と呼ぶ。弾性体は下式に示す Hooke の法則に従う。

$$\sigma = E\gamma$$

ここで，$\sigma$ は応力 (stress) であり，単位断面積当たりの応力 [外力 $(F)$ / 面積 $(A)$, 単位 $\mathrm{Nm^{-2}}$] であるが，通常 Pa で示される。高分子材料では小さな試験片（断面積 $\mathrm{mm^2}$）を用いて測定するが，おおむね $10^6$ Pa 以上を示すので，MPa を用いる。$\gamma$ はひずみ (strain) であり，例えば，伸長ひずみならば，荷重に対し元の長さ $l_0$ が $l$ に変形した場合，ひずみ $\Delta l$ は $(l - l_0)/l_0$（m/m, 無次元）である。$E$ (elastic modulus) は弾性率であり，結果として応力と同じ MPa 単位となる。

主な高分子材料の弾性率および強度は，それぞれ図 6.1 および図 6.2 にまとめて示す。

図から明らかなように高弾性率をもつ全芳香族ポリアミドであるアラミド繊維は高

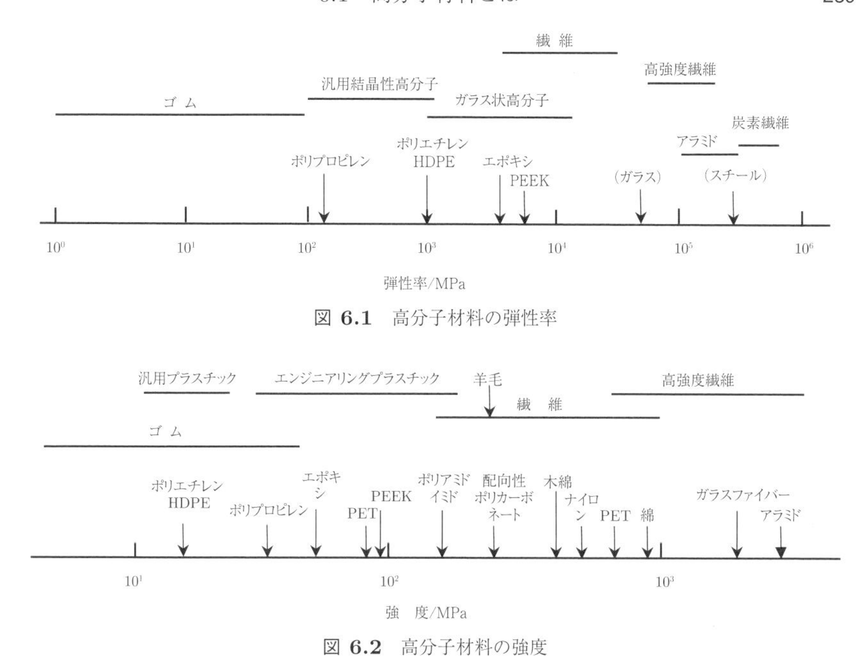


**図 6.1** 高分子材料の弾性率



**図 6.2** 高分子材料の強度

強度で，ひずみが極めて小さい。一方，ゴムは低弾性率・低強度であるが，よくひずむ，つまり引張りならばよく伸びることを示している。汎用プラスチックであるHDPEやPPは弾性率・強度ともにゴムより高いが，架橋構造をもつ熱硬化性エポキシ樹脂より低い。PET，PC，ナイロンなどのエンプラは汎用プラより高弾性率，高強度を示す。熱可塑性樹脂をフィルム状や繊維状に延伸加工すると分子鎖が延伸方向に比較的伸びた形で配向するため結晶化しやすくなり高弾性率・高強度となる。天然高分子である羊毛，木綿や綿が延伸配向エンプラと同等であることは注目に値する。高分子の骨格は，C，N，O，S元素などの共有結合により構成されている。その結合エネルギーは70〜120 kcal mol$^{-1}$であり，金属の結合エネルギーよりはるかに高い。しかしながら，分子間凝集エネルギーが低いため材料としてはスチールなど金属の強度や弾性率を達成することは困難と思われていた。とくに折り畳み結晶を含むランダムコイル状のコンホメーションをとる直鎖（線）状高分子の分子間凝集エネルギーを大きくすることは不可能に近いと考えられていた。ところが最近になって折り畳み結晶も伸び切り，分子鎖が配向した構造が実現され，分子鎖のパッキング状態と結晶弾性率との関係が明らかにされ，高分子繊維においても金属やセラミックを凌駕する機械的特性が得られるようになった。例えば，分岐の少ない超高分子量PEの希薄溶液を冷却して得られるゲルを延伸によって紡糸（ゲル紡糸）するとall transコンホメーションから成る平面ジグザク構造が多くなり，弾性率，強度ともに金属，セラミックレベルの高強度繊維となる。また，剛直な主鎖構造を有する芳香族高分子を用いて分子鎖の折り畳み結晶化を防ぎ凝集力を高めた，アラミド繊維 (Kevlar®) と同様に高強度繊維として上市されているザイロン®（ポリイミド構造をもつポリ-*p*-フェニレンベンゾビスオキサゾール）はセラミック繊維の代表例であるガラスファイバーや金属の代表例であるスチールと同等レベルである。すべてが炭素原子で構成されグラファイト構造を有する炭素繊維 (carbon fiber, CF) は軽量であるだけでなく弾性率・強度ともにセラミックやスチールと同等かそれ以上の性能をもち，すでに航空機の構造部材として実用化されている。さらに最近注目されている持続型資源，木質パルプに化学処理を施した後，解繊して得られる，セルロース分子，数十本の束から成るミクロフィブリル，すなわちセルロースナノファイバー (cellulose nanofiber, CNF) は，スチールの1/5の軽さでありながら5倍の強度，ガラスの1/50の低膨張性を示すセラミックや金属を超える高弾性体である（表6.2）。これらの “軽量化” 高強度高弾性率繊維は，航空機などの航空・宇宙産業分野や自動車などの汎用輸送産業分野などで繊維強化プラスチックFRP (fiber reinforced plastics) の素材として精力的に開発され一部は製品化されている。詳しくは6.6節のポリマーコンポジットを参照のこと。

表6.1に記載した機能材料については6.7節で電気・電子機能，光機能，分離機能，さらに高分子ゲル，医用高分子などとして取り上げている。

性能や機能を評価する場合，いずれにしても高分子素材は熱履歴を経て加工されるため，1次構造に由来した各種の分子運動を経て高次構造が決まる。したがって，材料特性においては評価試験片の加工方法（6.8節）によって性能と機能の評価結果が異なることは注視すべきである。

**表 6.2**　プラスチック強化繊維としての物性比較

| 強化繊維 | CNF | CF<br>PAN系 | アラミド繊維<br>Kevlar® 49 | ガラス繊維 |
|---|---|---|---|---|
| 比　重 | 1.5 | 1.82 | 1.44 | 2.55 |
| 弾性率<br>(GPa) | 140 | 230 | 130 | 74 |
| 強　度<br>(GPa) | 3<br>（推定値） | 3.5 | 2.8 | 3.4 |
| 熱膨張<br>($ppm\ K^{-1}$) | 0.1 | 0 | −5 | 5 |
| 持続型資源 | ◎ | — | — | — |

## 6.2 合成樹脂（プラスチック）

プラスチックには，加熱すると柔軟になる熱可塑性樹脂 (thermoplastic resin) と低分子量の前駆体を加熱して反応を進め 3 次元ネットワークを形成し硬くなる熱硬化性樹脂 (thermosetting resin) とがある。生産量としては熱可塑性樹脂が圧倒的に多い (付録 3 参照)。合成反応については 2 章に記述したので，ここでは物性と用途を中心に解説する。

### 6.2.1 熱可塑性樹脂

成形品，フィルム，パイプ，繊維のような形で家庭用品，雑貨，日用品などに用いられ，生産量の非常に多いポリエチレン，ポリプロピレン，ポリ塩化ビニル，ポリスチレンなどを汎用プラスチック (commodity plastics) といい，プラスチック全生産量の約 70%を占めている。

**1 ポリエチレン**

エチレンは，石油を分留することによって得られる沸点 30〜200℃のナフサ (C5–C11) を触媒の存在下で熱分解することによって得られる。エチレンはそのまま重合することによってポリエチレンとなるが，スチレン，塩化ビニル，酢酸ビニル，エチレングリコールなどの原料にもなる。

ポリエチレンには，その性質あるいは製法により，低密度，中密度，高密度ポリエチレンがある。主として低密度ポリエチレン (LDPE) と高密度ポリエチレン (HDPE) が生産されている。LDPE は，エチレンを 1000〜2000 気圧，100〜300℃で，空気中の酸素を開始剤としてラジカル重合させて得られる。分子間および分子内連鎖移動反応によって長鎖分岐のみならず短鎖分岐や分岐内分岐構造が生成するため分子間の配向構造がとりにくく低密度になる。表 6.2 にその物性を示したが，LDPE は密度が 0.910〜0.925 g $cm^{-3}$ で，弾性率や引張り強度は低く，柔軟なプラスチックである。したがって，フィルムとしての用途が最も多く，LDPE が 52%とその大半を占めている。その他，ラミネートのような加工紙，射出成形品（密封容器，台所用品，玩具，文具など），中空成形品（パイプ，小型びん，タンク，浮標など），電線の被覆などに用いられている。付録 3 に示す通り，日本における 2015 年の生産量は約 154 万トンに上っている。

高密度ポリエチレン (HDPE) は，1952 年に Ziegler によって発明されたトリエチルアルミニウム/四塩化チタン系触媒（Ziegler 触媒）を用いて，常圧でエチレンを重合させることによって得られる。配位アニオン重合によって移動反応が起こりにくく分岐が少ない直鎖状構造となるため配向性がよくなり高密度となる。HDPE は，密度は 0.94～096 g $cm^{-3}$ で剛性があり，衝撃に強く，耐寒性がよい。また，電気特性，耐水・耐薬品性に優れている。用途としては，フィルム用が最も多く，とくに最近では，ごみ袋やショッピングバッグとして使われている。また，コンテナ，バケツ，台所用品，玩具などの成形品，大型びん，ドラムかん，大形パイプなどの中空成形品，紐，テープ，ロープ，漁網など繊維としても使われている。生産量は 83 万トンであり，LDPE と合わせると PE は合計 250 万トンになる。また，エチレン–酢酸ビニル共重合体（EVA 樹脂）は 20 万トン生産されている。

**2**　ポリプロピレン

ポリプロピレン (PP) の原料であるプロピレンは，エチレンと同様にナフサの分解によって得られる。プロピレンはポリプロピレン以外にアクリロニトリル，プロピレンオキシド，アセトン，フェノール，ブタノール，オクタノールなどの原料にもなる。

PP はプロピレンの重合でつくられるが，Milano 大学の Natta によって Ziegler 触媒を改良して発見された触媒（Natta 触媒）を用いてプロピレンを重合すると，置換基の–$CH_3$ が同じ向きの立体構造をとるイソタクチック PP が得られる。また，ジエチルアルミニウムクロリド/アニソール/バナジウムアセチルアセトンのような触媒を用いると，置換基の向きが交互に逆方向を向いたシンジオタクチック PP が得られ，種々の重合触媒の開発が現在も進められている（2 章）。これら立体規則性の PP は，分子鎖がかなりよく配列しており，密度が 0.90～0.92 g $cm^{-3}$ と最も軽いプラスチックである。その物性は表 6.3 に示す通りであるが，高融点（軟化温度）を示し剛性も比較的高く，電気特性，耐水性，耐薬品性，耐摩耗性，耐熱性に優れている。また，空気や水を通しにくい。用途としては，一般雑貨，医療分野，日用品，容器，キャップ，包装用透明フィルムと多岐にわたっている。シャンプー，リンス，洗剤容器，食品容器のような中空成形品などにも利用されている。とくに食品容器は，ガスバリア性，透明性，安全性などが要求されるが，このような用途にも適している。さらに PP は，非極性炭化水素で優れた電気絶縁性を示すとともに，誘電率も小さく，良好な高周波特性をもっている。このため，耐電圧，耐アーク性に優れており，高周波絶縁材料として冷蔵庫，洗濯機などの家電製品や OA 機器用に用いられている。また，地球環境保全の観点から 1990 年代以来自動車の軽量化が最重要課題となり，PP はバンパー，サ

表 6.3　汎用熱可塑性樹脂の性質

| | LDPE | HDPE | 硬質 PVC | 軟質 PVC | PP | PS | PMMA | ABS |
|---|---|---|---|---|---|---|---|---|
| 密度 ($g\ cm^{-3}$) | 0.918 | 0.960 | 1.45 | 1.23 | 0.90 | 1.04 | 1.19 | 1.03 |
| 引張り強さ (MPa) | 12 | 34 | 58 | 19 | 35 | 30～45 | 65 | 30 |
| 引張り伸び (%) | 550 | 1,000 | 150 | 430 | 600 | 2 | 3 | 20 |
| 弾性率 (GPa) | 0.12 | 1.2 | 2.9 | — | 1～2.4 | 2～3 | 3 | 2.0 |
| 衝撃強さ（アイゾットノッチ）($J\ m^{-1}$) | 2,100 | 150 | 40 | — | 40～200 | 20 | 16 | 29 |
| 脆化温度 (℃) | −70 | −80 | 81 | −37 | — | — | — | — |
| 軟化温度 (℃) | 84 | 128 | 89 | — | 165 | 79 | 105 | 85 |
| 吸水率 (%) | $< 0.01$ | $< 0.01$ | 0.07～0.4 | 0.15～0.75 | $< 0.03$ | 0.05 | 0.3～0.4 | 0.3 |
| 屈折率 | 1.51 | 1.54 | 1.52～1.55 | 1.5 | 1.49 | 1.59～1.62 | 1.48～1.5 | 1.57 |
| 比誘電率 60 Hz | 2.3 | 2.3 | 3 | 4～8 | 2 | 2.5 | 4 | 3.4 |

イドモール，クラッディングなどの外装品や，インストルメントパネル，ドアトリム，ピラーなどの内装品にも用いられている。使用されている全プラスチックの中で PP は 40%を占める。次世代自動車である電気自動車，燃料電池自動車やハイブリッド自動車の重要が見込まれていることからさらなる利用が期待されている。単一ポリマーとしての生産量はプラスチック中，最も多く約 250 万トンに達している。

### 3　ポリ塩化ビニル

塩化ビニルのモノマーはエチレンを原料とし，塩化第二鉄 ($FeCl_3$) を付着させたシリカ・アルミナを触媒として約 50℃で塩素を作用させてエチレンジクロリドとし，これを脱塩化水素することによって合成される。

$$\underset{\text{エチレン}}{CH_2{=}CH_2} + Cl_2 \longrightarrow \underset{\text{エチレンジクロリド}}{\underset{|\qquad|}{CH_2{-}CH_2}\atop{Cl\quad\ Cl}} \longrightarrow \underset{\text{塩化ビニル}}{CH_2{=}\underset{|}{CH}\atop{\qquad Cl}}$$

アセチレンからも合成できる。アセチレンと塩化水素ガスを 150～200℃で塩化第二水銀や塩化亜鉛水溶液をしみ込ませ，乾燥させた活性炭の上を通して反応させる。工業的には前者のエチレンジクロリドを経由する方法がとられる。

ポリ塩化ビニル (PVC) は，原料である塩化ビニルモノマー（ガス状）を分散剤であるポリビニルアルコールが分散した水に注入し，過酸化ベンゾイルを触媒として10気圧50時間重合することにより得られる。ラジカル重合によって生成するPVCはアタクチック構造を有し結晶性を示さない。

PVCの性質は表6.3に示した通りであるが，熱や光に弱く塩化水素を発生して黒化する。PVCは可塑剤の量を調節することにより，硬質のものからゴムのような弾性のあるもの，さらに柔軟なものへと容易に力学的性質を制御できる。このように1つのポリマーから柔らかい物性と硬い物性の材料をつくることができることから“プラスチックの王様”と呼ばれている。塩素を含んでいるため，難燃性であり，誘電率が高い。用途としては，農業用塩ビフィルム，包装用シート，絶縁テープ，椅子，鞄，靴，コートなどのレザー，電線被覆材，床タイル，パイプ，雨樋（あまどい），容器類などに用いられる。しかし，PVCを低温で燃焼させるとダイオキシンを生成するため環境問題となったが，高温焼却によってこの問題は大幅に改善された。

### 4 ポリスチレン

スチレンモノマーはエチレンを原料として塩化アルミニウムを触媒とし，ベンゼンと反応させてエチルベンゼンをつくり，これを600℃で水蒸気と混合してMg–Cr–Zn系触媒上を通過させて脱水素することにより得られる。

$$CH_2{=}CH_2 + C_6H_6 \xrightarrow{AlCl_3} C_6H_5{-}CH_2{-}CH_3 \xrightarrow[-H_2]{} C_6H_5{-}CH{=}CH_2$$

エチルベンゼン　　スチレン

ラジカル開始剤を用いて懸濁重合させることにより，アタクチックポリスチレン (PS) が得られるので非晶性である。PSの主な性質は表6.3に示したが，硬質（剛性，表面硬度が高い）で透明性に優れ，電気特性，とくに高周波特性に優れている。耐水性ではあるが，溶剤に溶けやすく燃えやすい。その特徴を活かして高周波のテレビキャビネット，機械部品，文具，台所用品などに用いられている。PSは重合の際，発泡させることができ，発泡PSは包装用の緩衝材，断熱材，畳などに用いられ，低発泡材は家具などに用いられる。そのほか透明性を生かしてレンズやカセット，フロッピーディスクなどの容器に用いられている。

PSは上に述べたような長所もあるが，脆いという欠点をもっている。PSの脆さを改善するために，ブタジエンを共重合させてSBR（スチレン–ブタジエン共重合体）として，またアクリロニトリル，ブタジエンと共重合させてABS樹脂（後述）としても使われる。

### 5 メタクリル樹脂

メタクリル樹脂には種々あるが，代表的なものはポリメタクリル酸メチル（あるいは，ポリメチルメタクリレート，PMMA）である。わが国でも昭和13年から生産され，航空機の風防ガラスとして利用されていた。メタクリル酸メチルモノマーは，アセトンとシアン化水素からつくられる。

$$(CH_3)_2C{=}O + HCN \longrightarrow (CH_3)_2C(OH)CN \xrightarrow{\text{脱水}} CH_2{=}C(CH_3)CN \xrightarrow{\text{加水分解}} CH_2{=}C(CH_3)COOH$$

アセトン　アセトンアンヒドリン　メタクリロニトリル　メタクリル酸

$$\xrightarrow[\text{エステル化}]{CH_3OH} CH_2{=}C(CH_3)COOCH_3$$

メタクリル酸メチル

重合は容易で，工業的にはラジカル開始剤を用いた塊状重合，懸濁重合，乳化重合などで生産される。非晶性アタクチックポリマーであるが，PMMAは弾性率が高く，透明性がよい。また，軟化点は80～90℃で耐熱性もよい。PMMAは熱により解重合する数少ないプラスチックの1つであり，300℃で95%がモノマーへ戻る（3章参照）。用途は，自動車関係ではランプカバーレンズ，計器板など，建材関係ではカーポート，サンルーム，テラス，採光用トップライトなどの他，看板，ディスプレイ，照明カバー，自動販売器用のカバー，レーザディスク，大水槽，道路用カーフミラーなど，その光学特性や力学特性を活かした使われ方をしている。

### 6 ポリビニルアルコール

ポリビニルアルコール (PVA) は，側鎖にヒドロキシル基 (–OH) をもつ高分子であるが，そのモノマーであるビニルアルコールは不安定で存在しない。アセチレンに水を付加させると，エノール形のビニルアルコールが得られるはずであるが，これは直ちにケト形のアセトアルデヒドに変化してしまう。したがって，PVAはモノマーの重合でなく，ポリ酢酸ビニルのけん化によって合成される。

$$HC{\equiv}CH + H_2O \longrightarrow CH_2{=}CH(OH) \longrightarrow CH_3{-}C(H){=}O$$

ビニルアルコール（エノール型）　アセトアルデヒド（ケト型）

$$n\,CH_2{=}\underset{\displaystyle OCOCH_3}{CH} \longrightarrow -\!\!\left(CH_2-\underset{\displaystyle OCOCH_3}{CH}\right)\!\!-_n \xrightarrow[\text{(NaOH)}]{\text{けん化}} -\!\!\left(CH_2-\underset{\displaystyle OH}{CH}\right)\!\!-_n$$

酢酸ビニル　　　ポリ酢酸ビニル　　　ポリビニルアルコール

PVAは水溶性であり生分解性や強い接着力を有し，ガスバリア性がよい。用途としては，織物の糊，紙のサイジング，乳化安定剤，化粧品，水に溶ける包装袋などである。PVAは，またわが国の桜田一郎によって発明された合成繊維ビニロンの原料である。PVAを酸の存在下でアルデヒドと反応させアセタール化を行うと，ヒドロキシル基の間で脱水し，水に不溶のビニロン®となる。

$$\sim CH_2-\underset{\displaystyle OH}{CH}-CH_2-\underset{\displaystyle OH}{CH}\sim + RCHO \xrightarrow{-H_2O} \sim CH_2-\underset{\displaystyle O-\underset{\displaystyle R}{CH}-O}{CH-CH_2-CH}\sim$$

$R$；$-H$, $-CH_3$, $-C_6H_5$　　　ビニロン

### 7　アクリロニトリル–ブタジエン–スチレン樹脂

ABS樹脂はアクリロニトリル，ブタジエン，スチレンの三元共重合体である。ポリブタジエンの分子内二重結合を重合開始点とするラジカル開始剤を用いてスチレンとアクリロニトリルをグラフト重合したグラフト形，アクリロニトリル–スチレン樹脂にブタジエン系ゴムを混合したブレンド形などがある。剛性が高く，各成分の特徴が活かされて機械的性質のバランスがよい。電気特性，表面光沢，耐酸性，耐アルカリ性であり加工性はよいが，耐光性，耐侯性はよくない。成分比の調整により耐衝撃用，耐熱用，透明用，メッキ用などのグレードがある。用途としては，冷蔵庫，掃除機，洗濯機，音響機器，ビデオのハウジングなどの電気器具用，パソコン，プリンター，事務機器，カメラなど一般機器用，家具，化粧品容器，時計，玩具など日用雑貨用，インストルメントパネルやランプカバーなど車両用がある。

## 6.2.2　熱硬化性樹脂

分子量が約1,000以下の低分子量の初期反応物を加熱により架橋反応させ，3次元網状構造を形成しながら高分子量化し硬くなっていく樹脂が熱硬化性樹脂である。合成反応式等は2章にまとめて示した。

### 1　フェノール樹脂

フェノール樹脂は最も古いプラスチック製品の1つである。フェノール類とホルムアルデヒド類から化学合成される。フェノール類としてはフェノールが最も一般的である。合成には酸と塩基性触媒が使用されるが，酸と塩基では生成するものが異なる。

塩酸を触媒とすると，付加よりも縮合の反応速度が速くなり，フェノール過剰の条件下では，フェノール核がメチレン ($-CH_2-$) 結合で結ばれた線状のノボラック（分子量が 1000 くらいの低分子量物質）と呼ばれる脆い固体が生成される。これに硬化剤としてヘキサメチレンジアミンを加え加熱することで架橋反応が起こり，フェノール樹脂が得られる。ノボラックから製造される方法を乾式法という。一方，アンモニアや水酸化ナトリウムを触媒とすると，付加反応が優位となり，ホルムアルデヒド過剰の条件下で反応させるとフェノール核にメチロール ($-CH_2OH$) が多く結びついたポリメチロールフェノール混合物，すなわち，粘稠な液体であるレゾールが生成される。これらフェノール樹脂の前駆体を 140〜160℃，170〜175 kg cm$^2$ で加熱圧縮することにより，硬化剤の添加なしでフェノール樹脂が得られる。レゾールを用いた製法を湿式法という。

フェノール樹脂は，硬く，強く，寸法安定性，耐水性，耐薬品性，電気絶縁性に優れている。成形品としては重電機器，電気機器，車両部品，雑貨類用に使われている。積層品は，紙に含浸させて民生用，電子基板，電気絶縁用，化粧板用や，布に含浸させて歯車，軸受けなどの機械部品や耐薬品機具などに使われている。木材加工用接着剤やシェルモールド用工業レジンなどの用途もある。

### 2　尿素樹脂

モノマーは 2 官能性の尿素（ユリア）とホルムアルデヒドであり，フェノール樹脂と同様な反応（付加と縮合の繰り返し）を経由して合成される 3 次元網状構造を有する熱硬化性樹脂であり，ユリア樹脂ともいう。ユリア樹脂は，安価で着色性がよく，耐薬品性や電気絶縁性に優れているが，耐水性，耐老化性に劣る。用途としては，着色性の特徴を生かした雑貨，日用品，電気部品などに用いられている。最も用途が多いのが合板用の接着剤である。また，織物の風合いをよくするために，繊維加工剤としても用いられている。

### 3　メラミン樹脂

メラミン樹脂は，3 官能性メラミンとホルムアルデヒドの反応によって得られる。メラミン樹脂は，硬化しやすく炭酸ナトリウムやアンモニアを用いて弱アルカリ性，80℃で反応させる。用途は，配線器具，照明器具などの電気用品，漆器などの成形品，車輌用積層板，繊維処理剤，塗料などに用いられている。

ホルムアルデヒドを用いたこの種の熱硬化性樹脂は，フェノール樹脂や尿素樹脂と同様に，樹脂内に残存するホルムアルデヒドの毒性の問題があり，他材料への転換の傾向がある。

#### 4　エポキシ樹脂

エポキシ樹脂は，2 章で示したエポキシ樹脂前駆体を種々の硬化剤と反応させると，分子量無限大の 3 次元網状構造をとり，弾性率や強度の高いプラスチックとなる。硬化剤としては，トリエチレンテトラミン，エチレンジアミン，ジエチレントリアミンのような低分子アミンやポリアミド樹脂，無水フタル酸，無水メチルハイミック酸，無水ピロメリット酸などの酸無水物が用いられる。

エポキシ樹脂は，硬化剤を適当に選択することにより，柔軟なものから硬く強いものまで，種々の力学特性をもつプラスチックを得ることができる。エポキシ樹脂の特徴は，硬化反応時に低分子量物質を副生しないために，成形時の収縮がきわめて小さく寸法安定性がよい，耐熱性，耐摩耗性，耐薬品性に優れ，電気絶縁性がよい。また金属に対する接着性に優れているなどである。用途は，塗料，土建・接着剤用，機械用（繊維強化複合材料，自動車部品，タンク，パイプなど），電気用部品（碍子(ガイシ)，IC 基板，コネクターカバー）などである。

#### 5　不飽和ポリエステル

不飽和ポリエステルは分子鎖中の不飽和二重結合を開始点とするスチレンやメタクリル酸メチルのラジカル重合によって，共有結合の化学架橋点をもつ 3 次元網状構造をとる。2 章で述べたように主鎖中に二重結合を有するポリエステルの総称であり，酸とアルコールを選択することによって種々の構造の不飽和ポリエステルが合成され，その後の第 3 のモノマーのラジカル重合を経て 3 次元化されている。不飽和ポリエステルは，透明で，機械的性質，耐熱性，電気特性に優れているが，耐酸性，耐アルカリ性は悪い。ガラス繊維強化プラスチック (GFRP) の母材として用いられている。GFRP は，建築資材（浴槽，浄化槽，波板，パイプ，サイロ，洗面器，家具など），輸送機器（ボート，漁船，ヨット，鉄道関係，自動車など），工業用機材（高圧絶縁材，タンク，ダクト，フィルター，バッテリーケースなど），塗料，化粧板などに利用されている。

### 6.2.3　エンジニアリングプラスチック

汎用プラスチックに比較して機械特性（弾性率，強度）や熱特性に優れており，精密機械部品などの金属代替素材や高強度繊維として，さらには FRP の強化繊維などに利用されている。エンプラと略称される。ここでは材料特性を中心に記述する。

### 1　ポリアミド（ナイロン，PA）

ポリアミド(PA)は，主鎖骨格にアミド結合(–CONH–)を含むもので，PA4，6，10，11，12，66，610，芳香族PAなど多くの種類がある。PA66やPA6のほかに$\omega$–アミノウンデカン酸からPA11，$\omega$–ドデカノラクトンの開環重合からPA12が，セバシン酸とヘキサメチレンジアミンの重縮合からPA610，ドデカン二酸とヘキサメチレンジアミンの重縮合からPA612というように，種々のPA樹脂が得られる。PA樹脂は一般に強靭で耐衝撃性に優れ，表面硬度が高い，摩擦係数が小さく自己潤滑性がある，電気特性，低温特性，耐薬品性，耐油性などに優れ，自己消火性があるという特徴をもつ。しかし，PA樹脂は分子鎖にアミド基をもつため，水と水素結合を形成し吸湿しやすく，寸法安定性の面で問題があるが，吸湿により強靭性が出るという特徴もある。

PAの用途は，コイルボビン，ケーブルの締め具，絶縁体，スライドスイッチなどの電気部品，時計ケース，天秤部品，皿洗い器の部品などの機械部品，パイプチューブ，電線シース，ソーセージの包装など管や包装用フィルム，ワイパー，ギア，ラジエーターファン，ストレーナーなどの自動車部品，戸車，ファスナーなどである。

最近，力学特性や耐熱性に優れた全芳香族ポリアミド（アラミド）が注目されている。例えば，Du Pont社のNomex®は，メタ結合の芳香族PAで，融点325℃，比重1.3，引張り強度100 MPa，圧縮強度240 MPa，衝撃強度（ノッチ付）2.8の物性値をもち，ギアや軸受けなど高強度が求められるところに用いられる。また，Kevlar®は，パラ結合型で，融点580℃，ガラス転移温度300℃，強度22 g/デニール，弾性率48 g/デニールといった性質をもつ耐熱性，超高強度，高弾性の繊維で，自動車タイヤ用カーカス材あるいはFRP用強化繊維として用いられる。

### 2　飽和ポリエステル

先に述べたように，不飽和ポリエステルは熱硬化性樹脂であるが，飽和ポリエステルは熱可塑性樹脂である。飽和ポリエステルの代表的なものは，ポリエチレンテレフタレート（PETPまたはPET）とポリブチレンテレフタレート（PBTPまたはPBT）である。

PETの性質は，強靭で，耐水性，電気特性，耐候性，耐有機溶剤性，耐油性に優れ，毒性がなく，吸水性は少ないが，熱水やアルカリに弱い。用途としては，家電・電子部品用，OA用，自動車用，その他であるが，性能が優れているにもかかわらず，成形サイクルの問題で，エンジニアリング用よりもフィルムや食品包装容器（PETボトル）など非工業用としての用途が主であった。しかし，最近では成形サイクル向上の技術開発が進み，エンジニアリング用にも使われるようになった。エンジニアリング用としては，イグニッションコイル，マット類，ドアトリムなどの自動車部品，コイル絶縁材，スロットライナ，コンデンサ用フィルム，電子レンジのドアパネル，ドアスクリーン，ランプフィルタなど電気機器分野，オーディオカセットなどのテープ押さえや磁気ディスクのベースシートなど電子機器分野に用いられている。

PBTは融点224℃で，強靭，耐熱性，耐疲労性，耐摩耗性がよい。電気特性に優れ，耐候性はよいが，耐熱水性や耐アルカリ性に劣る。用途としては，電気・電子分野，自動車用，機械分野などである。

### 3　ポリカーボネート (PC)

PCは強靭で衝撃強度が高く，耐熱，耐寒性に優れ，透明で耐候性は悪いが耐水性はよい。また，自己消火性があり，電気特性，寸法安定性に優れている。その優れた特徴を生かして，広範な産業分野で使用されている。例えば，電話器，CD，ミニディスク，CD–ROM，光磁気ディスク，ノートパソコンやワープロ用ハウジングなどのOA機器用，自動車用ではヘッドランプレンズ，インナーレンズなど光学部品，内装，外装用部品，またカメラ用機構部品や，グレージング用，屋根材などのシート材，人工腎臓などの外装部品として用いられている。

### 4　ポリアセタール (POM)

ポリアセタール（ポリオキシメチレン，POM）はホルムアルデヒドモノマーのC=O二重結合へのアニオン種の付加重合で生成するため，主鎖の繰り返し単位の中に酸素を含み–$CH_2$–O–$CH_2$–O–構造をもつので，ポリエーテルに分類される。この場合，末端がヒドロキシル基になっており分解しやすいので，無水酢酸でアセチル化する。特性はポリアミドに似ており，弾力があり寸法安定性がよく，耐候性，耐摩耗性に優れ，摩擦係数が小さい。ジッパー，歯車，プーリ，バインダー，ポンプの羽，ヒータファンなどの機械部品，エアゾールボトル，化粧品容器などの容器類，ボビン，モータ部品，テープレコーダー基板など電気部品，ワイパーモータ，ガスバルブ，キャブレターなど自動車用品などのほか，各種事務機器，時計，家庭用電気器具の部品やハウジングに用いられている。また，一軸延伸によって伸び切り鎖結晶が多く生成するため高強度繊維として利用されている。さらにエチレンオキシドとの共重合体も製造されている。

### 5 変性ポリフェニレンエーテル（変性 PPE）

2章で示した反応式で合成される PPE は，熱変形温度 193℃，脆化温度 160℃の耐熱性高分子で，機械的強度も大きい。しかし成形時の内部ひずみのために亀裂を生じるという欠点があった。これを改良するために，ポリスチレンを混合して変性する方法があり，GE 社によって開発され，Noryl®という商品名で市販されている。このプラスチックの特徴は，非晶質であるため成形収縮率が小さく，吸水率がきわめて低い。また寸法安定性，耐熱性，難燃性に優れている。機械的性質は，剛性と衝撃強度，クリープなどのバランスがとれている。電気特性ではとくに誘電率の周波数依存性が小さい。用途は，複写機，プリンター，コンピュータ，ファックスなどのハウジングやシャーシなどの OA 機器分野，耐熱性，耐衝撃性の特徴を生かしたホイールキャップ，インパネ，スポイラーなど自動車分野，耐熱性，難燃性，寸法安定性などの特徴を生かしたフライパックトランスのケース，IC トレーなど電気・電子分野などである。変性 PPE は難燃性に優れ，再利用することができるため，環境負荷の低減やリサイクルなど社会的要請に応えることのできるプラスチックといわれている。表 6.4 に代表的なエンジニアリングプラスチックの物性値を示す。

その他のエンジニアリングプラスチックとしては，耐熱性がきわめて高く，耐薬品性に優れたフッ素樹脂（ポリテトラフルオロエチレン，ポリフッ化ビニリデン，フッ化ビニルなど），ゴム状で耐熱性の優れたシリコーンゴム，耐熱性で高弾性率，高強度，高熱変形温度をもつポリエーテルサルホン，ポリアミドイミド，ポリアリルサルホン，

**表 6.4** エンジニアリングプラスチックの物性

| | PA（標準） | PA12 | POM | PC | 変性 PPE | PBT | PET |
|---|---|---|---|---|---|---|---|
| 密度 (g cm$^{-3}$) | 1.13 | 1.03 | 1.42 | 1.20 | 1.06 | 1.31 | 1.40 |
| 引張り強さ (MPa) | 78 | 46 | 72 | 65 | 63 | 56 | 45 |
| 引張り伸び (%) | 130 | 20 | 65 | 180 | 60 | 360 | 380 |
| 弾性率 (GPa) | 2.9 | 1.2 | 3.2 | 2.2 | 2.5 | 2〜3 | 3.2 |
| 衝撃強さアイゾットノッチ (J m$^{-1}$) | 80 | 250 | 110 | 900 | 180 | 50 | 50 |
| 硬度（ロックウエル R） | 120 | — | 94 | 75 | 78 | 118 | 130 |
| 荷重たわみ温度 (℃) | 160 | 145 | 124 | 135 | 128 | 59 | 76 |
| 吸水率 (%) | 4 | 0.7 | 0.2 | — | 0.14 | 0.08 | 0.02 |
| 成形収縮率 | 1.2 | — | — | 0.004 | 0.6 | 11 | 0.2 |
| 融点 (℃) | 225〜260 | — | 179 | 〜300 | 290 | 224〜228 | 248〜260 |

ポリベンツイミダゾール，ポリサルホン，ポリフェニレンスルフィドなどがある。

## 6.3 合成繊維

繊維は，天然繊維と化学繊維に大別されよう。主に原料によって繊維は分類される。この節で取り上げる合成繊維は化学繊維の中核を担う。合成繊維は比較的分子量の小さな原料物質から化学的に高分子を合成し，繊維状にしたものである。三大合成繊維として知られるポリエステル，ナイロン，アクリルのほかに，ポリウレタン，ビニロンなどの多種の繊維がある。近年では，ポリエステル繊維よりも柔軟で肌触りのよいポリトリメチレンテレフタレート (PTT) 繊維や圧電特性をもつポリ乳酸繊維，ポリ乳酸の鏡像異性体であるD, L体から構成されるステレオコンプレックスポリ乳酸繊維などに注目が集まっている。ここでは，繊維状高分子材料や機能性高分子繊維について解説する。

### 6.3.1 繊維状高分子材料

7 章の天然高分子で紹介されるセルロースは $\beta$–グルコースが重縮合した多糖類である。セルロースの構造は線状であるが，グルコースユニット中の 3 個のヒドロキシル基が分子間で水素結合を形成するため，数十個のセルロース分子の束から成るセルロースの構成単位ミクロフィブリルがセルロースナノファイバー（cellulose nanofiber, CNF, 3 章囲み記事）である。このような「細く」「長い」繊維状の高分子材料をファイバー (fiber) と呼ぶ。繊維のアスペクト比（aspect ratio：直径に対する長さの比）は 1000 以上を有する。アスペクト比が無限大，すなわち連続的に繋がったものを長繊維 (filament)，アスペクト比が有限で短いものを短繊維と呼んでいる。後者は数 mm から数十 cm の長さを有するステープル (staple) と粉状を呈するウィスカー (whisker) とに分けられる。合成高分子の場合，4 章で詳述したように準濃厚溶液において分子間で相互に接触侵入し始め，さらなる濃厚溶液では分子間で絡み合いを形成する。この絡み合いを形成した固体高分子は加熱によって溶融する熱可塑性樹脂（合成高分子材料）を溶融後細孔から一方向に押出し（延伸）加工すると「細く」「長い」繊維状に変形する。これを合成繊維と言う。このような 1 次元の材料である繊維を編組すると 2 次元の布となる。衣服はこれらの布を縫製して得た製品である。フィルム (film) は 2 次元に広げた材料と定義される。1 次元材料としての繊維は衣料用だけでなく，ロープ，漁網や，タイヤ，プラスチックの強化材などの工業用材料として多く用いられている。フィルムは工業用材料としての用途が多い。

合成高分子自体モノマーユニットが数多くの共有結合で連なった「細く」「長い」線状分子であるが，セルロースなどの天然繊維とは異なり，熱可塑性（結晶）高分子も濃厚溶液状態や溶融状態では絡み合ったランダムコイル状で存在し，延伸加工をもってしても分子ごとに鎖長軸に「細く」「長く」並べることは難しい。繊維化には高分子の融液を細孔から押し出しながら固化させる溶融紡糸 (melt spinning) 法と濃厚溶液から溶媒を除去して固化させる溶液紡糸 (solution spinning) 法が用いられる。ここではまず熱可塑性樹脂の溶液や融液から得られる合成繊維を性能別に概観する。麻，綿，羊毛，絹やセルロースなど天然繊維については 7 章を参照されたい。

### 1 衣料用繊維

三大合成繊維としてポリエステル，ナイロン（ポリアミド），アクリルが知られている。主な物性を表 6.5 に示す。

**表 6.5** 三大合成繊維の主な性質

| 繊　維 | 引張り強度 (MPa) | 伸度 (%) | 弾性率 (GPa) | 径 (μm) | 比重 | 結晶化度 (%) | 溶融分解温度 (℃) | 特　徴 |
|---|---|---|---|---|---|---|---|---|
| ポリエステル | 530〜900 | 20〜50 | 8.7〜11 | 2〜30 | 1.38 | 55〜60 | 255〜260 | 極細繊維，異形断面糸 |
| ナイロン | 470〜640 | 28〜45 | 2.0〜4.5 | 5〜30 | 1.14 | 40〜50 | 215〜220 | 高屈折強度繊維 |
| アクリル | 210〜420 | 25〜50 | 2.6〜6.5 | 10〜20 | 1.15 | 40 | 190〜240 | バルキーヤーン |

### 2 一般工業用繊維

工業用繊維はプラスチック（熱可塑性樹脂）素材の多くが繊維化され，非衣料用としてカーペットやカーテンなどのインテリア材料，漁網，タイヤコード，ロープなどの産業用材料に用いられている。しかしながら，ポリスチレン，ポリメタクリル酸メチルやポリカーボネートのようなガラス状（非晶性）ポリマーは結晶構造が結成されず強度や弾性率の上昇が期待できず工業用繊維に適していないが，非晶性に由来する透明性や均質性を活かした光ファイバーに用いられる。表 6.6 に工業用繊維の主な性質を示す。

表 **6.6**　工業用繊維の主な性質

| 繊　維 | 紡糸法 | 引張り強度 (MPa) | 伸度 (%) | 弾性率 (GPa) | 比重 | 溶融分解温度 (℃) | 特　徴 | 用　途 |
|---|---|---|---|---|---|---|---|---|
| ポリエチレン | 溶融 | 400〜800 | 8〜35 | 3〜8 | 0.95 | 125〜135 | | ロープ，袋 |
| ポリプロピレン | 溶融 | 400〜700 | 25〜60 | 3〜10 | 0.91 | 165〜173 | 軽い | カーペット |
| ポリ塩化ビニル | 乾式 | 270〜400 | 20〜25 | 4.0〜6.0 | 1.39 | 90〜100 | 熱収縮性 | ろ布 |
| ポリ塩化ビニリデン | 溶融 | 100〜400 | 18〜33 | 1〜2 | 1.70 | 165〜185 | 重い | 漁網 |
| ポバール *1 | 湿式 | 400〜1000 | 12〜26 | 7〜10 | 1.28 | 220〜230 | | コンクリート補強材 |
| ポリクラール *2 | 乳化 | 300〜400 | 20〜40 | 3〜4 | 1.32 | 180〜200 | 難燃性 | インテリア材 |
| ポリエステル（タイヤコード用） | 溶融 | 900〜1200 | 12〜14 | 14〜18 | 1.4 | 255〜260 | | テント，漁網 |
| ナイロン（タイヤコード用） | 溶融 | 800〜1000 | 16〜25 | 4〜6 | 1.14 | 215〜260 | 耐摩耗性 | 漁網，釣糸 |
| アクリル系 | 湿式 | 250〜450 | 25〜45 | 2.5〜6 | 1.25 | 210〜230 | 難燃性 | かつら，カーテン |

*1 ビニロン，*2 ビニルアルコール–塩化ビニル共重合体

## 3　耐極限環境性繊維

宇宙や航空機産業などの極限環境で用いられる金属代替の合成繊維が開発されている。とくに耐熱性を上昇させた高強度高弾性率を有する高分子として，① 全芳香族高分子，② C–H 結合をフッ素基で置換した高分子，③ 熱酸化処理した熱硬化性繊維が知られている。表 6.7 に耐極限環境性繊維の主な性質を示す。

## 4　高強度高弾性率（スーパー）繊維

最近，超高分子量 PE を用いて絡み合いの形成しない超稀薄溶液から調製された固体高分子は，絡み合いが少なく，この高分子から溶融超延伸加工によってつくるゲル紡糸繊維は多くの伸び切り鎖結晶からなる超高強度（スーパー）繊維となることがわかった。

繊維全体が伸び切り鎖結晶から成ると仮定すると，完全結晶モデルが適用され理想強度と弾性率を推定できる。高分子鎖中の最弱結合の結合エネルギー $(D)$ とばね常数 $(k_1)$ を用いて，その結合の伸びに対する 2 原子間相互作用をモース関数で表し，結合の伸びに対する最大応力 $(F_{\max})$，アボガドロ定数 $(N_{\mathrm{A}})$，高分子鎖の断面積 $(S)$ とすると結合の理論破断強度 $(\sigma_{\mathrm{b}})$ は次式で計算できる。

$$\sigma_{\mathrm{b}} = \frac{F_{\max}}{N_{\mathrm{A}}S} = \frac{(k_1 D/8)^{1/2}}{N_{\mathrm{A}}S} \tag{6.1}$$

表 **6.7** 耐極限環境性繊維の主な性質

| 繊維 | 引張り強度 (MPa) | 伸度 (%) | 弾性率 (GPa) | 比重 | 使用温度 (℃) | 分解温度 (℃) | 特徴 | 用途 |
|---|---|---|---|---|---|---|---|---|
| メタ系アラミド<br>Nomex®<br>(Du Pont) | 660 | 22 | 17 | 1.38 | −30<br>~260 | 370 | 防災性 | 電気絶縁性,<br>フィルター,<br>防災衣料 |
| Conex®<br>(帝人) | 870 | 29 | 17 | 1.38 | −30<br>~260 | 370 | 化学安定性 | |
| 複素環ポリマー<br>PBI®<br>(Celanese) | 390 | 30 | 6 | 1.4 | ~400 | 500 | 耐熱性耐薬品性 | 宇宙航空機材料 |
| ポリイミド<br>Kermer®<br>(Rhome Poulence) | 350~800 | 8~14 | 8~13 | 1.34 | −30<br>~280 | 350 | 耐熱性 | 防災安全服 |
| フェノール樹脂<br>Kynol®<br>(群栄化学) | 150~200 | 30~70 | 3~4.5 | 1.27 | −150<br>~200 | 250 | 不溶融性<br>断熱性 | 炭素繊維前駆体など |
| アクリル酸化樹脂<br>Pyromex®<br>(東邦レーヨン) | 230~330 | 10~16 | 10~11 | 1.4 | −20<br>~250 | 300 | 耐炎性<br>耐熱性<br>電気絶縁性 | 断熱充填剤<br>作業服 |
| フッ素樹脂<br>Tflon®<br>(Du Pont) | 180~470 | 25~50 | 1~4 | 2.1~2.2 | −210<br>~260 | 400 | 難燃性<br>撥水性<br>不燃性 | 編組パッキング材 |

平面ジグザグ（伸び切り）鎖における結合角のばね定数を $k_2$，結合距離を $r$，応力方向となす角を $\theta$ とすると，理論引張り弾性率 ($E_c$) は次式で求めることができる。

$$E_{\mathrm{c}} = \frac{4k_1k_2r\cos\theta}{N_{\mathrm{A}}S(k_1r^2\sin^2\theta + 4k_2\cos^2\theta)} \tag{6.2}$$

式 (6.1) と (6.2) で求めた代表的な合成高分子の $\sigma_{\mathrm{b}}$ と $E_{\mathrm{c}}$ 値を表 6.8 に示す。

ポリビニルアルコール (PVA) の主鎖は，H 原子で取り囲まれた$-CH_2-CH_2-$ポリエチレン (PE) に対し，$-CH_2-CH(OH)-$からなり，側鎖 OH 基間の水素結合よって，より高い分子間凝集エネルギーが期待され，最高理論弾性率 (255 GPa) を与えている。PVA はモノマーユニットが一置換エチレン型であり，OH 基の水素結合は立体構造に依存して大きく変化するため，この高い理論値を達成するためには，高い立体規則性（シンジオタクチックあるいはイソタクチック）が求められる。PVA は一般に酢酸ビニルのラジカル重合によって得られるポリ酢酸ビニル (PVAc) の加水分解によって合成される。しかしながら，酢酸ビニルのラジカル重合における立体規制が極めて

表 **6.8**　主な合成高分子の完全伸び切り鎖結晶の理論破断強度 ($\sigma_b$) と理論引張り弾性率 ($E_c$)

| 合成高分子 | 分子断面積 ($nm^2$) | 理論破断強度 (GPa) | 理論引張り弾性率 (GPa) |
|---|---|---|---|
| ポリエチレン | 0.193 | 32 | 240 |
| ポリプロピレン | 0.348 | 18 | 49 |
| ポリ塩化ビニル | 0.294 | 21 | 200 |
| ポリビニルアルコール | 0.228 | 27 | 255 |
| ポリエステル | 0.217 | 28 | 125 |
| ナイロン 6 | 0.192 | 32 | 142 |
| アクリル | 0.304 | 20 | 86 |
| ポリオキシメチレン | 0.185 | 33 | 53 |
| アラミド | 0.205 | 30 | 183 |

難しく，ルイス酸などの添加によって高シンジオタクチック PVAc の合成が試みられているが，PVA 繊維の理論強度および理論弾性率の達成率は，それぞれ 10%および 20%程度である。PE は上述したゲル紡糸法の改良等によって，11%および 65%に，主鎖が–$CH_2$–O–から成るポリオキシメチレン（POM, ポリアセタール）においては 4.5%および 75%，そして主鎖が剛直な全芳香族アミドであるアラミドでは 10%および 71%が得られている。

理論値を 100%達成するための分子論に基づいた開発については 6.1 節で概説したが，より具体的には，① 剛直な主鎖構造を有する芳香族高分子によって高分子鎖の折り畳みを防ぎ分子間凝集エネルギーを高める，② 繊維形成時あるいは延伸時に高分子鎖を完全伸び切り鎖とし高結晶化度を得るなどの技術開発がなされている。① に関して，パラ配向性のアラミドやポリエステル（ポリアリレート），複素環ポリマーが開発されているが，可撓性（かとうせい）や溶解性が著しく低下する。しかしながら，これらのポリマーは溶液や融液において液晶状態 (mesophase) を形成するので，この状態での高い分子配向性を利用した液晶紡糸法が開発された。② は屈曲性高分子のコンホメーションを制御して伸び切り鎖をいかにして得るか？　に対して，主に延伸紡糸技術開発が盛んに行われている。これによって，PE，PVA，POM などの高強度高弾性率（スーパー）繊維が開発されている。表 6.9 に高強度高弾性率（スーパー）繊維の主な性質を示す。

繊維強度はいずれも 2 GPa を超えスチールの約 7 倍，また弾性率も 300 GPa を超えるものがあり，セラミックや金属と同等レベルに至っている。さらに線膨張係数が負であることも重要な特徴である。

表 6.9 高強度高弾性率（スーパー）繊維の主な性質

| 繊 維 | 引張り強度(GPa) | 伸度(%) | 弾性率(GPa) | 比重 | 最高使用温度(℃) | 分解温度(℃) | 特 徴 | 用 途 |
|---|---|---|---|---|---|---|---|---|
| 剛直性高分子 | | | | | | | | |
| パラ系アラミド | | | | | | | | |
| Kevler® 29 (Du Pont) | 2.8 | 3.6 | 84 | 1.44 | 200 | 550 | 高強度品 | 防弾資材，ロープ，複合材料，補強材料 |
| Kevler® 49 (Du Pont) | 2.8 | 2.5 | 130 | 1.44 | 200 | 550 | 高弾性率品 | |
| Technora®（帝人） | 3.1 | 4.2 | 71 | 1.39 | 200 | 500 | 耐疲労性 | |
| 複素環ポリマー | | | | | | | | |
| PBT（米国空軍） | 4.2 | 1.4 | 330 | 1.58 | 400 | 600 | 高弾性率品 | 補強材料 |
| PBO（米国空軍） | 4.1 | 1.5 | 480 | 1.59 | 400 | 600 | 高弾性率品 | 補強材料 |
| ポリアリレート | | | | | | | | |
| Bectran®（クラレ） | 3.3 | 3.9 | 76 | 1.41 | 200 | 400 | 溶融液晶紡糸 | 補強材料 |
| 屈曲性高分子 | | | | | | | | |
| 超高強力 PE | | | | | | | | |
| Spectra® (Allied-Signal) | | | | | | | | |
| Dyneema®（東洋紡） | 2.2～3.5 | 3～6 | 52～156 | 0.97 | 80 | 150 | ゲル紡糸<br>高結節強度 | ケーブル<br>防弾資材 |
| Techmylon®（三井化学） | | | | | | | | |
| 超強力 PVA | | | | | | | | |
| Vinylon® RM（クラレ） | 2.3 | | 50 | 1.28 | 200 | 220 | | 補強材 |
| ポリアセタール | | | | | | | | |
| Tenac® SD（旭化成） | 1.5 | 7～10 | 40 | 1.45 | 120 | 190 | 加圧超延伸線材 | プラスチックワイヤー |

### 5 炭素繊維

3.2.2 項でポリアクリロニトリル (PAN) の分子内反応を経由した炭素繊維 (carbon fiber) の合成反応式を紹介し，6.1 節（表 6.2）でプラスチック強化繊維として注目されている各種高強度高弾性率繊維の物性について幾分触れた。$CO_2$ 削減に寄与する軽量化材料である繊維強化プラスチック (fiber reinforced plastic, FRP) として，すでに航空機や自動車用材料に利用されている炭素繊維強化プラスチック (CFRP) は，その応用開発が現在最も盛んに行われている複合材料である。

炭素繊維は，一般に $sp^2$ 炭素が平面（2 次元）網目状に結合した黒鉛 (graphite) 分子が 3.354 Å の面間隔で規則的に積層した構造（7.3 節参照）からなる。高分子である PAN，セルロースや熱硬化性樹脂，あるいは石炭・石油の熱分解で生成するピッチ (pitch) などの前駆体を焼成（蒸焼）して炭素化するが，得られる炭素繊維の構造と物性は，前駆体繊維の構造と物性に強く依存する。PAN 系では高性能 (HP) 型，高強度

(HT) 型，高弾性率 (HM) 型炭素繊維が生成するが，ピッチ系では活性炭素 (AC) 型炭素繊維，汎用 (GP) 型炭素繊維，HM や超高弾性率 (UHM) 型単層繊維が得られる。現在 CFRP に用いられている炭素繊維は PAN 系 HP 型，HT 型，HM 型が主流である。表 6.10 に主な炭素繊維の性質を示す。

**表 6.10**　主な炭素繊維の性質

| 炭素繊維 | 径 (μm) | 引張り強度 (GPa) | 伸度 (%) | 弾性率 (GPa) | 比重 | 焼成温度 (℃) | 登録商標名（製造会社名） |
|---|---|---|---|---|---|---|---|
| PAN 系 | | | | | | | |
| 高性能型 (HP) | 7〜9 | 2.8 | 1.5 | 240 | 1.74 | 1200〜1500 | Torayca®（東レ）<br>Besphite®（東邦ベスロン） |
| 高強度型 (HT) | 7〜9 | 4.2 | 1.5 | 240 | 1.74 | 〜1500 | Pyrofil®（三菱レーヨン）<br>Magnamite®（住化ハーキュレス） |
| 高弾性型 (HM) | 7〜9 | 2.1 | 0.8 | 400 | 1.84 | >1800 | Grafil®（Courtaulos）<br>MCF®-A（（仏）ミレ）<br>Carboron®-Z（日本カーボン） |
| ピッチ系 | | | | | | | |
| 活性炭型 (AC) | 11〜14 | 0.25 | 3.5 | 7 | | 〜1300 | （大阪ガス） |
| 汎用型 * (GP) | | | | | | | |
| 炭素系 | 12〜18 | 0.6〜0.8 | 2.2 | 30 | 1.65 | 〜1300 | クレハカーボンファイバー®（呉羽化学） |
| 黒鉛系 | 12〜14 | 0.6〜0.7 | 2.1 | 30 | 1.58 | 〜1800 | Xylus®（日東紡）<br>Carboron®-P（日本カーボン） |
| 高弾性型 (HM) | 10 | 3 | 0.6 | 500 | 2.1 | 〜1400 | Carbonic®（ペトカ）<br>–（東亜燃料） |
| 超高弾性型 (UHM) | 10 | 3 | 0.43 | 700 | 2.17 | 〜1800 | –（鹿島石油）<br>Gonacarbo®（大阪ガス） |
| その他 | | | | | | | |
| 活性炭型 (AC) | | | | | | | |
| フェノール樹脂系 | 9〜11 | 0.3〜0.4 | 2.7 | 20〜30 | | 〜800 | Kynol® ACF（群栄化学） |
| セルロース系 | 15〜18 | 0.1 | | 10〜20 | | | |

* 慣用的に強度が 1.4 GPa，弾性率が 140 GPa 以下のものを汎用型という。

炭素繊維は他の繊維に比較して次のような特性がある。① 最高の強度と弾性率を有し，今後も上昇する可能性がある。② 比重が 2.2 以下で比強度，比弾性率が極めて高い。③ 導電性 ($10^3$〜$10^5$ $\mathrm{Sm^{-1}}$) であり熱伝導率も高い。④ 熱膨張率が極めて低く寸法安定性に優れている。⑤ 空気中では数百度で燃えるが，不活性雰囲気中では 2000℃まで強度低下を起こさない。⑥ 金属と炭化物を形成したり層間化合物をつくりやすい。⑦ 繊維表面上に反応可能な官能基などの活性点が少ないが，適当な表面処理によってカルボキシル基や水酸基，ニトロ基，ヒドロパーオキシ基などが付与されている。

以上，合成樹脂を用いた有機繊維について概説したが，FRP に用いられてきたガラス繊維に代表される無機高分子系セラミックス繊維も重要である。例えば，シリカ，アルミナ，シリカ・アルミナ，ボロン，炭化ケイ素，窒化ケイ素，窒化ホウ素，ジルコニア，ウィスカー，さらには金属繊維が知られているが，より詳細は文献 37 を参照されたい。

### 6.3.2 機能性高分子繊維

繊維には，衣料用などに見られる構造材としての性能の他に，1 次元材料特有の機能を付与した機能性繊維がある。これらの繊維はエレクトロニクス，情報・通信，ライフサイエンスといったハイテク分野において不可欠な素材となっている。次に代表的な機能性繊維を取り上げる。

#### 1 制電性繊維

日常において，とくに，冬場など外気が乾燥したところでは，衣服などが擦り合わさると静電気が発生し，まとわりつくなどといった経験があるだろう。天然の繊維では，繊維内部に豊富な水分を含むために，発生した電気は水中を伝わって拡散し，空気中に逃げていくが，合成繊維の多くが疎水性であるために電気が逃げにくく帯電しやすい。このためにホコリの付着や衣服のまとわりつきとなる。そこで，合成繊維（ポリエステル，ナイロン，アクリル）などの疎水性繊維内部に，親水性ポリマーを筋状に混合した繊維が開発されている。繊維親水部が空気中から水分を呼び込み，天然の繊維と同じようにその水分を通じて電気を拡散させている。冬場など外部環境が乾燥（30〜40%RH 以下）すると制電効果は低下するが，普段の生活ではあまり問題にならず，インナーや裏地などで利用されている。制電性能として，20℃，40%RH での摩擦耐電圧が 1.0〜1.5 kV 以下であることが理想的であるが，通常の合成繊維では約 3〜5 kV となっている。

### 2 導電性繊維

既存の合成繊維に金属，炭素，導電性セラミックなどの微粒子を，疎水性芯鞘繊維の芯の部分に配合した繊維が主で，導電性物質中を電子が移動する。空中への微小な放電（コロナ放電）を繰り返し，帯電を防ぐ。水分が関与しないので湿度の影響は小さい。エレクトロニクス工業，精密機器，医薬品工業などにおいて，防塵衣や化学プラントでの防爆作業服などとして使用されている。比抵抗が $10^5\,\Omega\,\mathrm{cm}$ 以下の繊維を導電性繊維という。0.1～5% の導電性繊維を混合して用いることで必要な性能が得られる。

### 3 光ファイバー

高屈折率のコア部と低屈折率のクラッド部の芯鞘構造をとる低光損失光ファイバーは光通信，光計測用として注目されるようになった。この繊維には素材が石英のタイプとプラスチックのものがあるが，プラスチック系では，ポリメタクリル酸メチル（PMMA：屈折率 1.49）をコアに，フッ素樹脂（屈折率：1.41）をクラッドに用いたステップインデックス型（屈折率が境界で不連続的に変化する）構造の繊維が一般的である。光の伝損（散乱，吸収）を抑えるために，成形時のひずみや不純物の混入を抑えて，等方性を保つように設計されているが，伝送効率は 1/100 程度となる。石英を素材とするものに比べて，耐衝撃性，耐屈曲性に優れている。現在，重水素化 PMMA やポリスチレン (PS) をコアにしたファイバーの他に，耐熱性高分子を用いたものが検討されている。

### 4 筋肉機能繊維

近年，アクチュエータが注目されている。外部刺激によって伸縮性を示すゲル繊維などが有名である。外部刺激として，pH 応答性，熱応答性を示す繊維が検討されているが，将来的には，電場，磁場，光によって応答性が制御できる新たな繊維が開発されるようになる。人工筋肉やロボットなどの駆動部への応用が検討されている。

### 5 中空糸

人工の腎臓，血管，肺，分離膜などに中空糸が用いられている。繊維には均一な微細孔が空いており，優れた分離機能をもつ。素材としては再生セルロース，酢酸セルロース，エチレンビニルアルコール共重合体，ポリスルホン，PMMA，ポリアクリロニトリル (PAN)，ポリアミドなどが使われている。その他としては，水の浄化などに逆浸透膜，限外ろ過膜，ガス分離膜などにも中空糸が応用されている。

### 6 イオン交換繊維

PS 系のイオン交換樹脂を直接繊維化しても繊維強度は低くなってしまう。この問題を改善するためにPSとPPとの複合繊維を紡糸後に，イオン性官能基を導入し，イオン交換繊維がつくられている。この繊維は表面積が大きくイオン交換機能がよいだけでなく，血液との適合性もよいために血液中のアミン系老廃成分の選択的な除去にも使用されている。

### 7 生体吸収性繊維

ポリグルコール酸 (PGA)，ポリ–L–乳酸 (PLLA) の溶融紡糸によって得られる脂肪族ポリエステル繊維は生体内で代謝され，$\alpha$–オキシ酸に加水分解されるため，生体吸収性繊維として縫合糸や人工腱などの生体一時修復材として使用される。この他，キチン（$N$–アセチル–D–グリコサミン）繊維が創傷被覆材（人工皮膚）として使用されている。

## 6.4 合成ゴム

日常的に知っていることとして，輪ゴムを引っ張るとよく伸び，力を除くと元の長さに戻る。このように，わずかな力でも大きな可逆的変化を起こす物質を高弾性体（エラストマー，またはゴム）という。高弾性体は，高分子特有の性質で，他の材料には見られない優れた特性の 1 つである。典型的なエラストマーの弾性率はガラスの 10 万分の 1，プラスチックの数千分の 1 くらいで極めて変形しやすい。これは，エラストマーの 2 次構造に大きく関わり，分子が曲がりやすい高分子鎖でできているためである。しかし，これだけでは，力を加えたときに，分子が流動してしまい，可逆的変化にはならない。可逆的な変化を可能とするためには，橋架け点を組み入れて，分子鎖どうしが流動しないように強く結び付けておく必要がある。これがエラストマーを設計する上で，最も重要で基本となる考え方であり，多くのエラストマーは加硫というプロセスを踏んでいる。加硫による高性能化は，1839 年に Goodyear によって見いだされ，今日では，最も多い成形工程となっている。

エラストマーに要求される性能や新たなエラストマーとして橋架け点をもたない熱可塑性エラストマーが現在では使用されるようになってきた。以下の項では，それらについて述べることにする。

### 6.4.1 ゴムの化学

プラスチックは原料となる樹脂を加熱，溶融することで成形，加工することができるが，エラストマーは橋架け反応（加硫）を行いながら成形，加工する必要がある。このため，原料エラストマーにはあらかじめ種々の反応試薬（硫黄や過酸化物などの加硫剤，加硫促進剤など）を均一に混合しておく必要がある。この工程を混練といい，エラストマー材料の特性を決める上で，大変重要な工程となっている。均一な混合を可能とするためには，エラストマーのガラス転移温度が低く，適度な流動性をもつことが必要である。また，ガラス転移温度が低いことは，橋架けしたエラストマーが室温で高い弾性を示す上でも不可欠な条件である。

次に，橋架け反応を促進させるために，エラストマー分子鎖に沿って十分な量の反応サイトがなければならない。一般には加硫には，硫黄が使用されるが，エラストマーと硫黄が反応するためには，炭素–炭素間に二重結合がなくてはならない。二重結合をもたない場合には，適当なジエンモノマーを共重合させて橋架けサイトを導入する必要がある。

エラストマーの主な用途として，自動車用ゴムタイヤがある。自動車タイヤの性能は乗員の安全性，乗り心地，さらには燃費に大きく関わるため，エラストマー単独の性能だけでは不十分である。タイヤは多層構造からなり，エラストマーの補強として，カーボンブラックやシリカなどが補強材として添加されている。タイヤ用のエラストマーとしては，安価で物性のバランスがよいジエン系エラストマー（天然ゴム，SBR，合成ポリイソプレンなど）が主流であるが，天然ゴムは古くから使用され，ゴムの周期的な運動に伴う内部発熱が小さく，耐酸化性が高く，また，大変形の際には結晶化が進み，強度が増加するといった優れた特性をもっている。また，タイヤには転がり抵抗とすべり抵抗の両方の性質を満たす必要がある。この2つの特性には，ゴムの分子摩擦による熱エネルギー損失に深く関わっており，損失正接 $\tan\delta$（5章5.1.2，図5.15参照）として表される。$\tan\delta$ を小さくすれば転がり抵抗は小さくなるが，すべり抵抗も低下してしまう。このため，制動が効きにくく危険性が高まってしまう。$\tan\delta$ は観測するタイムスケールで値が異なるが，タイヤの回転に比べて急ブレーキによる刺激は短時間の間に生じることから，短いタイムスケールに対する応答として考えるとよい。タイヤだけでなく，主鎖の構造や分岐構造を制御することで $\tan\delta$ の時間による影響を制御し，性能のバランス化を図ることが可能となる。

### 6.4.2　熱可塑性エラストマー

従来のエラストマーの加工には，ネットワーク構造を形成するために加硫プロセスが必要であった。このようなエラストマー開発に対して，加硫プロセスが不要な熱可塑性エラストマーが開発，使用されるようになってきた。熱可塑性エラストマーには，例えば，アニオン重合によって得られるスチレン–ブタジエン–スチレントリブロック共重合体 (SBS) がある。ポリブタジエン鎖が連続相を形成し，材料に柔軟性を与える。また，ポリスチレン鎖が球状の分散相（ドメイン）となってマトリックス中に存在し，材料に硬さをもたらしつつ，両末端のポリスチレン鎖がドメインを形成することから，このドメインが橋架け点の役割と材料の補強効果の両方を担っている。雰囲気温度がポリスチレンのガラス転移温度を上回ると，ポリスチレン相の軟化が進み，さらに高温にすることで流動化が見られる。冷却をすることで，再びドメインを形成することから，ポリスチレン相は可逆的な橋架け点と考えることができ，熱可塑性樹脂と同様な振る舞いを示す。このことから，熱可塑性エラストマーは，高温で成形ができ，これまでのエラストマーとは異なり再生利用が可能となっている。

最近では，上記に加えて，液状エラストマーも利用されるようになってきた。分子量が数千程度のオリゴマーであるエラストマー分子の両末端に官能基を付加したもので，テレケリックオリゴマーとも呼ばれる。橋架け反応は末端の官能基間で行われ，橋架け点間の部分鎖分子量は液状エラストマーの分子量と同程度である。液状であるので，室温での成形，加工が容易に行える利点がある。

橋架けエラストマーはさまざまな工業部品に使用されている。用途に応じて，耐摩耗性，耐熱性，耐老化性，シール性，耐油性，耐候性，耐薬品性など優れた特殊エラストマーが活躍している。ブチルゴム (IIR) は，イソブチレンにイソプレンを少量共重合させたもので，気体透過性が小さい。このため，タイヤチューブ，ライニング材に使用される。アクリロニトリル–ブタジエンゴム (NBR) は，アクリロニトリル成分によって耐油性が高く，オイルシールとして使用される。シリコーンゴムは，シロキサン結合からなる無機エラストマーで，耐熱性がよく，難燃性である。分子鎖が柔軟であるが，強度が低くシリカなどの補強が必要である。ウレタンゴムは弾性率が高く，耐摩耗性に優れており，ベルトやロールに使われている。その他の特殊エラストマーとして，フッ素系のゴムやポリホスファゼンゴムがある。フッ素ゴムは耐熱，耐油，耐薬品性に極めて優れており，厳しい環境下で使用される O–リングやガスケットに使用されている。ポリホスファゼンゴムは，主骨格が–$(N{=}PCl_2)_n$–から構成されており，主鎖にリン原子をもつ無機エラストマーである。柔軟で耐寒性が高く，一方で，耐熱性にも優れたバランス性のよいゴムである。

## 6.5　ポリマーアロイ

高分子どうしの混合は古くから行われているが，2 種類以上の高分子を混合すると，通常は相分離して一方の相が海状（連続相），他方が島状（分散相）のいわゆる海島構造となり，混じり合わないものとされてきた。これは高分子の特徴として高分子の種類により凝集状態が異なるからであり，構造や性質のよく似たポリエチレン–ポリプロピレン系やポリスチレン–重水素化ポリスチレン系などでさえ，完全に混じり合うことはない。熱力学的に混合自由エネルギー $\Delta G_{\mathrm{mix}}$ を用いて式 (6.3) のように書き表すことができる。

$$\Delta G_{\mathrm{mix}} = \Delta H_{\mathrm{mix}} - T\Delta S_{\mathrm{mix}} \tag{6.3}$$

$$\Delta S_{\mathrm{mix}} = -NR\left[\left(\frac{\phi_1}{m_1}\right)\ln\phi_1 + \left(\frac{\phi_2}{m_2}\right)\ln\phi_2\right] \tag{6.4}$$

$$\Delta H_{\mathrm{mix}} = NRT\chi_{12}\phi_1\phi_2 \tag{6.5}$$

ここで，

$$\chi_{12} = \left(\frac{V_{\mathrm{f}}}{RT}\right)(\delta_1 - \delta_2)^2 \tag{6.6}$$

式 (6.3) から (6.5) を用いて，式 (6.7) に示す Flory–Huggins の式が得られる。

$$\Delta G_{\mathrm{mix}} = \left(\frac{RTV}{V_{\mathrm{r}}}\right)\left[\left(\frac{\phi_1}{m_1}\right)\ln\phi_1 + \left(\frac{\phi_2}{m_2}\right)\ln\phi_2 + \chi_{12}\phi_1\phi_2\right] \tag{6.7}$$

ここで，$\Delta S_{\mathrm{mix}}$，$\Delta H_{\mathrm{mix}}$ は混合エントロピーおよび混合エンタルピー，$N$ は系内のセグメントのモル数，$R$ は気体定数，$\phi_1$，$\phi_2$ はポリマー 1，2 の体積分率，$m_1$，$m_2$ はポリマー 1，2 の重合度，$\chi_{12}$ はポリマー 1，2 の相互作用パラメータである。$V$ は全体積，$V_{\mathrm{r}}$ はセグメントの体積で，繰り返し単位のモル体積に近い値である $(N = V/V_{\mathrm{r}})$。また $\delta$ は Hildebrand の溶解度パラメータである。ポリマーの場合は $m_1$，$m_2$ が大きく，エントロピー項の寄与が小さい。また，エンタルピー項も通常 $\chi_{12} \geqq 0$ のため正になる場合が多く，$\Delta G_{\mathrm{mix}} > 0$ となり，相溶しない。しかしながら，最近いくつかの互いに溶け合う相溶系の例が見つけられている。相溶系のポリマーブレンドは，分子状態で相溶したものがミクロ相分離する興味ある相構造をとり，相図もつくられており，金属の合金と似た挙動を示すことから，ポリマーアロイ (polymer alloy) と呼ばれる。

### 6.5.1　異種高分子の相溶化

異なる高分子どうしで相溶化が起こるためには，$\Delta G_{\mathrm{mix}} < 0$ である必要がある。分子間相互作用が無視できる場合には，式 (6.3) のエントロピー項は，常に正であるので，それぞれの溶解度パラメータ $\delta$ が等しい場合には，式 (6.5) から $\chi_{12} = 0$ となり，$\Delta G_{\mathrm{mix}} < 0$ となる。しかし，構造が酷似していても，$\delta_1 \neq \delta_2$ の場合が多く，相互作用の働かないポリマー間の相溶化はかなり限定的である。一方，分子間に水素結合，イオン–イオンあるいはイオン–双極子間静電相互作用などがある場合には，相溶化が促進されることもある。

#### [1]　水素結合

ポリアミド，ポリウレタン，ポリフェノール，エポキシ樹脂など，水素結合による強い自己会合性をもつポリマーは，水素結合能力をもつが，弱い自己会合性のポリマー（例えば，ポリエーテルやポリビニルピリジン）と強い分子間相互作用により相溶化することが知られている。Flory–Huggins の式 (6.7) に水素結合による自由エネルギー変化 $\Delta G_{\mathrm{H}}$ を加えることにより，ポリウレタンポリエーテル系ブレンドの自由エネルギー変化は，すべての組成範囲にわたって負であることが理論的に示されている。水素結合を利用した高分子の相溶化の例には，そのほか，ポリアクリル酸/ポリビニルメチルエーテル，ポリ–*p*–ヒドロキシスチレン (PHS)/ポリビニルピロリドン，PHS/ポリエチルオキサゾリン，塩素化ポリプロピレン/ポリ（エチレン–*co*–酢酸ビニル）(EVA) などが知られている。

セルロースは分子中に多くのヒドロキシル基をもち，水素結合能力の高い高分子であるが，溶解できないことや適当な溶媒がないことから，他の高分子とのブレンドは難しかったが，最近ではセルロースを 14.1% 塩化リチウムを含む *N*, *N*–ジメチルアセトアミド溶液に溶解し，ポリビニルアルコールやポリオキシメチレンとのブレンドが試みられている。

### 2　イオン相互作用

分子間相互作用をつくり出すもう1つの方法として，イオン間の相互作用を利用する方法がある。ポリカチオンとポリアニオンを組み合わせて複合化（ポリイオンコンプレックス）する試みは，例えば，キトサンのアミノ基を四級化したアンモニウム塩（ポリカチオン）を20%臭化ナトリウム水溶液でポリアクリル酸（ポリアニオン）と混合し，限外ろ過膜上で加圧してろ過すると，ポリカチオンとポリアニオンの複合膜が形成される。Smith と Eisenberg らは弱くスルホン化したポリスチレン（ポリアニオン）とアクリル酸エチル–*co*–ビニルピリジン共重合体（ポリカチオン）のブレンドを試み，官能基の濃度が4%くらいのときに最も強く相互作用して相溶化することを示している。4, 4'–メチレンビス（フェニルイソシアネート）(MDI) と *N*–メチルジエタノールアミン (MDEA) をハードセグメントとしてもつセグメント化ポリウレタン ([PCLD–(MDI–MDEA) 2MDI]$_x$) は，弱くスルホン化したポリスチレンとイオン相互作用により相溶化する。これはスルホン化ポリスチレンのプロトンがウレタンのハードセグメントへ移動することにより，イオン間相互作用のため相溶化すると考えられている。

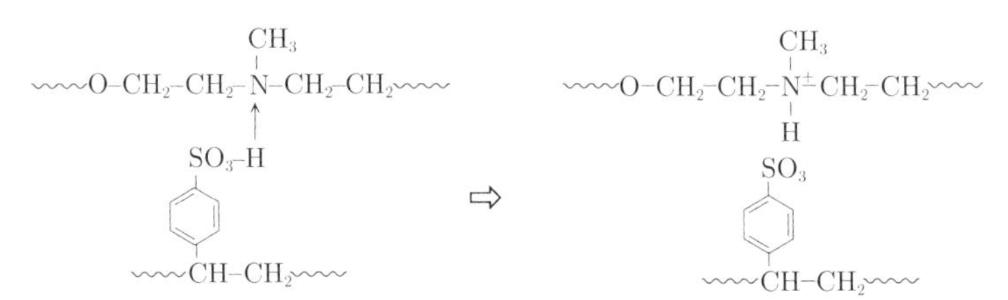


このように弱くスルホン化したPS（–$SO_3H$含有3.3 mol%）は，2.3 mol%の4–ビニルピリジン (4 VP) を含むPMMAと同じような機構で相溶化する。ポリテトラフルオロエチレン（テフロン®）とポリアクリル酸エチル (PEA) は相溶しないが，前者をスルホン化 (Nafion®) し，後者に4–ビニルピリジンを共重合させて混合すると相溶化する。これはエキゾチックブレンドと呼ばれている。

イオンはまた双極子とも相互作用し，これを利用してポリマーを相溶化させることができる。ポリアルキレンオキシド鎖はリチウムカチオンと強い相互作用をもつといわれており，スチレン–メタクリル酸リチウム共重合体とポリプロピレンオキシドを含むポリウレタンとブレンドすると，イオン–双極子相互作用により相溶化することが確かめられている。しかし，イオン–双極子相互作用はイオン–イオン相互作用よりは弱く，ポリエーテルがテトラメチレンオキシドのように短いと，相互作用が不十分でよい相溶化は得られない。

### 3　共重合効果

異なるポリマー間の相溶化は，上述したように，分子間相互作用を利用することにより可能となるが，これは負のエンタルピー変化 ($\Delta H < 0$)，すなわち発熱的相互作用のためである。ホモポリマー ($A_x$) と共重合体 ($C_yD_{1-y}$) のブレンドの相互作用パラメータ $\chi_{12}$ は次のように書ける。

$$\chi_{12} = y\chi_{AC} + (1-y)\chi_{AD} - y(1-y)\chi_{CD} \tag{6.8}$$

$y$ は共重合体の C 成分の共重合組成である。各モノマー単位間の相互作用パラメータ $\chi_{AC}$，$\chi_{AD}$，$\chi_{CD}$ がすべて正でも，$\chi_{CD}$ が十分に大きいと，$\chi_{12} < 0$ となる。各パラメータが正ということは，成分間に反発的な相互作用が働いていることであり，とくに $\chi_{CD}$ が大きいほど，つまり共重合体における C 成分と D 成分の斥力効果が大きいほど，相溶しやすいことになる。共重合体を一方の成分に用いると，相溶系ブレンドが得やすいのは，このためである。

### 4　外力による相溶化

ポリマーブレンドの相溶性は，ずり応力や引張り応力など外部応力を加えることにより，促進されることが知られている。PS/PVME（ポリビニルメチルエーテル）系ブレンドは，下限臨界共溶温度 (LCST) 型の相図をもつブレンドであるが，LCST 以上の温度で，ずり応力をかけることにより相溶化が促進され，不安定相を高温側へ押し上げることが認められている。

### 5　相溶化剤

非相溶系ポリマーを相溶化するために，第 3 物質として相溶化剤（compatibilizing agent または compatibilizer）が用いられることがある。相溶化剤はエマルションにおける乳化剤と同様に，非相溶系の相界面に局在して界面張力を減少させ，相間の融合を促進する。相溶化剤は 5 %以下で有効に働き，分散相の粒子径の大きさに依存するが，通常 0.1 %程度で使用される。相溶化剤としては，グラフト共重合体やブロック共重合体などが用いられ，分子量はオリゴマーである数千程度の領域からポリマー領域の数万単位のものが多く使用される。逆に分子量が $10^5$ 以上と大きいものは適さない。セルロースにポリエチレンをグラフトしたものはセルロース/PE 系ブレンドに利用され，また，セルロースにポリアクリル酸エチルをグラフトしたものは，デンプンと PVC の相溶化に用いられる。ブロック共重合体も相溶化剤として有効で，例えば，PET–PC ブロック共重合体は PET/PC 系ブレンドに，PET–ナイロン 66 ブロック共重合体は PET/ナイロン系ブレンドに，PE–PS ブロック共重合体は，PE/PS 系ブレンドに使用されている。また，PS/ポリ（2, 6–ジメチルフェニレンエーテル）(PPE)/（ポリフッ化ビニリデン）PVDF の多成分のブレンドの相溶化には，スチレン–メタクリル酸メチルのブロック共重合体が用いられている。

### 6.5.2　相図

ある温度，組成で相溶している 2 成分系のポリマーアロイも，温度を変化させることにより相分離する。2 成分系ポリマーアロイの組成と温度の関係は，相図として，図 6.3 (a) のような極大値をとる UCST（upper critical solution temperature: 上限臨界共溶温度）型，(b) のような極小値をとる LCST（lower critical solution temperature: 下限臨界共溶温度）型，(c) のような (a) と (b) との混合型，(d) のような広い組成領域にわたって相溶しにくい型に分類される。図 (a)，(b)，(c) における極大値，極小値をとる温度が臨界共溶温度 $T_c$，その組成が臨界共溶組成 $(\phi_2)_{cr}$ である。UCST 型では，$T_c$ 以上ではあらゆる組成で相溶し 1 相となるが，$T_c$ 以下では二相に相分離する。UCST 型には，PS/ポリブタジエン (PB) 系，PS/イソプレンオリゴマー (PI) 系，PS/ポリイソブチレン (PIB) 系，ポリジメチルシロキサン (PDMS)/PIB 系，ポリプロピレンオキシド (PPO)/(PB) 系，PS/ポリカプロラクトン (PCL) 系などが知られている。PMMA/ポリフッ化ビニリデン (PVDF) は 100℃付近では UCST 型であることが，また，PMMA/PVDF 系は 200℃以上では LCST 型であることが観測されている。LCST 型は UCST 型よりも多く知られており，例えば PVC/ポリメタクリル酸ヘキシル，PVC/エチレン–酢酸ビニル共重合体，PMMA/ポリ $\varepsilon$–カプロラクタム，PS/ポリカーボネート，エチレン–酢酸ビニル共重合体/塩素化ポリイソプレン，ポリカプロラクトン/ポリカーボネート，ポリフッ化ビニリデン/PMMA などの系が知られている。

図 6.3 (a)，(b) にみられるように，相溶しているポリマーアロイの温度を変化させることにより相分離するが，この相分離には 2 通りの過程がある。その 1 つは，例えば UCST 型の場合，1 相に相溶している組成 B のブレンドを $T_1$ まで温度を急冷すると，連続的に濃度変化が大きくなって，最後に安定組成である $x'$ と $y'$ に相分離する。これをスピノーダル分解 (spinodal decomposition) といい，準安定相領域とこの二

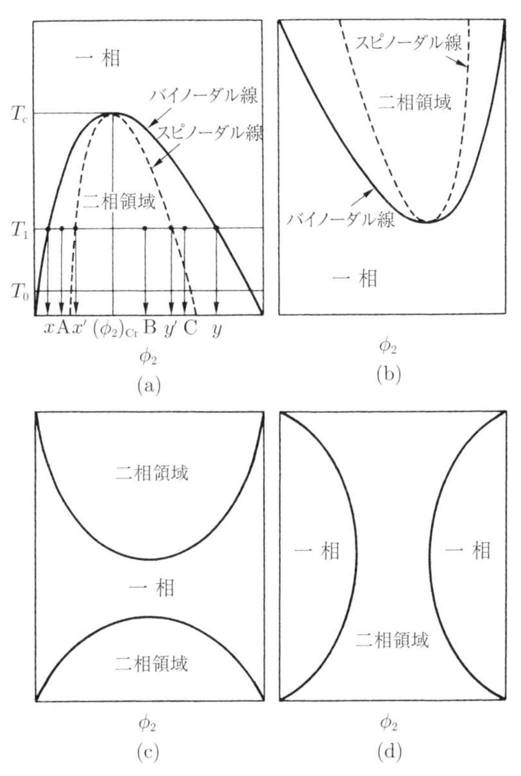


**図 6.3** ポリマーアロイの相図
(a) UCST 型，(b) LCST 型，(c) UCST と LCST の混合型，(d) 砂時計型

相の不安定領域を分ける線をスピノーダル線という。他の 1 つは，準安定相からの相分離であり，組成 A または C にあるブレンドを温度 $T_1$ まで急冷すると，大きな濃度差 $x$，$y$ をもった小さな核が生成し，これが成長していく過程で，バイノーダル分解 (binodal decomposition) と呼ばれる。安定領域と準安定領域を分ける境界線をバイノーダル線という。組成 C も $T_0$ まで急冷されると，スピノーダル分解することになる。このような相溶系ポリマーアロイの相分離は，ナノメートルオーダー相構造をもつミクロ相分離となる。

相溶系のポリマーブレンドのスピノーダル分解は，小角光散乱 (SALS)，小角 X 線散乱 (SAXS)，小角中性子散乱 (SANS) などで解析される。どの手法を用いるかは対象となるドメインの大きさに依存し，各分離相を貫通する平均長さ，すなわち，平均コード長が1～100 $\mu$m 程度であるとSALSが，10 nm 以下であるとSAXSやSANSが用いられる。

### 6.5.3 ポリマーアロイの工業的利用

ポリマーアロイは，既存の材料を組み合わせた新規材料で，組み合わせる材料や組み合わせ方によって，単独の素材よりも優れた機能や性能をもつ材料へと生まれ変わる。また，簡便で安価につくり出すことができることから，近年では工業的にも広く利用されるようになってきている。アクリロニトリル–ブタジエン–スチレン (ABS) 樹脂は1946年に最初に実用化されたポリマーアロイである。その後，1967年にGE社からPPO/PS系ポリマーアロイである変性ポリフェニレンエーテル（Noryl®）や，1978年にはDu Pont社からポリアミド (PA)/変性ポリオレフィン系のポリマーアロイが発表され，その優れた性能が注目されるようになった。その後，PS/ABS，PC/ポリブチレンテレフタレート (PBT)，PA/ポリフェニレンエーテル (PPE)，PPO/PA，PC/ABSなど続々と実用化された。ただし，ポリマーアロイという言葉が使われるようになったのは，1980年代に入ってからである。現在60種類以上のエンプラ系ポリマーアロイが市場に出ており，主として自動車外装用や電気・電子部品に用いられている。とりわけ自動車用への利用はめざましく，当初は，ドアハンドル，スイッチノブ，コネクターといった小物部品に使われていたが，最近ではバンパー，エアロパーツ，ホイールキャップ，フェンダーといった外板，外装部品にまで使用されている。

アロイ化の目的は，耐衝撃性の向上，成形性（流動物性）の改善，耐熱性や耐薬品性・耐油性，耐摩耗性の改善，寸法安定性（耐水性）の改善，ガスバリア性の改善，接着性や帯電防止性の付与などである。例えば，PAは剛性，耐衝撃性が高く，耐薬品性・耐油性に優れ，摩擦係数が小さく耐摩耗性がよく，成形性にも優れているなどのさまざまな特徴をもつが，一方で，吸水性があり寸法安定性が悪いといった欠点もある。しかし，PPOとPAとのアロイ化は，PPOの耐油性，寸法安定性と，PAの耐油性，成形性を併せもち，オンライン塗装が可能な自動車外装用の用途を可能にした。PPO系のアロイとしては，ポリフェニレンスルファイド (PPS) と組み合わせた表面実装技術対応の新しい非相溶系アロイが開発されている。PPO/PS系をはじめとするPPO系のポリマーアロイは，耐摩擦，摩耗性がよくない。これを改良するために摩擦特性のよいポリテトラフルオロエチレン（PTFE，Teflon®）と組み合わせたポリマーアロイがつくられた。これは構造材としての優れた性質とともに，潤滑機能をもち摺動用材料として利用されている。

PC は耐衝撃性，透明性，耐熱性，寸法安定性などが優れているが，耐薬品性や流動性に劣る。これらの長所を生かし欠点を補うような PC のアロイ化が行われている。PA6 とのブレンドは，衝撃強度が高く，成形収縮率が小さく，寸法安定性がよく，また高い電気絶縁破壊電圧を示し，耐アーク性，耐トラッキング性など耐放電劣化特性も優れており，自動車部品（ドアハンドル，ホイールカバー，インパネ，バンパー，フェンダーなど）や電気・電子部品の用途が期待されている。実用化されている PC を用いたアロイとしては，PC/ABS と PC/PBT がある。PC/ABS は物性のバランスがとれており，流動加工性に優れている。耐候性が要求されるときには，ABS/アクリルゴムやエチレン–プロピレン–ジエンゴム (EPDM) の入ったアクリロニトリル–スチレン–アクリルゴム (ASA)，エチレン–プロピレン–ジエンゴム (EPDM) やアクリロニトリル・エチレン–プロピレン–ジエン・スチレン (AES) が PC と組み合わされる。PC/PBT 系は熱安定性，耐衝撃性，耐薬品性，耐溶剤性に優れ，バンパー，ラジエターグリル，メータカバーなどの自動車部品として利用されている。低温耐衝撃用には PC/PBT/エラストマー系が開発されている。

新しく耐熱性エンジニアリングプラスチックとして開発された PPS は $T_g$ : 93℃，熱変形温度 : 260℃，連続使用温度 : 200～240℃，融点 : 280℃，分解開始温度 : 500℃という極めて耐熱性の高い樹脂である。また，高弾性，高強度，疲労特性，耐クリープ性などの機械的性質，耐薬品性，寸法安定性，電気特性など多くの利点をもつ。その一方で，脆性があり，接着性が悪く収縮率の異方性も大きいという欠点もある。PPS の欠点を補いつつ利点を生かすために，いくつかのアロイ化が試みられ成功している。PPS/ポリオレフィン系では脆さが改良され，靱性の向上と耐衝撃性が改善した。PPS/PPE 系では，相溶性がよく，脆性，接着性の向上，収縮異方性の低減などが見られ，高温剛性の保持，低誘電率などの特徴がある。PPS/PTFE 系では，摺動特性を発現する。また，エラストマー系のアロイ化によって，振動特性の改善，耐熱性の改善，耐薬品性，耐油性の改善などが行われている。その中でも，樹脂/ゴムのブレンド物を，溶融下で選択的にゴム相に加硫し，樹脂マトリックス中に加硫ゴムを分散させるといった動的加硫法の開発により多くのエラストマー系のアロイ化が可能となった。

熱硬化性樹脂の分野でも，2 種類以上の熱硬化性樹脂を用い，相互に網目を侵入させて架橋する相互侵入網目構造 (IPN, interpenetrating network) 形成の技術は，防音材，吸音材，制振材，耐衝撃材，耐熱性材料の開発だけでなく，電子部品封入材開発のための技術として応用されている。

## 6.6 ポリマーコンポジット

### 6.6.1 複合材料の力学特性–弾性率の複合則

繊維が一軸方向に配向した強化材において，繊維の配向方向に引張り応力が加えられたとき，繊維とマトリックスの間に相互にすべりがなく，同一の伸びひずみ $\varepsilon$ を受けるものとすると，複合材料の繊維方向の引張り応力 $\sigma_{\mathrm{c}}$ は繊維が十分に長いとき，式 (6.9) のように書ける。

$$\sigma_{\mathrm{c}} = \sigma_{\mathrm{f}} V_{\mathrm{f}} + \sigma_{\mathrm{m}} V_{\mathrm{m}} \tag{6.9}$$

$$V_{\mathrm{f}} + V_{\mathrm{m}} = 1 \tag{6.10}$$

ここで，$\sigma_{\mathrm{f}}$，$\sigma_{\mathrm{m}}$ はそれぞれ繊維および高分子マトリックスが受ける応力，$V_{\mathrm{f}}$，$V_{\mathrm{m}}$ はそれぞれ繊維および高分子マトリックスの体積分率である。$\varepsilon_{\mathrm{c}} = \varepsilon_{\mathrm{f}} = \varepsilon_{\mathrm{m}}$ なので，複合材料の繊維方向の引張り縦弾性率 $E_{\mathrm{L}}$ は，Hooke の法則から式 (6.11) のように書き表せる。

$$E_{\mathrm{L}} = E_{\mathrm{f}} V_{\mathrm{f}} + E_{\mathrm{m}} V_{\mathrm{m}} \tag{6.11}$$

ここで，$E_{\mathrm{f}}$，$E_{\mathrm{m}}$ はそれぞれ繊維および高分子マトリックスの弾性率である。式 (6.11) を弾性率の複合則という。複合材料の応力–ひずみ曲線の例を図 6.4 に示す。繊維および高分子マトリックスの応力–ひずみ曲線が実測可能であるとき，それらを原料とした複合材料の曲線は必ず繊維と高分子マトリックスの応力–ひずみ曲線の間にくる。式 (6.9) と式 (6.11) の関係式は弾性限界内で成立する。

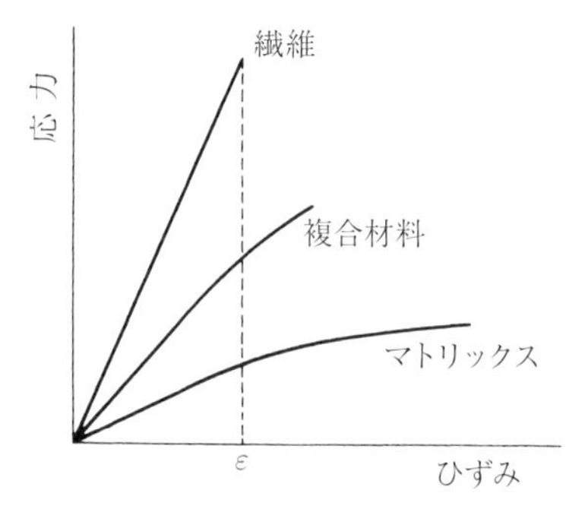


**図 6.4** 繊維，マトリックス，繊維強化複合材料の応力–ひずみ曲線

繊維の配向方向に垂直な横方向の弾性率 $E_{\mathrm{T}}$ については，多くの式が提案されているが，最も便利で簡単な式は

### バイオコンポジット

複合化技術によって，2 種類以上の材料を組み合わせて新たな機能をもつ材料が創出されるが，すぐれた機能をもつ有機・無機の複合材料の例は，天然にも多く見られる。例えば，骨，歯，貝殻，卵の殻，ケイ藻，稲などは，無機質を外部から取り込み構造を制御しながら有機高分子中に析出させる，いわゆるバイオミネラリゼーションによってつくられた天然の有機・無機複合材料（バイオコンポジット）である。

稲は地中から水溶液として吸い上げた微量のシリカを炭水化物とタンパク質からなる細胞壁に析出させる。稲の中には約 20 wt%のシリカが含まれている。植物内では非晶質シリカ（オパール）として分散して存在し，力学的に葉や茎を補強するだけでなく，その散乱効果により光合成を促進したり，気孔付近に析出したものは水の蒸発を抑制し，水ストレスに対する耐性や耐塩性を向上するといわれている。植物には，$CaCO_3$ の形でカルシウムを利用する植物（トマトやきゅうりなど）や，シリカの形でケイ素を利用するケイ酸植物がある。

動物の場合は，$CaCO_3$ やリン酸カルシウムの形で，もっぱらカルシウムが利用される。例えば貝殻は三層からなっており，外側は，石灰化していない殻皮層で，その下に石灰化している角柱層があり，内側は美しい真珠光沢をもつ真珠層からなっている。写真は，アワビ貝殻の真珠層であり，アラゴナイトの層が規則正しく積み重なっているのが見える。各ステップの高さが一つのクリスタリットの厚さに等しく，内側の殻に垂直に立っている。アワビの真珠層は，アラゴナイト型 $CaCO_3$ が常温，常圧の穏和な条件下に結晶軸をそろえて規則正しくタンパク質のマトリックス中に配列した，99%の充填率をもつハイブリッドである。このハイブリッドは，180～200 MPa という高い曲げ強度をもち，美しい真珠光沢を発現する。

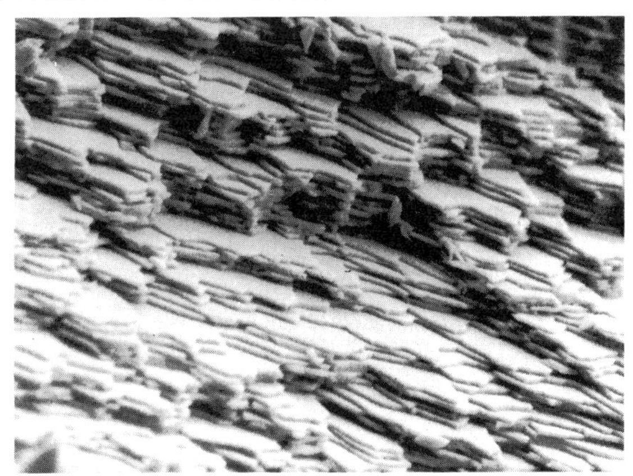

**アワビ貝殻の真珠層**（安江任 元日本大学教授提供）

このようにバイオコンポジットでは，無機質がきわめて巧妙に制御されて有機マトリックス中に *in situ*（その場）で析出し，生体構造を作り上げている。最近，こうしたバイオコンポジットの形成プロセスや構造を手本として，高性能・高機能性ハイブリッド材料を得ようとする試みがなされている。

---

Nielsen によって修正された Halpin–Tsai の式である。

$$\frac{E_{\mathrm{T}}}{E_{\mathrm{m}}} = \frac{1 + ABV_{\mathrm{f}}}{1 - B\varphi V_{\mathrm{f}}} \tag{6.12}$$

$$A = 0.5,\ B = \frac{(E_{\mathrm{f}}/E_{\mathrm{m}}) - 1}{(E_{\mathrm{f}}/E_{\mathrm{m}}) + A} \tag{6.13}$$

$$\varphi \fallingdotseq 1 + \left(\frac{1-\phi}{\phi^2}\right) V_{\mathrm{f}} \tag{6.14}$$

$\varphi$ は繊維の最大充分率 $\phi$ により，繊維が立方充填のときは $\phi = 0.785$，六方充填のときは $\phi = 0.907$ である。一般に $\phi$ はこれらの限界値の間にあって，ランダム密集充填の $\phi = 0.82$ に近い。$E_{\mathrm{T}}$ は $E_{\mathrm{c}}$ に比べて非常に小さい。

縦せん断弾性率 $G_{\mathrm{TT}}$ は式 (6.15) から計算される。

$$\frac{G_{\mathrm{TT}}}{G_{\mathrm{m}}} = \frac{1 + ABV_{\mathrm{f}}}{1 - B\varphi V_{\mathrm{f}}} \tag{6.15}$$

$A = 1.0$ で，$B$ と $\varphi$ は $E_{\mathrm{f}}/E_{\mathrm{m}}$ を $G_{\mathrm{f}}/G_{\mathrm{m}}$ で置き換えて式 (6.13) と式 (6.14) から計算できる。式 (6.12) と式 (6.15) を比較すれば，$E_{\mathrm{f}}/E_{\mathrm{m}}$ と $G_{\mathrm{f}}/G_{\mathrm{m}}$ は同じ関係で与えられることがわかる。

どちらの弾性率も次の修正 Halpin–Tsai の式で記述できる。

$$\frac{M}{M_{\mathrm{m}}} = \frac{1 + ABV_{\mathrm{f}}}{1 - B\varphi V_{\mathrm{f}}} \tag{6.16}$$

ここで，$M$ は $E$ または $G$ である。$A$ の値は，一軸配向の縦弾性率 $E_{\mathrm{L}}$ のときは $2L/D$ に等しい。ここで，$L$ は繊維の長さ，$D$ は直径である。一軸配向の縦弾性率 $E_{\mathrm{T}}$ のときは $A = 0.5$ となり，一軸配向の縦–横せん断弾性率 $G_{\mathrm{LT}}$ のときは 1.0，横せん断弾性率 $G_{\mathrm{TT}}$ のときは 0.5 となる。

### 6.6.2 複合材料の力学特性–強度の複合則

#### 1 長繊維の場合

繊維強化複合材料の破壊には，きわめて複雑な現象が絡み合う。例えば，異方性，不均質性，界面の接着，ぬれ性の低下，繊維の配向性，繊維末端の応力集中，隣接繊維末端の重なり合いなどが，複合材料の強度に影響を及ぼす。これらの効果を無視し，無限に長い繊維が一軸方向に配向しているとした場合，繊維方向の引張り強度に対して，次の複合則が成り立つ。

$$\sigma_{\rm BL} = \sigma_{\rm Bf} V_{\rm f} + \sigma_{\rm Bm} V_{\rm m} \tag{6.17}$$

ここで，$\sigma_{\rm BL}$ は複合材料の縦引張り強度，$\sigma_{\rm Bf}$，$\sigma_{\rm Bm}$ はそれぞれ繊維とマトリックスの引張り強度である。繊維が一軸配向した複合材料では，縦引張り強度 $\sigma_{\rm BL}$，横引張り強度 $\sigma_{\rm BT}$ およびせん断引張り強度 $\sigma_{\rm BS}$ の 3 種の引張り強度が問題となる。これらの引張り強度は繊維の方向と加えた荷重の方向との間の角度 $\theta$ に依存する。$\theta = 0\sim5^\circ$ では縦引張り強度 $\sigma_{\rm BL}$ が支配的であり，$\theta = 5\sim45^\circ$ ではせん断引張り強度 $\sigma_{\rm BS}$ が破損様式を決定し，$\theta > 45^\circ$ では横引張り強度 $\sigma_{\rm BT}$ が破損様式を決定する。一般に繊維強化複合材料では，繊維の切断が起こるので，縦引張り強度 $\sigma_{\rm BL}$ はマトリックスの強度 $\sigma_{\rm Bm}$ よりもはるかに大きくなるが，せん断強度はマトリックスのせん断強度にほぼ等しくなる。横引張り強度 $\sigma_{\rm BT}$ はマトリックスの引張り強度より小さく，ほぼ $\sigma_{\rm m}/2$ である。繊維方向と荷重の方向の間の角度 $\theta$ における引張り強度 $\sigma_{{\rm B}\theta}$ は，式 (6.18) で表され，実験データを比較的よく再現する。

$$\frac{1}{\sigma_{{\rm B}\theta}^2} = \frac{\cos^4\theta}{\sigma_{\rm BL}^2} + \left(\frac{1}{\sigma_{\rm BS}^2} - \frac{1}{\sigma_{\rm BL}^2}\right)\cos^2\theta\sin^2\theta + \frac{\sin^4\theta}{\sigma_{\rm BL}^2} \tag{6.18}$$

#### 2 短繊維の場合

不連続繊維を充填した短繊維強化複合材料では，外力が作用すると繊維に引張り応力 $\sigma_{\rm f}$ が加わり，繊維とマトリックスの境界にせん断応力 $\tau_{\rm fm}$ が生じる。せん断応力は繊維の末端で最大となり，末端から遠ざかるにつれて徐々に小さくなる。繊維に加わる引張り荷重は末端では 0 で，徐々に増加して繊維中心部で一定値に達し，繊維の末端付近は中央部より小さな荷重を支えることになる。外力が増大し，繊維の端の部分のせん断応力 $\tau_{\rm fm}$ が樹脂自体のせん断応力 $\tau_{\rm m}$ を越えると，繊維の端の部分ではマトリックス部分がせん断応力 $\tau_{\rm m}$ 一定のまま塑性変形する。このとき直径 $d$ の繊維にか

かる応力 $\sigma_\mathrm{f}$ は

$$\sigma_\mathrm{f} = \frac{4\tau_\mathrm{m}}{d}x \tag{6.19}$$

となり，繊維の長さ方向 $x$ に沿って直線的に増大する。このときマトリックス部分の塑性変形の範囲 $a$ は繊維の中央に向かって進展するが，$\sigma_\mathrm{f}$ の値が繊維の引張り強度 $\sigma_\mathrm{Bf}$ に達すると，繊維はその長さ $l$ の中央部 $l/2$ から $(l/2-a)$ の距離内のどこかで切断する。しかし，$\sigma_\mathrm{f}$ の値が繊維の引張り強度 $\sigma_\mathrm{Bf}$ に達する前に $a$ が繊維の中央 $l/2$ に到達すると，繊維は破断せず，複合材料の強度はマトリックス部分のせん断破壊に支配される。

繊維の全長にわたってマトリックスが塑性変形を起こしたときに，繊維に加わる引張り応力 $\sigma_\mathrm{f}$ が繊維の引張り強度 $\sigma_\mathrm{Bf}$ に達するときの繊維の長さを $l_\mathrm{c}$ とすると，

$$\sigma_\mathrm{Bf}\pi\left(\frac{d}{2}\right)^2 = \tau_\mathrm{m}2\pi\left(\frac{d}{2}\right)\left(\frac{l_\mathrm{c}}{2}\right) = 2\tau_\mathrm{m}\pi\left(\frac{d}{2}\right)\left(\frac{l_\mathrm{c}}{2}\right) \tag{6.20}$$

$$\frac{l_\mathrm{c}}{d} = \frac{\sigma_\mathrm{Bf}}{2\tau_\mathrm{m}} \tag{6.21}$$

となる。$l_\mathrm{c}$ を限界繊維長，$l_\mathrm{c}/d$ を限界アスペクト比という。繊維長が $l_\mathrm{c}$ より長いと，繊維が破壊するまで外力を繊維の引張り応力で支えることができて補強効果が得られることになる。例えば，ナイロンのせん断降伏応力は約 50 MPa であるが，これに径 $d = 13\,\mu\mathrm{m}$ の E ガラス繊維 $(\sigma_\mathrm{Bf} = 2\,\mathrm{GPa})$ を充すると，繊維長が 0.26 mm 以上であれば，補強効果が得られることになる。

## 6.7　機能性高分子材料

材料の機能性とは，外部から熱，光，電気，応力，ひずみなどの刺激を受けたときに，これらの刺激に対して応答する能力であり，また，これらの外部刺激に対して選択的，特異的に応答し，動作・作業することのできる材料を機能性材料という。その中でも，力学的，熱的機能に優れた高分子材料のことを高性能高分子材料として区別することもある。電気機能材料や光機能材料などは，電気，通信，情報などの産業分野に利用される。また，ゲルや生体適合性材料などは医療の分野に用いられる。近年，話題に取り上げられる機能性高分子材料として，導電性高分子材料，圧電性高分子材料，非線形光学材料，高分子ゲル，高分子膜，医用高分子材料などを概説する。

### 6.7.1　電気・電子機能高分子材料

#### 1　導電性高分子

金属は電気伝導性の高い導体である。これに対して，高分子は電気を通さない絶縁体である。高分子の試片に電圧 $V$ を印加すると，はじめはある程度電流 $I$ が流れるが経時的に減少して，やがて一定の定常値に達する。この定常状態において，電気抵抗 $R$ は $R = V/I$ で定義される。電流は試料内部を流れる部分 $I_{\mathrm{V}}$ と試料の表面を流れる部分 $I_{\mathrm{S}}$ よりなる $(I = I_{\mathrm{V}} + I_{\mathrm{S}})$。表面電流は試料表面の汚染などによっても影響されるので，通常この部分を除き，体積部分の抵抗を考える。このとき抵抗値 $R$ は試料長（電極間距離）$l$ に比例し，断面積 $A$ に反比例するので，比抵抗 $\rho = RA/l$ で表すことが多い。試料にかかる電場 $E = V/l$，電流密度 $i{=}I/A$ を用いると，

$$i{=}\sigma E \tag{6.22}$$

この式で定義される $\sigma$ を電気伝導率あるいは導電率と呼び，比抵抗 $\rho$ の逆数である。SI 単位は $\mathrm{S\ m^{-1}}$ であるが，通常 $\mathrm{S\,cm^{-1}}$ を用いる。導電率 $\sigma$ は物質固有の値で，$10^{-9}\,\mathrm{S\,cm^{-1}}$ 以下は絶縁体，$10^{-9}{\sim}10^{2}\,\mathrm{S\,cm^{-1}}$ は半導体，$10^{2}\,\mathrm{S\,cm^{-1}}$ 以上を（電）導体という。

通常，高分子の導電率には温度依存性があるが，表 6.11 に示すようにガラス転移温度近傍では $10^{-16}{\sim}10^{-17}\,\mathrm{S\,cm^{-1}}$ とほぼ一定の値を示す絶縁体である。しかしながら，近年では，電気を通す高分子（導電性高分子）が開発されるようになった。物質の中を電気が流れるということは，電子やイオンのような荷電キャリヤー（担体）が，電場のもとで物質中を動くことを意味する。キャリヤーが電子の場合を電子電導，イオンの場合をイオン電導という。

イオン電導とは，正または負の電荷をもったイオンが電気を運ぶことを意味する。イオン伝導体は，電解質溶液や溶融塩のように液状であることが多い。しかし，1980 年代になってイオン伝導性を示す固体高分子が種々見いだされた。イオン伝導性高分

**表 6.11**　高分子材料の導電性

| 高分子材料 | 導電率 $\sigma$ $(\mathrm{S\ cm^{-1}})$ | 高分子材料 | 導電率 $\sigma$ $(\mathrm{S\ cm^{-1}})$ |
|---|---|---|---|
| ポリエチレン | $\sim 10^{-18}$ | ナイロン 66 | $\sim 5 \times 10^{-14}$ |
| ポリプロピレン | $\sim 10^{-18}$ | ポリエチレンテレフタレート | $\sim 2 \times 10^{-17}$ |
| ポリ塩化ビニル | $\sim 5 \times 10^{-17}$ | 三酢酸セルロース | $10^{-16}$ |
| ポリスチレン | $10^{-17}{\sim}10^{-19}$ | エポキシ樹脂 | $10^{-16}$ |

子は，高分子自身もイオン伝導を行い，共存する無機低分子電解質に対して一種の溶媒として働く。ポリエチレンオキシド [PEO: $-(\mathrm{CH_2{-}CH_2{-}O})_n$] とアルカリ金属塩の複合体が室温で $10^{-8}\,\mathrm{S\,cm^{-1}}$ 程度の導電性を示すことが初めて報告された。このようなイオン伝導性高分子としては，① 高分子鎖中に隣接する極性基間でイオンと共同的に相互作用しあう構造をもつ，② イオンとの複合体形成に必要なコンホメーションを容易にとりうる，③ 極性基の構造がエーテル，エステルなど電子供与性の高いルイス塩基である，④ イオンの移動を容易にするため低い $T_\mathrm{g}$ をもち，柔軟性のある主鎖をもつ，ことなどが必要である。

イオン伝導性高分子として，図 6.5 に示すように，PEO とその誘導体が多く開発されている。例えば，ポリエーテルでは PEO (1) のほかにポリプロピレンオキシド PPO (2)，エチレンオキシドとメチレンオキシドとの共重合体 (3)，ポリエステル (4)，(5)，ポリアジリジン (6)，ポリスルフィド (7)，PEO の架橋体などが知られている。これらに無機の固体電解質を加えて伝導性を発現させる。電解質としては $\mathrm{NaCF_3SO_3}$，$\mathrm{AgNO_3}$，$\mathrm{LiClO_4}$，$\mathrm{LiCF_3SO_3}$，$\mathrm{AgCF_3SO_3}$，NaSCN などが用いられ，導電率は $5\times(10^{-4}\sim10^{-7})\,\mathrm{S\,cm^{-1}}$ 程度になる。

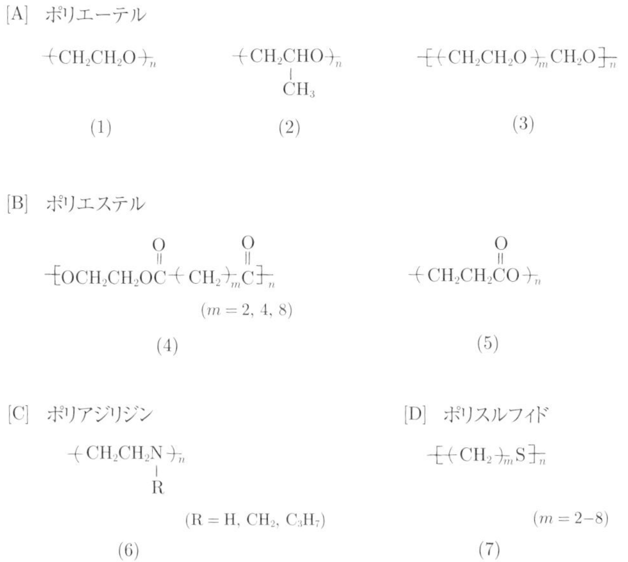

[A] ポリエーテル

(1) $-(\mathrm{CH_2CH_2O})_n-$

(2) $-(\mathrm{CH_2CH(CH_3)O})_n-$

(3) $-[(\mathrm{CH_2CH_2O})_m\mathrm{CH_2O}]_n-$

[B] ポリエステル

(4) $-[\mathrm{OCH_2CH_2OC(=O)}(\mathrm{CH_2})_m\mathrm{C(=O)}]_n-$　($m = 2, 4, 8$)

(5) $-(\mathrm{CH_2CH_2C(=O)O})_n-$

[C] ポリアジリジン

(6) $-(\mathrm{CH_2CH_2N(R)})_n-$　($\mathrm{R = H, CH_2, C_3H_7}$)

[D] ポリスルフィド

(7) $-[(\mathrm{CH_2})_m\mathrm{S}]_n-$　($m = 2$–$8$)

**図 6.5**　代表的なイオン伝導性高分子

イオン伝導性高分子は，比較的高い導電率をもち，軽く柔軟で透明な薄膜が得られる特長をもっており，リチウム2次電池，エレクトロクロミック素子，固体光電気化学電池，大容量キャパシタなど，新しい固体電解質としての用途が開発されつつある。

電子伝導では，電子が移動することにより電気が流れ，自由電子をもつ金属が電子伝導体としてよく知られるところである。高分子の場合には，炭素–炭素間に強い共有結合（$\sigma$ 結合）が形成されており，自由電子は存在せず絶縁体となる（図6.6参照）。しかし，二重結合では $\sigma$ 結合の外に電子が動きやすい $\pi$ 結合があり，二重結合と単結合とが1つおきにある共役二重結合が長く連なると，電子は共役系の端から端まで動き回ることができるようになる。しかも，共役二重結合鎖が隣接すると電子は鎖から鎖へと飛び移り（ホッピング現象），共役鎖がきちんと配列していれば，電子は材料全体を動き回ることができるようになり，導電性を示す。

$\pi$ 結合はもってはいても，ポリスチレンやポリエチレンテレフタレートのように $\pi$ 結合が分子鎖の一部に局在化していると導電性を示さない。$\pi$ 共役系導電性高分子でよく知られているのは，図6.7に示すような，アセチレン (1) を重合して得られる，トランス形 (2) およびシス形 (3) ポリアセチレンや，その誘導体などの脂肪族共役系高分子である。芳香族共役系では，ポリ（$p$–フェニレン）(4) がこのグループに属する代表的な共役系高分子である。その他，ポリナフタレン (5)，ポリアントラセン (6) なども知られている。複素環式共役系高分子では，ポリピロール (7)，ポリフラン (8)，ポリチオフェン (9)，ポリセレノフェン (10) など，それぞれピロール環，フラン環，チオフェン環，セレノフェン環などが，2，5位で結合したトランス–シソイド型共役結合を有する高分子がある。ポリイソチアナフテン (11) は，これまで合成された共役系高分子のなかで最もバンドキャップが小さい（図6.6参照)。ポリ（$p$–フェニレンオキシド）(12)，ポリ（$p$–フェニレンスルフィド）(13)，ポリアニリン (14) などは，

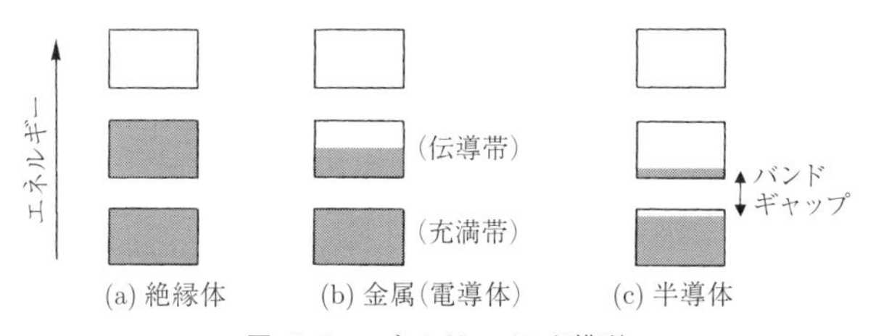


**図 6.6**　エネルギーバンド模型

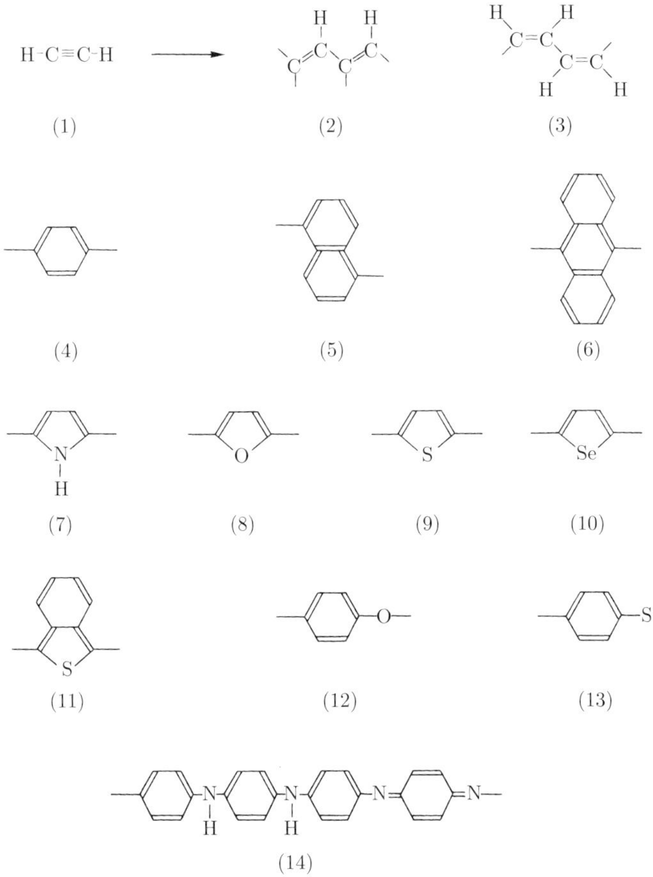

図 **6.7**　代表的な $\pi$ 共役系導電性高分子

ヘテロ原子を含む共役系高分子であり，(12)，(13) は (4) と共にエンジニアリングプラスチックとしても知られている。その他，ポアセチレンとポリ（$p$–フェニレン）あるいはポリフランなどとの共重合体も合成されている。

このような導電性高分子は，そのままでは高分子鎖のなかを電子が動き回っても，その動きは分子の端から端の範囲に限定される。しがって導電率も低く絶縁体から半導体レベルである。しかし，分子鎖と分子鎖の間に電子が流れるような橋渡しができると，電子は材料全体にわたって流れるようになる。このような分子鎖間で電子の橋渡しをするものとして，電子供与性の Na，K などのアルカリ金属，また，逆に電子を引き抜いて正孔をつくるヨウ素や臭素のような電子受容体を加えると，材料全体に電子が流れるようになり電気伝導性が高まる。このように，電導性を高める働きをする物質をドーパント (dopant) といい，ドーパントを加える操作をドーピング (doping) という。例えば，トランス形ポリアセチレンの電導率は $10^{-5}\,\mathrm{S\,cm^{-1}}$ 程度であるが，ドーピングを行うと $10^{2}\,\mathrm{S\,cm^{-1}}$ レベルまで飛躍的に導電率が向上する（表 6.12 参照）。

導電性高分子には $\pi$ 共役系高分子のほかに，金属キレート型高分子や電荷移動錯体型高分子などがある。金属キレート型高分子は $\pi$ 共役系高分子を配位した金属錯体で，$\pi$ 電子と金属との相互作用により導電性の向上が期待される。

電荷移動錯体型高分子は，分子間に働く電荷移動力により，分子間電導の障壁を小さくし，導電性を向上させようとするもので，電子供与体と電子受容体とからなる。電子供与体としてポリカチオン，電子受容体としてテトラシアノキノジメタン [TCNQ] を用いたものが代表的であり，最大 $10^{-2}\,\mathrm{S\,cm^{-1}}$ の導電率を示す。成形性にも優れている。電子供与体としては，図 6.8 に示すようなポリビニルピリジン (1)，ポリビニルカルバゾール (2)，ポリビニルナフタレン (3)，ポリビニルアントラセン (4) などがあり，電子受容体としては，TCNQ のほかに $Br_2$，$I_2$，IBr などのハロゲン化合物，テトラシアノエチレン，2, 3–ジクロロ–5, 6–ジシアノ–$p$–ベンゾキノンなどのシアノ化合物，$AsF_5$，$BF_3$，$BCl_3$，$SbF_5$ などのルイス酸，HF，HCl，$HNO_3$，$H_2SO_4$，$HClO_4$ などのプロトン酸，$NO_2SbF_6$，$NO_2BF_4$，$La(NO_3)_3$ などのニトロ化合物があり，これらを組み合わせて使用するが，導電率は $10^{-4}\,\mathrm{S\,cm^{-1}}$ 程度である。

**表 6.12** 導電性高分子とドーパント

| 高分子材料 | ドーパント | ドーパント濃度 * | 導電率 [S cm$^{-1}$] |
|---|---|---|---|
| トランス型ポリアセチレン | $I_2$ | 0.41 | $1.6 \times 10^2$ |
| 〃 | $AsF_5$ | 0.40 | $4.0 \times 10^2$ |
| 〃 | Na | 1.12 | $8.0 \times 10$ |
| シス型ポリアセチレン | $I_2$ | 0.45 | $5.5 \times 10^2$ |
| 〃 | $AsF_5$ | 0.40 | $1.2 \times 10^3$ |
| ポリピロール | $BF_4^-$ | 0.25 | $1.0 \times 10^2$ |
| ポリチオフェン | $I_2$ | 0.19 | $5 \times 10^{-2}$ |
| ポリ（$p$–フェニレン） | $AsF_5$ | 0.4 | $5 \times 10^{-2}$ |
| 〃 | K | 0.57 | 7.0 |
| ポリ（$p$–フェニレンスルフィド） | $AsF_5$ | — | 7 |

* 高分子の構造単位当たりのモル数。

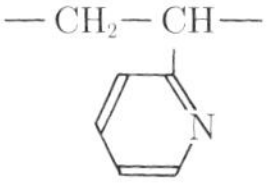

(1) 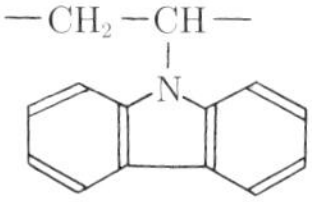　(2) 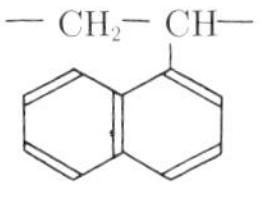　(3) 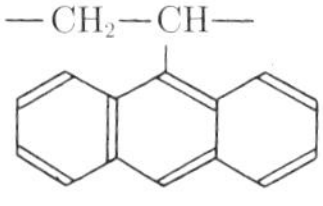　(4)

図 **6.8**　電荷移動錯体型高分子（電子供与体）

導電性高分子は，長い共役形のために反応性が高く，ドーピングなどの操作が必要であり，また成形性が悪いなど，材料化の面で欠点があり，小型電池以外は実用化が遅れている。しかしながら，2 次電池や太陽電池への利用，ダイオード，小形大容量コンデンサー，電磁波シールド材，分子素子などエレクトロニクス分野への応用が期待されている。

### 2　圧電性高分子

圧力や張力，あるいは，ずり応力などによる機械的エネルギーを電気エネルギーに可逆的に変換できる材料を圧電体といい，また，熱エネルギーを電気エネルギーに変換できる材料のことを焦電体という。1880 年に Curie によって，水晶に圧電性，すなわち，圧電効果 (piezoelectric effect) があることが発見された。その後，1940 年代に，高誘電材料としてチタン酸バリウム（酸化チタン (IV) バリウム，$BaTiO_3$）が発見されてから注目されるようになった。無機系の圧電材料としては，現在，チタン酸ジルコン酸鉛 (PZT, $Pb(Zr, Ti)O_3$) が主流でよく用いられている。有機系では，木材，骨，絹などの天然高分子や合成ポリペプチド，ポリプロピレンオキシド，酢酸セルロース，ポリ–L–乳酸などが圧電特性を示す。とくに，ポリフッ化ビニリデン [PVDF: $-(CH_2-CF_2)_n$] については，1969 年に河合によって，高温で直流電場に置き，温度を下げていくことで静電場が発生し，これが無機強誘電体に近い圧電性を示すことが見いだされた。また，PVDF は温度変化によっても分極が変化する。このため，電界の変化によって熱が発生する，すなわち，焦電効果 (pyroelectric effect) を示すことが知られている。

高分子材料は，一般に導電性が低く，電気を溜めやすい誘電体であるが，とりわけ，電場 $E$ と誘電分極 $P$ との関係にヒステリシス（履歴現象）がある場合，強誘電体と呼ばれ，圧電効果を示す。PVDF は成形の条件によって結晶形が異なり，分子鎖が平面状にジグザグした構造をとる。単位格子中の$-CF_2-$の双極子モーメントが，図 6.9 (a) のようにすべて $b$ 軸に平行に揃っている $\beta$ 型は圧電性を示すが，(b) のように分子鎖が逆平行に配置される $\alpha$ 型では，双極子モーメントが互いに打ち消し合い分極せず，圧電性を示さない。$\beta$ 結晶フィルムは，90～130℃で直流高電圧 (0.5～1 MV cm$^{-1}$) を 15～120 分印加すると，強い分極が起こり，室温に戻しても，試料の両面に異種の電荷がそのまま残る。このような材料をエレクトレット (electret) という。$\alpha$ 型結晶を延伸すると，$\beta$ 型結晶へ転移が起こり，これにより $\beta$ 型結晶内では，5 本の分子鎖がそれぞれ引き延ばされたトランス–トランス平面ジグザグ構造をとり，$-CF_2-$の大きな双極子モーメントはすべて分子鎖に関連して垂直に分布するようになる。この状態では，それぞれの結晶格子内では一方向に双極子モーメントが配向していても，フィルム全体としては，いまだ一様に特定方向に分極した状態になってはいない。このフィルムに対して垂直方向から高電圧を印加すると，反対方向を向く双極子は逆転されて，

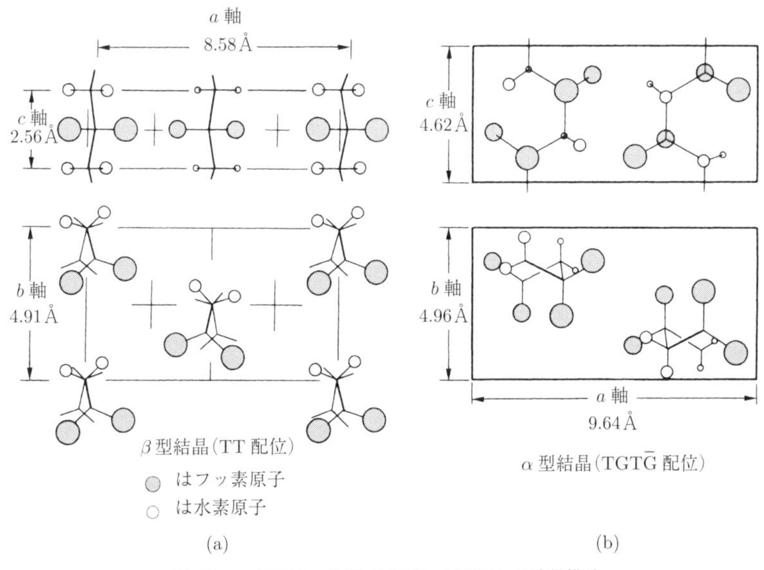


**図 6.9**　ポリフッ化ビニリデン PVDF の結晶構造

印加される電場の方向にほとんどの双極子が配向した状態で固定される。これをポーリングといい，双極子の配向，固定化によってフィルム状エレクトレットが得られる。このようにして作製された圧電体では，図 6.10 に示すように分極 $P_i$ と応力 $T_i$ との関係は分子鎖方向を $x$ 軸，ポーリングの方向を $z$ 軸として次のマトリックス表示で表現される。

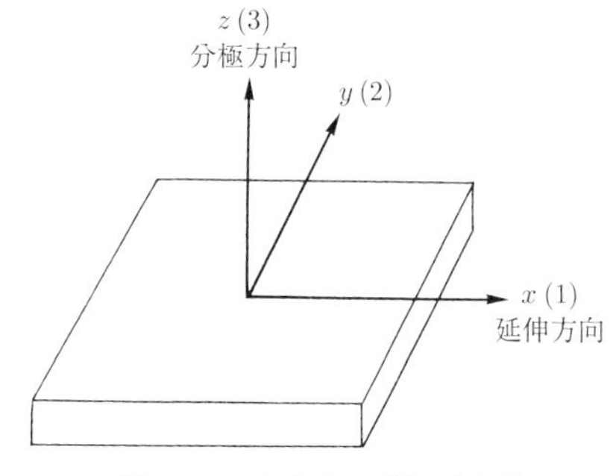


**図 6.10** 高分子圧電体の座標軸

$$(P_i) = (d_{ij})(T_i) \tag{6.23}$$

係数は圧電ひずみ定数と呼ばれ，次の式 (6.24) で示される。

$$(d_{ij}) = \begin{pmatrix} 0 & 0 & 0 & 0 & d_{15} & 0 \\ 0 & 0 & 0 & d_{24} & 0 & 0 \\ d_{31} & d_{32} & d_{33} & 0 & 0 & 0 \end{pmatrix} \tag{6.24}$$

ここで，添字の $i$ は分極の方向，$j$ は応力の方向を示す。$i$ と $j$ について，1, 2, 3 はそれぞれ $x, y, z$ 軸方向を意味している。$x$ 軸方向の延伸処理を受けていないフィルムでは対称性で，$d_{31} = d_{32}$, $d_{15} = d_{24}$ である。

圧電材料のエネルギー変換効率，電気機械結合定数 $k$ は式 (6.25) によって定義される。

$$k = \frac{d}{\sqrt{\varepsilon \cdot S}} \tag{6.25}$$

ここで，$\varepsilon$ は誘電率，$S$ は弾性コンプライアンスである。

このようなエレクトレットとなる高分子には PVDF の他に，ポリ塩化ビニル，ポリアクリロニトリル，ナイロン 11 などがあり，これらはまた圧電性を示す。

セラミックス系の圧電材料は，圧電性能に優れているが，硬くて脆く，加工性に劣る。一方，高分子系の圧電材料は，圧電性能はセラミックスよりも劣るが，加工性がよく，薄膜化，大面積化が可能である。また，圧電セラミックス（強誘電体セラミックス）を PVDF と複合させることにより，圧電性能の高い材料を得ることも可能である。表 6.13 に代表的な高分子系および無機系圧電材料の圧電特性を示す。高分子系では，印加電圧に対する誘起ひずみを示す圧電ひずみ定数（アクチュエータ定数）$d$ は，PZT と比較すると 1/4 であるが，一方で，印加応力に対する誘起電圧を表す圧電出力定数（センサー定数）$g$ は，1 桁ほど大きくなり，センサー材料として優れていることがわかる。また，トランスジューサとしてのエネルギー変換効率を示す電気機械結合定数 $k$ は，高分子系では，10〜30%であるが，音響インピーダンス（密度と音速の積）が水に近いため，水や生体組織に対しては効率のよいセンサーとなり得る。

圧電性を示す高分子は，PVDF や VDF とトリフルオロエチレン (TrFE) 共重合体 P(VDF/TrFE) のような結晶性高分子以外にも，シアン化ビニリデン (VDCN) と酢酸ビニル (VAc) の共重合体 P(VDCN/VAc) も，表 6.13 に示すように，大きな圧電定数を示す。また，側鎖にメソゲン基をもつポリメチルシロキサンはネマチック液晶であるが，逆圧電効果を示すことが報告されている。

圧電材料は表 6.14 に示すように，多くの分野で利用されている。とくに，静電型電気音響トランスジューサとしての応用が最も進んでいる。また，衝撃や振動を検知するためのセンサー，構造材料の表面に PVDF フィルムを張りつけ，引張り応力が加わったときの局部ひずみを検知するためのひずみセンサーなどへの用途も考えられている。圧電材料は，センサーとしてもアクチュエータとしても利用できるため，イン

**表 6.13**　各種の圧電材料の特性（伸び方向の圧電性）

| 材料＼特性 | 密度 | 弾性率 | 比誘電率 | 電圧定数 | | 最高使用温度 |
|---|---|---|---|---|---|---|
| | $\rho$ ($10^3$ kg cm$^{-3}$) | $G$ (GPa) | $\varepsilon_r$ | $d_{31}$ ($10^{-12}$ C N$^{-1}$) | $g_{31}$ ($10^{-3}$ V m N$^{-1}$) | ℃ |
| PVDF | 1.78 | 3 | 13 | 20 | 174 | 80 |
| P (VDF/TrFE) (VDF = 55%) | 1.9 | 1.2 | 18 | 25 | 160 | 70 |
| P (VDF/TrFE) (VDF = 75%) | 1.88 | 2 | 10 | 10 | 110 | 100 |
| P(VDCN/Vac) | 1.2 | 4.5 | 4.5 | 6 | 169 | 160 |
| PVDF/PZT | 5.3–5.8 | 3〜6 | 120〜180 | 20〜30 | 19 | 100 |
| ゴム/PZT | 5.6 | 0.04 | 55 | 35 | 72 | 100 |
| POM/PZT | 4.5 | 2 | 95 | 17 | 20 | 140 |
| PZT | 7.5 | 83.3 | 1200 | 110 | 10 | 250 |
| $BaTiO_3$ | 5.7 | 110 | 1700 | 78 | 5 | |
| 水晶 | 2.64 | 77.2 | 4.5 | 2 | 50 | 573 |

表 **6.14** エレクトレット材料の用途

| 応用分野 | 例 |
|---|---|
| 音響 | マイクロホン，ヘッドホン，フォノカートリッジスピーカ |
| 機械 | 静電発電機，交流発電機，高電圧発電機，エレクトレットモータ，タッチスイッチ，エレクトフィルター，制御装置 |
| 測定 | 電位計，電圧計，高電圧電源，放射線線量計 |
| 医療 | 抗血栓性材料，骨増殖 |
| その他 | 静電記憶装置，静電印刷，酸素の固定化 |

テリジェント構造材料に多く利用されようとしている。例えば，圧電フィルムとセンサーとアクチュエータを一体にした片持ち梁の振動制御 FRP に PVDF フィルムを積層させ，PVDF に圧電を加えて変形させる振動制御などが考えられている。

### 6.7.2 光機能高分子材料

#### 1 感光性高分子

光の照射により，分子鎖の切断や架橋，異性化などの化学反応を起こす高分子を感光性高分子 (photosensitive polymer) といい，現在，主として画像形成材料として用いられており，光により溶解性の変化をひき起こすものが主流である。感光性高分子と総称されるものには，感光性の化学構造をもつ高分子系のほか，光化学反応によって高分子を生成する系，あるいは感光性の低分子量物質が主体で，高分子は単に支持体として利用される光化学反応系などがある。最近では，超微細画像形成などを目的として，光により波長の短い電子線や X 線を用いる系の開発も進められている。

感光性高分子で利用される光化学反応は，光酸化，光分解，光二量化，光異性化などの逐次型光反応と，光開始のラジカル重合，カチオン重合，連鎖型付加反応などの連鎖型光反応に大別される。

逐次型光反応の例として，添加した金属イオンによる光酸化や光分解の例が古くから利用されており，例えば重クロム酸塩とポリビニルアルコール (PVA) など水溶性ポリマーの組合せで，光による $Cr^{6+} \rightarrow Cr^{3+}$ の作用でポリマーが架橋，不溶化する系がある。感光波長範囲が広く，感光速度も早いなどの点で優れているが，暗反応が起こりやすいことや，クロム化合物の排出規制が問題となっている。芳香族ジアゾニウム塩は光分解によりアリルラジカルを生成し，その反応によりポリマーの架橋，不溶化が起こる。重クロム酸塩に代わり，水溶性ポリマーの光架橋剤として用いられている。

通常，感光性高分子には含めないが，複写用のジアゾ感光紙はジアゾニウム塩とフェノール類を紙面上に塗布し，光の照射によりカップリング反応を起こさせ，アゾ色素の画像を形成させるものである。

*o*-キノンジアジドは光分解して Wagner-Meerwein 転位によりアルカリに可溶なインデンカルボン酸を生成する。

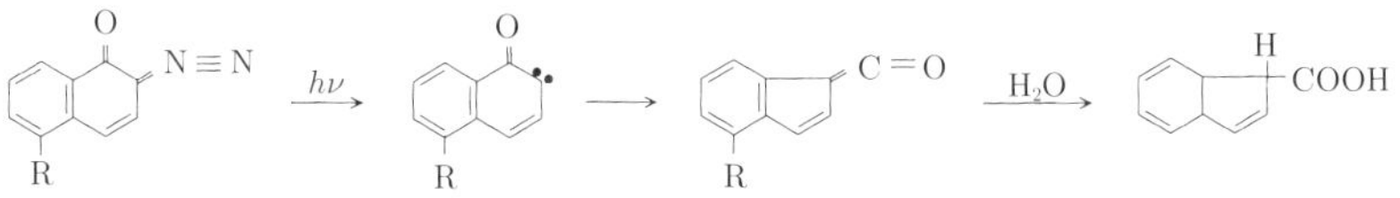

O　N≡N　$h\nu$　O　C＝O　$H_2O$　H　COOH
R　R　R

ここで，R は，

$SO_2$
O
$CH_2$　$n$

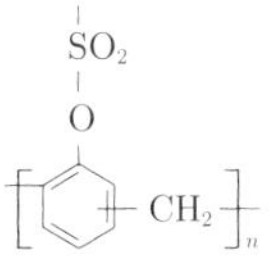

である。

ナフトキノンジアジドとフェノール樹脂を組み合わせた系は，この反応により露光部分が親水性になり，アルカリ水溶液で除去できるので，ポジ型感光性高分子として，オフセット印刷やリソグラフィーに利用される。

リソグラフィーは半導体集積回路を製作する一工程で，シリコンウェファに感光材を薄く均一に塗布し，ガラス乾板上の集積回路パターンを光で焼き付け転写する。これまで，350～450 nm の広い範囲の可視光線に感光するノボラック-ジアゾナフトキノン系感光材が用いられてきた。形成された画像パターンは，所与の機械的強度を有しており，しばしばフォトレジスト (photoresist) と呼ばれる。半導体集積度を高めた超 LSI には，より微細なナノ画像の作製が必要となり，光源として紫外線領域の 248 nm エキシマレーザが用いられている。また，フォトレジストとしてポリヒドロキシスチレンを基本骨格とする系が利用されるようになってきた。

感光性高分子として，芳香族アジド基を含むポリマーも広く利用されている。アジドは光分解でナイトレンを生成し，これが水素引抜きやカップリングなどの反応を起こし，ポリマーを不溶化し，ネガ型の画像を形成する。光架橋剤として添加するものと，高分子鎖に直接結合したものがある。それぞれの例は以下に示す通りで，

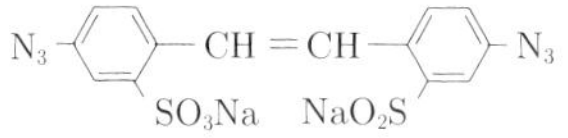

$N_3$–C₆H₃(SO₃Na)–CH=CH–C₆H₃(SO₂Na)–$N_3$　　（添加系）

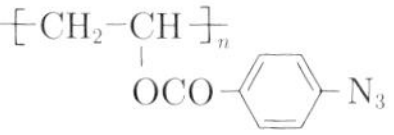

$\text{—[}CH_2\text{—}CH\text{]}_n\text{—}$（CH に $OCO\text{—}C_6H_4\text{—}N_3$）　　（ポリマー系）

である。

感光性高分子として古くから用いられてきた系に，ケイ皮酸の光二量化反応を応用したポリケイ皮酸ビニル (PVAC) がある。

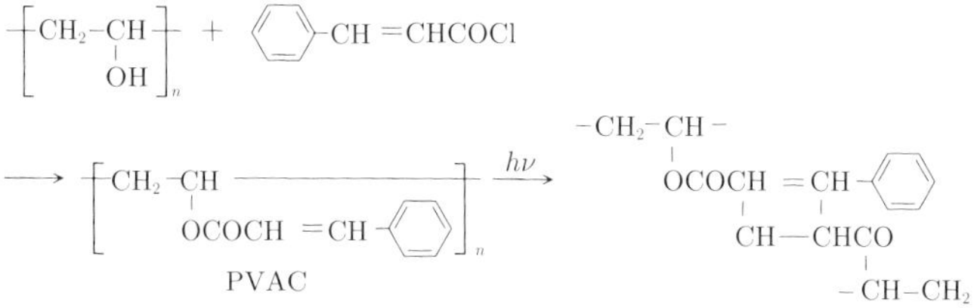

$$\text{—[}CH_2\text{—}CH(OH)\text{]}_n\text{—} + C_6H_5\text{—}CH=CHCOCl$$

$$\longrightarrow \text{—[}CH_2\text{—}CH(OCOCH=CH\text{—}C_6H_5)\text{]}_n\text{—}\ (\text{PVAC}) \xrightarrow{h\nu} \text{(シクロブタン環を介して二量化した架橋構造：}\text{—}CH_2\text{—}CH\text{—}OCOCH\text{—}CH(C_6H_5)\text{—}CH\text{—}CHCO\text{—}CH\text{—}CH_2\text{)}$$

シンナモイル基 $C_6H_5CH=CHCO$–の感光波長端は 330 nm 付近にあり，実用的にはこの波長よりも長い波長の光に感じるように種々の増感剤が用いられている。5–ニトロアセトナフテンや 2–ニトロフルオレンなどがその代表である。

ケイ皮酸の光二量化反応を利用する感光性高分子としては，その他にも多数の種類が開発されており，感光波長領域の広いものとして，シンナモイル基のベンゼン環やオレフィンの $\alpha$ 水素に電子求引性基を導入したシンナミリデン酢酸 $C_6H_5CH=CHCH=CHCOOH$ や $\alpha$–フェニルマレミド誘導体などがある。また，シンナモイル基がカチオン重合条件下では安定であることを利用して，感光基をモノマー段階で導入した感光性高分子ポリビニロキシエチルシンナメート (PVEC) が開発され，実用化に至っている。

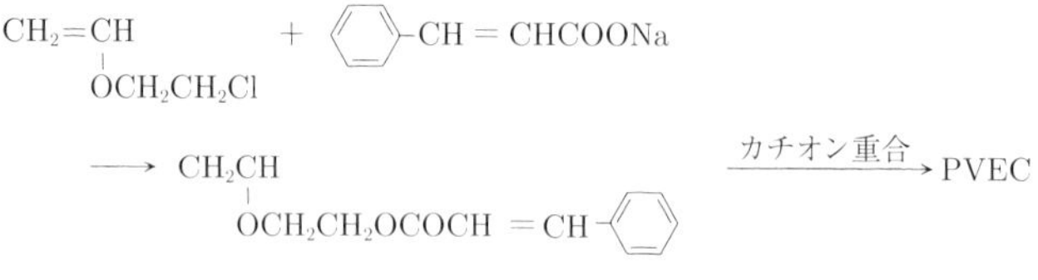

$$CH_2=CH(OCH_2CH_2Cl) + C_6H_5\text{—}CH=CHCOONa$$

$$\longrightarrow CH_2CH(OCH_2CH_2OCOCH=CH\text{—}C_6H_5) \xrightarrow{\text{カチオン重合}} \text{PVEC}$$

PVEC は PVAC に比べて，シンナモイル基が定量的に導入されており，均一な構造をとり，また，ポリマー主鎖とシンナモイル基の間に$-OCH_2CH_2-$が挿入されているので，$T_g$ の低下による光感度の向上，架橋フィルムの可撓性（かとうせい），接着性の向上など，多くの点で優れている。

主鎖中に光二量化性感光基をもつ感光性高分子として，$p$–フェニレンジアクリル酸をジカルボン酸成分とする線状ポリエステルが用いられている。

$$\left[ -C_6H_4-OCOCH=CH-C_6H_4-CH=CHCOO- \right]_n$$

これらの逐次型感光性高分子の応用の一例として，プリント配線製版の製作工程を図 6.11 に示した。

連鎖型光反応を利用する感光性高分子は，光により生成するラジカルを開始剤とするラジカル重合型，光酸化還元系によるラジカル重合型や，光により生成するルイス酸を開始剤とするカチオン重合型などがある。ラジカル重合では光感度が高いが，暗反応やラジカルの失活などの問題があり，カチオン重合系は水分などの不純物が反応を阻害するなどの問題があり，実用化のためにはこれらの問題の解決が必要となる。

一般には，複数の重合性基をもつモノマーやオリゴマー，ポリマーが用いられている。一例として，例えば，次に示すような

$$(CH_2=CHCOOCH_2)_2C(CH_2OH)_2$$

ペンタエリスリトールジアクリレート

$$CH_2=CHCONHCH_2NHCOCH=CH_2$$

メチレンビスアクリルアミド

のオリゴマーやポリエンとポリチオールからなる系などが用いられている。これらは，光硬化速度や光硬化膜の強度など，必要な特性をかなりよく満たすことが可能で，光硬化性印刷インク，塗料，接着剤などに応用されている。

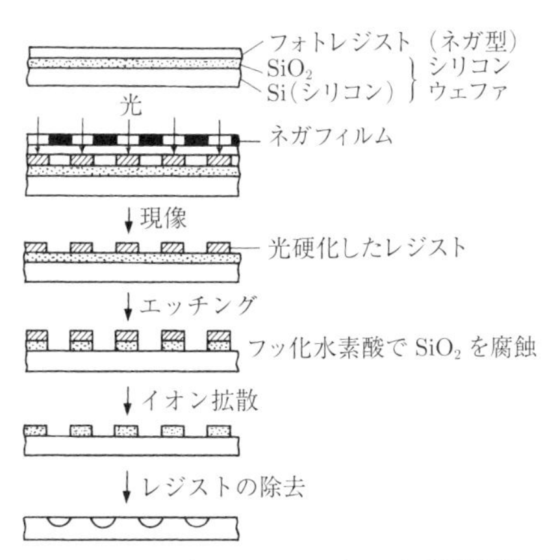


図 **6.11**　逐次型感光性高分子によるプリント配線製版の制作工程

### 2 非線形光学材料

近年，オプトエレクトロニクスなど実用的な面から期待されている材料として，非線形光学材料がある。電場など外部からの刺激が弱い場合には，その応答は線形であるが，強くなると外部からの刺激に比例しない非線形現象が顕著になる。光についての非線形現象が非線形光学効果 (nonlinear optical effect) である。非線形光学効果が観測されるようになったのは，ルビーレーザ，ガラスレーザ，YAG レーザなど強いレーザ光が実現されるようになってからである。

物質に外部電場 $E$ を印加した場合，物質内の電子は光（電磁波）の電場 $E$ によって揺すられて，原子核との距離が変化し分極 $P$ を誘起される。このとき，$E$ と $P$ の関係は式 (6.26) のように示される。

$$P = P_0 + \chi^{(1)}E^1 + \chi^{(2)}E^2 + \chi^{(3)}E^3 + \cdots \tag{6.26}$$

$P_0$ は，電場 $E$ がない場合でも存在する分極で，自発分極に対応する。$E$ が交番電場で $E = E_0\{\exp(i\omega t)\}$ と表されるときは，

$$P = P_0 + \chi^{(1)}E_0\{\exp(i\omega t)\} + \chi^{(2)}E_0^2\{\exp(i\omega t)\} + \chi^{(3)}E_0^3\{\exp(i\omega t)\} + \cdots \tag{6.27}$$

となる。第 2 項は線形分極であり，$\chi^{(1)}$ を線形感受率という。これは光の通過，反射，屈折に関係する。第 3 項以下を非線形分極といい，$\chi^{(2)}$，$\chi^{(3)}$ をそれぞれ 2 次，3 次の非線形感受率という。材料の非線形効果は，$\chi^{(2)}$，$\chi^{(3)}$ の大きさによって評価され，これらが大きいほど非線形特性が優れている。2 次の非線形光学効果としては，レーザ光の波長を 1/2 に変える第 2 高調波発生，加えた電場に比例して屈折率が変化する電気光学効果（Pockels 効果），振動数 $\nu$ の光を照射すると $\nu = \nu_1 + \nu_2$ の条件を満足する 2 種の光が発振する光増幅効果（パラメトリック発振），振動数 $\nu_1$ と $\nu_2$ の光を照射すると，$\nu_1 \pm \nu_2$ の光が生成する光混合などがある。3 次の非線形光学効果は，レーザ光の波長を 1/3 に変える第 3 次高調波発生，振動数 $\nu_1$，$\nu_2$，$\nu_3$ の光を照射すると，$\nu = \nu_1 + \nu_2 + \nu_3$ または $\nu = \nu_1 + \nu_2 - \nu_3$ の光が生成する光混合，加えた電場の 2 乗に比例して屈折率が変化する Kerr 効果（超高速光シャッターに利用される）などがある。

非線形光学効果は，はじめにリン酸二水素カリウム ($KH_2PO_4$: KDP) や $LiNbO_3$ な

どの無機結晶について観測された現象であり，例えば，KDP と同型の結晶 $NH_4H_2PO_4$ (ADP)，$CsH_2ASO_4$ (CDA)，$RbH_2PO_4$ (RDP) などや $LiNbO_3$ 型の結晶では $LiTaO_3$，$KNbO_3$ などが知られている。また，GaAs，GaP，ZnO，ZnS，ZnSe，CdS，CdTe などの半導体は非線形光学定数が絶縁体に比べて大きいといわれている。

有機物で大きな非線形光学効果を示す材料としては，$\pi$ 電子系や共役系が発達した分子が一般的である。ハロゲン置換体のように誘起効果による電荷の偏りが生じているものが効果的である。また，–CN，–$COCH_3$, –CHO，–$NO_2$, –F，–Cl などのような電子求引性基と–$CH_3$, –$OCH_3$, –$NH_2$, –$N(CH_3)_2$ などのような電子供与性基を併せもつ化合物は，分子内電荷移動の効果により，非線形定数が非常に大きくなるといわれている。例えば，有機低分子化合物では，図 6.12 の (1)～(7) のようなものが知られている。しかしながら，低分子化合物では大きな非線形光学効果を示すものでも，力学的，熱的に弱く，光ファイバーやフィルムなどへの加工が難しい。そこで，高分子ホスト–低分子ゲスト型の非線形光学材料が開発されている。例えば，PMMA に DANS (7) をドープし，電圧を印加したまま $T_g$ 以上に加熱し極性基を配向させてから冷却する。極性基は配向されたまま，高分子中に固定される。その他，液晶性高分子/DANS 系や PEO/$p$–NA 系なども知られている。ポリ（$\varepsilon$–カプロラクトン）(8) をホストとし，$p$–NA (2) をゲストとしたものでは，両者を共通溶媒に溶解した後，フィルム化しただけで，大きな第 2 高調波発生が発現するといわれている。

高分子では，ポリアセチレンやポリチオフェンなどの $\pi$ 共役系の導電性高分子が非線形光学材料として注目され，ジアセチレンの単結晶から固相重合法で得られるポリジアセチレンの誘導体（図 6.12 (9)）は，2 次または 3 次の非線形光学材料として有望である。(9) の置換基が $R = R'$ のときは 3 次，$R \neq R'$ のときは 2 次の非線形光学材料となる。ポリ（$p$–フェニレンビニレン）[PPV: 図 6.12 (10) ] も，共役ポリマーで応答性が早く（$10^{-12}$ 秒，ピコ秒）以下で大きな 3 次の非線形光学係数をもつ材料として期待されている。

非線形光学材料は，これからの光技術を支える重要な材料であり，多彩な応用が考えられている。現時点では半導体レーザの可視化が最も影響力の大きい応用と考えられている。赤外発光の半導体レーザ素子の表面に非線形光学材料を導入すると，第 2 高調波発生により青色光が得られ，表示素子などが可能である。例えば，数種の半導体レーザ光の波長を 1/2 にして，ネオンサインの代替となる。ネオン管を発光させるには，高電圧を印加しなければならないが，半導体レーザではその必要がない。この

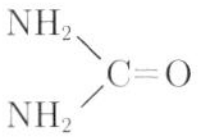

(1)
尿素

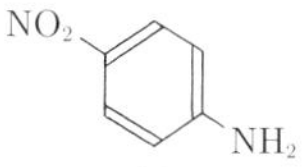

(2)
$p$–ニトロアニリン
($p$–NA)

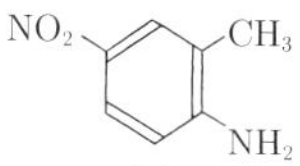

(3)
2–メチル–$p$–ニトロアニリン
(MNA)

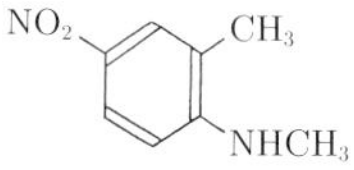

(4)
2–メチル–4–ニトロ
–$N$–メチルアニリン
(MNMA)

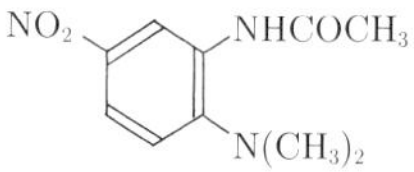

(5)
3–アセトアミド–4–ジ
メチルアミノニトロ
ベンゼン

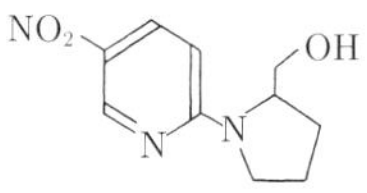

(6)
$N$–(5–ニトロ–2–ピリジル)
–(5)–プロリノール

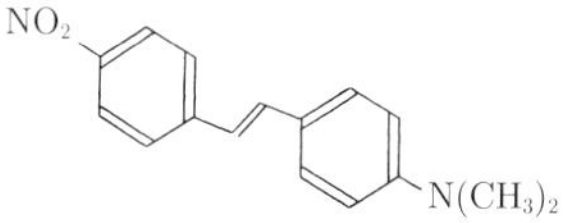

(7)
$N$, $N$–ジメチル–アミノ
ニトロスチルベン
(DANS)

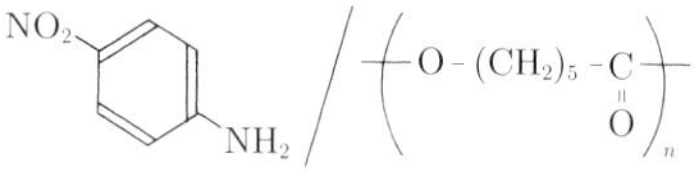

(8)
$p$–NA/ポリ($\varepsilon$–カプロラクトン)

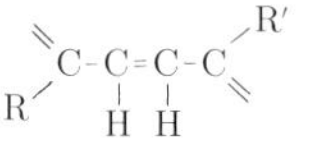

$R = R' = CH_2OSO_2-C_6H_4-CH_3$
$R = R' = (CH_2)_4OCONHC_6H_5$
$R = P'$ では 3 次の非線形成
$R \neq R'$ では 2 次の非線形性

(9)
ポリジアセチレン

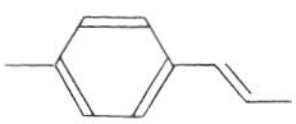

(10)
ポリ ($p$–フェニレンビニレン)
(PPV)

**図 6.12**　有機化合物の非線形光学材料

ような光は室内照明用や各種分光器の光源としても利用できる。

現在，CD，光ディスク，光ディスクメモリーなどに利用されている光源の波長は 800 nm であり，記録密度は最小 800 nm の直径の面積が必要である。しかしながら，第 2 高調波発生により，400 nm の光が得られれば，記録面積が 1/4 になり，記録密度は 4 倍となる。レーザプリンターでは 800 nm の光で導電性を示す高価な光導電性材料が用いられているが，第2高調波発生により 400 nm に変換できるとすると，安価な既存材料が利用できることになる。

非線形光学材料を利用することにより，光シャッター，光整流，光の変調やスイッチングなど，オプトエレクトロニクス分野で利用される新しい材料として今後の展開が期待されている。

### 6.7.3 分離機能高分子材料

高分子材料はフィルム，シートなどとして包装材料などに広く使われている。この場合，内容物を外界から保護するといった意味で，障壁（バリヤー）性が重要となり，ポリ塩化ビニリデン（サラン®）のように気体透過性の低い材料が好んで用いられる。高分子膜を通しての気体透過は，膜がマクロな孔径の孔をもたない均質膜の場合，気体分子が膜内に溶解し，高分子鎖の熱運動に伴って間隙を移動（拡散）し透過すると考えられる。これを溶解拡散機構という。図 6.13 に示すような膜で仕切られた2室の系で，Fick の拡散法則から，位置 $x$ における透過物質 i の濃度 $C_{\mathrm{i}}$ の時間 $t$ による変化は

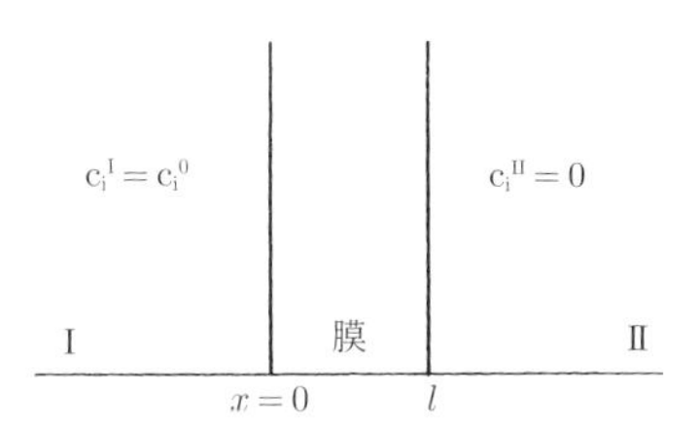


図 **6.13** 膜を通しての物質透過

$$\frac{\partial C_{\mathrm{i}}}{\partial t} = \frac{\partial}{\partial x}\left(D_{\mathrm{i}}\frac{\partial C_{\mathrm{i}}}{\partial x}\right) \tag{6.28}$$

で与えられる。時刻 $t = 0$ で，$C_{\mathrm{i}}^{\mathrm{II}} = 0\,(0 < x)$，$t > 0$ で，$C_{\mathrm{i}}^{\mathrm{I}} = C_{\mathrm{i}}^{0}\,(x = 0)$，$C_{\mathrm{i}}^{\mathrm{II}} = 0\,(x = l$，$l$ は膜厚) とおいて式 (6.28) を解くと，拡散係数 $D_{\mathrm{i}}$ が濃度 $C_{\mathrm{i}}$ に依存しない場合，時刻 $t$ までの膜透過量 $Q\,(t)$ は

$$Q\,(t) = \frac{D_{\mathrm{i}}C_{\mathrm{i}}^{0}}{l}\left(t - \frac{l^2}{6D_{\mathrm{i}}}\right) \tag{6.29}$$

で与えられる。$Q\,(t)$ が $t$ に比例する範囲で求められる定常速度 $q_{\mathrm{s}}$ は

$$q_{\mathrm{s}} = \frac{\mathrm{d}Q\,(t)}{\mathrm{d}t} = \frac{D_{\mathrm{i}}C_{\mathrm{i}}^{0}}{l} \tag{6.30}$$

で与えられ，$x = 0$ で膜内／膜外の濃度比として，溶解度係数 $S_{\mathrm{i}} \equiv C_{\mathrm{i}}/C_{\mathrm{i}}^{0}$ を定義すると，成分 i の膜透過率 (permeability) $P_{\mathrm{i}}$ は次式

$$P_i = \frac{gsl}{C_i} = D_i S_i \tag{6.31}$$

で与えられる。すなわち，膜透過率は拡散係数と溶解度係数の積で与えられ，膜相によく溶け，かつ膜相での拡散が早い成分ほど，よく膜を透過することになる。逆に，膜相に溶解し難いものは，拡散がかなり早くても透過しがたいことがわかる。膜透過率 $P_i$ は慣用単位 $cm^3(STP)cm/cm^2\ s\,cmHg$ で表されていることが多い。表6.15に代表的な高分子膜の種々の気体に対する透過率を示す。膜透過率は膜の種類によって大きく変わり，例えば，ポリジメチルシロキサン（シリコーン）の透過率は非常に高く，逆に，ポリ塩化ビニリデンの透過率は低く，両者の差は $10^6$ 倍にもなる。

高分子膜を気体の分離目的に利用するためには，気体の種類による膜透過率の差が十分に大きいことが必要である。表6.15を見ると，気体の種類による膜透過性の順はほぼ $He \cong H_2 > O_2 > N_2$ で，気体分子の大きさによる差は比較的大きいが，同じ程度の大

**表 6.15** 高分子膜の気体に対する透過率

透過率 $P \times 10^{10} \left(\frac{cm^3(STP) \cdot cm}{cm^2 \cdot s \cdot cmHg}\right)$

| 膜 | 温度 ℃ | $H_2$ | He | $CO_2$ | $O_2$ | $N_2$ | $P_{H_2}/P_{N_2}$ | $P_{O_2}/P_{N_2}$ |
|---|---|---|---|---|---|---|---|---|
| ポリジメチルシロキサン | 20 | 390 | 216 | 1120 | 352 | 181 | 2.15 | 1.94 |
| 天然ゴム | 25 | 49.2 | — | 154 | 23.4 | 9.5 | 5.18 | 2.46 |
| ポリブタジエン | 25 | 42.1 | — | 138 | 19.0 | 6.45 | 6.53 | 2.95 |
| エチルセルロース | 25 | 26.0 | 53.4 | 113 | 14.7 | 4.43 | 5.87 | 3.31 |
| エチレン–酢酸ビニル共重合体（酢酸ビニル 13.8 mol%） | 25 | 22.8 | 16.5 | 57 | 8.0 | 2.9 | 7.86 | |
| ポリエチレン（低密度） | 25 | 13.5 | 4.93 | 12.6 | 2.89 | 0.97 | 13.9 | 2.98 |
| ポリスチレン | 20 | — | 16.7 | 10.0 | 2.01 | 0.315 | — | 6.38 |
| ブチルゴム | 25 | 7.23 | 8.42 | 5.18 | 1.30 | 0.325 | 22.5 | 4.0 |
| ポリカーボネート | 25 | 12.0 | 19 | 8.0 | 1.4 | 0.3 | 40.0 | 4.7 |
| ポリエチレン（高密度） | 25 | — | 1.14 | 3.62 | 0.41 | 0.143 | — | 2.87 |
| エチレン–ビニルアルコール共重合体（ビニルアルコール 13.8 mol%） | 25 | 1.95 | 2.28 | 1.38 | 0.33 | 0.08 | 24.4 | 4.1 |
| ポリ酢酸ビニル | 20 | — | 9.32 | 0.676 | 0.225 | 0.032 | — | 7.03 |
| ポリ塩化ビニル | 25 | 0.065 | 2.20 | 0.149 | 0.044 | 0.0115 | 5.65 | 3.83 |
| アセチルセルロース | 22 | 3.80 | 13.6 | — | 0.43 | 0.14 | 27.1 | 3.0 |
| ポリサルホン | 25 | 4.40 | — | 2.4 | 0.37 | 0.088 | 50.0 | 4.2 |
| ポリアクリロニトリル | 20 | — | 0.44 | 0.012 | 0.0018 | 0.0009 | — | 3.8 |
| ポリ塩化ビニリデン | 20 | — | 0.109 | 0.0014 | 0.00046 | 0.00012 | — | 3.8 |
| ポリビニルアルコール | 20 | 0.009 | 0.0033 | 0.00048 | 0.00052 | 0.00045 | 20 | 1.1 |

きさの気体分子間の差はあまり大きくない。また，凝縮性の強い $CO_2$ の透過率は膜素材によって大きく異なる。現在，高温においても熱安定性に優れているポリイミド膜などが化学プロセスでの $H_2$ 分離などの目的に用いられている。選択性がとくに問題にならない場合，例えば，海中での気体 (酸素) 捕集の目的には透過性の高いシリコーン膜が利用できる。シリコーン膜は人工肺用の膜としても利用されているが，$O_2$ と $CO_2$ のガス交換のためには，$P_{CO_2}/P_{O_2} \cong 1$ の膜性能が要求される。また，空気より酸素に富む気体を得る酸化富化膜に対する要求は強いが，十分な性能 ($P_{O_2}/P_{N_2} > 10$) をもつ膜はまだ得られていない。

高分子膜を通しての液体状態での分離は，蒸発のように相変化を伴わないので，省エネルギープロセスとしても注目されている。一般に膜を通しての溶媒の移動を浸透 (osmosis) というが，例えば，海水のような塩類水溶液から圧力差を利用して，溶媒の水だけを選択的に透過し分離するプロセスを逆浸透 (reverse osmosis) という。膜が溶質の塩類を通さないとき，膜で隔てられた塩溶液は純水側より高い圧力（浸透圧）をもつ。塩溶液から膜を通して水だけを移動させるためには，この浸透圧に比例した大きな圧力を加え，浸透による水の流れを逆にする必要がある。

海水をろ過して真水を取り出すことを可能にする膜の可能性は 1950 年代になって検討され始め，1960 年，Loeb と Sourirajan によって特別の方法で調製されたアセチルセルロース膜がこのような性能をもつことが見いだされ，ようやく実用化の可能性が開かれた。これは次のようにして製造された膜である。水–アセトン– $Mg(ClO_4)_2$ あるいは水–ホルムアミド–アセトン系にアセチルセルロースを溶解してキャスト液をつくり，これをガラス板のような平滑面上にキャスト（流延）し，溶媒が蒸発したところで氷水中に浸漬し膜とする。この膜を熱水 (70～90℃) に浸漬，熱処理をすることにより塩排除能が上昇する。この方法でつくられる膜は非対称膜と呼ばれ，蒸発面側に厚さ 1 $\mu$m 以下の緻密なスキン層があり，その下に孔径 1 $\mu$m 程度の多数の孔をもつ層がある。熱処理によって膜の収縮が起こり，熱処理温度が高いほど塩排除率は高く，水透過速度は小さくなる。この膜の塩排除の機構は次のように考えられている。アセチルセルロースは水を強く吸着し，表面に水素結合の発達した吸着水層をつくる。水分子は水素結合の生成消滅を繰り返して緻密なスキン層を通ることができるが，水構造破壊性のイオンは水素結合の発達した吸着水層から排除される（図 6.14)。この膜の開発によってはじめて膜法による海水の脱塩が可能となった。ただし初期の逆浸透膜では，1 段階での海水淡水化は難しかった。

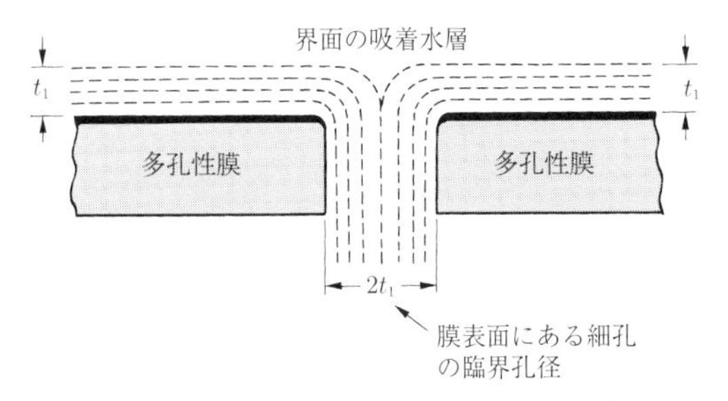


**図 6.14**　非対称逆浸透膜の塩排除機構（水の選択吸着–毛管流動モデル）

その後，逆浸透膜の改良は目覚ましく，初期の非対称膜ではスキン層の厚みを自由に変えることが難しかったが，多孔性の支持膜の上に極めて薄い活性層を支持体とは異なる材質でつくるという方法が開発され，塩脱塩率と水透過率がともに優れた性能を示す膜がつくられるようになった。この型の膜を複合膜という。活性層の厚さは 0.01〜1 $\mu$m の程度で，支持膜上に活性をもつポリマーを薄膜化する方法や，モノマーの重合により薄膜を形成する方法が採用されている。支持膜としてポリサルホンなど，活性層としてポリアミドなどが用いられる。複合膜の開発により 1 段階での海水淡水化が十分可能となり，脱塩率を 99%以上に保ち，比較的低圧でかなりの処理水量を上げることも可能となった。まさに，淡水化技術の発展は目覚ましいものがある。

多孔性膜を用いる物質分離法は古くから知られ，例えば，セロハン膜を用いてタンパク溶液中に含まれるイオンや低分子を除く方法は透析 (dialysis) として広く知られるところである。透析法は，半透膜によって隔てられた低分子物質の濃度勾配を駆動力として利用した拡散による分別方法である。一般に拡散速度が遅く，また，溶媒が浸透によって溶液中へ移動する必要があり，必ずしも効率的な方法とはいえない。そこで，圧力を加えて溶媒と比較的低分子量の小さい物質を同時に浸透させて，膜を透過できずに残った高分子量溶質のみを分離，濃縮する方法が考えられる。これがろ過 (filtration) である。ろ過法はろ別する溶質粒子の大きさによって，図 6.15 に示すように分類される。逆浸透もろ過法の一種と考えることができ，超ろ過と呼ばれる。これらのろ過を有効に行うためには，必要な孔径をもつ多孔性膜が必要である。精密ろ過膜としてはセロハン膜やコロジオン膜などが使われ，メンブランフィルターとも呼ばれる。限外ろ過膜としてはアセチルセルロース系など種々の素材のものが開発されている。膜の製法は，非対称逆浸透膜の場合のように相分離–ゲル化法が用いられ，良

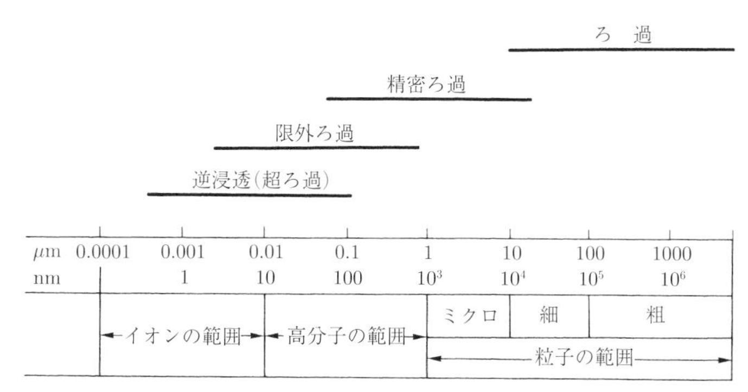


図 **6.15** 種々のろ過法の適用範囲

溶媒–貧溶媒の組合せにより，膜孔の大小をかなりの程度制御できる方法が開発されている。

以上に述べてきた膜は本質的に電気的に中性（無荷電）であるが，膜基体に固定電荷をもつ膜はイオン交換膜 (ion-exchange membrane) と呼ばれ，電気透析や電解のプロセスの隔膜として使用されている。

わが国では，イオン交換膜電気透析法は海水からの製塩を目的として開発された歴史がある。わが国は岩塩に恵まれないので，塩田法による製塩が昔から行われてきたが，近代化のためには工場生産が望ましく，イオン交換膜を隔膜とする電気透析法の開発が急がれた。イオン交換膜には，負の固定電荷をもつ陽イオン交換膜と正の固定電荷をもつ陰イオン交換膜がある。陽イオン交換膜は固定の負荷電の対イオンとして陽イオンを選択的に膜内に集めるので，陽イオンを選択的に透過させる。逆に，陰イオン交換膜は陰イオンを対イオンとして膜内に集めるので，陰イオンが選択的に透過する。多数の陽イオン交換膜と陰イオン交換膜を交互に配置して透析装置を組み立て，両端に設置した電極に直流電圧を印加すると，膜で仕切られた室で交互に塩の濃縮と希釈が起こる（図 6.16)。濃縮室の濃厚かん水を集め蒸発により塩を得る。現在，わが国の食料塩はこの方法によってつくられている。

イオン交換膜はジビニルベンゼンで架橋したポリスチレンなどの高分子基体に，スルホ基を導入して陽イオン交換膜が，また，第四級アンモニウム基を導入して陰イオン交換膜がつくられている。イオン交換膜の性能は固定電荷密度によって影響されるので，膨潤を防ぐために架橋密度の高い緻密な網目構造とする必要がある。

荷電膜のもう1つの重要な用途として電解用隔膜がある。とくに，塩化ナトリウム水溶液の電解による水酸化ナトリウムと塩素の製造は化学工業の重要なプロセスである（図6.17）。このプロセスに使用される隔膜として，以前はアスベストが用いられていたが，現在はペルフルオロカーボン系の陽イオン交換膜が用いられている。高温(80℃)における耐酸化性，耐アルカリ性が要求されるので，ハイドロカーボン系の膜では使用できず，フルオロカーボン系の膜が必要となり，次のような化学構造をもつ

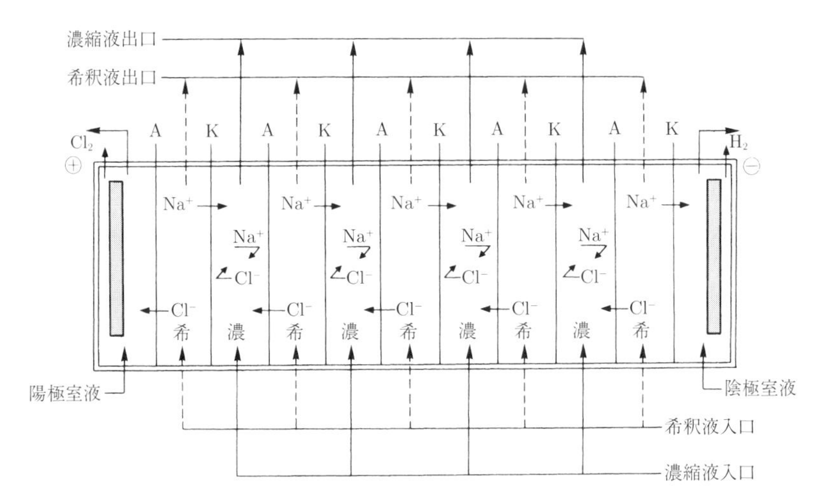


**図 6.16**　イオン交換膜電気透析法の原理

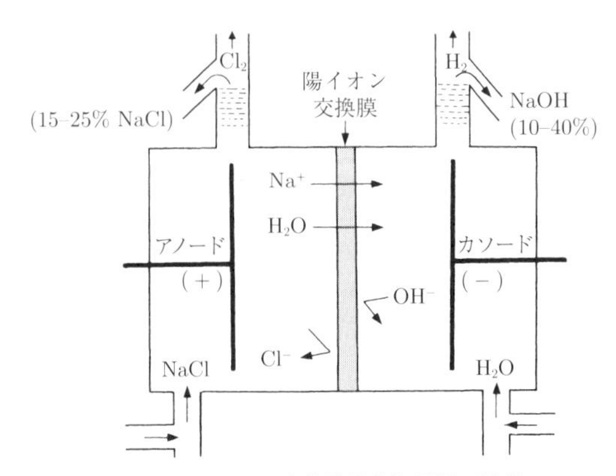


**図 6.17**　イオン交換膜法食塩電解の原理

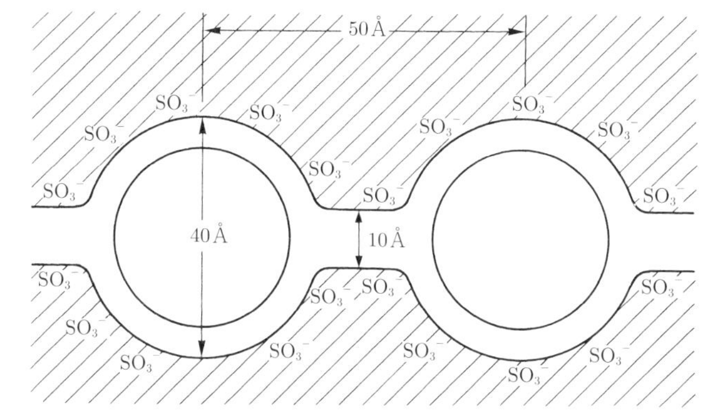


図 **6.18**　ペルフルオロカーボン膜のイオンクラスターがつくるチャネルモデル

膜が開発され，優れた運転成績を挙げている。

$$-\!\!(CF_2CF_2)_n\!-\!(CF_2CF)_m\!-$$
$$\qquad\qquad | $$
$$\qquad OCF_2CF(CF_3)OCF_2CF_2$$

スルホ基の一部はカルボキシル基に置換されることもある。

高濃度の水酸化ナトリウム水溶液を得るには，隔膜の陽イオン交換膜の $Na^+$ イオンの輸率が十分高く保たれなければならない。ペルフルオロカーボン膜は架橋されていないので，固定電荷密度は一般にそれほど高くない。それが優れた選択性を示すのは膜中で固定電荷 $-SO_3^-$ が対イオンとイオン対を形成し，これがいくつか集合してイオンクラスターを形成するためであると考えられている。このことを直接的に示すのはX 線小角散乱の結果で，40～50Å のスペーシングはイオンクラスター間の平均距離として与えられ，図 6.18 に示すようなモデルが提示されている。スルホ基は対イオンと水を伴って，疎水性の強いペルフルオロカーボンの骨格構造から分離してほぼ球状の領域をつくり，この領域間は短く狭いチャネルで連なり，これが対イオン $Na^+$ の通路となり，$OH^-$ が効果的に排除されると考えられている。

### 6.7.4　高分子ゲル

昔から，ところてん，こんにゃく，豆腐など食品として我々の身近なところにゲルは沢山存在している。また，我々自身，生体も水を含んだゲルからなると考えられ，その中でも，代表的なものは眼の組織である。眼の角膜，水晶体，硝子体は，透明である必要性から血液が存在しないことを意味し，主にコラーゲンと酸性ムコ多糖類で構成されるハイドロゲルそのものである。

生体系では，光，温度，イオンなど自然環境の変化に応じて形状や物性を大きく変える現象が多く見られる。これらは，分子サイズのオーダからマクロなレベルまで組織化されているために，材料や組織自体が自立的かつ能動的に動作する。しかも，環境変化により生じた化学変化を直接機械的エネルギーに変換したりする。かつて，マサチューセッツ工科大学の田中豊一がポリアクリルアミドゲルのアセトン水溶液中のアセトン組成を変化させると，不連続な体積相転移現象が起こることを発見して以来，例えば，ポリ（*N*–イソプロピルアクリルアミド）ゲルのような環境応答性高分子ゲルの研究がより活発に行われるようになった（図 6.19 参照）。このように高分子ゲルは，表 6.16 に示すようにいろいろな分野に応用開発されるようになった。

食品関連では，肉類の輸送・解凍時のドリップ吸収シート用吸収剤や保冷材用ゲル化剤に用いられている。土木・建築の分野では，吸水性や膨潤性の他にゲルの潤滑性

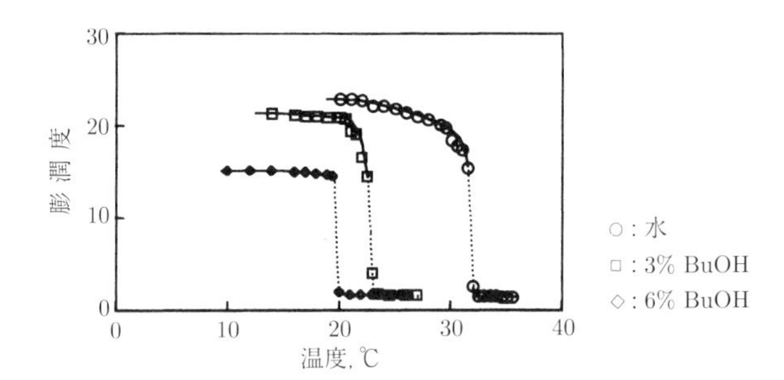


**図 6.19**　ブタノール (BuOH) 水溶液中におけるポリ（*N*–イソプロピルアクリルアミド）ゲルの体積相転移

**表 6.16**　高分子ゲルの応用分野

| 分野 | 例 |
|---|---|
| 工業製品 | サニタリー用品，おむつ，生理用品，保冷剤，写真フィルム，人工雪，印刷インキ |
| 食品 | 加工食品，保存食品，お菓子類 |
| 土木・建築 | 結露防止剤，シーリング剤，漏水防止剤 |
| 農業 | 土壌保水剤，植物栽培培地，育苗用シート |
| 化学・機械・電子工学 | 分離・濃縮用素材，水分除去剤，センサー，メカノケミカル素子 |
| 医学・薬学 | コンタクトレンズ，人工関節，人工筋肉，人工眼，ドラッグデリバリーシステム |
| ライフサイエンス | 神経伝達，タンパク質・糖質科学，バイオ工学 |

やゲルの占めていた体積を利用する多孔体・中空体の製造など多彩な使い方がされている。このような場合には，耐塩水性吸水性ポリマーが必要となる。東京湾アクアラインの海底トンネルには，シールドセグメントの接合部に耐塩水性吸水性ポリマーを利用した水膨潤ゴムが使用され，海水の浸入からトンネルを保護している。セメント混和剤としては，ゲルからの徐方性を利用したものや，マイクロカプセル型で電気刺激応答性を利用して凝固促進剤を放出させるようにしたものなどが開発されている。農業分野では，主にその保水性を利用して潅水の省力化，発芽の向上，節水栽培などに利用されている。ここでは，いくつかの応用例を示すことにする。

### 1　衛生材料への応用

生理用品，紙おむつなどの衛生材料に対する消費者のニーズは，薄型，ドライタッチの向上，漏れ率の低減などがあり，これらには高吸収性高分子ゲルが用いられている。高吸水性ゲルの構造はイオン交換樹脂やソフトコンタクトレンズと同様に，ポリマー鎖が何らかの方法によって3次元網目構造を形成したものであり，主流はポリアクリル酸塩系である。ポリアクリル酸塩系でも，そのものの他にデンプンやポリビニルアルコールにグラフトしたもの，酢酸ビニルとアクリル酸メチルの共重合体の加水分解物などがある。

橋かけされた高分子電解質の吸水力は，高分子電解質の分子鎖が水中でカルボキシル基イオンどうしの反発による分子鎖の拡がる作用と橋かけ点による拡がりを抑制する作用とのバランスで決まる（図6.20参照）。

吸水力は，自重の約1,000倍まで達するものがあるが，高分子電解質のため，塩やpHの影響により吸水力は大きく変化する。これらの材料に要求される性能の1つに，加圧下での吸水保持力があるが，これは橋かけの程度に依存する。形状的には粉末状のものが多いが，繊維状やシート状の複合体なども開発されている。

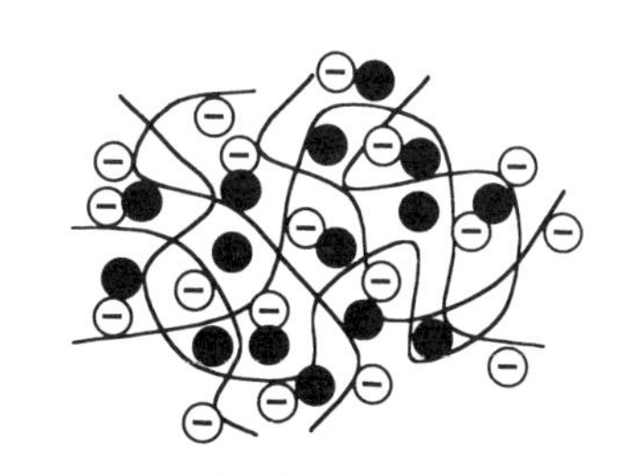

**図 6.20**　吸水の模式図
（⊖：$-COO^-$ 基，●：水分子）

### 2　メカノケミカル材料への応用

メカノケミカル材料は，化学エネルギーを力学エネルギーへ変換できる材料である。高分子ゲルは，液体組成，温度，pHなどの外的条件が変化すると，膨潤したり収縮したり，その体積を大きく変化させ，大変有望なメカノケミカル材料と考えられる。この応用例として，人工筋肉やロボットの触指などが考えられている。高分子ゲルをメカノケミカル材料として用いる研究として，例えば，コラーゲン繊維を用い，濃度の異なる塩水溶液中を通すことにより，化学エネルギーを力学エネルギーに変換させるメカノケミカルエンジンが試作されている。また，ポリビニルアルコールの薄膜とポリアクリル酸の薄膜を交互に積層し，熱で接着させたゲルを用い，pH を変化させてエネルギーを取り出すことで，生体筋肉に迫る値が得られている。水への溶解度の温度係数が負で，38℃付近で相転移するポリビニルアルコールに $\gamma$ 線を照射して得られるスポンジ構造のゲルは，温度差によって駆動する。ポリアクリロニトリル系ゲル繊維やポリアクリルアミド系ゲル繊維は，収縮強度や収縮量は生体筋肉に近い値をもつが，応答速度がかなり遅いという難点がある。

**3**　医薬の徐放性制御への応用

医薬品は通常経口や注射により生体に投与される。この場合，多量の薬物を投入しても，代謝作用や排泄作用のために，長時間薬として有効な濃度範囲で体内中に保持することは困難である。そこで，薬が必要な部位に，必要なときに，必要な量が投与されることが望ましく，このような投与法として，ドラッグデリバリーシステム (DDS: drug delivery system) が注目されている。高分子ゲルは，主にターゲティングではなく，徐放性制御に利用されている。これには，体温付近で体積相転移する *N*–イソプロピルアクリルアミドを主成分とするゲルが盛んに研究されている。

**4**　レンズへの応用

高分子ゲルのレンズへの応用は，ソフトコンタクトレンズに代表される。高分子のレンズへの応用には，この他，ポリメチルメタクリレート系のハードコンタクトレンズや酸素透過性ハードコンタクトレンズがある。ソフトコンタクトレンズは，取り扱いや手入れが面倒であるが，装用感がよく，とくに含水率が高くなると，酸素透過性がよくなり，角膜が必要とする酸素が十分供給されることになる。素材としてはポリヒドロキシエチルメタクリレートが最も有名であるが，単独では含水率が 38%程度で，酸素透過性も低く，眼に必要な量の酸素を供給するには，レンズ厚みを極めて薄くしないと不十分なので，ポリメチルメタクリレートとポリ $N$–ビニルピロリドンとの相互侵入網目 IPN (interpenetrating polymer network) 構造にするなどのさまざまな工夫が施されている。

### 6.7.5　医用高分子材料

人工腎臓用の透析膜，人工血管，人工心臓弁，人工歯など医用の材料としていろいろな高分子が利用されているが，これらの医用高分子 (biomedical polymer) には，生体，あるいは生体物質と接触しても，それらに悪い影響を与えないという生体適合性 (biocompatibility) が要求される。人工腎臓用の中空系ではセルロースの繊維形成能と機械的強度，低い溶解性が基礎になっている。また，繊維をつくる紡糸の技術がそのまま活かされている。材料が血液と直接に接触するようなものとしては，そのほかにも輸血用の血液を貯える袋や，血液の回路に使うチューブ類，また長期間にわたって使用されるものでは，手術によって取り除いた血管の後を補う人工血管など多様であるが，いずれも塩化ビニル，シリコーン，ポリエチレンテレフタレートなどがプラスチック成型品や繊維の形で用いられている。しかし，これらの高分子は生体や血液に対する適合性を考慮して設計されたものではない。例えば，人工腎臓による透析の場合には，ヘパリンを血液に添加し血栓の形成を防ぐなどの措置を講じなければならない。当然のことだが，ヘパリンを添加して血液の凝固性を抑制することは生体の防御機能上からは好ましくない。そこで，材料自身に抗血栓性 (antithrombogenicity) をもたせることが極めて重要となる。

長期間生体と接触した状態で使用する材料では，生体側のより緩慢な反応，例えば組織の損傷や発がん性，抗原性が問題となる。材料側の変化，例えば，分解が起こると，形状の変化や機械的強度の低下だけでなく分解生成物の及ぼす影響も出てくる。一方で，生体内での材料の分解が円滑に進み，分解生成物が無害であったり，正常な物質代謝のルートに取り込まれる場合には，そうした生分解性 (biodegradability) を積極的に利用する用途も考えられる。このようなことから，材料の生体適合性に関して 2 つの相反する考え方が生じる。1 つは，生体物質とは構造上も性質も無関係な，生体に影響を与えることもなければ生体からの影響も受けないような材料をよしとする。いま 1 つは，生体に馴染むのは生体物質に何らかの意味で似た構造の材料のほうであるとする考えである。実際には，これらの 2 つの考え方が互いに交錯しながら材料の選択と臨床への応用が進められている。

先に述べたように，材料と生体あるいは生体物質との相互作用を決定付ける要因は多様で複雑であり，その解明は多くを今後に待つというのが現状である。しかし本来，医療の問題はいつも有効性と安全性のバランスの上に立っている。救急の処置のためにも，あるいは本来向かうべき予防医学への過程での次善の手段としても，場合によっては利用することを選択できる材料とシステムをもっていることは重要である。生体適合性といっても，その内容は対象となる組織，器官によってさまざまである。対象によっては力学的な適合性，材料と組織の接着性が重要である。共通して望まれるのは，生体に対する非異物性である。ここでは，このことが最も明確に現れる場合として，血液に対する適合性について述べる。

血液が体外に出たり異物に触れると速やかに凝固反応が起こる。その機構にはまだ完全には解明されていない点も少なくないが，概略次のように考えられている。血栓形成反応は血液中の多数の成分が関与する複雑なカスケード反応であるが，1 つは凝固因子系のカスケード反応による不溶性フィブリンの生成であり，もう一方は血小板凝集系による白色血栓の生成である。この 2 つのプロセスの共同作用により典型的な赤色血栓が形成される。凝固因子（13 種ある。図 6.21 参照）の活性化によるフィブリンの生成反応は，外力によって組織が損傷を受けた場合に第 VII 因子から始まる外因系と，体内での異常状態，すなわち，炎症性の変化が起こった場合に第 Xll 因子から始まる内因系の 2 つのプロセスから構成される。外因系では組織から出る組織トロンボプラスチン（第Ⅲ因子）によって反応が開始され，また，内因系では第 XII 因子が壊れた血管壁のコラーゲンや異物と接触することによって活性化され，反応が開始される。いずれも各凝固因子が順に活性化され，最終的には血漿タンパク質の 1 つであるフィブリノーゲンが不溶性のフィブリンに変わり，血小板，赤血球を包み込んで血栓を形成する。重要な最初の段階である第 XII 因子（タンパク質）の活性化がどうして起こるかはいまだわかっていない。

先述の通り，抗血栓性の高分子材料としては血小板を粘着させないもの，第 XII 因子を活性化しないものがよいということになるが，現状ではまだそのための材料設計の原理は確立されていないが，血液との相互作用がなるべく起こらない材料という見方からは，表面エネルギーの低い疎水性のポリマーを選ぶことになる。ポリテトラフルオロエチレン（テフロン®）やシリコーン（ポリジメチルシロキサン）はその代表例で実用化されている。成形品の他，テフロンは織物にして人工血管にも用いられて

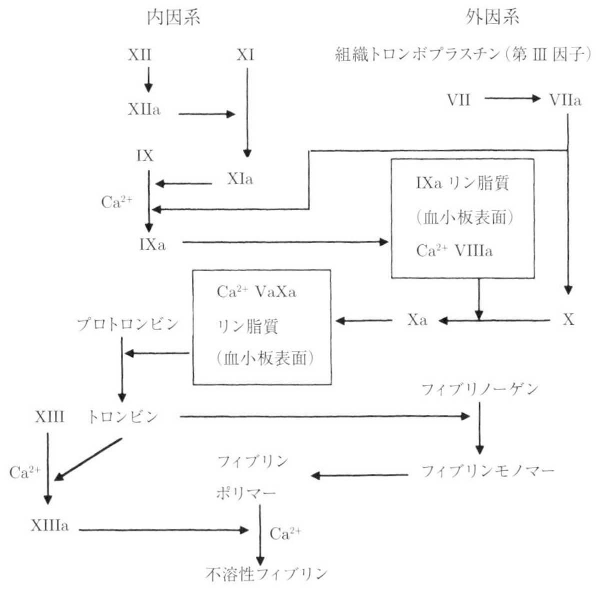


**図 6.21**　血栓形成反応

いる。

生体の血管の中で流れている血液は凝固しない。そこで，血管の内面と同様の性質をもつ材料表面が得られればよさそうである。血流と接している血管の表面は負に帯電しており，また，血中の細胞成分も負に帯電しているので，負電荷をもつポリマーの抗血栓性が検討された。カルボキシメチルセルロース，スルホン化ポリスチレン，ポリイオンコンプレックス（ポリカチオンとポリアニオンのコンプレックスで一方が過剰のもの）などがその例である。負に帯電した材料のほうが正に帯電したものより抗血栓性がよい場合が多いが，そうでない場合もある。

疎水性のポリマーとは全く逆の親水性高分子のほうが，血液適合性がよいとの考えもある。親水性高分子を適当に橋かけしたものは大量の水を含んで膨潤しハイドロゲル (hydrogel) となる。生体系は言うまでもなく，大量の水分を含み，血管内皮や血液細胞成分もその表面は多糖類のゲルからなると考えられ，合成高分子のハイドロゲルと似ていて適合性もよい可能性がある。このような合成高分子の例に，ポリヒドロキシエチルメタクリレート，ポリアクリルアミドがある。ハイドロゲルは機械的に弱く，加工性もよくない。そこで，各種のポリマーの表面にいろいろな方法でヒドロキシエチルメタクリレートやアクリルアミド，ビニルピロリドンのような親水性モノマーをグラフト重合させることも検討されている。

材料と接触する細胞成分の表面（細胞膜）は均一ではなく，疎水性の脂質と親水性のタンパク質あるいは多糖といった，不均一なミクロドメイン構造となっている。そこで，これと類似のミクロ相分離構造をもつ高分子材料をつくれば，よい抗血栓性が期待できるとの考え方もある。ミクロ相分離構造は，異なった性質をもつセグメントからなるブロック共重合体やグラフト共重合体に期待できる。よい抗血栓性を示す例として，ブロック型コポリエーテルウレタン（セグメント化ポリウレタン），ポリエーテルウレタンとポリジメチルシロキサンのブロックまたはグラフト共重合体がある。

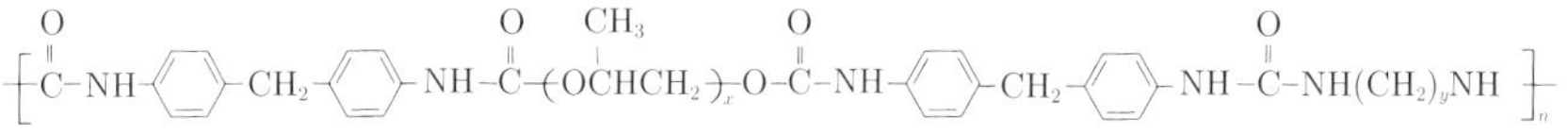

$$\left[\overset{\displaystyle O}{\overset{\|}{C}}-NH-C_6H_4-CH_2-C_6H_4-NH-\overset{\displaystyle O}{\overset{\|}{C}}-(O\overset{\displaystyle CH_3}{\overset{|}{C}}HCH_2)_x-O-\overset{\displaystyle O}{\overset{\|}{C}}-NH-C_6H_4-CH_2-C_6H_4-NH-\overset{\displaystyle O}{\overset{\|}{C}}-NH(CH_2)_yNH\right]_n$$

ブロック型コポリエーテルウレタン

より単純に，抗血栓性のあるヘパリンを何らかの形で高分子材料に結合させ，長時間にわたってその活性を保持させることも当然考えられ，実際多くの試みが行われている。生体材料そのものを用いる考え方もあるが，この場合の問題は，免疫反応を起こす恐れが大きいことである。コラーゲンは末端のテロペプチド部分に抗原性があるので，そこを酵素で除去してから，種々の人工臓器の材料として使うことが検討されている。

これらと違って，高分子材料の表面にむしろ速やかにフィブリンを沈着させ，その上に細胞を成長させて偽内膜を形成させ，血液適合性を本来の生体表面と同じにすることが考えられる。人工血管や人工心臓弁のように長期間にわたって生体内で使用するものについては，この方法がとられてきた。人工血管としては，ポリエステルやテフロンの編み物や表面を細かい多孔質にしたものが使われている。この場合は，編み目や表面の細孔の大きさのように材料形状が重要となってくる。

このように，材料の抗血栓性についての考え方はさまざまで，いまだ統一された見解はない。その理由としては，血液の凝固が材料表面と血液成分との界面で起こる現象であり，材料，血液いずれの側からみても，この点に関していまだ解明されていない点が多くあるからである。高分子材料の表面が関与する現象に接着があるが，それとの関連で例えれば，材料の表面張力や材料–水間の界面エネルギーと血液適合性とを結び付ける試みも行われている。しかし，材料表面の微細構造が大きい影響を与える可能性が強い。そうした表面構造は材料の調製法によっても変化するであろう。理想的な血液適合性表面は，血管の内皮表面である。この細胞膜を構成する主成分はリン脂質で，これは極性基と長鎖アルキル基とからなる両親媒性分子で，水中でさまざまな組織体を構成する。このような観点から，ホスホリルコリン基を有するメタクリル酸エステルである 2–メタクリロイルオキシエチルホスホリルコリン (MPC) が開発され，効果的に細胞の粘着が抑制できるとの報告がある。

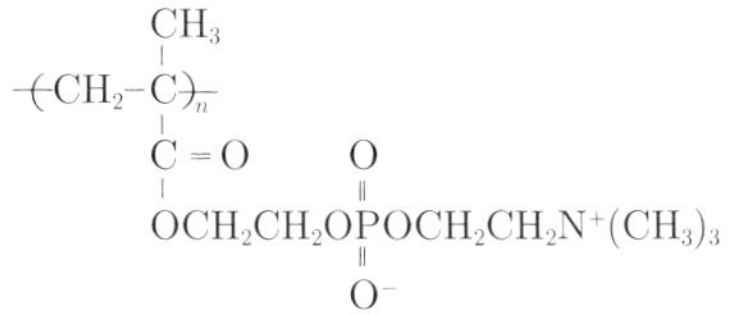

$$
\begin{array}{l}
\qquad\quad CH_3 \\
\qquad\quad | \\
-\!\!\left(CH_2-C\right)_{\!n}\!\!- \\
\qquad\quad | \\
\qquad\quad C=O \qquad\quad O \\
\qquad\quad | \qquad\qquad\quad \| \\
\qquad\quad OCH_2CH_2OPOCH_2CH_2N^+(CH_3)_3 \\
\qquad\qquad\qquad\qquad\ \| \\
\qquad\qquad\qquad\qquad O^-
\end{array}
$$

2–メタクリロイルオキシエチルホスホリルコリン

一方，血漿タンパク質のアルブミン，$\gamma$–グロブリン，フィブリノーゲンのいずれが，またどのような形で材料の表面に吸着されるか，さらに吸着タンパク質の上に血小板がどのように粘着するかについては，かなり明確になってきている。しかし，肝腎の血液凝固の引き金となる第 XII 因子の活性化のメカニズムについては，いまだほとんどわかっていない。高分子材料の側としては，表面状態の解析法の確立と材料製造の際の表面状態の制御がこれからの大きな課題となる。

## 6.8　高分子の成形加工

石油の分解・精製で得られるナフサから有機合成反応，高分子生成反応によってプラスチックの原料がつくられる。原料の多くは粉末状もしくは顆粒状であり，プラスチック製品とするためには，成形加工の工程を必要とする。それぞれの目的に合う製品を製造するためには，適当なプラスチック母材を選択し，これに適宜，副材料（添加剤）が添加される。添加剤の種類や機能目的も豊富で，製品に柔軟性を与える可塑剤，剛性を付与するための充填剤（フィラー），成形金型中での樹脂の流動性，滑り性や金型からの離型性を調節するための滑剤，耐侯性を向上させるための酸化防止剤，紫外線吸収剤，熱劣化を抑制する安定剤，色をつけるための着色剤，導電性を付与する導電性フィラー，高分子結晶を形成促進するための結晶核剤，結晶系を制御，選別するための造核剤，さらには，高分子重合触媒と核剤の両方の機能をもつ添加剤などがある。これらを1種類から複数，適宜混合して成形加工する。製品に対する添加剤の役割はとても重要で，優れた製品を製造するためにはプラスチック母材の選択も当然であるが，添加剤の選択にも大きく影響される。これらの混合物を成形加工するのだが，用いられる手法や最適条件は，各社メーカそれぞれの知的財産，ノウハウとなっており，一般的にはそれらの情報は公開されることはない。

成形加工に使用されるプラスチック母材の形態は，液体状態，固体状態，乳濁液（エマルション），ペースト状などさまざまである。液体状態のものは，モノマー，溶液，初期重合体などで，型に注入し，重合を完結させて成形する。あるいは，塗布，流延，布などへの含浸によって成形加工する。固体状態のものは，粉末状，ペレット状（一度，直径が2〜3 mm 程度の長い棒状に成形し，これを長さ約3〜5 mm の円柱状に切り分けたもの），フレーク状（不定形の切片）で，そのまま成形機へ充塡して成形加工する。乳濁液（エマルション）あるいはラテックス（ゴム）では接着剤や塗料の形で使用される。ペーストは，微粉末状 (0.02〜2 $\mu$m) を可塑剤などの中に分散させたもので，プラスチゾルともいわれる。また，粘度を下げるために希釈剤を加えるが，これをオルガノゾルという。紙布，アルミ箔へのコーティング，中空製品成形，吹き付け塗装，インクなどにも使われる。

### 6.8.1　高分子添加剤

目的に沿った製品を製造するために，プラスチック母材にさまざまな添加剤を加えて成形する。添加剤には次のようなものがある。

**1**　充塡剤（フィラー）

プラスチック製品に，剛性，強度，寸法安定性，耐摩耗性，電磁気的性質，耐熱性，耐薬品性などの付与，また，増量のために充塡剤が添加される。有機系充塡剤としては，木粉，パルプ，リグニン，織布，Kevlar®や木綿などの繊維が用いられる。無機系充塡剤では，炭酸カルシウム，ガラス（粉，繊維，中空体），雲母，カオリン（粘土鉱物），タルク，シリカ，金属粉（主に導電性を付与），金属酸化物などが用いられる。

**2**　可塑剤

プラスチック母材に混練し，材料に柔軟性を与えるもので，加える量や種類によって柔軟性が制御できる。主に，PVC やセルロース誘導体などに配合される。軟質 PVC に使用される可塑剤としては，フタル酸ジメチル (DMP)，フタル酸ジエチル (DEP)，フタル酸ジブチル (DBP)，フタル酸ジ（2–エチルヘキシル）(DEHP) など，フタル酸のジエステルが用いられる。セルロース系樹脂では，ニトロセルロースにはショウノウ，酢酸セルロースにはリン酸エステル（リン酸トリクレジル）やフタル酸ジブチル (DBP) が用いられる。セロファンにはグリセリンやグリコールが使用される。

### 3　熱安定剤

押出し成形，射出成形などプラスチックの成形加工では少なからず高温に曝される。このため，高分子の熱分解を防ぐ上で，プラスチック母材に熱安定剤が添加されている。添加量は母材に対して，0.1～5% 程度でスズ，亜鉛，バリウムなど金属の亜リン酸塩，ステアリン酸塩や高級脂肪酸塩などが使用される。とくに，PVC は加熱により脱塩化水素が進行し，不安定な共役二重結合の長鎖ポリエンをつくることから熱分解が始まる。この結果，材料の劣化や着色が生じるので，成形時には熱安定剤が欠かせない。この熱安定剤の効能としては 2 タイプがあり，1 つは発生する塩化水素を捕捉して二重結合の連鎖的な成長を抑制するものと，もう 1 つは熱分解によって生成した二重結合に反応して二重結合を再び単結合化に戻すものがある。一般的には前者の効果がある熱安定剤が使用されており，具体的には高級脂肪酸の亜鉛，カルシウム，ストロンチウム，バリウムなどの塩，エポキシ樹脂などが 2 種類以上組み合わされて使用されている。

### 4　紫外線安定剤

高分子材料が紫外線に曝露されることで，高分子主鎖の切断，架橋などが起こり，硬化，着色，強度低下，ひび割れなどが生じる。とくに，屋外で使用されるような製品には，紫外線安定剤が使用されている。代表的な安定剤として 2–ヒドロキシベンゾフェノン系がある。安定剤に光が当たると分子内水素転移が起こり，光エネルギーが吸収され，高分子を光劣化から守る。また，トリアゾール系もよく用いられる。

C=O　OH　$\xrightarrow{h\nu}$　C–OH　=O

N　N　N–H　$\overset{h\nu}{\rightleftarrows}$　H–N　N　N

### 5　酸化防止剤

成形加工時に酸化反応が生じることによる，製品の着色や強度低下を防止するために酸化防止剤が添加される。酸化防止剤には，ラジカル捕捉を目的とした1次酸化防止剤と過酸化物の分解剤としての2次酸化防止剤の2種類がある。1次酸化防止剤には，2, 6–ジ–*tert*–ブチル–*p*–クレゾール，2, 2′–メチレンビス（4–メチル–6– *tert*–ブチルフェノール）などのフェノール系，また，*N*, *N*′–ジ–2–ナフチル–*p*–フェニレンジアミンなどのアミン系が使用される。これらは高分子の種類に応じて選択される。過酸化物は不安定な化合物で，ヒドロキシラジカルなどに解離されて酸化分解が促進される要因となる。これを安定化させるために2次酸化防止剤が使用される。2次酸化防止剤としては硫黄系，リン系の化合物が使われており，これらは単独では効果が少ないので，通常は一次酸化防止剤と併用して使用する。また，酸化防止剤の添加率が多いと成形時の金型の汚染に繋がることもあるので，添加量は酸化防止効果と金型汚染防止の両方の観点から決める必要がある。

### 6　滑剤

成形する際に，溶融した高分子の流動性をよくすることを目的に，また，金型からの抜けをよくするための離型剤として滑剤が使用される。滑剤は樹脂に練り込んだり，金型内面に塗布したりして使用する。用途に応じて，内部滑剤と外部滑剤の2種類を使い分ける。内部滑剤にはパラフィン，ステアリン酸ブチル，ステアリン酸メチル，ワックス，シリコーンオイルなど，比較的に樹脂との相溶性がよいものが多く，ポリマー分子間の滑りをよくする効果や成形機内部のスクリュのトルク抵抗を抑えるために使用されている。一方，外部滑剤では，樹脂との相溶性が低いものが使用される。使用目的としては，樹脂表面で滑剤の効果が発現するので，金型との滑りをよくすることと樹脂の原料となる粒子どうしの滑りをよくすることにある。

### 7　着色剤

着色剤はプラスチックを着色するために混合する．その他の役割として，光の遮蔽，反射，吸収によって製品に耐光性を付与することもある。着色剤には無機系顔料，有機系顔料，加えて染料がある。染料は耐久性が低いために先の顔料が多く使用されている。また，金属および重金属を用いた顔料も着色剤として使用されている。これらを使用する際には環境や毒性などについても注意を払う必要がある。近年では，業界の自主規制が進み，毒性の少ない安全な顔料へと切り替えが行われている。少量で着色性がよいほかにも，着色剤に求められる性能として，分散性，耐熱性，プラスチックの熱分解を生じさせない，樹脂からの染み出しがないなどがある。多くの顔料は樹脂との相溶性が低いために，着色力を保持するために粒子形状を小さくする必要がある。

使用例として，PVC では金属種によって熱分解が促進されるために Cu，Al，Zn，Fe 系の顔料は避ける必要がある。PVA を赤色に着色するためにはカドミウムレッド，黄色はクロムイエローやカドミウムイエロー，青色はフタロシアニンブルー，白色はチタニウムオキサイドが使用されている。

### 8 発泡剤

プラスチック材料中に，空気，炭酸ガス，水蒸気などさまざまなガスを細かく分散させて成形することを発泡成形という。その成形品は発泡プラスチック，プラスチックフォーム，セルラープラスチックなどと呼ばれ，発泡スチロールやポリウレタンがよく知られるところである。発泡プラスチックは気体/固体の複合材料と考えることができるが，従来の複合材料とは特徴が異なる。従来型では，強度，剛性，耐熱性の向上を目的としているが，発泡プラスチックでは，これらの特性を犠牲にしても，軽量，断熱，緩衝，吸音，弾力性の向上に特化させている点にある。発泡剤は大きく分けて 2 種類ある。化学的に変化しない常温，常圧で液体または気体状の揮発性発泡剤（物理的発泡剤）と化学的な分解によってガスを発生する分解性発泡剤（化学的発泡剤）である。樹脂中への気体の混入は，ヘンリーの法則に従い，低温，高圧下で行われる。加えて，気泡安定効果の高い界面活性剤を用いること，気体の膨張による樹脂の発泡と凝固の速度を適宜調整することが重要である。揮発性発泡剤としては炭酸ガス（沸点 −79℃），プロパン (−45℃)，メチルエーテル (−24℃)，ブタン (1℃)，エチルエーテル (35℃)，ペンタン (36℃)，石油エーテル (40～70℃)，ヘキサン (69℃) などが使用される。分解性発泡剤では，分解温度で気体を発生し，独立気泡を形成する。表 6.17 に代表的な発泡剤と分解温度，ガス発生量を示す。各々の発泡剤によるガス発生量は，発泡剤 1 g が完全に分解したときに発生するガスの標準状態における体積で示してある。実際には分解しないで残ることも多いので，表 6.17 を参考に，成形条件と併せて見積もる必要がある。

### 9 難燃剤

電気絶縁材料，建築用内装材，車輛用内装材，航空機用，家電製品用，コンピュータ用などの材料を燃焼しにくくするために難燃剤が混入される。燃焼はさまざまな要因と反応から成るが，難燃化の主な要点は，次の 3 点にある。① 高温下での酸化反応，② 熱分解によって発生した可燃性低分子量の燃焼，③ 有機物の多くが発火温度 (500～600℃) であるので，それ以下では燃焼しない。したがって，難燃化は ① ～③ の燃焼機構のいずれかを阻止すればよい。難燃剤にはプラスチック材料に添加するタ

表 **6.17**　分解性発泡剤

| 発泡剤 | 分解温度（℃） | ガス発生量（cc/g） |
|---|---|---|
| 無機化合物 | | |
| 炭酸アンモニウム | 58 | 200 |
| 炭酸水素ナトリウム | 90 | 120 |
| アゾ化合物 | | |
| 2, 2′–アゾビスイソブチロニトリル | 85～90 | 130 |
| アゾヘキサヒドロベンゾニトリル | 100～104 | 90 |
| アゾジカルボンアミド (ADCA) | 190～230 | 240 |
| ニトロソ化合物 | | |
| $N, N'$–ジニトロソペンタメチレンテトラミン (DPT) | 160～200 | 240 |
| $N, N'$–ジニトロソ–$N, N'$–ジメチルテレフタルアミド | 105 | 180 |
| ヒドラジン化合物 | | |
| ベンゼンスルホニルヒドラジド | 90～100 | 130 |
| $p$–トルエンスルホニルヒドラジド | 110 | 120 |
| 4, 4′–オキシビスベンゼンスルホニルヒドラジド | 155～1,600 | 120 |
| ヒドラゾジカルボンアミド | 245 | 170 |

イプとプラスチックの構成成分として反応に組み込むタイプとがある。ハロゲン化物は熱によって分解し，容易にハロゲン化ラジカルを発生する。これらが燃焼過程のラジカルと反応して燃焼（酸化反応）を食い止める。リン化合物では，高分子鎖の架橋構造の形成に大きく寄与する。架橋構造を形成することで高分子の熱分解が抑制される。酸化アンチモンの場合では，単独では効果がないが，有機ハロゲン化物と一緒に使用することでハロゲン化アンチモンとなって効果をもつ。ハロゲン化アンチモンが揮発して気化熱によって温度を下げる効果や酸素を遮断する働きがあるためである。使用されている難燃剤としては，無機系では二酸化アンチモン，ジルコニア，メタホウ酸亜鉛など，有機系では各種のリン酸エステル，ハロゲン化物などが用いられている。ハロゲン化合物は低燃焼時にダイオキシン類の発生源となるために，近年では，ケイ素を用いた有機系難燃剤への移行が進められている。

### 10　帯電防止剤

プラスチックは一般に電気絶縁性が高い（体積抵抗率：$10^{11}$ ～$10^{17}\Omega$ cm）ために，身近に感じる静電気の現象の通り，容易に数万ボルト以上の電位を発生し，漏洩することなく帯電が生じる。この結果，繊維，ゴムなどの有機高分子製品の表面には静電気がたまり，ゴミが不着しやすくなる。時には，静電気の放電による火災事故や精密電気部品・製品に対しては，ノイズ，OA機器の誤作動，IC部品の破損など看過できない問題にもなっている。これらを防止するため帯電防止剤が使用されている。帯電防止剤には使用方法によって練り込み型と塗布型がある。防止効果の耐久度から練り込み型のほうが優れている。塗布型はすべての製品に応用できるが，表面の洗浄や拭き取りなどで防止効果が低下する。また，複雑な形状の製品には適用することが難しい。練り込み型の防止剤は製品表面へのしみ出しにより効果を得ている。したがって，使用される高分子のガラス転移温度，高分子との相溶性，結晶性などに大きく影響される。各種の界面活性剤，無機塩，多価アルコール，金属化合物，カーボンなどを練り込み，表面抵抗率を下げる必要がある。このうちカチオン界面活性剤がよく用いられるが，これは界面活性剤がプラスチック表面に配列し表面の電導度を高め，発生した静電気を放電させる効果があるためである。また，近年では高分子系帯電防止剤が開発され，汎用プラスチックやエンジニアリングプラスチックに使用されている。この防止剤は筋状に配向分散させて効果が得られるものであり，配向効果が大きい射出成形では防止効果が認められるが，その他の成形法ではあまり効果が期待できない。

### 6.8.2　熱可塑性樹脂の成形

#### 1　射出成形

射出成形法は，生産性，品質安定性，応用性などさまざまな点で他の成形法よりも優れたメリットをもつことから，熱可塑性樹脂の成形に最もよく使われる方法である。図 6.22 に装置構成を示す。成形材料をホッパーから投入し，加熱シリンダー中で溶融，混練し，流動状態の樹脂をスクリューあるいはプランジャーで所定の温度に保った金型中に高速，高圧下で押し出す。その後，冷却，固化または反応，硬化させて製

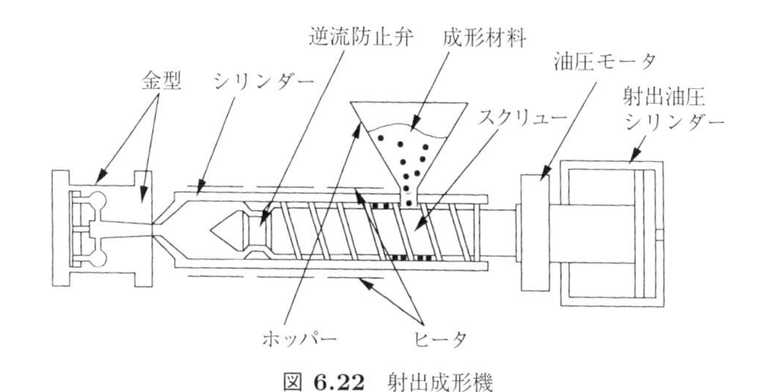


図 6.22　射出成形機

品とする成形法である。射出成形は，成形サイクルが比較的に短時間で大量生産に適している，複雑形状の製品が成形できる，2次加工が不要で工程数の低減が図れる，自動化が進んでおり品質が安定している，などの利点をもつ。また，他の成形法とも併用して使用することもでき，新しい機能をもつ樹脂の生産も可能である。一方で，金型内での樹脂流動が複雑であるため成形不良を伴うことも多い。この方法は，一部の熱硬化性樹脂にも利用されており，フェノール樹脂，ユリア樹脂，ポリエステル樹脂，ジアリルフタレート樹脂などはこの方法によって製造されている。

### 2 押出し成形

押出し成形とは加熱溶融したプラスチックを押出し機内のスクリュ先端から押出し，成形する方法である。図6.23に装置構成を示す。成形材料をホッパーから投入し，加熱シリンダーで溶融，混練し，目的の断面形状をもつダイ（所望の形状に押し出すための口金）から連続的に押し出し，冷却槽で冷却し，連続的に製品を得る工程となっている。押出し圧は射出成形と比べて30 MPa以下と低く，連続的な製造が可能であることが特徴である。押出し機にはスクリュ式，プランジャ式，ギアポンプ式があるが，スクリュ式が最も多く，スクリュ式には1本だけの単軸式と2本以上の多軸式がある。これまで単軸式が多く使用されてきたが，近年では二軸押出し機が増えてきている。この方法では，フィルム，パイプ，シート，フィラメント，ホース，チューブなどの製造に用いられる。

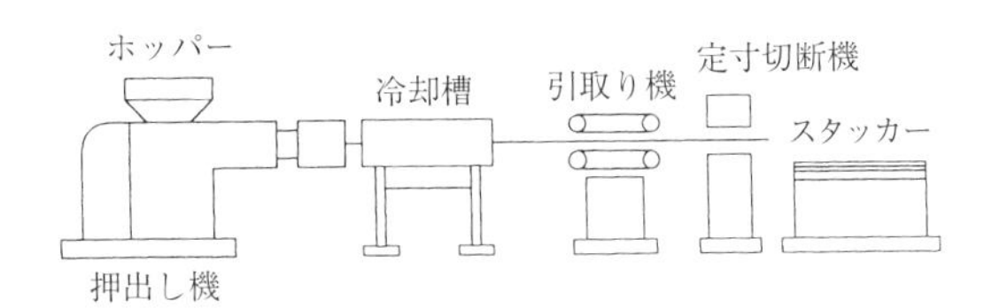


図 **6.23**　押出し成形機

### 3 吹込み成形

吹込み成形は押出し成形の一変形であって，ブロー成形あるいは製品の形から中空形成とも呼ばれる。装置の構成を図6.24に示す。縦型の押出し成形機のダイから押し出された肉厚のチューブ状の溶融プラスチックを，適正な温度に保たれた2つ割りの金型で両側から挟み，片方を閉じて，もう一方から圧縮空気を吹き込み金型の内面

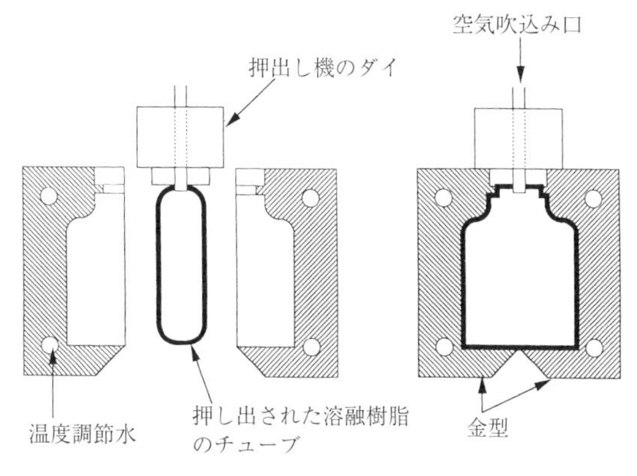


図 **6.24**　吹込み成形機

に密着させて，冷却，固化させて中空の成形品を得る方法である。金型のキャビティの形状に応じて種々の製品を製造することができる。この原理は古くはガラス瓶の製造原理と同じである。ポリ塩化ビニル，ポリエチレン，ポリプロピレン，ポリカーボネートなどの瓶，人形，容器，ボトルなどの中空の製品を製造するために用いられる。吹込み成形は成形する温度によって，熱間吹込み成形（ダイレクトブロー：直接法）と温間吹込み成形（延伸吹込み成形：間接法）とに分類される。ダイレクトブローでは，加温して溶融したプラスチックを押出しあるいは射出して直ちに吹込み成形する方法である。延伸操作がないため配向の少ない製品が製造される。延伸吹込み成形では，一旦，押出し成形あるいは射出成形により作製し，次にそのプラスチックの融点あるいは可塑化温度以下でガラス転移温度（一般的には軟化温度）以上の間の温度に加熱した後，延伸し，吹込み成形する方法である。成形品の高分子鎖は一軸あるいは二軸配向するので，透明性，力学的強度，ガスバリヤ性など物理的性質がダイレクトブローよりも優れており，PET 製の炭酸飲料容器や PP 製の容器などの製造に利用されている。延伸吹込み成形には横方向にのみ延伸する一軸吹込み成形と縦，横の二方向に延伸を行う二軸吹込み成形があるが，最近では，二軸吹込み成形のほうが多く用いられるようになった。

### 4　インフレーション成形，T ダイ成形

インフレーション成形法および T ダイ成形法は，フィルム状，袋状の製品の製造に用いられる。インフレーション法で用いられる機構を図 6.25 に示す。ポリエチレンや

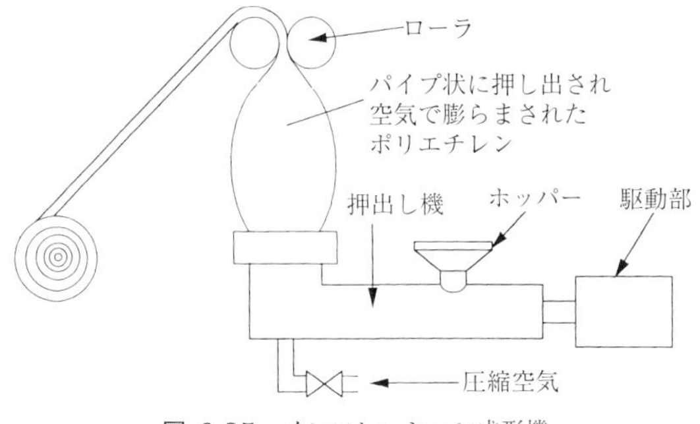


**図 6.25**　インフレーション成形機

ポリプロピレンを加熱溶融し，リングダイから押し出されたチューブの一端を2本のピンチロールに通して閉じた後，下方から圧縮空気を送り込んで膨らませて成形し，連続的に巻き取っていく方法である。フラットダイではダイは押出し成形と直角に設置されており，上から見るとT字形であることからTダイ成形法と呼ばれる。Tダイからシートあるいはフィルムを押し出し，ポリッシングロールで光沢を与えながら冷却し，トリミングを行って寸法を整えつつカットして製品を得る。シートはほとんどこのTダイ法が用いられている。

### 5　真空成形

複曲面の成形に真空成形が用いられる。真空成形は型に設けられた小穴あるいはスリットを通して，シートと型の間の空間を真空にし，シートを型に吸い付けて成形する方法である。熱成形技術の中でも最も多く使われている成形法で，冷蔵庫の内箱，洗面台，看板，卵ケースなどの容器類といったさまざまな製品が製造されている。プラスチックシートを加熱した金型にかぶせ，金型の下側から空気を抜いて金型に密着させて成形する方法で，雌型だけで成形できる特徴がある。

真空成形では，軟化したシートが大気圧との差圧によって型に吸い付けられる。このため成形圧力は0.1 MPa以下である。樹脂の軟化時の引張り強さと伸びが成形性に大きく影響する。表6.18に主な真空形成用材料と成形性の評価を示す。

### 6　付加製造（3Dプリンタ）

これまでに見てきた通り，プラスチック材料を成形する際には，賦形するために金型を使用する。これらとは原理的に異なる方法として，光硬化型感光性樹脂を用いた成形法がある。3次元光造形法は，すでに20年以上も前から存在しており，金型が不

**表 6.18** 主な真空形成用樹脂と成形性

| 成形性 | 硬質塩化ビニル樹脂 | HIポリスチレン | ABS樹脂 | メタクリル樹脂 | ポリエチレン | ポリプロピレン | ポリカーボネート | スチレンペーパー |
|---|---|---|---|---|---|---|---|---|
| 適正成形温度における引張り強さ | 中 | 弱 | 弱 | 強 | 弱 | 弱 | 強 | 弱 |
| 適正成形温度における伸び | 中 | 大 | 大 | 中 | 大 | 大 | 中 | 小 |
| 適正成形温度範囲 | 中 | 広い | 広い | 中 | 狭い | 狭い | 狭い | 極めて狭い |
| 成形収縮 | 小 | 小 | 小 | 中 | 大 | 大 | 中 | 中 |
| 予備乾燥の必要性 | なし | なし | あり | あり | なし | なし | あり | なし |
| 総合評価 | 秀 | 秀 | 秀 | 優 | 良 | 良 | 良 | 良 |

出典：古住，プラスチックエージ，**16** (8), 115 (1970).

要で，不要な箇所を切削除去することもない手間いらずの成形法として知られていた。最近では，コンピュータを用いた設計 (CAD) の技術的な進歩に伴い，また，熱可塑性樹脂にも応用ができるようになったことからにわかに普及し始めている。

このような成形法は付加製造 (Additive Manufacturing, AM) と呼ばれるが，AM の定義は ASTM インターナショナル（文献 58）によると「材料を結合すること。通常は層の上に層を重ねることによって 3 次元モデルデータから物体をつくる技術であり，従来の切削加工など除去加工とは反対の加工法」としている。このための加工装置が 3D プリンタという名称となり，一般に広く知られるようになった。3D プリンタデータは，インターネット上で流通し，容易に入手できる。先述の通り，金型が不要のため原料となるプラスチックと加工機があれば誰でも製作ができる。具体的には消費者が自宅で CAD データをダウンロードしパーツなどが作製でき，また，自宅で CAD が利用できる環境にあればオリジナルのフィギュアなどの造形が可能である。一方，産業界においても，細かに形状が異なり大量生産が難しい製品など，例えば，義肢，インプラント，細胞育成を目的とした組織工学用担体など人体形状への適合性が求められる医療用分野などへの利用が期待される。しかし，新しい技術であるため，既存の製品とは異なるデメリットも内包されている。寸法の精度，表面の平滑性，機械的強度など，従来品がもつ基本的な性質が劣っている。製作手法が 3D データを 2D にスライスした断層データから構築されており，1 層ごとに積み重ねていく原理であるために，層間のギャップを完全に解消することができないためである。現状では，各層を極力薄くすることで改善を試みるが，製作時間が長時間となり，根本的な解決策には至っていない。

### 6.8.3　熱硬化性樹脂の成形

熱硬化性樹脂は，熱可塑性樹脂とは異なり熱によって硬化する性質をもっているため，成形法も異なる。熱可塑性樹脂では，離型時に金型を冷却せねばならないが，熱硬化性樹脂ではその必要がない。

#### 1　圧縮成形

圧縮成形は古くから行われてきた最も一般的な成形方法の1つである。そして，多種の熱硬化性プラスチックの成形に利用されてきた。この方法は図6.26のように，粉末，顆粒，フレーク，ストロー状，パテ状の成形材料をまず正確に計量し，金型に入れ，予熱，加熱，加圧して成形する。成形材料は，金型中で加熱によって一旦は流動状態となり，型のすみずみまで行きわたり，その後，化学反応を起こして硬化が進みプラスチック製品となる。

圧縮成形に使われる代表的な樹脂は，フェノール樹脂，ユリア樹脂，メラミン樹脂，不飽和ポリエステル，エポキシ樹脂，ジアリルフタレート樹脂などがある（表6.19）。まれに，溶融時の粘性が著しく高い超高分子量ポリエチレン，フッ素樹脂，耐熱性高分子などの熱可塑性樹脂の成形にも用いられることがある。

樹脂の種類だけでなく，原料樹脂の重合度や充材によっても成形性（流動性，硬化速度など）や成形品の物性が大きく異なるので，成形に当たっては目的に応じた適切な成形材料を選択することが大切である。

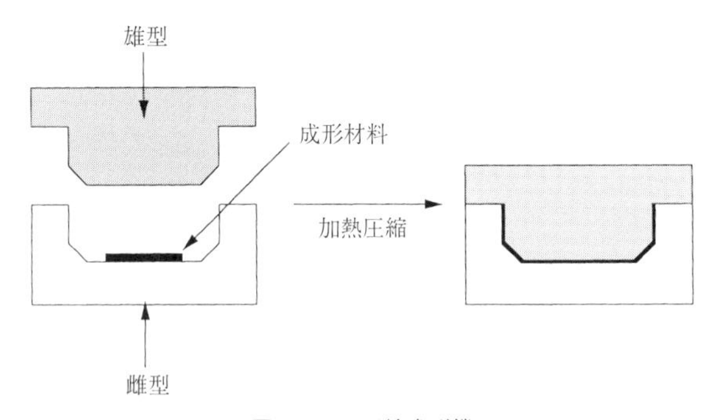


図 6.26　圧縮成形機

表 **6.19**　圧縮成形用材料と成形条件

| 樹脂の種類 | 充填材 | 性状 | 成形温度 (℃) | 硬化反応の形式 |
|---|---|---|---|---|
| フェノール樹脂 | 木粉，布チップ，ガラス繊維，セルロース | 粉末，粒状，樹脂含浸クロス | 140～190 | 重縮合 |
| ユリア樹脂 | セルロース | 粉末（粒状） | 125～150 | |
| メラミン樹脂 | セルロース | 粉末 | 140～170 | |
| 不飽和ポリエステル | ガラス繊維，炭酸カルシウム | 湿式：パテ状，樹脂含浸マット<br>乾式：顆粒，フレーク | 110～170 | 付加重合 |
| ジアリルフタレート樹脂 | ガラス繊維，炭酸カルシウム，化学繊維 | 粉，顆粒 | 150～180 | |
| エポキシ樹脂 | 石粉（タルク，炭酸カルシウム，シリカ粉） | 粉，顆粒 | 140～170 | |

出典：古住，プラスチックエージ，**16** (8), 115 (1970).

### 2　トランスファー成形

トランスファー成形は，熱硬化タイプのプラスチック成形法の 1 つである。本法の概念図を図 6.27 に示す。樹脂を加熱室（ポット）に入れ，一旦予熱軟化させる。続けて，軟化した樹脂が硬化する前に素早くノズルを通して金型中に圧入し硬化させて目的の製品を得る方法である。本法が射出成形法と異なる点は，射出成形法が連続的であるのに対して，トランスファー法は回分式となっており，その都度，原料をポットに準備する必要がある。このため，ポットに残って硬化した原料は毎回ごとに取り除く必要がある。このことは欠点とも考えられるが，一方で，成形ごとに新しい原料が

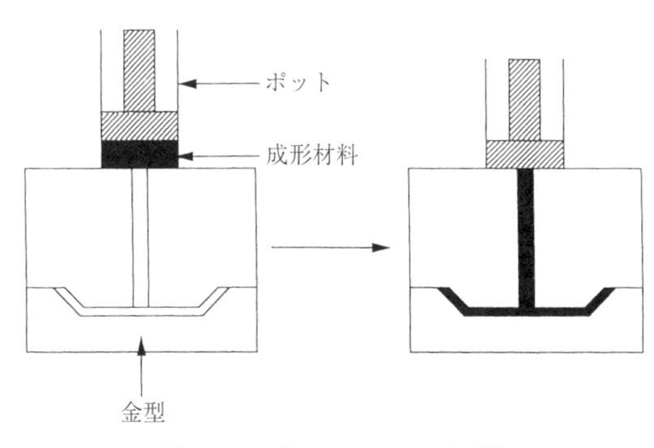


図 **6.27**　トランスファー成形機

供給され，このため，成形条件の設定がしやすくなり，原料を十分に予熱することもできるようになる。その結果，硬化時間が大幅に短縮できるなどの副次的な利点もある。また，均一硬化であるため品質が安定している，バリが少なく仕上げの手間がかからない，注入圧力を抑えることができソリが少ないなどの多くの利点が挙げられる。少なからず欠点もあり，ポット中に残った原料の硬化に見られるように原料に無駄がでる，回分式であるために自動化がしにくい，などがある。この成形法は，デリケートな金具の埋め込み，寸法精度の高い成形品を得るのに適している。IC，LSI の樹脂モールドに用いられている。その他，熱硬化性樹脂の成形に，熱可塑性樹脂に使われる射出成形機も使用されることがある。

### 6.8.4　試験法

前節で述べたように高分子材料は用途に応じて，さまざまな形状に成形，加工される。また，形状に応じて，材料としての役割や機能が新たに生まれる。このため，必要に応じて適宜，物性試験が実施されている。さまざまな試験項目があるので，標準化規格試験法を表 6.20 にまとめる。単独の試験で済む場合もあるが，一般には，同じ材料に対して，さまざまな角度から複数の試験を実施することで，性能評価を行っている。当然であるが，合成条件，成形，加工条件，さらには添加物の種類や添加量によって材料物性は大きく影響される。このため，物質の性質を示す物性値とは異なり，実験データにバラツキがある。再現性はもちろんのこと，データの統計的処理についても，性能評価の観点から精査することを強く勧める。試験方法の原理や実験条件，さらにはデータの解釈方法など，撰書や学術文献，昨今ではデータベースや計算化学ソフトウェアなど，いろいろと便利なツールが非常に多く出てきている。それらを参考に，総合的に判断してほしいと思う。

表 **6.20** 高分子材料試験 *

| 試験項目 | 構造組成 | 物性・強度 | 耐久性 | リサイクル |
|---|---|---|---|---|
| 化学分析 | 分子量分布測定<br>添加剤分析 | MFR·MVR 測定<br>IV 値測定<br>密度測定 | 耐薬品性試験 | IV 値測定<br>MFR·MVR 測定<br>重金属試験<br>元素分析 |
| 物理解析 | 硬さ試験<br>熱的性質測定<br>MFR·MVR 測定<br>IV 値測定<br>材質判別<br>結晶化度測定<br>燃焼性試験 | 引張り試験<br>圧縮試験<br>曲げ試験<br>動的粘弾性測定<br>衝撃性試験 | 耐候・光性試験<br>耐熱・耐冷・耐湿性試験<br>摩擦・摩耗試験<br>振動試験<br>バリア性測定 | 引張り試験<br>圧縮試験<br>曲げ試験<br>耐久性試験 |
| 認定·認証·マーク | | JNLA マーク | JNLA マーク | |
| 標準化・規格 | JIS | JIS<br>JWWA<br>JSWAS<br>ISO<br>ASTM<br>標準物質 | JIS<br>家庭用品品質表示法 | JIS |

* JCII（一財）化学研究評価機構，高分子試験・評価センター：
http://www.jcii.or.jp/hitec/（2018 年 7 月 1 日アクセス）

# 7章　天然高分子

天然に存在する高分子は，それが高分子であると認識されずに昔から利用されてきた。石器時代には岩石を砕いて矢尻，斧，棍棒などをつくり狩猟用具とした。縄文，弥生時代に入ると，人々は粘土をこね，火にかけて焼き陶土器をつくった。岩石や粘土はイオン結晶性の無機高分子である。古代の装飾品のまが玉は二酸化ケイ素の高分子である。住居として木材，衣類として綿や麻などの植物性天然繊維，絹や羊毛などの動物性天然繊維が，昔から現在に至るまで使われている。天然に産する高分子は極めて多様であり，合成高分子がとうてい及ばない高度の機能をもつものが多い。

## 7.1　有機天然高分子

### 7.1.1　天然ゴム

天然ゴムは，マレーシア，タイ，インドネシアなどで栽培されている *Heveabrasiliensis* というゴムノキ（ゴムの木）の樹皮を傷つけて得られる粘稠な乳濁液（ラテックス）を集め，これに酢酸やギ酸を加えてゴム成分を水と分離する。これをローラにかけてシート状とし，煙室で燻製にする。これは熱帯地域でのゴムの腐敗を防ぐ効果があり，スモークドシートと呼ばれている。

ゴムの主成分は，*cis*–1, 4–ポリイソプレン (90～93%) で，少量の樹脂 (約 3%)，タンパク質 (約 3%) や灰分などを含む。重合度は数百から数万である。

ゴムの樹液を固めただけの生ゴムではべたつき，ねばつき，さらには，長期の使用に耐えられないといった欠点がある。このため，硫黄を加えて分子鎖間に架橋をつくり補強する。これを加硫といい，生ゴム 100 に対して硫黄 2～3，酸化亜鉛や酸化マグネシウムを約 5，加硫促進剤としてベンゾチアゾール，有機アミン，アミンと二硫化炭素との反応物を 0.5～1 程度の割合で混合し，140℃付近で約 1 時間加熱すると，図 7.1 に示すように二重結合への付加反応により，分子鎖間にジスルフィド結合やスル

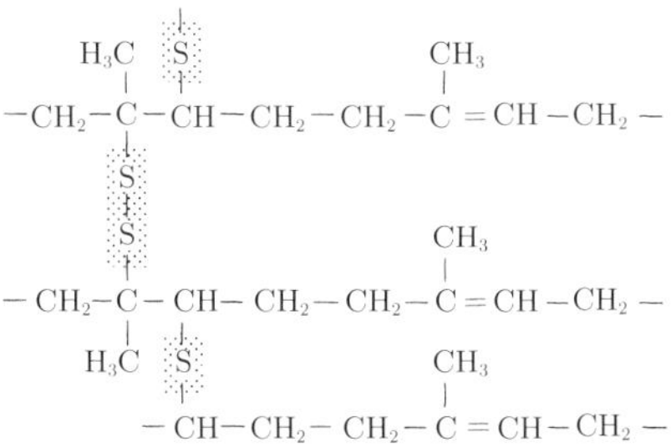

$H_3C$ S $CH_3$

$-CH_2-C-CH-CH_2-CH_2-C=CH-CH_2-$

S

S $CH_3$

$-CH_2-C-CH-CH_2-CH_2-C=CH-CH_2-$

$H_3C$ S $CH_3$

$-CH-CH_2-CH_2-C=CH-CH_2-$

**図 7.1** ゴムの架橋構造

フィド結合が形成される。これによって石油などに溶けなくなるだけでなく，加熱や外力によっても流動しなくなり，ゴム弾性を発現するようになる。また，二重結合が消失するため，反応活性が低下し耐久性が向上する。

*trans*–1, 4–ポリイソプレンは，アカテツ科の *Sapotaceae* (Balata Gutta) の葉からとれ，ガッタパッチャーと呼ばれている。トランス型はゴム弾性を示さず，強固な樹脂で，海底電線の被覆，ゴルフボール，医用材料などに利用されている。

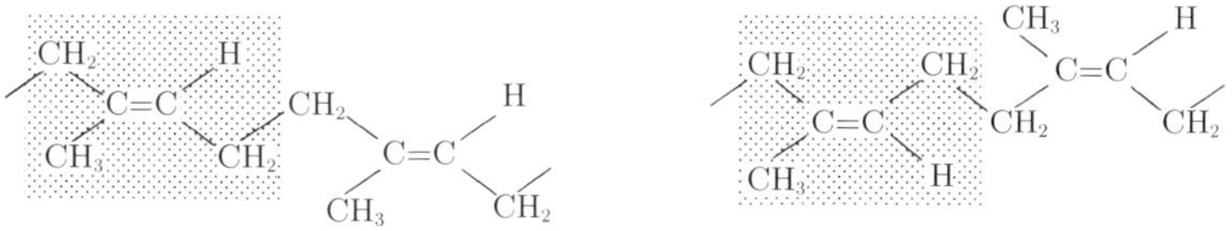

$CH_2$ H $CH_2$ H C=C C=C $CH_3$ $CH_2$ $CH_3$ $CH_2$

*trans*–1, 4–ポリイソプレン

$CH_3$ H $CH_2$ $CH_2$ C=C C=C $CH_2$ $CH_2$ $CH_3$ H

*cis*–1, 4–ポリイソプレン

*trans*–1, 4–ポリイソプレンと *cis*–1, 4–ポリイソプレンの混合物は，*Achras Sapota* という木のラテックスから採れ，チクル (Chicle) と呼ばれ，チュウインガムの原料となる。

### 7.1.2 デンプンとセルロース

デンプンはジャガイモ，トウモロコシ，米などに含まれており，単糖類の $\alpha$–グルコースが重縮合したものである。一方，セルロースはグルコースのもう 1 つの異性体 $\beta$–グルコースが重縮合した多糖類である。デンプンは，分岐の無いアミロースと分岐の有るアミロペクチンとの混合物である。

アミロースは 250〜300 個のグルコースユニットが結合したものであり，分子量は $(4\sim60)\times10^4$ 程度である。一方，アミロペクチンの分子量は高く，$(2\sim70)\times10^5$ 程度である。デンプンの構成比率は，植物の種類によって異なり，ウルチ米ではアミロースが 20〜25%，アミロペクチンが 75〜80%であるが，モチ米ではほぼ 100%がアミロペクチンとなっている。アミロースは水溶性であるが，アミロペクチンは水に不溶である。デンプンの加水分解反応によって分子量が低下すると，溶液はのり状になり，接着剤として用いられる。

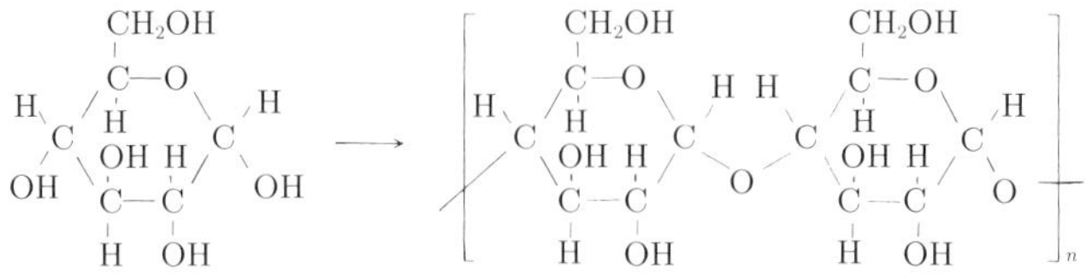

$\alpha$–グルコース　　　デンプン（アミロース）

一方，セルロースは，デンプンと同じ組成式 $C_{12}H_{22}O_{11}$ であるが，化学構造は異なり，$\beta$–グルコースが縮合重合したものである。

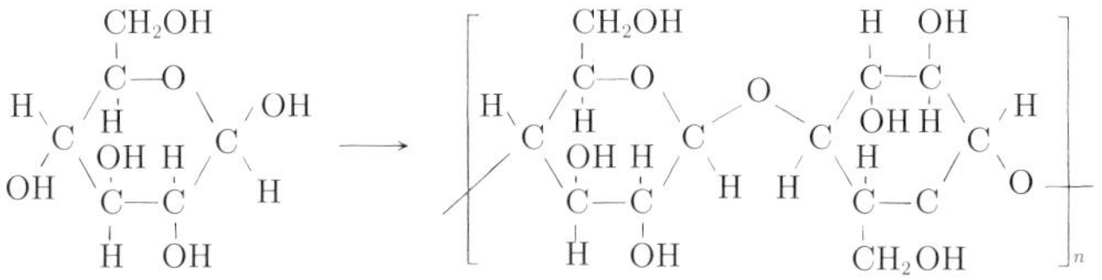

$\beta$–グルコース　　　セルロース

セルロースは植物の主たる構成要素であり，木の種類によって異なるが，木質系ではほぼ 40〜50%がセルロース，20〜30%がリグニン，20〜30%がヘミセルロース（ペントサン，マンナン，ガラクタンなど）である。綿繊維は 90%以上がセルロースである。また，バクテリアがつくるバクテリアセルロース（ナタデココ）は，ほぼ 100%がセルロースである。木綿やバクテリアセルロースの重合度は高く，グルコースユニットが約 $10^5$ 個（分子量約 $1.6 \times 10^6$）で枝別れはない。その性質は，デンプンとは大きく異なり，水や通常の有機溶媒には溶けない。セルロースはヒドロキシル基を多くもっており，分子鎖間の水素結合が際立って発達し，結晶の融点は示さない。力学的にも極めて剛直な高分子である。

### 7.1.3　セルロースとその誘導体の構造

天然高分子には，極性を示すものが多く，セルロースもその例外ではない。高分子の内部構造（モルフォロジー）の特徴は，結晶領域と無定形領域，さらには，その中間的な領域が混在して成り立っている点にある。すなわち，線状の高分子鎖が規則正しく配列して結晶を形成している部分（結晶領域）と，無秩序な状態で存在する非晶性部分（無定形領域），そして，その中間的な領域とさまざまな状態の構造体が混在している。5 章，図 5.18 (a) に示されるように天然セルロースの 1 本の高分子鎖は，結晶領域と無定形領域を何回も通り抜けて存在している。結晶領域は複数の高分子鎖が規則的な配列を取りつつ，鎖の束となって形成され，鎖の束が乱れた箇所が無定形領域となっている。綿などの天然繊維の多くが，セルロースと同様なモルフォロジーをつくると考えられている。

セルロースの構造は線状であり，セルロースの結晶化構造モデルを図 7.2 に，結晶の単位格子を図 7.3 に示す。天然のセルロースを構造的にセルロース I と呼ぶ。木綿

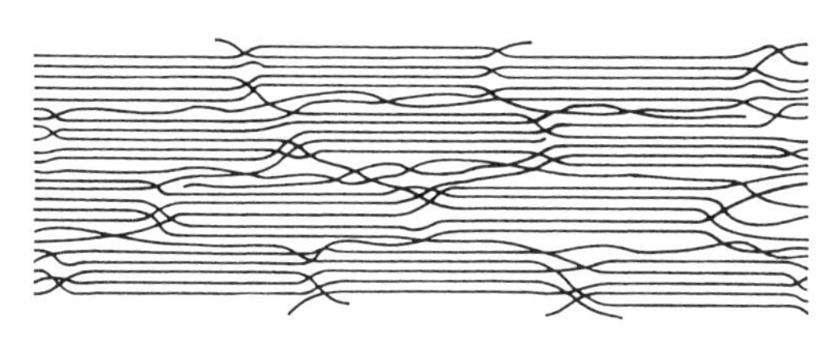

図 **7.2**　セルロースの構造

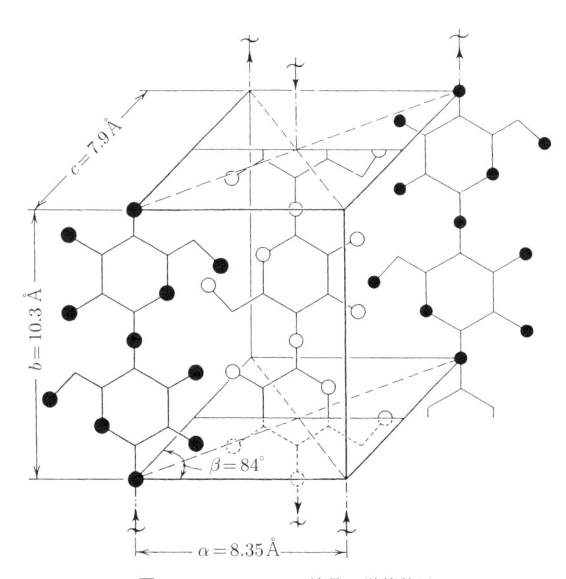


図 **7.3**　セルロース結晶の単位格子

の短繊維（リンターという）を水酸化ナトリウム水溶液に浸漬しアルカリセルロースとし，粉砕，熟成の後，二硫化炭素を加えるとセルロースキサントゲン酸ナトリウムが生成する。これを水酸化ナトリウム水溶液に溶解したものが粘稠な液体のビスコースである。ビスコースを，口金を通して硫酸と硫酸ナトリウムを含む凝固液中に押し出すとフィルム（セロハン）や繊維などの再生セルロースができる。この構造はセルロースⅡと呼ばれ，セルロースⅠとは結晶格子の大きさが異なる。

### 7.1.4　セルロース誘導体（再生セルロース）

木材を裁断しチップ化し，化学処理や機械処理によりリグニンを取り除き，繊維をほぐしてパルプとする。これを抄紙機に通すことにより紙がつくられる。木綿はセルロースの純度が高く，そのまま繊維に紡いだり，短繊維は再生セルロースや各種のセルロース誘導体（ニトロセルロース，酢酸セルロース，カルボキシメチルセルロース，エチルセルロースなど）の原料になる。

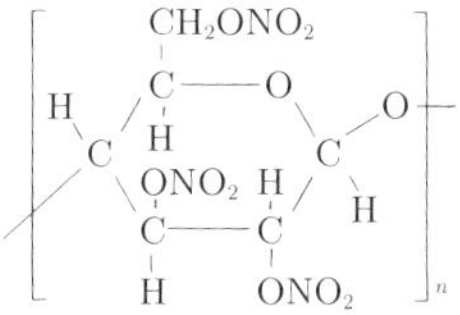

3–ニトロセルロース

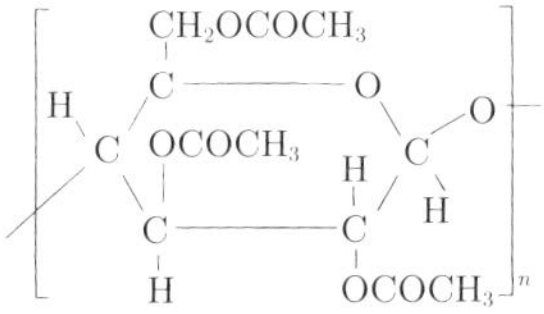

3–酢酸セルロース

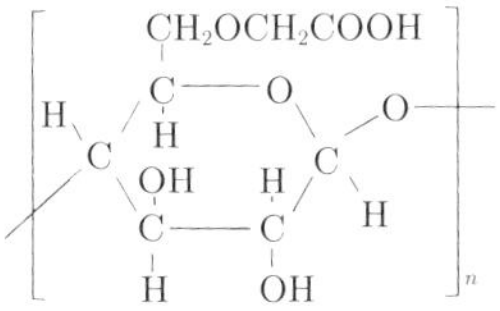

カルボキシメチルセルロース(CMC)

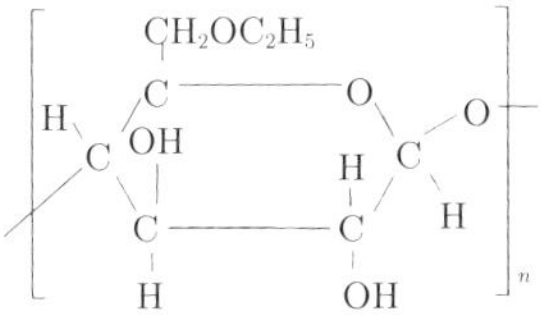

エチルセルロース

セルロースは溶解性に乏しく，また，融解しないことから成形性，加工性に課題がある。このため，アルコール性ヒドロキシル基をエステル化またはエーテル化することでセルロースに可融可溶性を付与することができる。このような前処理を施し得られた繊維素を繊維素プラスチックと総称し，セルロース誘導体としてよく知られる。これらの繊維は重合反応によって得られるものではなく，繊維素の変性による一種の再生素材と見なすことができる。このことから再生セルロースと呼ぶこともある。前処理によって変性する残基が異なり再生セルロースの性質も大きく異なり，それぞれに対応した繊維の名称がつけられている。

1869年，Hyattによって，繊維素の硝酸エステルと樟脳を混和して最初のプラスチック「セルロイド」が開発された。その後，種々のセルロース誘導体が開発され，生産量は少量であるものの多くの分野で使用されている。

### 1　セルロイド（硝酸セルロース，ニトロセルロース）

セルロイドの製法は，まず，繊維素を硝酸と硫酸の混合溶液中で加熱して硝酸セルロースを得る。その後，この硝酸セルロースを樟脳によって可塑化し，目的物であるセルロイドが得られる。グルコース単位に含まれる3つのヒドロキシル基のうち，約1.9～2.3個をニトロ化したものがプラスチック材料として使用されている。

セルロイドは象牙の代替品として開発された歴史がある。白色もしくは淡黄色の繊維状の外観をもつ。放置すると徐々に分解が進み着色が起こる。加熱すると約180℃で発火する。セルロイドの特徴を簡単にまとめると，強靱性，低吸水性，寸法安定性，機械加工性，着色性がよい。一方で，燃焼性が高い，耐酸・アルカリ性に劣る，光熱安定性が低く着色し脆くなるなどの欠点も多い。アルコール，ケトン，酢酸エステル，ニトロベンゼンに可溶である。圧搾加工，ブロー成形が適用でき，化粧品容器，装飾用品，玩具，ピンポン玉，眼鏡枠，櫛，ピアノキーなどに使用されている。

### 2　アセテート（酢酸セルロース，アセチルセルロース）

セルロイドの特徴をそのままで，難燃性を付与したものが酢酸セルロース（アセチルセルロース）である。よく知られるところでは，三酢酸繊維素や二酢酸繊維素がある。酢酸セルロースは，1869年にSchutzenbergerがセルロースと無水酢酸から合成したのが最初である。製法は次の通りである。セルロースを酢酸，無水酢酸，硫酸の混合溶液に入れて，硫酸塩を触媒として，グルコース単位の3つのヒドロキシル基すべてをアセチル化することでトリアセチルセルロースが得られる。アセチル化度の低いものはトリアセチルセルロースを合成した後，エステル結合を部分的に加水分解することでつくられる。アセチル化度が74～92%未満（エステル化度2.22以上2.76未満）のものをジアセテート，単にアセテートといい，92%以上（エステル化度2.76以上）をトリアセテートという。比較的にアセチル化度の低い酢酸セルロースはアセトンにも可溶になり，これを乾式紡糸するとアセテート繊維が得られる。

アセテート繊維は，ヒドロキシル基が少ないので，水分率はレーヨンより小さい。水素結合も減少し，凝集力が弱い。このために，セルロース系でありながら熱可塑性である。トリアセテートの場合，プリーツ加工が適用できる。繊維断面はクローバーの葉に似ており，側面に多くの溝がある．このため，光の乱反射が起こり，また，繊維自体の屈折率が低いことから光沢感や深色性がある。トリアセテート中空糸膜は人工透析膜や逆浸透膜として利用される。ジアセテートは裏地，寝装，ギフト箱の内張，衣類の品質ラベルなどに使用される。ジアセテートのステープルはタバコフィルターの素材としても使用される。また，トリアセテートはポリエステルと複合し，表地素材として高級婦人服などに使われる。衣料用にはフィラメント糸が使われる。その他，強靱性を有し，電気絶縁性，寸法安定性，難燃性に優れている。多くの成形機で成形ができる。酢酸セルロースと可塑剤（リン酸エステル，フタル酸エステル），着色剤を入れて混合し成形する。工具，ハンドル類，櫛，歯ブラシの柄，眼鏡枠，玩具，パイプ，電気器具部品，液晶パネルの偏光板などに使用される。また，逆浸透膜の素材でもある。

### 3 レーヨン（ビスコースレーヨン）

レーヨンは木材パルプ（セルロース）を原料として，水酸化ナトリウムの希薄水溶液に溶解し，これを紡糸原液として，湿式紡糸によって繊維化する。使用されるセルロースの重合度は300程度，凝固液には硫酸を，これに脱水・凝固剤として硫酸ナトリウムと硫酸亜鉛を添加する。木質パルプから凝固と延伸とを併行して反応を行うことで，セルロース誘導体は元の化学構造であるセルロースに再生される。湿式紡糸で，凝固反応を伴うことにより，レーヨン糸の表面層と内部とでは凝固速度に差があるため繊維断面に不規則な凹凸がある。反応が進む表層部では緻密構造となり，内部は粗い組織となる。これがスキン・コア構造となる。天然のセルロースのまま使用される綿や麻に比べて重合度が一桁程小さく，結晶化度も低い。このために綿や麻よりも吸湿性や吸水性がよい。表面凹凸によって光の乱反射が生じ，光沢感や深色性がよく，衣裳の広がり，すなわちドレープ性がよい。布地では縮みやすく，しわになりやすい。レースやひも，不織布などに使用される。水素結合が強く働くため，耐熱性や寸法安定性がよく，自動車用タイヤコードとしても使用される。

### 4 リヨセル

リヨセルは木材パルプを原料とし，これを有機系の溶媒に溶解して乾湿式紡糸法によってつくる。レーヨンのような化学処理を行わないので，精製セルロース繊維ともいい，工程全体が大幅に簡略化できる利点がある。繊維化には溶媒として *N*–メチルモルホリン–*N*–オキシド (NMMO) の濃厚水溶液が使われる。NMMOの溶解力が大きいため，凝固させるセルロースの重合度は 3 のレーヨンの300程度に対して，リヨセルでは約600と重合度が2倍になる。フィブリル間の連結が弱く，多数のフィブリルに分かれやすい，すなわち，フィブリル化現象が見られる。このため，外観を損ないやすく，染色性の低下にも繋がっている。衣料用ではフィブリル化を防ぐために加工後に架橋処理をすることもある。

### 5 キュプラ

キュプラは，綿花を採取した後の綿実の表面に密生している 2〜6 mm の繊維（リンター）を精製してつくる。重合度が 500〜900 くらいの高純度セルロースを銅アンモニア溶液に溶解し，流下緊張紡糸法によって得られる。凝固が完了する前に十分に延伸されるように凝固速度を制御することによって細く構造の均一な繊維が得られる。キュプラ繊維の繊度は非常に細い。断面形状は真円に近く，構造が均一なためスキン・コア構造は無い。ドレープ性，絹のような柔らかい風合い，光沢性，吸湿性，染色性がよい。肌着，スカーフ，裏地などに使用される。合成繊維と複合し，吸放湿性，接触冷感に優れたアウター素材として使用されている。

## 7.1.5 キチン・キトサン

キチン (chitin) は蟹や海老など甲殻類の殻，昆虫の甲皮，おきあみなどの軟体動物の殻や骨格，きのこなど菌類の細胞壁に広く分布している。キチンはセルロースに似た骨格構造をもち，$N$–アセチル–$\beta$–D–グルコサミンが 1, 4 結合で縮合重合したものである。

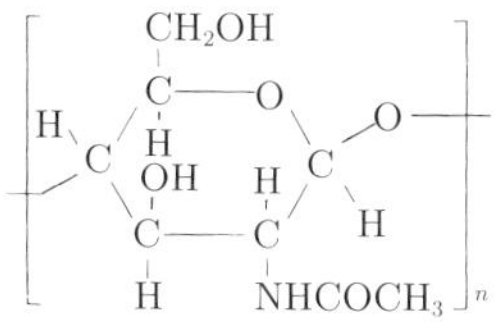

$CH_2OH$ C O H C H O OH H C C H C C H H $NHCOCH_3$ $n$

キチン

キチンは蟹や海老などの甲殻を希酸に浸漬し，無機物を除去した後，希アルカリや酵素で処理してタンパク質を取り除いて得られる。キチンは無定形の無色の固体であり，水，希酸，希アルカリなどに溶けない。メタンスルホン酸やギ酸には分解を伴って溶解する。5% LiCl 含む $N$, $N$–ジメチルアセトアミドには溶解する。キチンのヒドロキシル基との反応によりアルカリキチン，カルボキシメチルキチン，ニトロキチン，硫酸化キチンなどの誘導体が得られる。用途は，キトサンの原料，クロマトグラフの担体，細胞培養基質，化粧品の原料（カルボキシメチルキチン），抗凝血剤（硫酸化キチン）などである。

キチンを，40～45%水酸化ナトリウム水溶液中で，80～120℃の処理をすると脱アセチル化して，無定形で無色のキトサン (chitosan) が得られる。キトサンは水やアルカリには不溶であるが，希薄なギ酸や酢酸などには溶ける。キトサンのアミノ基は反応性に富み，*N*–アシル，*N*–アリリデン–アルキリデン，*N*–アルキルなどの誘導体やポリイオンコンプレックスが得られる。主たる用途は，廃水処理用カチオン凝集剤，核酸やエンドトキシン除去剤，化粧品の原料，タンパク質固定化担体，吸収性外科用縫合糸，降コレステロール剤，抗血栓剤（*N*–ヘキサノイルキトサン），薬物徐放性担体，抗菌剤，制酸剤，人工皮膚などである。

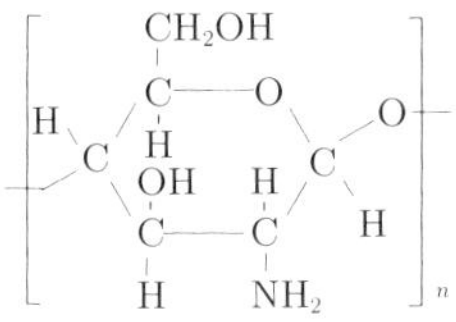

$$\left[\text{–C}_6\text{H}_{10}\text{O}_4\text{N–O–}\right]_n \quad (\text{CH}_2\text{OH},\ \text{OH},\ \text{NH}_2)$$

キトサン

### 7.1.6　天然繊維

天然の繊維は，大別して植物，動物，鉱物の 3 種類に分けることができる。植物繊維の主成分は，セルロースであり，グルコースが数千個以上つながった高分子である。身近なところでは，綿や麻がある。動物繊維の主成分は，タンパク質で，アミノ酸が数千から数万個つながった高分子である。羊毛や絹がある。最後に，鉱物繊維であるが，これは，ある特定の種類の岩石を砕いて，繊維状にしたものである。例えば，アスベスト（石綿）が有名で，健康への影響が懸念されているが，蛇紋石や角閃石が繊維状になったものである。この項では，先に述べた天然繊維から，綿，麻，羊毛，絹について述べる。

繊維には短繊維と長繊維があり，天然繊維では，絹だけが 1,200～1,500 m と連続した長さをもつ長繊維であるが，その他の天然繊維は短繊維で，長さや太さは繊維の種類によって異なり，同じ種類の繊維でも品種によって違う。表 7.1 に天然繊維の長さと太さを示す。

#### 1　綿

綿はワタ（アオイ科ワタ属の総称）の種子から採れる繊維のことで，木綿ということもある。「わた」と読むと塊状の繊維全体を指す語となり，古くは，絹からなる真綿を意味していた。ワタは多年草植物で，その種子の周りについた種子毛が木綿である。

**表 7.1**　天然繊維の長さと太さ

| 繊維の種類 | | 長さ (mm) | 太さ（幅）($\mu$m) | 備 考 |
|---|---|---|---|---|
| 綿 | 海島綿 | 38～51 | 16～17 | 世界最高級の品質 |
| | 米綿（アップランド） | 24～30 | 18～20 | 世界の需要の 90%を占める |
| 麻 | 亜麻 | 25～30 | 15～17 | 寒冷地の植物 |
| | 苧麻（ラミー） | 70～280 | 25～75 | 熱帯亜熱帯地方の植物 |
| 羊毛（メリノ種） | | 75～120 | 10～28 | 最高級の羊毛 |
| 絹（家蚕絹のブラン） | | 1,200～1,500（単位：m） | 10～13 | 品種改良により，1,500 m 程度まで可能となった |

出典：文献 59

種子の表皮細胞が生長して形成された種子毛には長い綿毛（lint）と短い地毛（fuzz）の 2 種類があり，紡績の原料として用いるのは綿毛である。

### (1) 綿繊維の形成

綿毛の生長については，大野らの研究報告がある（文献 2, 3)。綿繊維の生長過程を図 7.4 (a) に示す。生長は一般に 2 つの期間に分けられる。第 1 期は表皮細胞の伸長生長の期間で第 2 期は細胞膜壁の肥厚生長の期間である。第 1 期の伸長の期間につくられる細胞膜壁を第 1 次細胞膜壁といい環状構造を形成する。セルロースが主成分で，そのほか，ペクチン，蝋分が存在し，80%以上の水分を含む。伸長生長が終ってから，肥厚の生長期間に生成される細胞膜壁を第 2 次細胞膜壁という。図 7.4 (b) に示すように，第 2 期では第 1 次細胞膜の内側にセルロースの薄い層が，1 日 1 層ずつ 20～25 層が年輪状に沈着し，繊維軸に対して 22～45° の傾斜角をもったらせん状の微細構造をもつ細胞膜が形成される。

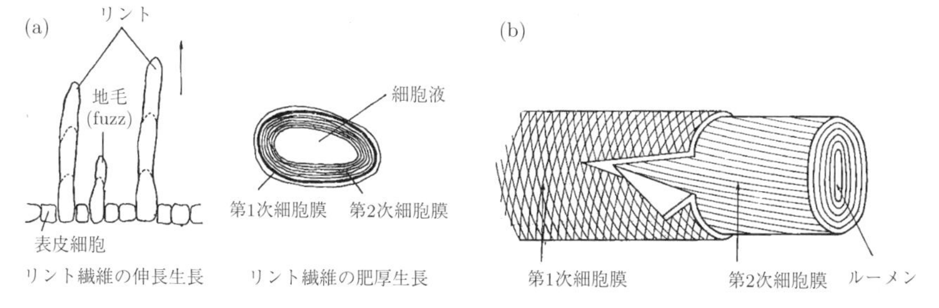


**図 7.4**　綿繊維の生長過程とその微細構造
(a) 綿繊維の生長過程におけるリントの伸長生長および肥厚生長，(b) 綿繊維の微細構造。

綿実が裂けてコットンボールとなり，綿の繊維が露出すると水分が蒸発して繊維は扁平になり，天然ひねりが生じる。

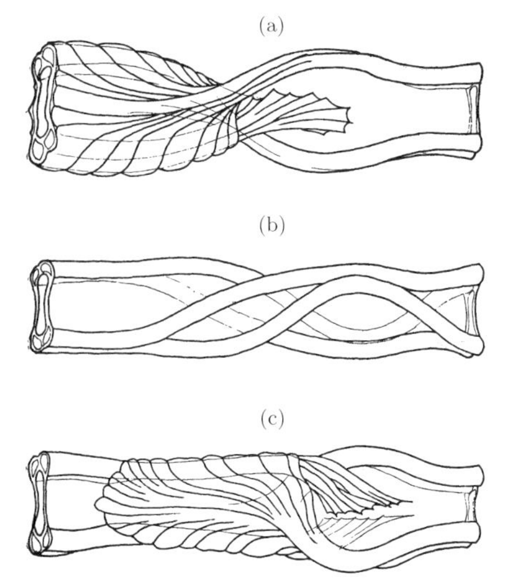


**図 7.5** 綿繊維の側面模式図
(a) 1 節に 4 本の原繊維集束をもつ綿毛の模式図。上端の掌状部。(b) 同上。中間の腕状部。(c) 同上。下端の掌状部。

### (2) 綿繊維の構造

綿繊維は扁平なリボン状で，図 7.4 に示すように，ルーメン (lumen) と呼ばれる中空部がある。先述の通り，繊維軸に沿って 22〜45° の傾斜角をもった天然ひねりがある。天然ひねりの数は綿花の種類によって差があり，60〜120 個/cm で，図 7.5 (a) に綿毛の模式図を示すが，ひねり方向も一定でなく所々で逆転もある（文献 4)。精錬前の乾燥時を基準に，セルロースが約 94%，そのほか，ペクチンなどの多糖類，タンパク質，蝋分，灰分を含む。綿のセルロースは，重合度が数千から部位によっては 1 万数千に達し，結晶化度も高い。

### (3) 綿繊維の特徴

綿繊維にはさまざまな特徴があるので，以下に列記する（文献 59)。

- 扁平で中空部があるので，柔軟性がよい。
- 中空構造，天然ひねりのため，紡績糸は嵩高く，多量の空気を含み，軽量で保温性がよい。
- 天然ひねりのため，繊維どうしがよく絡み合い紡績がしやすい。強度に優れた紡績糸が得られる。
- セルロースが主成分であり，適度な非晶性部も含まれるので吸湿性がよい。中空部など微細な空間に水分が吸い取られる。レーヨンやキュプラに比べると結晶化度が高いので，これらよりは水分率は低くなる。
- 綿は湿潤によって強度を増す。乾湿強力比は 102〜108%になる。
- 染色には反応染料を使用する。セルロースのヒドロキシル基と共有結合を形成するので鮮明で，湿潤堅ろう度が高い。

- アイロン仕上げの適正温度は180〜200℃の「高」で，当て布は不要である。セルロース分子鎖どうしで水素結合が形成される。熱によって分子間を引き離すことは難しく，240〜245℃で着色分解するが，その前に軟化したり，溶融することはない。
- 繊維自体の電気抵抗が小さく，水分を多く含むので帯電しにくい。
- アルカリに強いので，石鹸や洗剤で洗うことができる。
- 布地には製造工程である程度のひずみが残っている。洗濯すると水を吸って膨潤するためひずみが解け，緩和が起こる。このため，収縮が生じる。
- かびに侵されやすい。
- 長時間日光に曝されると黄変し，脆くなる。
- 繊維が長いほど細く，糸が紡ぎやすい。光沢の優れた糸が得られる。
- 繊維が細いほど糸は柔らかく，また，糸の太さが一定の場合は，構成繊維の本数が多くなるので強度が増す。

### 2　麻

麻とは，長くて強い繊維が採れる植物の総称であり，「麻」と言っても種類は非常に多い。麻の繊維には，軟質繊維である双子葉植物の茎にある靱皮繊維を利用するものや，硬質繊維である単子葉植物の茎，葉，または葉鞘から取った維管束繊維を利用するものがある。麻のなかで衣料用に使用されているのは靱皮繊維で，その代表格が亜麻（Flax，Linen）と苧麻（Ramie）である。家庭用品品質表示法で「麻」と表示できるのは，この2種である。図7.6に亜麻茎と苧麻茎の構造模型を示す（文献14）。

#### (1) 亜麻

植物繊維から糸になる手前までをフラックスと呼び，糸や製品のことをリネンという。亜麻は寒冷地方の栽培に適しており，一年草の植物である。主な産地は北欧，とくにロシアやバルト海地方の東欧圏で，西欧ではベルギー，フランス北部，アジアでは中国東北部で生産されている。やや涼冷な気温で春季に適度の降雨があり気温の急変のないところが適地とされ，収穫時に雨の少ないところが望ましい。繊維は細くて短い。しなやかなのが特徴である（文献14）。

#### (2) 苧麻

熱帯，亜熱帯の栽培に適した多年生の植物で，現在の主な産地は中国東南部，フィリピン，ブラジル等の東南アジア，中南米地方である。高温・多湿・多照でかつ，排

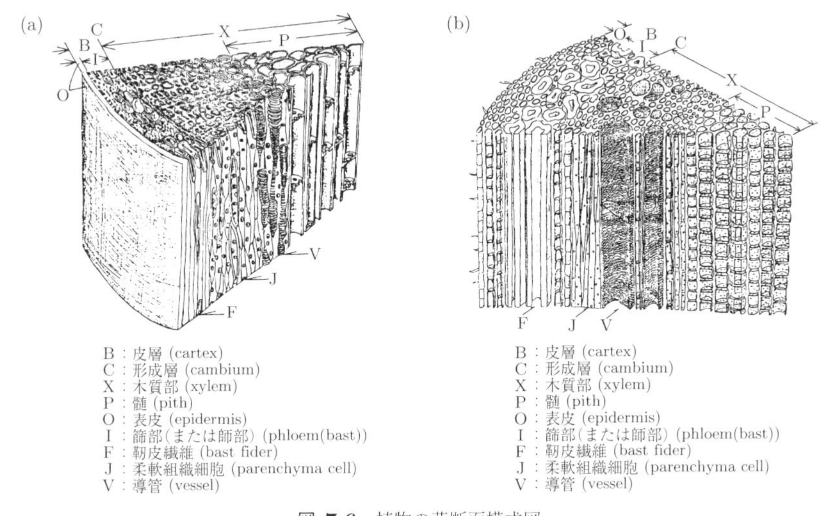


**図 7.6**　植物の茎断面模式図
(a) 亜麻茎，(b) 苧麻茎

水性よく，風害のないところが適当とされている。中国では 1 年に 3〜4 回，フィリピンでは 5〜6 回収穫することができる。茎の太さや草の高さは亜麻よりも大きく，繊維は太くて長い。しゃり感やこしがあることが特徴である（文献 14）。

### (3) 麻繊維の外観構造

麻繊維の主成分はセルロースである。乾燥繊維を基準に亜麻で約 80%，苧麻で約 75%である。綿が約 95%であるので，綿よりも純度が低いことがわかる。多糖類のペクチン含有量が多く，繊維間を結び付けている。このため，1 本 1 本まで分離，単繊維化することが難しく，紡糸は数本結束した繊維束のまま行われる。繊維としては，硬くて，こしがある。繊維の断面形状は，亜麻は多角形，苧麻は扁円形であり，ともに中空孔がある。繊維表面には筋や節があるが，綿のような天然ひねりはない。

### (4) 麻繊維の特徴

麻繊維にはさまざまな特徴があるので，以下に列記する（文献 59）。

- 綿よりも結晶化度，引張り強度，ヤング率が非常に高い。伸び率は 3%未満と小さい。
- 吸湿性，吸水性に優れ，吸収した水分の拡散・放湿速度が速い。汗を吸収しやすく，発散させることができる。

表 **7.2**　綿（アプランド），亜麻，苧麻の繊維特性

| | 亜麻 | 苧麻 | 綿（アプランド） |
|---|---|---|---|
| 平均重合度 | 2190, 2390, 2420 | 2660 | 2020 |
| 結晶化度 (%) | 88 | 88〜90 | 88 |
| 平均配列度 (%) | $82 \pm 8$ | $79 \pm 7$ | $60 \pm 20$ |
| 傾角 (°) | $5.5 \pm 3$ | $3.5 \pm 1$ | 50 |
| 長さ (mm) | 20〜30 | 20〜250 | 24〜30 |
| 太さ ($\mu$m) | 15〜24 | 20〜80 | 18〜20 |
| 比重 | 1.50 | 1.51 | 1.54 |
| 引張り強度 (cN/dtex) | 4.9〜5.6 | 5.7 | 2.6〜4.3 |
| 乾湿強力比 | 108 | 118 | 102〜110 |
| 水分率 (%) 25℃ 65%RH | 7 | 6 | 6 |
| 伸び率 (%) | 1.5〜2.3 | 1.8〜2.3 | 3〜7 |

出典：文献 14, 59

- 湿潤によって引張り強度が増加する。このため，洗濯による強度低下が無くなる。
- 熱伝導性がよいので，体温を奪って放熱し，肌に接触冷感，涼感を与える。夏期における最適素材として定着して来た。
- 結晶化度が高いため染色しにくい。
- フィブリル化して白色化しやすい。
- 弾性を示さないので，変形すると元に戻らない。織物としてはシワになりやすい。ポリエステル繊維と混紡することでシワについては解消できる。

最後に植物繊維である綿（アプランド），亜麻，苧麻の諸物性を表 7.2 にまとめる。いずれも主成分はセルロースであるが平均重合度，配列度が異なるだけで，それらの特性が異なることは，大変興味深いことである。

### 3　羊毛

ヒトもそうであるが，動物には，硬い剛毛と柔らかい産毛が一緒に生えている。衣料として利用できるのは産毛である。とりわけ，羊は品種改良を度重ね，すべてが産毛なので大量の毛を収穫することができる。代表的な羊毛としてメリノ種があり，世界各地に広く分布し，優れた品質の羊毛を最も多く産出している。メリノ種の繊維が白色で，細く，まるでパーマをかけたように 1 本 1 本が縮んで巻いており，衣料に最も適している。

### (1) 羊毛の基本構造

羊毛は，皮質部と表皮部から構成される。ここで，図7.7に羊毛の構造について概略を示す（文献17, 19, 22, 53）。羊毛は羊の皮膚組織の一部が変化したもので生体組織の一部である。羊毛の主成分は約97%がケラチンというタンパク質であるが，同じ繊維タンパク質であっても絹糸のタンパク質とは異なり，複雑な構造を示す。繊維形状は円筒形に近く，表皮部の外層と皮質部の内層に分かれる。外層は羊毛繊維全体の約10%を占め，クチクル細胞からなり内部組織を覆っている。スケールまたはキューティクルと呼ばれ，細胞膜複合体でコルテックスに接合されている。1本の繊維中の複合体は1つに繋がっているので，繊維全体に水分が行きわたる。クチクル細胞の厚みは約0.7 mmで鱗状である。外側からエピクチクル (epi-cuticle)，エキソクチクル (exo-cuticle)，エンドクチクル (endo-cuticle) 層からなる。内部は繊維状のコルテックス細胞で充填されている。コルテックス細胞はほぼ中央部を境界にオルソ (ortho) 構造とパラ (para) 構造の細胞質が配列した複合構造となっている。コルテックスは親水性のタンパク質が接合した集合体で，太さは2～7 mmで，その中には太さが0.1～0.3 mmのマクロフィフブリル (macro-fibril) と呼ばれる多数の小繊維で充填される。マクロフィブリルはさらに直径約7.5 nmの多数のミクロフィブリル (micro-fibril) からなり，ミクロフィブリルは直径約2 nmのプロトフィブリル (proto-fibril) の集合体からなる。プロトフィブリル中には最小単位の$\alpha$ヘリックスがある。

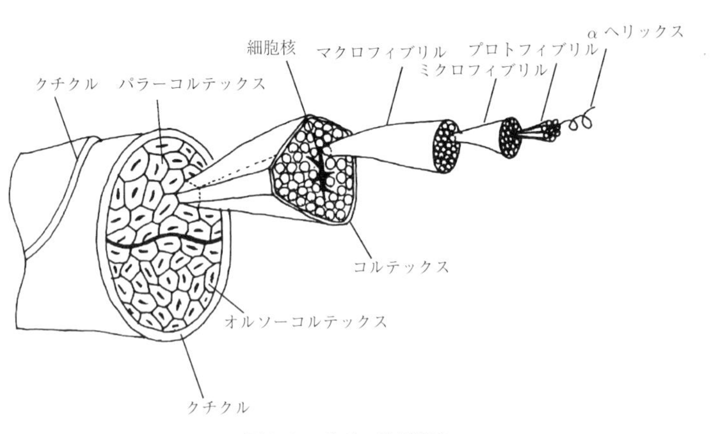


**図 7.7**　羊毛の微細構造
出典：文献53を一部改編

### (2) 羊毛の特徴

羊毛にはさまざまな特徴があるので，以下に列記する（文献 59）。

- 撥水性と吸湿性：最外層の表面が脂質で覆われ撥水性である。一方，水蒸気は繊維内部に浸透するため吸湿性にも優れている。20℃，65%RH における平衡水分率は16%で，天然繊維の中で最も高い。吸湿に伴う発熱量も多い。
- 皮質部の 2 種類のコルテックスは収縮率が異なるためクリンプ（捲縮）が生じる。これが羊毛の弾性に繋がり，また，大量の空気を閉じ込めやすく，この空気層が保温性をもたらしている。
- 羊毛は伸びやすく，ゆっくり引き伸ばすと約 30%も伸び，他の繊維よりも小さな力で伸びる。また，伸ばした力を緩めてしばらく放置すると元に戻るためにシワになりにくく，シワになっても元に戻りやすい。羊毛繊維の分子間には，シスチン結合（ジスルフィド結合）や塩結合がはたらき，3 次元網目構造を形成する（図 7.8）。このことから羊毛製品はシワになりにくい。
- 羊毛の染色には酸性染色が主に行われる。染料の酸性基が羊毛のアミノ基とイオン結合を形成する。発色性に優れ，染料は水溶性である。湿潤堅ろう度が問題になることは少ない。
- 羊毛は酸性に強いが，アルカリ性には弱い。石鹸などでの洗浄はできない。
- アイロン仕上げの適正温度は 140〜160℃で「中」である。羊毛はペプチド結合を形成しており水素結合が強く働いている。このため，熱を加えても軟化したり溶融することはない。

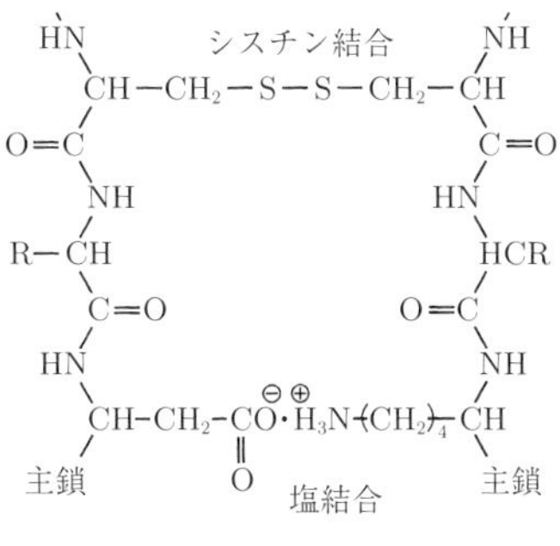

シスチン結合

HN　　NH

$CH-CH_2-S-S-CH_2-CH$

O=C　　C=O

NH　　HN

R−CH　　HCR

C=O　　O=C

HN　　NH

$CH-CH_2-CO^{\ominus}\cdot H_3N^{\oplus}(CH_2)_4-CH$

O

主鎖　　塩結合　　主鎖

**図 7.8**　羊毛繊維の分子間結合

出典：文献 26

- 燃やすと特有の臭気を発し燃えるが，火炎を離すと炭化したススが残り，燃え続けることはない。燃焼しても溶融せずに炭化する。羊毛は比較的に燃えにくいのは，窒素を多く含むことと水分率が高いためである。
- 虫害を受けやすい。保管には注意が必要である。
- 吸湿によってクリンプが伸びる。この現象をハイグラルエキスパンション（Hygral Expansion: 吸湿伸長）という。放湿すると元の寸法に戻る。これを繰り返すと生地の波打ち，型崩れに繋がる。
- 湿潤によって繊維が互いに絡み合って固く縮む。これをフェルト化といい，欠点でもあるが，コート地などの毛織物の緻密加工に利用されることもある。

### 4 絹

絹は蚕の繭から得られる動物繊維の1つである。養殖（養蚕）してつくる家蚕絹と野生の繭を使う野蚕絹がある。家蚕絹は，屋内で桑の葉を飼料として蚕を飼育し，その繭から得られる絹である。桑の葉はタンパク質を多く含む植物の1つとして知られ，約6%のタンパク質が含まれる。このため，家蚕の飼料として好んで使われている。一方，野蚕絹は，山野でカシワ，クヌギ，ナラなどの自生する植物の葉を飼料として育成する野蚕の繭から得られる絹である。絹糸というと一般には家蚕絹をいう。

#### (1) 生糸の形成

蛾の卵から孵化した幼虫は4回脱皮して5齢に入り25日間前後で自分を包むように吐糸し，2〜3日で繭をつくる。蚕の体内において絹物質が貯えられる器官を絹糸腺という。蚕は桑の葉のタンパク質の60%を消化吸収し，さらに，そのうち25%が絹物質となる（文献11）。桑の葉の約1%が絹物質として絹糸腺細胞における生成に供給され，生成された絹タンパク質は腺腔に分泌される。このようにして絹糸腺内に貯えられた粘稠な紡糸液は液状絹と呼ばれる。繭から生糸を取り出す一連の工程を製糸という。繭は製糸工場に運ばれ，蛹が羽化しないように熱風により殺蛹する。殺蛹前の繭を生繭といい，殺蛹によって繭を乾燥させたものを乾繭という。生糸として使える繭だけを厳選し，糸がほぐれるように熱湯で煮る。その後，数個の繭から，数本を引き揃えて繰糸し1本の生糸にする。生糸を巻き取り乾燥させ，円錐形のコーンやねじって“かせ”という形に仕上げて出荷される。生糸をつくるのに多くの熱量を要する。このため，最近では，省エネ繭繰糸法として，塩化ナトリウム飽和水溶液を使って，約30日間，室温で貯蔵することで繭糸をほぐし，繰糸する方法も開発されている

(文献 54)。

### (2) 繭糸の構造

絹糸腺は大きく 3 つの部分に分けられる。後部糸腺では腺細胞でフィブロインが，中部糸腺ではセリシンが合成され腺腔内に分泌される（文献 13)。腺腔内に分泌される液状絹には 75～86%の水分が含まれている。中部糸腺で，セリシンが後部糸腺から流入されるフィブロインを包み前部糸腺に送られる。前部糸腺は若干先端が細くなっている細管である。1 対の絹糸腺は先端で接合して 1 本となり吐糸管につながっている。したがって，繭糸は 2 本のフィブロインをセリシンがコーティングした状態となっている。このフィブロインとセリシンは対照的なアミノ酸組成を示しフィブロインは非極性側鎖をもつアミノ酸が大部分を占め結晶領域はグリシン–アラニンで構成されている．一方セリシンは極性側鎖をもつアミノ酸からなり，約 80%を占めている。そのほか，炭水化物，蝋分，無機物，色素からなり，約 2～3%が含まれている。セリシンで覆われた状態の糸を生糸という。繭糸の繊度，すなわち太さは繭の種類によって異なり，1 本の繭糸でも長さ方向に変化がある。平均して約 3.3 dtex* である。1 個の繭からは約 1,200～1,500 m の長さの繭糸が採取でき，天然繊維の中では唯一の長繊維（フィラメント糸）である。

生糸から，アルカリ性の薬品（石鹸，灰汁，ソーダなど）でセリシンを除去することを精錬といい，精錬を行った後の糸を練り糸という。セリシンを完全に除いた練り糸は数% セリシンを残したものに比べて光沢が著しく劣る。セリシンを適度に残すことで風合いの異なる織物をつくることができる。糸で精練したものを先練り，織物にしてからの精錬を後練りという。後練りの場合では，繊維の間に 25%程度の隙間ができるので，柔らかく，ドレープ性のよい生地になる。ポリエステル織物のアルカリ減量加工は，これを模倣したものである。

### (3) 絹の特徴

日本では弥生時代には絹の製法が伝わっており，絹織物として使用されている。以下に絹の特徴として利点と欠点を列記する。

絹の利点

- 独特の光沢と色彩がある。
- 肌触りもよく，柔らかい。また，こし，ドレープ性がある。

---

* デシテックス：1 dtex = 0.1 tex（テックス） = 0.9 denier（デニール）。デニールは試料の長さ 9,000 m のグラム数で，デックスは 1,000 m のグラム数として表される。

- ヤング率，引張り強度は綿に近い。伸び率は綿や麻よりも大きく，羊毛に近い。
- 吸湿性，放湿性に優れている。20℃，65%RH での平衡水分率は羊毛に次いで大きく，綿よりも大きい。
- アイロン仕上げの適正温度は中温 (140〜160℃) で，熱を加えても軟化や溶融はおきない。

絹の欠点

- シワになりやすい。
- 摩擦で擦れて光沢が落ちる。過度の擦れでフィブリル化し，一層，外観を損なう。
- 長期保存や日光に当たることで，黄変し脆化する。
- 虫害を受けやすい。

## 7.2 生体高分子

生体内で合成される高分子化合物を生体高分子 (biopolymer) と総称し，タンパク質，核酸，多糖などが含まれる。多糖には 7.1.2 項で述べたデンプン，セルロースなどがあるが，生体ではこれらは主として構造材料や貯蔵エネルギー源として用いられる。本節では生体機能により密接に関与するタンパク質と核酸について述べる。

### 7.2.1 タンパク質

タンパク質 (protein) は $\alpha$–アミノ酸からなるポリマーで，細胞の乾燥質量の約半分を占め，生体の機能に深く関わっている。タンパク質をつくるアミノ酸は，表 7.3 に示す 20 種類の $\alpha$–アミノ酸である。グリシン以外はキラル中心（不斉炭素）をもち，光学活性を示し，一対の立体構造（鏡像異性体）を取り得るが，天然の $\alpha$–アミノ酸はすべてその一方の立体構造をとるL–アミノ酸である。

アミノ酸は次のように縮合し，アミド結合によってアミノ酸単位が連なっていく。

$$H_3N^+\text{–}\underset{}{\overset{R^1}{\overset{|}{C}}}H\text{–}COO^- + H_3\overset{+}{N}\text{–}\overset{R^2}{\overset{|}{C}}H\text{–}COO^- \xrightarrow[-H_2O]{} H_3N^+\text{–}\overset{R^1}{\overset{|}{C}}H\text{–}\overset{O}{\overset{\|}{C}}\text{–}NH\text{–}\overset{R^2}{\overset{|}{C}}H\text{–}COO^-$$

2分子のアミノ酸が縮合したものをジペプチド，3分子縮合したものをトリペプチドなどといい，さらに多数のアミノ酸が縮重合したものをポリペプチド (polypeptide) という。タンパク質を構成するのはポリペプチド分子である。これらペプチド分子を

表 **7.3** タンパク質をつくる α–アミノ酸

$$\underset{\displaystyle NH_2}{\underset{|}{RCHCOOH}}$$

| 名称および略号 | R | 名称および略号 | R |
|---|---|---|---|
| グリシン Gly(G) | $-H$ | システィン Cys(C) | $-CH_2SH$ |
| アラニン Ala(A) | $-CH_3$ | メチオニン Met(M) | $-CH_2CH_2SCH_3$ |
| バリン Val(V) | $-CH(CH_3)_2$ | アスパラギン Asn(N) | $-CH_2\overset{O}{\overset{\Vert}{C}}NH_2$ |
| ロイシン Leu(L) | $-CH_2CH(CH_3)_2$ | グルタミン Gln(Q) | $-(CH_2)_2\overset{O}{\overset{\Vert}{C}}NH_2$ |
| イソロイシン Ile(I) | $-CH(CH_3)C_2H_5$ | アスパラギン酸 Asp(D) | $-CH_2COO^-$ |
| フェニルアラニン Phe(F) | 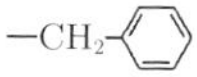 $-CH_2-C_6H_5$ (フェニル基) | グルタミン酸 Glu(E) | $-CH_2CH_2COO^-$ |
| プロリン Pro(P) |  (環状構造) N H COOH | ヒスチジン His(H) | 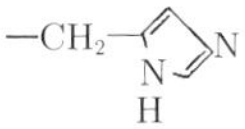 $-CH_2-$ (イミダゾール環) N N H |
| トリプトファン Trp(W) | 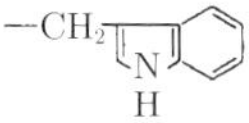 $-CH_2-$ (インドール環) N H | リシン Lys(K) | $-CH_2CH_2CH_2CH_2NH_3^+$ |
| セリン Ser(S) | $-CH_2OH$ | アルギニン Arg(R) | $-(CH_2)_3-NH-C(=NH_2^+)-NH_2$ |
| トレオニン Thr(T) | $-CH(CH_3)OH$ | | |
| チロシン Tyr(Y) | 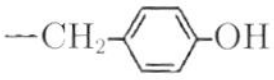 $-CH_2-C_6H_4-OH$ | | |

つくるアミド結合を，とくに，ペプチド結合という。

生体には多くの種類のタンパク質があるが，同じ種類のタンパク質ではそれをつくるアミノ酸の種類や数はもとより，アミノ酸の結合順序も常に一定である。タンパク質のモノマー単位はアミノ酸残基であるが，それぞれのタンパク質のアミノ酸残基は一定の配列順序をもつ。これをタンパク質の 1 次構造という。各アミノ酸残基は側鎖 R のみが異なるが，その分子量は平均して約 110 である。多くのタンパク質は数十から数万のアミノ酸残基からなり，分子量は数万から数百万に及ぶ。α–アミノ酸のポリペプチドよりなるタンパク質を，とくに，単純タンパク質という。単純タンパク質にはアルブミン，グロブリン，グルテリン，ケラチン，コラーゲン，フィブロイン，プロタミンなど多くの種類があり，それらを構成するアミノ酸の種類や割合は大きく変化するが，成分元素の割合はタンパク質の種類が変わってもほぼ一定で，C: 50～55%,

H: 7〜8%，N: 15〜19%，O: 19〜24%，S: 0〜2.5%である。$\alpha$–アミノ酸以外の成分を含むものを複合タンパク質といい，リン酸を含むカゼイン，ヘムを含むヘモグロビンや，糖鎖をもつ糖タンパク質，脂質を含むリポタンパク質，核酸成分をもつ核タンパク質などがあり，それぞれ固有の機能をもつ。

タンパク質が一般の合成高分子に比べてもつ最も大きな特徴は，タンパク質分子が自然の状態で一定の立体構造や形態を保持することである。これを高次構造と呼ぶが，これは本質的にはタンパク質分子の 1 次構造に由来するもので，ここでとくにペプチド鎖間に働く水素結合，および各アミノ酸残基の側鎖 R による親水性／疎水性のバランスが重要な役割を演じる。よく研究されているタンパク質の 1 つとして，キモトリプシンなど生体内の物質代謝の触媒となる酵素があるが，これは一般に球状の形態をとり，表面は親水性，内部は疎水性である。動物体の構造をつくるコラーゲンや毛・爪をつくるケラチンは繊維状タンパク質で，水や塩水溶液などの溶媒に溶けず硬タンパク質と呼ばれる。また，筋肉をつくるタンパク質であるアクチンとミオシンは特異の相互配置をとり，それらの相互作用によって筋肉の収縮機能を発現する。

タンパク質の機能発現の基礎となるタンパク質分子の高次構造は，1 次構造に起因する 2 次，3 次，4 次の構造形成によると考えられている。2 次構造は，ペプチド鎖上の比較的近い部分での相互作用によるもので，主としてペプチド鎖のイミド基とカルボニル基の間の水素結合が関与する。ペプチド結合は，次の共鳴構造のため，C–N 結合は二重結合性を帯び平面構造をとる。そして陽性の強い N–H の H と陰性の強い C–O の O との間で強い水素結合が形成されるようになる。ペプチド鎖間で形成される水素結合のため，図 7.9 (a) に示すような $\alpha$ ヘリックス構造，(b) に示すような $\beta$ シート構造などの 2 次構造が形成される。これらの 2 次構造はともに球状や繊維状タンパク質によくみられる。

$$\mathrm{>C{-}C({=}O){-}N(H){-}C<} \;\longleftrightarrow\; \mathrm{>C{-}C({-}O^-){=}\overset{+}{N}(H){-}C<}$$

ペプチド鎖上の比較的離れたアミノ酸残基間の相互作用によって $\alpha$ ヘリックス構造や $\beta$ シート構造の相対的配置，あるいはペプチド鎖の折れ曲り構造などが決まり，これによってペプチド鎖全体のコンホメーションが定まる。これを 3 次構造という。3 次構造は静電相互作用や疎水性相互作用などの非共有結合性の分子間力の他，ジスルフィド結合などの共有結合性の結合力によって保持されることもある。

天然のタンパク質には，2 本以上のポリペプチドよりなるものもある。これを 4 次

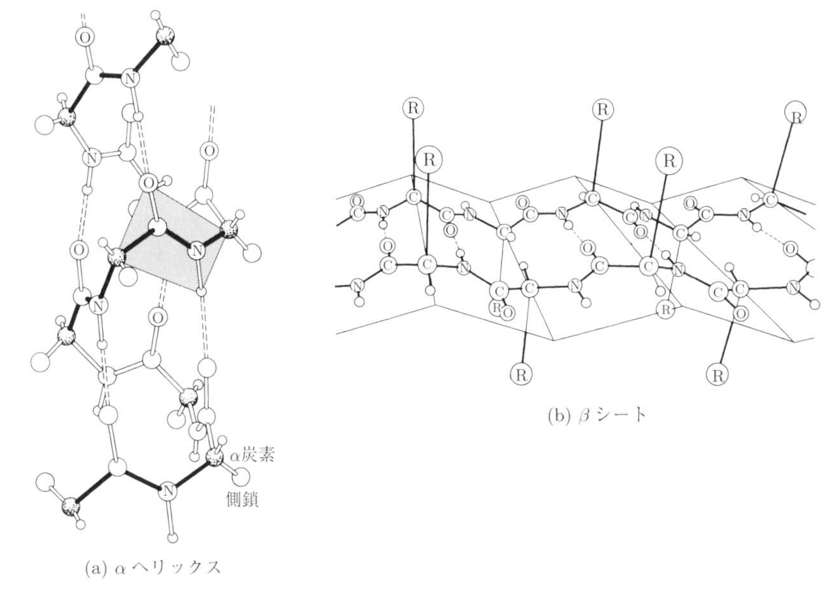


図 **7.9** タンパク質の 2 次構造

構造という。例えば，ヘモグロビンは 2 本の $\alpha$ 鎖と 2 本の $\beta$ 鎖よりなる。この場合のポリペプチド鎖をサブユニットあるいはプロトマーと呼び，プロトマー間の相互作用によって全体としての立体配置が定まり，固有の機能を営むことになる。2 次，3 次，4 次の高次構造をまとめて超分子構造と呼ぶこともできる。

タンパク質は生体内で構造材料として用いられるほか，物質輸送，代謝，光合成，運動，情報伝達など重要な生体機能を担っている。代謝機能を担う触媒の例でも明らかなように，これらは極めて高効果，高選択的に働くが，それはよく制御された立体構造に基づくものである。現在までのところ，合成高分子ではこのように高い機能を発現するには至っていない。

### 7.2.2 核酸

核酸 (nucleic acid) は生体の遺伝情報を蓄え，伝える機能をもつ高分子量の機能性分子で，モノマー単位はヌクレオチド残基である。ヌクレオチド (nucleotide) は，リボースあるいはデオキシリボースの糖成分（ペントース）に核酸塩基（プリン塩基あるいはピリミジン塩基）およびリン酸が結合したものである。D–リボースから導かれるものをリボ核酸 (ribonucleic acid, RNA)，D–2–デオキシリボースから導かれるものをデオキシリボ核酸 (deoxyribonucleic acid, DNA) という。

プリン塩基で，DNA，RNA の両方に含まれるのはアデニン（6–アミノプリン）とグアニン（2–アミノ–6–オキソプリン）である。ピリミジン塩基で，RNA に含まれるのはシトシン（4–アミノ–2–オキソピリミジン）とウラシル（2, 4–ジオキソピリミジン）で，DNA に含まれるのはシトシンとチミン（2, 4–ジオキソ–5–メチルピリミジン）である（図 7.10）。リボースあるいはデオキシリボースにプリン塩基，ピリミジン塩基がついたものをリボヌクレオシドあるいはデオキシリボヌクレオシドという。これらヌクレオシドにリン酸がエステル結合したヌクレオシド–5–リン酸をヌクレオチドという。ヌクレオシド，ヌクレオチドをまとめて表 7.4 に示す。

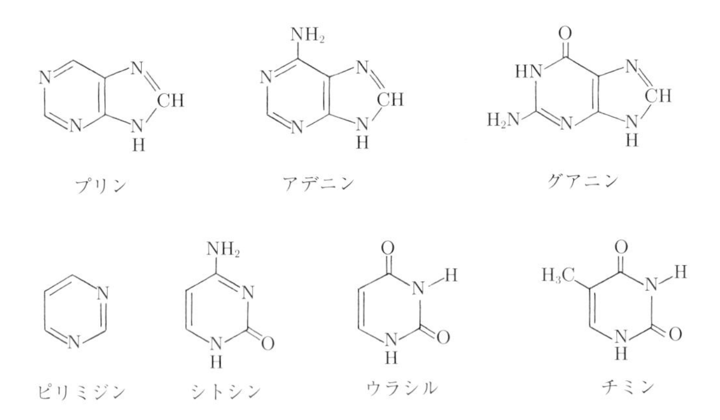


**図 7.10** 核酸に含まれるプリン塩基とピリミジン塩基

**表 7.4** ヌクレオシドおよびヌクレオチドとそれらの記号

| 塩基 | ヌクレオシド（記号） | | ヌクレオチド（記号） | |
|---|---|---|---|---|
| | リボヌクレオシド | デオキシリボヌクレオシド | リボヌクレオチド | デオキシリボヌクレオチド |
| アデニン | アデノシン A | デオキシアデノシン dA | ATP | dAMP |
| グアニン | グアノシン G | デオキシグアノシン dG | GMP | dGMP |
| シトシン | シチジン C | デオキシシチジン dC | CMP | dCMP |
| ウラシル | ウリジン J | デオキシウリジン dU | UMP | dUMP |
| チミン | チミジン T | デオキシチミジン dT | TMP | dTMP |

ヌクレオチドどうしが 3′, 5′–ホスホジエステル結合によってリン酸基を介して連なり，核酸ポリマーの主鎖をつくる。図 7.11 に dAMP，dCMP，dGMP，dTMP がつくる DNA の骨格を示す。1953 年に Watson と Crick は DNA の分子モデルに対して二重らせん構造 (double helix structure) を提出した。図 7.12 に示すように，2 本の DNA 分子鎖が 1 つの中心軸のまわりにらせん状に巻いた構造で，各鎖のヌクレオチド残基は中心軸に沿って 0.34 nm おきに配置され，10 残基でらせんは 1 周し，ピッチ 3.4 nm である。この二重らせん構造は，らせん内側に向い，中心軸に垂直な平面

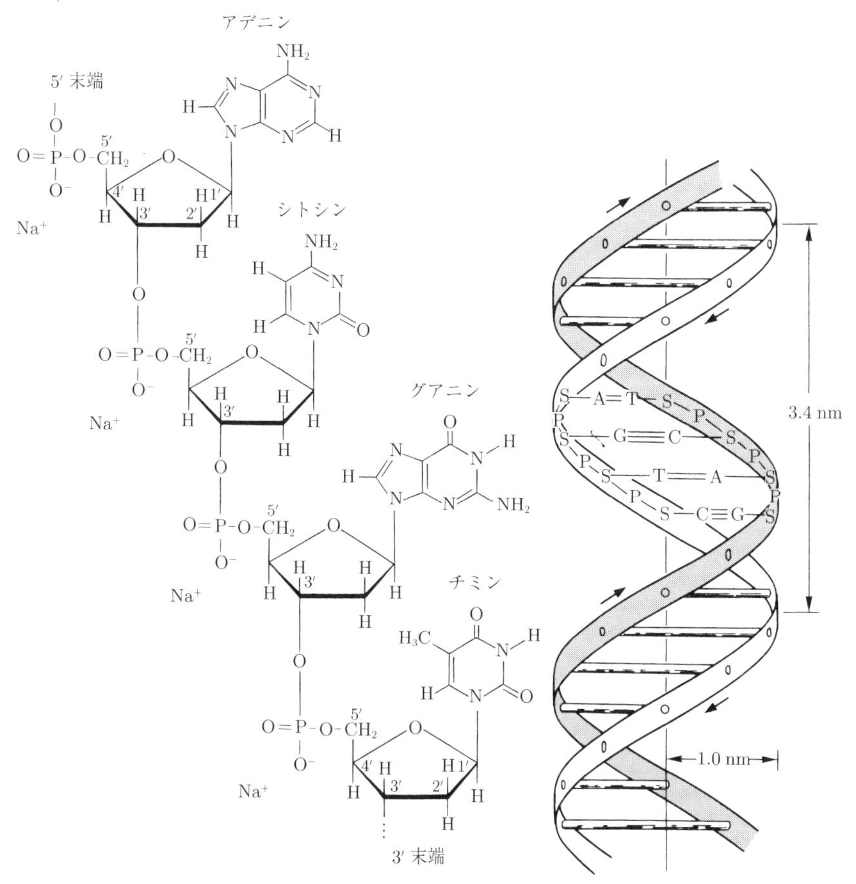


図 **7.11**　DNA 骨格，dAMP–dCMP–dGMP–dTMP

図 **7.12**　DNA の二重らせん

内でつくられるプリン塩基とビリミジン塩基間の水素結合によって保持される。リン酸基はらせん状の外側にある。

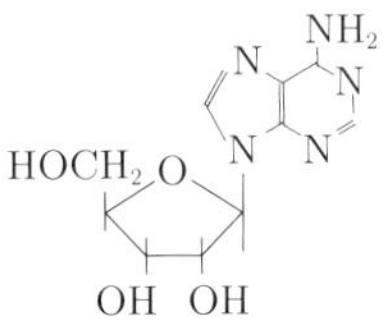

アデノシン (A)
(9–β–D–リボフラノシルアデニン)

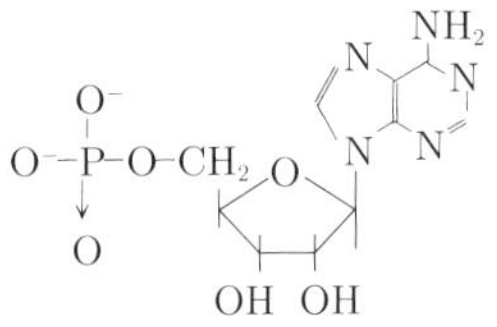

AMP
(アデノシン–5′–リン酸)

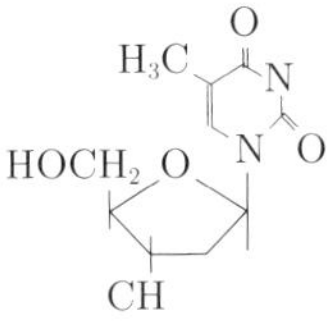

デオキシチミジン (dT)

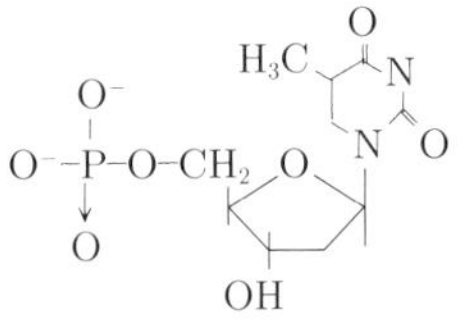

dTMP
(デオキシチミジン–5′–リン酸)

DNA は細胞核の染色体に局在し，遺伝子の本体である。Watson-Crick の DNA モデルは DNA が遺伝情報をどのように蓄え，伝えるかを明らかにした。鍵はプリン塩基とピリミジン塩基の間でつくられる水素結合の選択性にある。それぞれの塩基の水素結合部位の配置から，アデニンとチミン，そして，グアニンとシトシンとの間に，選択的に多重水素結合が形成される（図 7.13）。情報は DNA 分子のヌクレオチド配列として蓄えられる。

RNA では，ビリミジン塩基として DNA の場合の代わりにウラシルをもつが，ウラシルとアデニンは選択的に多重水素結合をつくり，DNA と同様に二重らせん構造をつくる。細胞には RNA が DNA の 10 倍程度あり，DNA がもつ遺伝情報に基づくタンパク質の生合成過程に関与する。

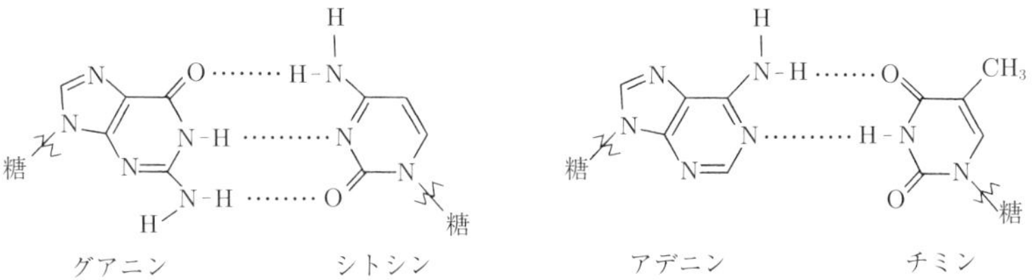

グアニン　シトシン　アデニン　チミン

図 **7.13** DNA 二重らせんの Watson-Crick 塩基対

## 7.3 無機天然高分子

石英・水晶・ケイ砂は天然に属する二酸化ケイ素のポリマーで，図 7.14 に示すように，$SiO_2$ の単位が 3 次元的に連なり，1 個の Si 原子に 4 個の O 原子が結合する正四面体構造をもっている。

ケイ砂に炭酸ナトリウムや水酸化ナトリウムを加えて高温で融解すると，ケイ酸ナトリウム $Na_2SiO_3$ が得られる。この化学構造は条件によって大きく変わるが，基本的には 4 個の O 原子が Si 原子に正四面体をつくって配位した $SiO_4^{4-}$ の単位が，O 原子を共有して連なる縮合ケイ酸イオンをつくり，これが規則的に配列し，その間隙に $Na^+$ が入った構造をもつイオン性結晶である。

$SiO_4^{4-}$ の単位が 2 つの O 原子を共有して連なると，1 次元の縮合ケイ酸イオン $(SiO_3)_n^{2n-}$ をつくり，3 つの O 原子を共有して連なると層状の縮合ケイ酸イオン $(Si_2O_5)_n^{2n-}$ をつくる。4 つの O 原子をすべて共有して連なったものが石英 $(SiO_2)_n$ の 3 次元網状構造である（表 7.5）。

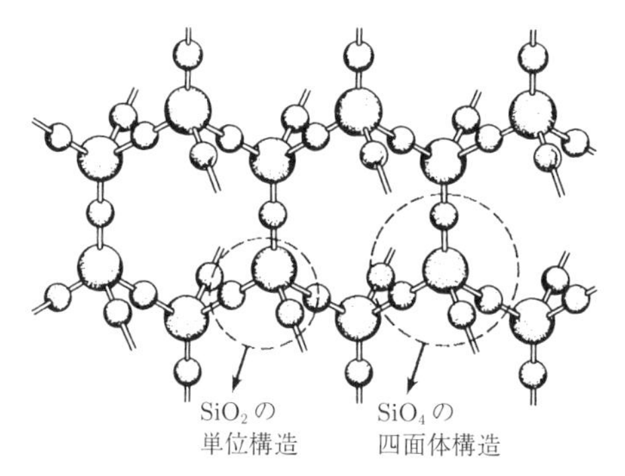


図 **7.14** 二酸化ケイ素 $(SiO_2)_n$ の構造

表 **7.5** 縮合ケイ酸イオン

| 組成式 | O/Si | 構造 | 例 |
|---|---|---|---|
| $SiO_4$ | 4 | $SiO_4^{4-}$ 単量体 | カンラン石 |
| $Si_2O_7$ | 3.5 | $SiO_4^{2-}$2 量体 | オケルマナイト |
| $SiO_3$ | 3 | 1 次元鎖 | 輝石 |
| | | 環状 | 緑柱石 |
| $Si_2O_5$ | 2.5 | 2 次元シート | 滑石 |
| $SiO_2$ | 2 | 3 次元網目 | 石英，クリストバライト |

ケイ酸ナトリウムに水を加えて煮沸すると，重合が進み，粘稠な水ガラスとなる。水ガラスに酸を加えると，$-Si-O^-Na^+$ が$-Si-OH$ に変化すると同時に，シラノール基の間で縮合が進み，3 次元の不定形網目構造が発達する。これを乾燥してシリカゲルがつくられる。

陶磁器には，骨格成分としてシリカ $SiO_2$，成形成分としてカオリナイトなどの粘土，鉱物，焼結成分として長石類が用いられる。粘土鉱物は，Si の一部が Al に置換した (Si, Al)$O_4$ 四面体シートと (Al, Mg) (O, OH)$_6$ 八面体シートが交互に積層した構造をもっている。また，長石類は，3 次元網状構造をとる縮合ケイ酸の Si の一部を Al で置換し，荷電を中和するようにアルカリ，アルカリ土類金属イオンが入ったもので，結晶構造が崩れ，比較的低温で溶融する特徴をもつ。

特異な機能をもつアルミノケイ酸塩としてフッ石類がある。これはいくつかの $SiO_4$ 基が 3 次元網目を形成するが，何員環をつくるかによって対応する大きさの空洞ができる。この空洞が吸着，イオン交換，触媒，モレキュラーシーブなどとして利用される。例えば，ゼオライト L ($K_6Na_3Al_9Si_{27}O_{72}\cdot 21H_2O$，空洞径 7.1 Å)，ゼオライト A ($Na_{12}Al_{12}O_{48}\cdot 27H_2O$，空洞径 4.1Å）などがある。

炭素同素体にも炭素の重合体が知られている。グラファイト（黒鉛，石墨）は，図 7.15 に示すような炭素 6 員環が連なる層が平行に積み重なった構造をもち，層間に種々の低分子，イオンを挿入し層間化合物 (inter calation compound) をつくることができる。固体潤滑剤，鉛筆の芯などのほか，最近はリチウム 2 次電池の電極材料としても注目されている。ダイヤモンドは，図 7.16 のような結晶構造をもつ無機高分子である。もろいが，鉱物中で最高の硬さ（モース硬度 10）をもつ。美しい光輝をもち，

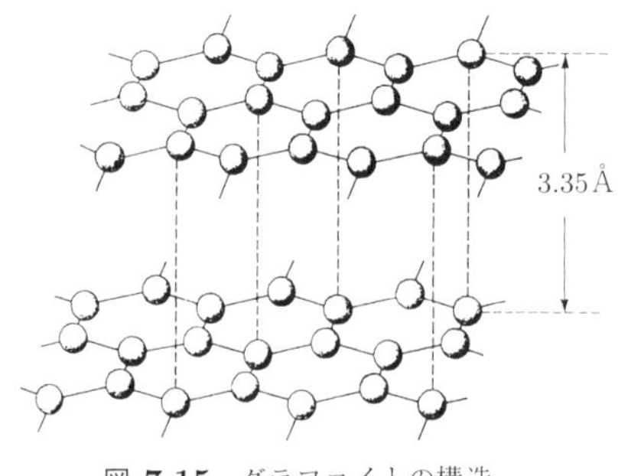


**図 7.15** グラファイトの構造

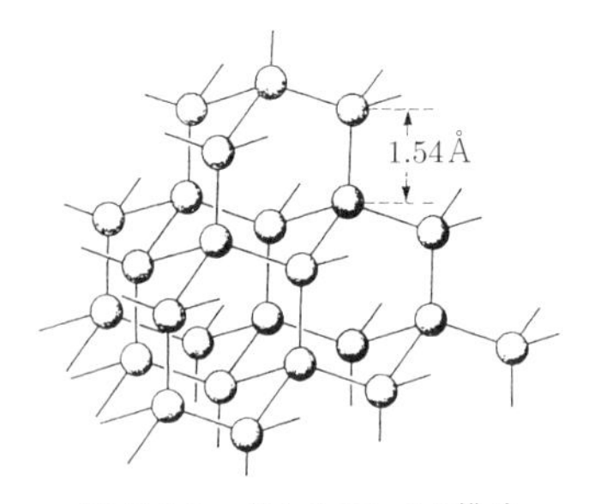


**図 7.16** ダイアモンドの構造

装飾品として珍重される。高圧安定型の炭素同素体で，常圧下では準安定で，安定相のグラファイトに転移する傾向をもつ。1955 年に 5 GPa，1500 K 以上ではじめて人工的に合成された。現在では工業用研磨材として用いられるほか，$CH_4$，$H_2$ からの薄膜合成も可能になり，機能化の研究が続けられている。コークスや木炭も炭素の重合体であり，微結晶の集合体であるが，X 線回析からほとんど非晶質である。

### フラーレンとカーボンナノチューブ

グラファイト，ダイヤモンドに次ぐ第 3 の炭素同素体として，フラーレン (fullerene) がある。これは $C_{60}$，$C_{70}$ など一群の球殻状の炭素分子で，はじめ宇宙空間での存在が確かめられたが，その後，炭素棒をレーザ照射して表面を蒸発させたり，炭素棒を電極として放電を起こさせて輝散させたりする方法で容易に合成できることが知られる。フラーレンは炭素原子の網目状結合で形成され，例えば，$C_{60}$（図 (a)）は 32 面体で 12 個の 5 員環と 20 個の 6 員環よりなり，サッカーボール分子とも呼ばれる。

フラーレンの研究が展開するなかで，放電後の炭素電極表面の堆積物に，カーボンナノチューブ (carbon nanotube) があるが，飯島澄男（1991 年）によって発見された。これは直径 2〜50 nm，長さ 1〜10 $\mu$m 程度で，2〜数十層のグラファイト状の炭素が積層した多層のチューブで，各層の末端はフラーレンのように閉じた構造をとっている。炭素陰極の表面やススには単層ナノチューブ（図 (b)）が見つけられる。

フラーレンやカーボンナノチューブは，導体や超伝導体の素材など，先端材料として注目され，活発な研究が進められている。

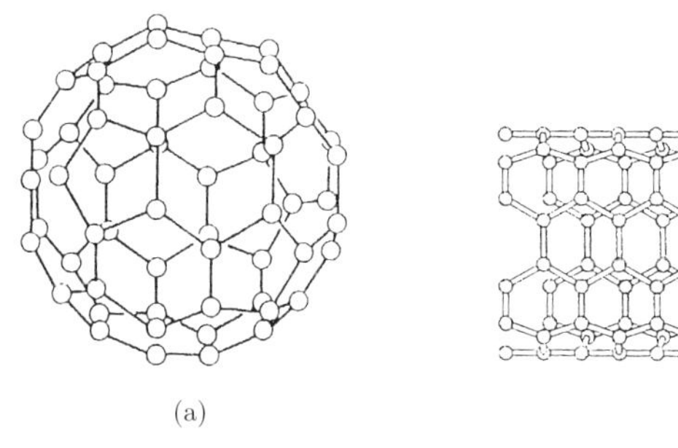

(a)　(b)

図　フラーレン (a) とカーボンナノチューブ (b)

# 文献


1) P. J. Flory 著 “Principles of Polymer Chemistry”, Cornell University Press, Ithaca, 1953 年
2) 大野泰雄，繊維学会，**12**，146–154，1956 年
3) 大野泰雄，高分子，**6**，567–571，1957 年
4) 三井養蔵，植物学雑誌，**71**，224–232，1958 年
5) 後藤廉平・平井西夫・花井哲也 共著「レオロジーとその応用」，共立出版，1962 年
6) A. V. Tobolsky 著（村上謙吉・高橋正夫・中村茂夫 共訳）「高分子の物性と構造」，東京化学同人，1969 年
7) 小野木重治 著「高分子材料科学」，誠文堂新光，1973 年
8) L. E. Nielsen 著 “Mechanical Properties of Polymers and Composites”, vol. 1, Marcel Dekker, Inc., New York, 1974 年
9) 三田達 著「高分子の熱分解と耐熱性」，II編高分子の熱分解と難燃性，6 高分子の熱分解機構，神戸博太郎 編，培風館，1974 年
10) L. E. Nielsen 著（小野木重治 訳）「高分子と複合材料の力学的性質」，化学同人，1978 年
11) 片岡紘三，繊維と工業，**34**，80–88，1978 年
12) 鶴田禎二 著「新訂 高分子合成反応」，日刊工業新聞，1978 年
13) 片岡紘三，高分子，**28**，579–582，1979 年
14) 大川治次，繊維工学，**33**，77–84，1980 年
15) 栗田公夫・和田英一 共著「高分子実験学第 9 巻　力学的性質 I」3 章毛管粘度計，高分子学会 編，共立出版，1982 年
16) 和田英一・栗田公夫・田川浩行 共著「高分子実験学第II巻　高分子溶液」4.3 X 線小角散乱，高分子学会 編，共立出版，1982 年
17) 新井幸三，繊維と工業，**39**，343–352，1983 年
18) 高分子学会 編集「入門高分子特性解析—分子・材料のキャラクタリゼーション」，共立出版，1984 年
19) 宮本武明，繊維と工業，**40**，125–129，1984 年
20) 荻野一善 編「高分子化学—基礎と応用—」，東京化学同人，1987 年
21) 増田房義 著「高分子新素材 one point 4　高吸収性ポリマー」，共立出版，1987 年
22) 新井幸三，繊維と工業，**45**，512–516，1989 年
23) 筏義人 著「高分子新素材 one poin 20　医用高分子材料」，共立出版，1989 年

24) 片岡一則・岡野光夫・由井伸彦・桜井靖久 共著「高分子新素材 one point Ⅱ　生体適合性ポリマー」，共立出版，1989 年
25) 高分子学会 編「高性能高分子系複合材料」，丸善，1990 年
26) 篠原昭・白井汪芳・近田淳雄 共著「ニューファイバーサイエンス」，培風館，1990 年
27) 砂本順三・森文男 共著「高分子新素材 one point 28 高分子医薬」，共立出版，1990 年
28) 山内愛造・廣川能嗣 共著「高分子新素材 one point 24　機能性ゲル」，共立出版，1990 年
29) 長谷川正木・西敏夫 共著「高分子基礎科学」，昭晃堂，1991 年
30) 高分子学会 編「高分子機能材料シリーズ I　高分子の合成反応 (1)」，共立出版，1992 年
31) 綱島良祐 著「高分子サイエンス one point 3　高分子の溶液」，共立出版，1993 年
32) 井上祥平・宮田清蔵 共著「高分子材料の化学 第 2 版」，丸善，1993 年
33) 岡村誠三・中島章夫・小野木重治・河合博述・西島安則・東村敏延・伊勢典夫 共著「高分子化学序論第 2 版」，化学同人，1993 年
34) 妹尾学 著「化学 one point 28 エントロピー」，共立出版，1993 年
35) 中浜精一・野瀬卓平・秋山三郎・讃井浩平・辻田義治・土井正男・堀江一之 共著「エッセンシャル高分子科学」，講談社サイエンティフィク，1993 年
36) 高分子学会 編「高分子科学の基礎 第 2 版」，東京化学同人，1994 年
37) 小林四郎 編「応用化学講座 7 高分子材料化学」，朝倉書店，1994 年
38) 中林宣男・石原一彦・岩崎泰彦 共著「バイオマテリアル」，コロナ社，1994 年
39) 藤井光雄・垣内弘 共著「プラスチックの実際知識」，東洋経済新報社，1994 年
40) U. W. Gedde 著 “Polymer Physics”, Chapman & Hall, London, 1995 年
41) 大津隆行 著「改訂高分子合成の化学」，化学同人，1995 年
42) 高分子学会 編「新高分子実験学 2 高分子合成・反応 (1) 付加系高分子の合成」，共立出版，1995 年
43) 橋田充 著「ドラッグデリバリーシステム」，化学同人，1995 年
44) 高分子学会 編「新高分子実験学 4 高分子合成・反応 (3) 高分子の反応と分解」，共立出版，1996 年
45) 中條善樹 著「基礎化学コース 高分子化学 I」，井上晴夫・北森武彦・小宮山真・高木克彦・平野真一 編，丸善，1996 年
46) 松下裕秀 著「基礎化学コース 高分子化学Ⅱ」，井上晴夫・北森武彦・小宮山真・高木克彦・平野員一 編，丸善，1996 年
47) 妹尾学・荒木孝二・大月穣 共著「超分子化学」，東京化学同人，1998 年
48) 日本熱学会編「熱量測定・熱分析ハンドブック」，丸善，1998 年

49) 村橋俊介・藤田博・小高忠男・蒲池幹治 編著「高分子化学第 4 版」, 共立出版, 1998 年
50) (社)プラスチック成形加工学会 編「プラスチック成形品の高次構造解析入門」, 日刊工業新聞社, 2006 年
51) 村橋俊介・小高忠男・蒲池幹治・則末尚志 編著「高分子化学 第 5 版」, 共立出版, 2007 年
52) 角五正弘, 澤口孝志, 塩野 毅, 西田治男, 葭田真昭 編「プラスチックの資源循環のための化学と技術」, 高分子学会グリーンケミストリー研究会, 2010 年
53) 杉岡奈穂子, 北田正弘, 日本金属学会誌, **74**, 751–757, 2010 年
54) 一田昌利, 蚕糸昆虫バイオテック, **80**, 237–242, 2011 年
55) 北村和之, 井塚淑夫, 向山泰司, 繊維と工業, **70** (10), 668–681, 2014 年
56) 北村和之, 井塚淑夫, 向山泰司, 繊維と工業, **70** (11), 713–730, 2014 年
57) 北村和之, 井塚淑夫, 向山泰司, 繊維と工業, **70** (12), 788–799, 2014 年
58) 大阪市立工業研究所 プラスチック読本編集委員会, プラスチック技術協会 共編「プラスチック読本 第 21 版」, プラスチック・エージ, 2015 年
59) 繊維学会 監修, 日本繊維技術士センター 編集「繊維の基礎講座」, 繊維社, 2016 年
60) プラスチック循環利用協会 編「プラスチックリサイクルの基礎知識 2017」, 2017 年

付録 1　年表＝高分子の科学技術史における主な発見と発明

| | |
|---|---|
| 古代 | 木質繊維：横穴時代<br>絹織物：石器時代<br>もめん：インカ帝国以前のペルー<br>パピルス：古代オリエント文明，古代エジプト文明<br>綿布：古代インド文明 |
| **1493** | ゴムの発見，Columbus |
| **1838** | ポリ塩化ビニルの光合成，Regnault |
| **1839** | ポリスチレンの合成，Simon |
| 〃 | ゴムの加硫法の発明，Goodyear |
| **1869** | セルロイドの合成，Hyatt |
| **1872** | アクリル樹脂の発見，Linneman |
| **1881** | ポリカーボネートの合成，Birmbaum，Lurie |
| **1891** | ビスコース (viscose) 人絹製造法発明，Cross，Bevan，Beadle |
| **1907** | フェノール樹脂 (Bakelite®) の発明，Baekeland |
| **1911** | 球形粒子分散系の粘度理論，Einstein |
| **1913** | ポリ酢酸ビニルの重合法発見，Klatte |
| 〃 | セルロース，絹，麻，石綿の X 線回折，西川 |
| **1921** | 尿素ホルムアルデヒド樹脂の合成，Pollack，Ripper |
| **1923** | 超遠心法，Svedverg |
| **1926** | 高分子説提唱，Staudinger（1953 年ノーベル賞） |
| **1929** | 縮合重合法の発表，Carothers |
| **1930** | ポリビニルアルコールの合成，Herman |
| 〃 | ポリスチレンの製造，IG 社 |
| **1931** | ポリ塩化ビニルの製造，BASF 社 |
| 〃 | ネオプレンの合成，Carothers |
| 〃 | ポリエチレンの発明，ICI 社 |
| **1933** | ポリエチレンの製造，Fawcett，Gibson |
| **1934** | ナイロン 66 の合成，Carothers |
| 〃 | アクリル繊維の製造，ICI 社 |
| **1935** | ゴム弾性の統計理論，Kuhn，Guth，James |
| **1937** | ポリウレタンの発明，Bayer |
| 〃 | 縮重合，付加重合機構の体系，Flory（1974 年ノーベル賞） |
| **1939** | ビニロンの発明，桜田，矢沢 |
| 〃 | ナイロン 6 の発明，Schlack |
| **1940** | 鎖状高分子の極限粘度と分子量の経験式，Mark，Houwink，桜田（独立に） |
| 〃 | イオン重合機構発表，Williams |
| 〃 | ポリエステル (Terylene®) の合成，Whinfield |
| **1942** | 高分子溶液の格子理論，Houwink, Haggins（独立に） |
| **1943** | 応力緩和曲線の解析，Tobolsky |
| **1944** | シリコーン樹脂の製造，Daw Chemical 社 |
| 〃 | 高分子溶液の光散乱の理論，Debye |
| 〃 | 共重合の確率論，Alfrey, Goldfinger, Wall |
| **1945** | 排除体積効果，Flory |

| | |
|---|---|
| 〃 | 棒状分子の極限粘度数の提唱，Kuhn, Kuhn |
| **1945** | インシュリンの 1 次構造決定，Sanger |
| **1949** | テフロンの合成，Plunket |
| **1952** | エチレン低圧重合触媒の発見，Ziegler（1963 年ノーベル賞） |
| **1953** | DNA の二重らせん構造，Watson，Crick（1962 年ノーベル賞） |
| 〃 | 粘弾性の Rouse 模型，Rouse |
| **1954** | ポリイソプレンの合成，Goodrich 社 |
| **1955** | プロピレンの立体規則性重合触媒の開発，Natta（1963 年ノーベル賞） |
| **1956** | リビングアニオン重合法の発明，Szwarc |
| 〃 | ポリブタジエンの合成，Phillips Petroleum 社 |
| **1957** | ポリエチレン単結晶，Keller |
| **1958** | 高分子鎖の統計理論，Lifson，永井 |
| 〃 | 高分子の粘弾性–時間温度換算式，Ferry |
| **1959** | ポリイミドの合成，Du Pont 社 |
| 〃 | 自由体積論と拡散・粘性理論，Cohen，Turnbull |
| **1960** | 鎖状分子の緩和スペクトル測定，Tobolsky |
| 〃 | ノルボルネンの開環メタセシス重合，Truett |
| **1962** | ゲルパーミエーションクロマトグラフィー，Moore |
| **1963** | ペプチド固相合成法，Merrifield（1983 年ノーベル賞） |
| **1964** | 水溶性ポリエチレンオキシドの製造，Union Carbide 社 |
| 〃 | ポリフェニレンオキシドの製造，GE 社 |
| **1965** | ポリサルホンの製造，Union Carbide 社 |
| **1967** | アラミド繊維の液晶紡糸法特許，Nomex®の発表，Du Pont 社 |
| **1968** | ポリフェニレンスルフィドの製造，Phillips Petroleum 社 |
| **1970** | ポリブチレンテレフタレートの製造，Celanese 社 |
| **1971** | ポリアミドイミド樹脂 (Torlon®) の製造，Amoco 社 |
| 〃 | スケーリング理論，レプテーション，de Gennes（1991 年ノーベル賞） |
| **1973** | アラミド繊維 (Kevler®) の開発，Du Pont 社 |
| **1974** | 高結晶化度・高弾性率ポリエチレン，Porter，Ward（独立に） |
| **1976** | ポリエーテルケトンの製造，ICI 社 |
| **1978** | 管模型の理論，土井，Edwards |
| **1980** | 均一系（メタロセン）触媒の発見，Kaminsky |
| **1981** | ポリエーテルイミドの開発，GE 社 |
| **1983** | 疑似リビングカチオン重合法の開発，Kennedy ら |
| **1984** | 液晶ポリエステル (LCP) の開発，Dartco 社 |
| **1985** | シンジオタクチックポリスチレンの合成に成功し，XAREC®を開発，出光興産社 |
| 〃 | ポリアリールエーテル (PAE) の開発，UCC 社 |
| **1986** | イソブチレンのリビングカチオン重合の発見，Kennedy ら |
| 〃 | 芳香族ポリエステルカーボネート (APEC) の開発，Bayer 社 |
| **1989** | 電子スプレー–イオン化による高分子の質量分析法の開発，Fenn（2002 年ノーベル賞） |
| 〃 | シリコーン製人工乳房の美容用使用を禁止 |
| **1992** | 医用材料関連の学会また産業界に大きなインパクトを付与，米 FDA |
| **1993** | スチレンのリビングラジカル重合法の開発，Georges ら |
| 〃 | DNA チップを発売，Affymetrix 社 |

| | |
|---|---|
| **1994** | 超臨界 $CO_2$ 中での分散重合による狭い粒子径分布のポリマー合成法の開発，Desimone ら |
| **1995** | 原子移動ラジカル重合 (ATRP) 法による単分散ポリマーの合成法の開発，Matyjszeski ら |
| 〃 | Co(Ⅲ) 錯体によるエチレンのリビング重合法の開発，Brookhart ら |
| 〃 | 醗酵プロセスによるポリテレフタル酸トリメチレン (PTT) を開発，Du Pont 社 |
| 〃 | ポリイソブチレンの熱分解反応の解明と生成物の利用，澤口ら |
| **1999** | オレフィンメタセシス反応の第 2 世代触媒の開発，Grubbs（2005 年ノーベル賞） |

付録 2　高分子物質の名称の略記号

| | | |
|---|---|---|
| 単独ポリマーおよび天然ポリマー | | |
| CA | 酢酸セルロース | cellulose acetate |
| CMC | カルボキシメチルセルロース | carboxymethylcellulose |
| CN | 硝酸セルロース | cellulose nitrate |
| EC | エチルセルロース | ethylcellulose |
| EP | エポキシド，エポキシ | epoxide, epoxy |
| MF | メラミンホルムアルデヒド | melamine-formaldehyde |
| PA | ポリアミド | polyamide |
| PAN | ポリアクリロニトリル | polyacrylonitrile |
| PBT | ポリブチレンテレフタレート | poly(butylene terephthalate) |
| PC | ポリカーボネート | polycarbonate |
| PE | ポリエチレン | polyethylene |
| PEO | ポリエチレンオキシド | poly(ethylene oxide) |
| PET | ポリエチレンテレフタレート | poly(ethylene terephthalate) |
| PIB | ポリイソブチレン | polyisobutylene |
| PMMA | ポリメタクリル酸メチル | poly(methyl methacrylate) |
| POM | ポリオキシメチレン； | poly(oxy methylene) ; |
| | ポリホルムアルデヒド | polyformaldehyde |
| PP | ポリプロペン | polypropene |
| | ポリプロピレン | polypropylene |
| PS | ポリスチレン | polystyrene |
| PTFE | ポリテトラフルオロエチレン | poly(tetrafluoro ethylene) |
| PU | ポリウレタン | polyurethane |
| PVAc | ポリ酢酸ビニル | poly(vinyl acetate) |
| PVA | ポリビニルアルコール | poly(vinyl alcohol) |
| PVC | ポリ塩化ビニル | poly(vinyl chloride) |
| PVDC | ポリ二塩化ビニリデン； | poly(vinylidene dichloride) |
| | ポリ塩化ビニリデン | poly(vinylidene chloride) |
| PVDF | ポリ二フッ化ビニリデン； | poly(vinylidene difluoride) |
| | ポリフッ化ビニリデン | poly(vinylidene fluoride) |
| PVF | ポリフッ化ビニル | poly(vinyl fluoride) |
| 共重合体 | | |
| ABS | アクリロニトリル／ブタジエン／スチレン | acrylonitrile/butadiene/styrene |
| AS | アクリロニトリル／スチレン | acrylonitrile/styrene |
| EPR | エチレン／プロペンラバー | ethylene/propene rubber |
| EPDM | エチレン／プロペン／ジエン | ethylene/propene/diene |
| EVA | エチレン／酢酸ビニル | ethylene/vinyl acetate |
| SBR | スチレン／ブタジエン | styrene/butadiene |
| VC/E | 塩化ビニル／エチレン | vinyl chloride/ethylene |
| VC/VDC | 塩化ビニル／塩化ビニリデン | vinyl chloride/vinylidene chloride |

## 付録 3　高分子の生産量と主な用途別分類

日本の石油製品の需要分布（金額基準）
日本のプラスチックの生産量

| | |
|---|---|
| 合成樹脂 | 62 |
| 合成ゴム | 13 |
| 合成繊維 | 7 |
| 塗料 | 4 |
| 合成洗剤・界面活性剤 | 3 |
| その他 | 11 |

表中数値はパーセント
出典：日本石油化学工業協会（2015 年）

世界と主要国のプラスチック生産量

| | |
|---|---|
| アメリカ | 48,057 |
| 中国 | 52,133 |
| 日本 | 10,520 |
| 韓国 | 13,355 |
| 台湾 | 5,880 |
| ドイツ<br>ベネルックス<br>フランス<br>イタリア<br>英国<br>スペイン | 49,000 |
| その他 | 109,005 |
| 合計 | 288,000 |

表中数値は1000トン
出典：日本プラスチック工業連盟（2012 年）

日本のプラスチックの生産量

| | |
|---|---|
| 低密度ポリエチレン | 1,540 |
| 高密度ポリエチレン | 825 |
| ポリエチレン計 | 2,365 |
| ポリプロピレン | 2,466 |
| ポリスチレン | 753 |
| ポリ塩化ビニル | 1,650 |
| 五大汎用プラスチック計 | 7,234 |
| ポリエチレンテレフタレート | 413 |
| ポリブチレンテレフタレート | 171 |
| ポリカーボネート | 293 |
| ポリアミド系樹脂 | 217 |
| その他 | 65 |
| エンジニアリングプラスチック計 | 1,159 |
| 熱可塑性樹脂その他 | 1,206 |
| 熱可塑性樹脂計 | 9,599 |
| フェノール樹脂 | 289 |
| 尿素樹脂 | 67 |
| メラミン樹脂 | 82 |
| 不飽和ポリエステル | 96 |
| エポキシ樹脂 | 115 |
| その他 | 246 |
| 熱硬化性樹脂計 | 896 |

表中数値は1000トン
出典：日本プラスチック工業連盟（2016 年）

日本のプラスチック製品の主な用途構成

| | |
|---|---|
| フィルム・シート | 41 |
| 板 | 2 |
| 合成皮革 | 1 |
| 継手 | 8 |
| 機械器具部品 | 12 |
| 日用品・雑貨 | 5 |
| 容器 | 15 |
| 建材 | 5 |
| 発泡製品 | 5 |
| 強化繊維 | 1 |
| その他 | 5 |

表中数値はパーセント
出典：経済産業省「プラスチック製品統計」（2012 年）

付録 4　プラスチックのマテリアルフロー図（数値は 2015 年）

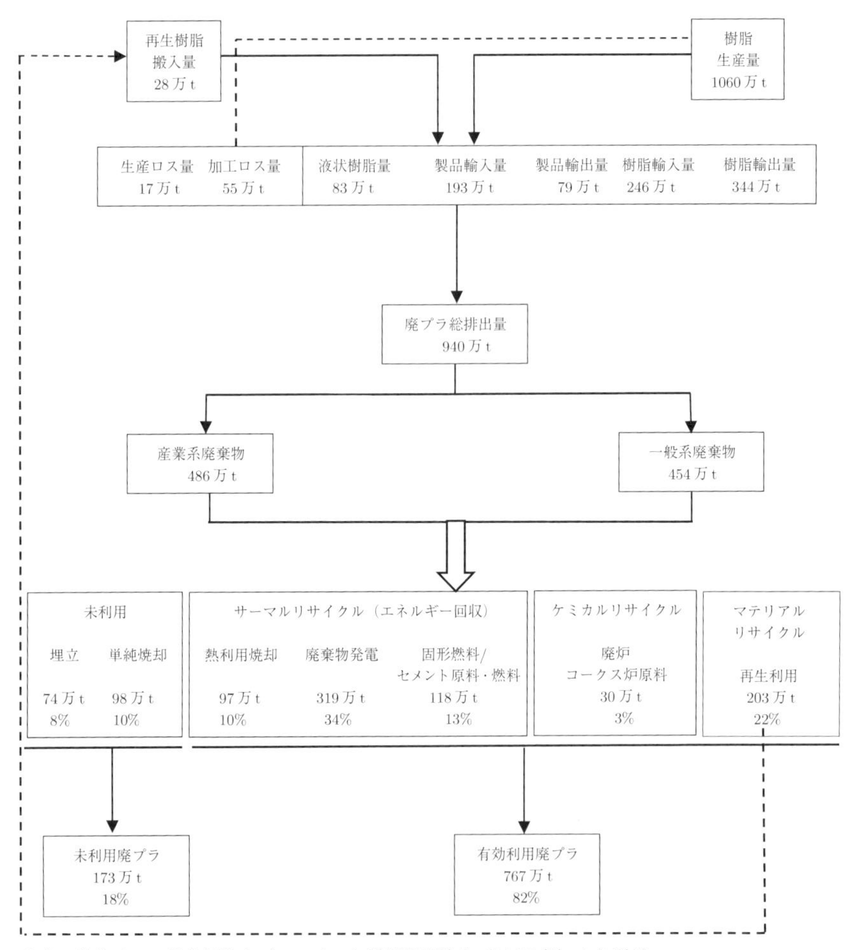


出典：数値は，一般社団法人プラスチック循環利用協会（2017 年）より引用

## 付録 5　基礎定数表

| 量 | 記号 | 値 |
|---|---|---|
| 真空中の光速度 | $c$ | $2.99792458 \times 10^{8}$ ms$^{-1}$（定義値） |
| 真空の透磁率 | $\mu_0$ | $4\pi = 12.566370614 \times 10^{-7}$ Hm$^{-1}$ |
| 真空の誘電率 | $\varepsilon_0$ | $8.854187817 \times 10^{-12}$ Fm$^{-1}$ |
| 電気素量（陽子の電荷） | $e$ | $1.602176634 \times 10^{-19}$ C（定義値） |
| プランク定数 | $h$ | $6.62607015 \times 10^{-34}$ Js（定義値） |
| アボガドロ定数 | $N_{\mathrm{A}}, L$ | $6.02214076 \times 10^{23}$ mol$^{-1}$（定義値） |
| ボルツマン定数 | $k$ | $1.380649 \times 10^{-23}$ J K$^{-1}$（定義値） |
| ファラデー定数 | $F$ | $9.6485309 \times 10^{4}$ C mol$^{-1}$ |
| 気体定数 | $R$ | $8.314510$ JK$^{-1}$ mol$^{-1}$ |
| 原子質量単位 | $u$ | $1.6605402 \times 10^{27}$ kg |
| 電子の静止質量 | $m_{\varepsilon}$ | $9.1093897 \times 10^{-31}$ kg |
| 陽子の静止質量 | $m_{\mathrm{p}}$ | $1.6726231 \times 10^{-27}$ kg |
| 中性子の静止質量 | $m_{\mathrm{n}}$ | $1.6749286 \times 10^{-27}$ kg |
| ボーア半径 | $a_0$ | $5.29177249 \times 10^{-11}$ m |
| ボーア磁子 | $\mu_{\mathrm{B}}$ | $9.2740154 \times 10^{-24}$ J T$^{-1}$ |
| リュードベリ定数 | $R_{\infty}$ | $1.0973731534 \times 10^{7}$ m$^{-1}$ |
| セルシウス目盛におけるゼロ | $T_0$ | $273.15$ K |
| 標準大気圧 | $P_0$ | $1.01325 \times 10^{5}$ Pa=1 atm |
| 理想気体の標準モル体積 | $Vm_0$ | $2.241410 \times 10^{-2}$ m$^{3}$ mol$^{-1}$ |

出典：国際学術連合会議，科学技術データ委員会 2018 年 CODATA 推奨値

# 索　引

## ア行

## カ行

## サ行

## タ行

## ナ行



## ハ行

## マ行



## ヤ行

## ラ行



## 英数字・略記号・その他

[監修者]
妹尾　学（せのお　まなぶ）東京大学名誉教授・理学博士

[著　者]
澤口　孝志（さわぐち　たかし）
1976年　日本大学大学院理工学研究科修士課程（工業化学専攻）修了
元日本大学 教授・博士（工学）（東京大学）・高分子学会フェロー

清水　繁（しみず　しげる）
1986年　日本大学大学院理工学研究科博士前期課程（工業化学専攻）修了
日本大学 教授・博士（工学）（日本大学）

伊掛　浩輝（いかけ　ひろき）
2003年　日本大学大学院理工学研究科博士後期課程（工業化学専攻）修了
日本大学 准教授・博士（工学）（日本大学）

基礎 高分子科学
改訂版

*Basic Polymer Science*
*revised ed.*

2000年 4月25日　初　版 1 刷発行
2017年 3月 1日　初　版18刷発行
2018年10月20日　改訂版 1 刷発行
2022年 2月20日　改訂版 3 刷発行

監修者　妹尾 学

著　者　澤口孝志
清水 繁
伊掛浩輝

発行者　南條光章

発行所　**共立出版株式会社**

〒112-0006
東京都文京区小日向4-6-19
電話（03）3947-2511（代表）
振替口座 00110-2-57035
URL www.kyoritsu-pub.co.jp

印　刷
製　本　藤原印刷

一般社団法人
自然科学書協会
会員

検印廃止
NDC 431.9

ISBN 978-4-320-04493-7

Printed in Japan